含硫天然气的形成与分布

——以四川盆地为例

刘文汇　腾格尔　高　波　等著
张中宁　张建勇　张殿伟

科学出版社
北　京

内 容 简 介

本书是针对含硫天然气形成演化和聚集成藏的一本专著，系统介绍含硫天然气的基本概念、研究方法和高硫天然气成藏特征。以油气地质学、地球化学和实验地质学为手段，解剖四川盆地含硫天然气的烃源岩、碳酸盐岩储层和膏盐岩盖层之间关系，探讨天然气中高硫化氢形成机理，揭示含硫气藏形成和保存控制因素及地质条件，建立了含硫化氢天然气成藏与保存模式，总结了高硫天然气的空间分布规律，为含硫天然气勘探开发提供科学依据。全书共六章。

本书可供广大油气地质学、地球化学和油气勘探专业科技人员及相关高等院校师生参考。

图书在版编目（CIP）数据

含硫天然气的形成与分布：以四川盆地为例/刘文汇等著. —北京：科学出版社，2015.1

ISBN 978-7-03-043028-1

Ⅰ. ①含… Ⅱ. ①刘… Ⅲ. ①四川盆地-含硫气体-天然气-形成②四川盆地-含硫气体-天然气-分布 Ⅳ. ①P618.13②TE37

中国版本图书馆 CIP 数据核字（2015）第 009279 号

责任编辑：胡晓春 / 责任校对：韩 杨

责任印制：肖 兴 / 封面设计：耕者设计工作室

科学出版社 出版

北京东黄城根北街 16 号

邮政编码：100717

http://www.sciencep.com

中国科学院印刷厂 印刷

科学出版社发行 各地新华书店经销

*

2015 年 1 月第 一 版 开本：787×1092 1/16

2015 年 1 月第一次印刷 印张：15 1/4

字数：362 000

定价：98.00 元

（如有印装质量问题，我社负责调换）

主要作者

刘文汇　腾格尔　高　波　张中宁　张建勇
张殿伟　范　明　付小东　刘全有　郑伦举
秦建中　郑建京　李立武　饶　丹　王　杰
蒋启贵　蒋小琼　王　琪　王作栋　王晓锋
张　渠　张美珍　陈红宇　承秋泉　王　强
卢龙飞　罗厚勇　胡　广

序　言

硫化氢作为一种酸性非烃类气体主要分布在海相碳酸盐岩和白云岩气藏中，偶然在碎屑岩中也有低含量分布。含硫化氢天然气是天然气资源的重要组成部分，也是硫磺的重要来源之一。关于硫化氢的成因机制，国外许多学者从硫酸盐热化学还原作用（TSR）、微生物硫酸盐还原作用（BSR）、硫同位素分布特征和成岩体系等方面进行实验分析和研究，认为高含硫化氢天然气主要是硫酸盐热化学还原作用的结果。

随着我国对能源，特别是对绿色能源天然气的需求日益增长，对高硫化氢气田的勘探开发逐渐提到日程上，安全高效勘探开发硫化氢气藏成为我国海相层系含硫天然气勘探开发的当务之急。我国对硫化氢天然气地质研究已获得了一些重要认识，如：我国高含硫化氢天然气均在碳酸盐岩储集层中，碎屑岩天然气硫化氢含量绝大部分在民用标准之下；我国高含硫化氢气田一般分布于碳酸盐岩-硫酸盐岩地层组合中，此规律与世界含硫化氢气藏的分布规律（大约有400个，其中360个以上分布在硫酸盐岩-碳酸盐岩地层组合中）一致；膏盐的存在只是硫化氢形成的一个基本条件，储集层孔隙的发育情况、地层水中硫酸根离子的含量、储集层经历的温度条件、油气-水界面的存在、烃类组成、储集层岩石组合等，都对硫酸盐热化学还原作用的发生有重要的控制作用。

尽管对硫化氢的研究已取得一定的成果，但仍存在许多亟待解决的问题，如硫化氢的成因机理、分布规律、地质-地球化学特征以及硫化氢形成的主控因素等。硫化氢天然气地球化学特征及其成因研究是预测硫化氢天然气及其气田分布的重要手段，也是进行气源对比和确定含硫化氢天然气对人及设备伤害级别的重要环节，但我国目前这些研究薄弱且不规范。硫化氢气组分及其硫同位素是气源对比和成因研究的主要指标，但至今我国硫同位素研究成果不多且缺乏系统性，难以将其作为气源对比和成因鉴定的指标。目前国内外对硫化氢的形成机制、分布规律、成藏控制因素还缺乏系统的研究，还不能有效地预测地层中的硫化氢。

针对上述问题，刘文汇等研究团队在全面调研国内外学者对硫化氢天然气研究的基础上，以我国四川盆地为典型研究对象，系统研究了天然气中硫化氢成因和高含硫天然气成藏的过程及其主控因素。

四川盆地是我国构造相对稳定、富含天然气的大型海、陆相叠合盆地。该地区油气地质条件复杂，天然气热演化程度高、多源多期成藏、经历了TSR改造等，是高含硫化氢天然气形成演化、聚集成藏研究的最有利地区。该书针对四川盆地高含硫化氢天然气形成机理、高含硫化氢气藏的关键地质条件等科学问题，将油气地球化学和沉积岩石学相结合，应用宏观与微观、有机与无机、地质与地球化学等相结合的方法，对高含硫天然气进行常规地球化学、硫化氢和硫酸盐矿物的硫同位素、稀有气体同位素以及C_6-C_8轻烃的较为系统分析，建立了高含硫化氢天然气成因判识模式。作者注重烃源岩、碳酸盐岩储集层和储集层上下硫酸盐岩地层组合三者之间相互联系的综合研究，通过硫酸盐热化学反应（TSR）的模拟实验和沉积层中硫酸盐矿物与硫化氢气体的硫同位素组成对比分析，研究硫化氢形成的地质条件及其控制因素。通过对川东北及其邻区高含硫化氢气藏的解剖及其与低含硫化氢气藏成藏条件的对比，揭示高含硫化氢气藏的成藏机理。结合区域地质、模拟实验研究及油气藏解剖，总结高含硫化氢天然气的空间分布规律，提出普光气田“优源优储，早期聚集；藏内成硫，裂解成气；抬升运聚，调整成藏”的成藏过程，为高含H_2S天然气的勘探开发提供科学依据。

该书是我国首部系统研究含硫天然气藏形成与分布的专著。以刘文汇为首的中青年作者群，年富力强，创新盈盈，长期致力于天然气地质学、地球化学的研究，其中刘文汇、秦建中和郑建京还与我一起参加过多次天然气科技攻关项目，在油气成因理论和油气成烃成藏地球化学示踪体系等方面取得多项重要成果，为中国近期天然气工业快速发展做出了贡献。该专著是他们研究高含硫化氢天然气形成与成藏的结晶，不仅对我国含硫化氢天然气勘探开发有重要指导作用，而且对认识和防范高含硫化氢天然气具有积极作用。因此，该专著理论和实践并重，对高含硫化氢天然气勘探与安全生产都有好处，值得大家一读，读后定受益匪浅。

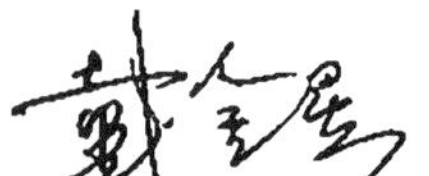

2013年3月10日

前　言

高含硫天然气藏拥有相当大的资源量，是天然气的重要来源。高硫化氢气田是双资源型气田，既有烷烃气资源，硫化氢经脱硫又可成为硫资源。据统计，目前全球已发现300多个具有工业价值的高含硫气田，我国硫化氢含量大于1%的天然气储量约占全国天然气储量的四分之一，主要分布在与碳酸盐岩沉积层系有关的四川盆地、鄂尔多斯盆地、塔里木盆地和渤海湾盆地。随着国民经济的发展，国家对天然气的需求逐年增加，对高含硫天然气田的勘探开发也被提上了议事日程。近年来，在川东北地区下三叠统飞仙关组陆续发现普光、渡口河、铁山坡和罗家寨等大中型含硫气田（藏）。这些气藏的天然气中硫化氢的含量较高，普遍达12%～17%，某些气藏的硫磺储量达到数百万吨。天然气中硫化氢的存在对天然气的勘探开发和利用产生重大安全影响。硫化氢作为天然气中的酸性气体，对钻井设备具有强烈的腐蚀作用，是缩短油气井和其他矿场设备寿命的有害气体，其存在大大增加了气田的勘探开发成本和技术难度。同时，硫化氢又是一种剧毒气体，其泄漏可造成巨大的人身伤亡和环境污染，在钻采过程中发生灾难性的后果。在高含硫天然气藏的开发过程中，曾发生多起人员伤亡事故。硫化氢极强的毒性和腐蚀性给含硫化氢天然气的勘探开发也带来了极大的困难和挑战。近年来针对川东北高含硫天然气做了大量工作，一些学者认为硫化氢是由于硫酸盐热化学反应（TSR）的结果，但地质与地球化学证据还需夯实，特别是该区H_2S的形成机理及以此为基础的形成条件及其主控因素成为勘探开发的关键。系统的天然气中硫化氢形成和聚集的地质地球化学研究，有助于加深高含硫气藏成藏机理和分布规律的认识，明确高含硫天然气的勘探潜力和资源前景，对我国海相碳酸盐岩层系天然气勘探决策的制定和部署将起到重要指导作用。

我国硫化氢天然气的研究起步较晚，积累的有用分析资料也很少。1958年在四川盆地首次发现硫化氢天然气，1982年阎俊峰等报道我国华北油田下第三系发现高含硫天然气，硫化氢含量高达92%，这也是世界上含硫化氢最高的气藏之一。但比较系统地开展硫化氢研究的工作则是从1984年开始。戴金星综合运用国内外资料，分别于1984年和1985年提出了硫化氢天然气的分类方案和成因类型，同时还对硫化氢天然气的分布规律做了一定的分析；1987年王新洲等开展了硫化氢生成的热模拟实验，为硫化氢热演化和热成因模型的建立提供了最基础的实验数据；1992年樊广锋等总结了硫化氢天然气的地球化学特征、形成条件，对中国可能的硫化氢天然气分布进行了预测，认为中国中部和东部是硫化氢天然气的主要分布区；1997年沈平等首次对四川盆地天然气中硫同位素进行分析，获得了一批宝贵的地球化学资料，并提出了一些硫同位素地质研究应用方面的新认识。尽管硫化氢也是天然气的一种常见组分，但由于硫化氢在多数天然气中的含量较低，且高含硫天然气主要分布于含蒸发岩的碳酸盐岩中，而我国长期以来又以陆相层系的油气勘探为主，致使对硫化氢的认识不够，硫化氢的天然气地质研究与天然气中的其他组分地质研究相比要薄弱得多，对硫化氢成因和地球化学特征，缺乏从烃源岩、储层、膏盐层以及成因方面的深入研究。在硫化氢天然气地球化学研究方面，我国对硫化氢组分及其同位素测试分析因其特殊的化学性质及安全性等因素而非常薄弱。

四川盆地是我国构造相对稳定、富含天然气的大型海、陆相叠合盆地，其中震旦系至中三叠统为海相碳酸盐岩层系沉积。已发现卧龙河、威远、普光、建南等大中型气田。近年来，在海相层系油气勘探取得了重大突破，陆续发现一批大型－特大型气田，该地区成为国内外瞩目的海相油气勘探开发的热点地区。由于该地区油气地质条件复杂、天然气演化程度高、多源多期成藏、TSR 后期改造等原因，该区成为天然气地球化学特征，特别是高硫天然气形成演化、聚集成藏研究的最有利地区。对解决下述问题有着重要的独特优势：

（1）硫化氢成因机理与控制因素

自然界中硫化氢的成因一般可以分为两大类：生物成因和热化学成因。生物成因硫化氢的形成有两种方式，一种是生物降解成因，另一种是生物化学成因；热化学成因包括热降解成因、热化学还原成因和高温合成成因，但都受热力场的控制与影响。从硫化氢的成因机理和聚集规律上看，形成大规模硫化氢气体需要微生物硫酸盐还原（BSR）或硫酸盐热化学还原（TSR）作用，而 TSR 是形成硫化氢的主要作用。在 TSR 早期，也可能发生 BSR，因此不排除这些高含硫气田早期发生 BSR 反应的可能。两种反应过程的控制因素仍不明确，各种烃类（主要是甲烷－丁烷）参与 TSR 反应的活性，反应形成硫化物的种类和数量，反应的温度、转化率、反应速率等关系仍需要进一步的工作。尽管四川盆地高含硫天然气硫化氢为 TSR 成因已成为基本共识，但地质与地球化学证据还不充分，尚缺乏气源岩、碳酸盐岩储层、膏盐层三者之间的综合研究，特别是硫化氢的成因机理与控制因素以及其对含硫天然气成藏过程的影响尚不明确。

（2）高含硫天然气的地球化学特征

硫化氢天然气地球化学特征及其成因研究是预测硫化氢天然气及其气田分布的重要手段，也是进行气源对比和确定含硫化氢天然气对人及设备伤害级别的重要环节，需要规范研究。系统的硫同位素研究成果可作为气源对比和成因鉴定的指标，不同成因硫化氢天然气的组成及稳定同位素特征将用于高含硫天然气的形成条件和形成环境的追溯，确定烃类气体与硫化氢气体的亲缘关系。

（3）含硫天然气藏形成的关键地质条件

虽然已发现的所有高含硫气田与地层中石膏的分布有密切的关系，但并非所有的含硫酸盐的碳酸盐-蒸发岩地层都会有含硫化氢天然气的形成与产出，说明硫化氢的形成，不仅需要含硫酸盐的碳酸盐-蒸发岩地层作为物质基础，还需要其他多种地质因素的配合。需要从烃源岩、碳酸盐岩储集层和储层中硫酸盐地层三者之间相互关系的综合研究评估预测硫化氢天然气的空间分布。需要对比分析生物成因和热化学成因两种类型高含硫天然气藏及相似地质条件下形成的特低含硫或不含硫天然气藏的成藏机理，进而分析并总结高含硫天然气富集成藏的主控因素，完善不同类型含硫天然气藏的成藏模式。

围绕上述问题，在认真总结和吸收前人工作的基础上，本研究将油气地球化学和沉积岩石学相结合，以现代地球化学实验分析技术为手段，应用宏观与微观、有机与无机、地质与地球化学等相结合的方法，在对高含硫天然气进行常规地球化学分析的基础上，辅助以硫化氢和硫酸盐矿物的硫同位素分析、稀有气体同位素分析、C_6-C_8轻烃等手段进行四川盆地天然气的成因判识；在对国内外硫酸盐成因研究进行大量资料调研和分析的基础上，通过硫酸盐热化学反应（TSR）的模拟实验和沉积层中硫酸盐矿物与硫化氢气体的硫同位素组成对比分析，研究硫化氢形成的地质条件及其控制因素；通过对四川盆地不同含量硫化氢天然气田烃源岩、碳酸盐岩储层和盖层（硫酸盐岩）组合三者之间的综合研究和对川东北及其邻区高含硫天然气藏的解剖及其与常规低含硫化氢天然气藏成藏条件的对比研究，分析硫化氢在天然气藏成藏和保存中的作用，总结高含硫气藏的成藏机理。结合区域地质、模拟实验研究及油气藏解剖的相关成果，研究天然气中硫化氢形成的控制因素及地质条件，总结高含硫硫化氢天然气的空间分布规律，深化了对高硫天然气形成与聚集的认识，为高硫天然气的勘探提供科学依据。

本书是以国家自然科学基金重点项目“南方海相层系多形式烃源成烃过程示踪”（40739902）和中国石化股份公司科研项目“川东北高含硫天然气成藏机理及分布规律研究”（P05038）课题为主，在包括国家重点基础研究发展计划（973 计划）项目（2012CB214801）等多个项目研究成果基础上提炼、集成和深化而成，是几十位科研人员多次讨论、共同研究的结晶。参加研究工作的主要人员有刘文汇、腾格尔、高波、张中宁、张建勇、张殿伟、范明、付小东、刘全有、郑伦举、秦建中、郑建京、李立武、饶丹、王杰 、蒋启贵、蒋小琼、王琪、王作栋、王晓锋、张渠、张美珍、陈红宇、承秋泉、王强等。全书由刘文汇主持撰写，包括提出编写提纲、各章节内容安排调整及最后统一修改定稿，腾格尔、卢龙飞、罗厚勇和胡广等参加了全部统编工作。具体编写分工：前言，刘文汇；第一章，刘全有、刘文汇；第二章，张中宁、李立武、郑建京；第三章，张建勇、郑伦举、范明；第四章，腾格尔、付小东、高波、张中宁；第五章，高波、张殿伟、刘文汇；第六章，腾格尔、刘文汇；结语，刘文汇。

研究工作和编写过程中，得到了中国石化科技部、中国石化石油勘探开发研究院和中国科学院地质与地球物理研究所兰州油气资源研究中心领导和专家的指导和支持，在此表示衷心感谢！特别感谢中国石油勘探开发研究院戴金星院士在百忙之中审阅书稿并作序，这是对该研究群体的最大鼓舞！同时感谢参与研究和实验的现场人员、实验测试人员在研究工作中的辛勤劳动和默默奉献。

刘文汇

2013 年 5 月 20 日

目　　录

第一章　含硫天然气的基本概念和性质

1.1　硫的地球化学与硫化氢的基本性质

1.1.1　硫的基本性质与硫化氢

为了更好地理解自然界硫化氢气体的形成和在流体矿藏中的聚集，我们简要归纳一下硫的化学性质，以便在后文中探讨天然气中硫化氢的来源和演化中予以应用。

1.1.1.1　硫的基本性质

硫元素（S）原子序数 16，相对原子质量为 32.07，为淡黄色晶体，属非金属元素类型。在自然界，硫元素以单质硫和化合态硫两种形态赋存。单质硫有几种同素异形体，最常见的是晶状的单斜硫和斜方硫。菱形硫（斜方硫）又叫 α-硫（S_8），密度 2.07g/cm^3，熔点 112.8℃，沸点 444.674℃；单斜硫又叫 β-硫（S_8），密度 1.96g/cm^3，熔点 119.0℃，沸点 444.6℃。纯粹的单质硫密度 1.96g/cm^3，熔点 120.0℃，沸点 444.6℃。硫元素导热性和导电性都差，性松脆，不溶于水，但易溶于有机溶剂二硫化碳（CS_2）。无定形硫主要有弹性硫，是由熔态硫迅速倾倒在冰水中所得。不稳定，可转变为晶状硫。晶状硫能溶于有机溶剂如二硫化碳中，而弹性硫只能部分溶解。化合价为－2、＋2、＋4 和＋6。第一电离能 10.360 电子伏特。化学性质比较活泼，能与氧、金属、氢气、卤素（除碘外）及已知的大多数元素化合。它存在正氧化态，也存在负氧化态，可形成离子化合物、共价化合物和配位共价化合物。

自然界重要的硫化物是黄铁矿，其次是有色金属元素（Cu、Pb、Zn 等）的硫化物矿。天然的硫酸盐中以石膏（$CaSO_4 \cdot 2H_2O$）和芒硝（$Na_2SO_4 \cdot 10H_2O$）最为丰富。硫在自然界中存在有单质状态，每一次火山爆发都会把大量地下的硫带到地面。硫还与多种金属形成硫化物和各种硫酸盐，广泛存在于自然界中。

硫是一个很活泼的元素，除金、铂外，硫几乎能与所有的金属直接加热化合，生成金属硫化物，在适宜的条件下能与除惰性气体、碘、分子氮以外的元素直接反应。硫容易得到或与其他元素共用两个电子，形成氧化态位－2、＋6、＋4、＋2、＋1 的化合物。－2 价的硫具有较强的还原性，＋6 价的硫只有氧化性，＋4 价的硫既具有氧化性也具有还原性。

硫原子的价电子层结构为 $3s^2 3p^4$，还有可以利用的空 3d 轨道，因此硫在形成化合物时有如下的价键特征：①形成离子键。S 原子可以从电负性较小的原子接受 2 个电子，形成离子，生成离子型硫化物。②形成共价键。S 原子可以与电负性相近的原子形成共价键，另外它的 3s 和 3p 中的成对电子可以拆开进入它的 3d 空轨道，然后参加成键。③形成多硫链。从单质硫的结构特征看，硫有形成长硫链——S_n——的习性，长硫链也可以成为形成化合物的结构基础。这个特点是其他元素少见的。当长硫链中 S 原子的个数 $n=2$ 时，也可以叫做过硫化物，类似于氧的过氧化物。例如离子型的过硫化亚铁 FeS_2、过硫化钠 Na_2S_2，共价型的过硫化氢 H_2S_2、S_2Cl_2。在过硫化物中 S 的氧化数为—1 或+1。当长硫链中 S 原子的个数 $n \geqslant 2$ 时，还可以生成多硫化氢 H_2S_n（硫烷）、多硫化物 MS_n 和连多硫酸 $H_2S_nO_6$。

1.1.1.2 自然界硫化物的性质

自然界硫化物主要包括有机硫化物和无机硫化物两大类。无机硫主要由硫化物硫组成，硫酸盐硫微量，元素硫更少。无机硫化物指电正性较强的金属或非金属与硫形成的一类化合物。大多数金属硫化物都可看作氢硫酸的盐。由于氢硫酸是二元弱酸，因此硫化物可分为酸式盐（HS，氢硫化物）、正盐（S）和多硫化物（S_n）三类。

自然界金属硫化物硫绝大部分是以硫化铁（黄铁矿及少量白铁矿，分子式都是 FeS_2）的形态存在，偶尔可见闪锌矿（ZnS）、方铅矿（PbS）、黄铜矿（$Fe_2S_3 \cdot CuS$）和砷黄铁矿（$FeS_2 \cdot FeAs_2$）。因此，人们通常把硫化物硫称为硫铁矿硫或黄铁矿硫。金属硫化物大多数是有颜色难溶于水的固体，碱土金属硫化物微溶于水，铵的硫化物易溶于水。硫铁矿硫的来源主要有两种：一种来源于成煤植物及其转化产物，另一种来源于环境水中，即水中硫酸盐类还原生成。

碱金属硫化物和硫化铵易溶于水，由于水解其溶液显碱性。碱土金属、钪、钇和镧系元素的硫化物较为难溶。当阳离子的外层电子构型为 18 电子和 18+2 电子时，往往由于较强的极化作用而形成难溶的、有颜色的硫化物。大多数不溶于水的硫化物可溶于酸并释放出硫化氢，极难溶的少数金属硫化物（如 CuS、HgS）可用氧化性酸将其溶解，此时硫离子被氧化成硫而从溶液中析出。

硫化物是一系列金属、半金属元素与硫元素结合而成的矿物。矿物种数有 200 种左右，尽管本类矿物只占地壳总质量的 0.15%，其中绝大部分为铁的硫化物，其他元素的硫化物只相当于地壳总质量的 0.001%，分布量有限，但却可以富集成具有工业意义的矿床，主要有有色金属，如 Cu、Pb、Zn、Hg、Sb、Bi、Mo、Ni、Co 等均以本大类矿物为主要来源，故本类矿物在国民经济中具有重大意义。

依据成分中硫离子价态的不同和络阴离子的存在与否，硫化物矿物相应分为三类：单硫化物，硫以 S^{2-} 形式与阳离子结合而成，绝大多数为黑色；双硫化物，硫以哑铃状对阴离子 $[S_2]^{2-}$ 形式与阳离子结合而成；硫盐矿物，硫与半金属元素砷、锑或铋组成锥状络阴离子 $[AsS_3]^{3-}$、$[BiS_3]^{3-}$，以及由这些锥状络阴离子相互联结组成复杂形式的络阴离子与阳离子结合而成。

有机硫化物指含有二价、四价和六价硫的有机化合物。根据具体情况的不同，有机硫化物可包括：硫醚（R—S—R）、硫酚/硫醇（Ar/R—SH）、硫醛（R—CSH）、硫代羧酸和二硫化物（R—S—S—R）等。含碳硫键的有机化合物存在于石油和动植物体内。从数量上说，有机硫化合物仅次于含氧或含氮的有机化合物。有机硫化合物可分为含二价硫的有机化合物和含高价（四价或六价）硫的有机化合物两大类。第一类化合物多数与其相应的含氧化合物在结构和化学性质方面相似，个别的第二类化合物也有同样现象。含二价硫的有机化合物包括：①硫醇和硫酚，C_2H_5SH、C_6H_5SH。②硫醚，$CH_3—S—CH_3$。③二硫化物，$CH_3—S—S—CH_3$。④多硫化物，$CH_3—S—S—S—CH_3$。⑤环状硫化物。此外，还有含硫杂环化合物和硫代醛、酮、羧酸及其衍生物。

有机硫主要来源于沉积有机质原始生物体中的蛋白质。有机硫的组成成分多为硫醚或硫化物、二硫化物、硫醇或羧基化合物，次为噻吩类杂环硫化物和硫醌化合物，这些化合物结合在沉积有机大分子结构中或其侧链中，比较均匀地分布在沉积有机质中。

1.1.1.3　硫的氧化物、含氧酸及其盐

1）硫的氧化物

硫的氧化物有 S_2O、SO、S_2O_3、SO_2、SO_3、S_2O_7、SO_4 等，其中自然界最重要的是 SO_2 和 SO_3。

（1）二氧化硫

SO_2分子是弯曲形的，硫原子 sp^2 杂化，其中两个杂化轨道与氧成键，另一杂化轨道中有一对孤电子对。∠OSO 为 119.5°，键长为 143pm。SO_2是一种无色有刺激臭味的气体，比空气重 2.26 倍，它是一种大气污染物。空气中 SO_2 的含量不得超过 0.02mg/L。SO_2是极性分子，常压下，263K 就能液化，易溶于水，通常情况下每立方分米水能溶解 40L 的 SO_2，相当于质量分数为 10% 的溶液。SO_2是造成酸雨的主要因素之一。

SO_2中 S 的氧化数为+4，所以 SO_2既有氧化性又有还原性，但还原性是主要的。只有遇到强还原剂时，SO_2才表现出氧化性。SO_2可做配体，以不同的方式与过渡金属生成配合物。

硫在空气中燃烧生成 SO_2：

$$S + O_2 = SO_2$$

金属硫化物矿高温氧化时生成氧化物，同时放出 SO_2：

$$3FeS_2 + 8O_2 = Fe_3O_4 + 6SO_2\uparrow$$

$$2ZnS + 3O_2 = 2ZnO + 2SO_2\uparrow$$

（2）三氧化硫

气态 SO_3分子构型为平面三角形，S 原子杂化，键角为 120°，S—O 键长 143pm，具有双键特征（S—O 单键长约为 155pm）。固态的 SO_3 主要以两种形式存在。一种 $(SO_3)_n$是石棉形的，结构与石棉相似，是由许多 SO_3基团通过氧原子互相连接起来的长链，在链中 S—O 键长为 161pm，端梢的 O 与 S 的键长为 141pm。在这种结构形式中，S 原子杂化，除生成 4 个 σ 键外，还生成了 2 个 π 键。另一种固态 SO_3是冰状结构的三聚体 $(SO_3)_3$，三个 S 原子通过 O 原子以单键连接成环状，在这种结构中 S 原子也是杂化。

纯净的 SO_3是无色易挥发的固体，熔点 289.9K，沸点 317.8K。SO_3中 S 原子处于最高氧化态+6，所以 SO_3是一种强氧化剂，特别在高温时它能氧化磷、碘化物以及铁、

锌等金属。SO_3极易吸收水分，在空气中强烈冒烟，溶于水即生成硫酸并放出大量热。

2）硫的含氧酸及其盐

（1）亚硫酸及其盐

SO_2溶于水就生成亚硫酸，亚硫酸只存在于水溶液中，在地下流体中广泛存在。它是弱的二元酸，可以生成两种盐，即正盐（M_2SO_3）和酸式盐（$MHSO_3$）。碱金属的亚硫酸盐易溶于水，水解显碱性；其他金属的正盐均微溶于水，而所有的酸式盐都易溶于水。在亚硫酸和它的盐中，硫的氧化数是+4，居中间氧化态，所以亚硫酸及其盐既有氧化性又有还原性，但它们的还原性是主要的。亚硫酸盐比亚硫酸具有更强的还原性。在碱性溶液中亚硫酸盐是一种强还原剂。亚硫酸及其盐虽然是相当强的还原剂，但也能被比它更强的还原剂（如H_2S等）还原成单质硫，而表现出氧化性。例如：

$$H_2SO_3 + 2H_2S = 3S\downarrow + 3H_2O$$

亚硫酸及其盐受热容易分解，遇到强酸也立即分解。

（2）硫酸及其盐

SO_3溶于水即生成硫酸并放出大量的热。硫酸盐是由硫酸根离子（SO_4^{2-}）与其他金属离子组成的化合物，都是电解质，且大多数溶于水。硫酸盐矿物是金属元素阳离子（包括铵根）和硫酸根相化合而成的盐类。由于硫是一种变价元素，在自然界可以呈不同的价态形成不同的矿物。当以最高的价态S^{6+}与四个O^{2-}结合成SO_4^{2-}，再与金属元素阳离子化合即形成硫酸盐。在硫酸盐矿物中，与硫酸根化合的金属阳离子有二十余种。其中最主要的是Ca^{2+}、Mg^{2+}、K^+、Na^+、Ba^{2+}、Sr^{2+}、Pb^{2+}、Fe^{3+}、Al^{3+}、Cu^{2+}。硫酸盐硫的主要存在方式是石膏（$CaSO_4 \cdot 2H_2O$），另有少量绿矾（$FeSO_4 \cdot 7H_2O$）、重晶石（$BaSO_4$）等硫酸盐矿物。硫酸盐和水的作用，因阳离子结构特征不同而有不同的溶解性表现：①在8电子外壳阳离子的硫酸盐中，碱金属的硫酸盐是易溶于水的。其他+2、+3阳离子的硫酸盐是难溶的，这是由于电荷增高，加强了离子间引力而造成难溶。例如$CaSO_4$、$BaSO_4$难溶于水。②18电子外壳和不规则电子外壳的低电荷阳离子的硫酸盐，如$CuSO_4$、$ZnSO_4$、$CdSO_4$等易溶于水，主要因为这些阳离子是容易水合的（和水分子相互极化）。③较大半径的18和18+2电子外壳阳离子的硫酸盐，如Ag_2SO_4、$PbSO_4$、Hg_2SO_4等难溶于水，因为阳离子之间有较强的相互极化作用。④除了碱金属和碱土金属硫酸盐外，其他硫酸盐都会有不同程度的水解作用。

硫酸盐的热稳定性与相应阳离子的电荷、半径以及最外层的电子构型有关。活泼金属的硫酸盐在高温下也是稳定的，例如K_2SO_4、Na_2SO_4、$BaSO_4$等硫酸盐较稳定，加热到1273K时也不分解。这是由于这些盐的阳离子具有低的电荷和8电子构型，离子极化作用小。较不活泼金属的硫酸盐，例如$CuSO_4$、Ag_2SO_4、$Al_2(SO_4)_3$、$Fe_2(SO_4)_3$、$PbSO_4$等，它们的阳离子多是高电荷和18电子构型或不规则构型，离子极化作用较强，高温下，阳离子向硫酸根离子争夺氧。因此，这些硫酸盐在高温下一般先分解成金属氧化物和SO_3，有的则进一步分解为金属。

自然界的硫酸盐常以复盐形式存在。可溶性硫酸盐从溶液中析出的晶体常带有结晶水，如$CuSO_4 \cdot 5H_2O$、$FeSO_4 \cdot 7H_2O$、$Na_2SO_4 \cdot 10H_2O$等。这些带结晶水的盐通常也称为矾，如 $CuSO_4 \cdot 5H_2O$ 称为胆矾或蓝矾，$FeSO_4 \cdot 7H_2O$ 称为绿矾，$ZnSO_4 \cdot 7H_2O$ 称为皓矾等。目前已知的硫酸盐矿物种数有 170 余种。虽然它们只占地壳总重量的 0.1%，但它们中的石膏、硬石膏、重晶石、芒硝等均能富集成具有工业意义的矿床。硫酸盐矿物多数是成分比较复杂的盐类，因此晶体结构中对称程度较低，主要属于单斜晶系和正交晶系。而且由于大多数硫酸盐矿物含有水，因此其最突出的物理性质是硬度低，一般在 2～3.5 之间。另外，颜色一般为无色和白色，相对密度一般介于 2～4 左右。由于硫酸盐矿物的形成需要富氧和低温的条件，因此，地表是最适宜于形成硫酸盐矿物的地方。在本类矿物中，外生成因远比内生成因的重要。其中由原生金属硫化物氧化后而成的硫酸盐矿物，在种类上几乎占本类矿物的一半。而在海盆中化学沉积的硫酸盐矿物主要是钾、钠、钙、镁、钡、铝的含水硫酸盐。至于内生热液成因的硫酸盐矿物，主要是钡、钙、锶、铝等无水硫酸盐，见于中低温热液脉中或作为低温热液围岩蚀变的产物。

1.1.1.4　自然界的硫化氢

硫化氢为无色气体。具有臭鸡蛋气味。分子式 H_2S。相对分子质量为 34.08。相对密度为 1.19。可燃上限为 45.5%，下限为 4.3%。

硫化氢的结构特点：硫原子已 sp^3 杂化，生成 2 个 σ 键，2 对孤电子对，分子构型为 V 形。硫的氧化数为－2。

H_2S 在 213K 时凝聚成液体，187K 时凝固。它在水中的溶解度不大，一体积水可以溶解 2.6 体积的 H_2S。这种溶液叫硫化氢水或氢硫酸。

H_2S 的水溶液是弱酸，它在水中的电离常数为：

$$Ka_1 = 1.3 \times 10^{-8} \qquad Ka_2 = 1.3 \times 10^{-15}$$

H_2S 中 S 的氧化数为－2，处于 S 的最低氧化态，所以 H_2S 的一个重要化学性质是它具有还原性。从标准电极电势看，无论在酸性还是碱性介质中，H_2S 都具有较强的还原性，能被 I_2、Br_2、O_2、SO_2 等氧化剂氧化成单质 S，甚至氧化成硫酸。

$$H_2S + I_2 = 2HI + S$$

$$H_2S + 4Br_2 + 4H_2O = H_2SO_4 + 8HBr$$

$$2H_2S + SO_2 = 3S + 2H_2O$$

$$2H_2S + O_2 = 2S + 2H_2O$$

工业上利用后两个反应从含硫化氢气体中回收单质硫。

硫化氢自然产出的现象十分普遍，如城市污水和生活垃圾的腐败分解等都产生硫化氢。这些情况下产生的 H_2S 含量往往不高，对人体健康一般不会构成严重威胁。在自然界，绝大多数硫化氢赋存在油气田中。全球几乎所有发现的气藏中都或多或少含有硫化氢，其含量从刚能被检测出到占天然气体积的 90%以上。

天然气藏中存在的硫化氢给人们勘探开发天然气带来了一系列难题。主要在于含硫气田开发必须面对的硫化氢的剧毒性、腐蚀性和开发过程中硫元素的沉积等问题。

1）硫化氢剧毒性

硫化氢气体无色，有刺鼻的臭鸡蛋气味，可点燃，可溶于水，其毒性比氧硫化碳（COS）和一氧化碳（CO）等无色无味的气体毒性更大。硫化氢是一种神经毒剂，亦为窒息性和刺激性气体。其毒作用的主要靶器是中枢神经系统和呼吸系统。在小浓度下，人会感觉不适；当浓度超过 100×10^6 mg/L 时，人的嗅觉器官会因伤害而失去嗅觉功能，若长期暴露于硫化氢的环境下，人会感觉到虚弱甚至死亡。

2）硫化氢腐蚀性

硫化氢对勘探开发过程中所用钢材的腐蚀主要表现在两方面：含硫气体对环境中金属的电化学腐蚀和硫化物引起的金属应力开裂。一是硫化氢的电化学失重腐蚀。天然气中的 O_2 和 CO_2 与硫化氢同时作用，会使金属的电化学腐蚀变得更加严重，其中 O_2 与硫化氢结合引起的腐蚀最为严重，比两种气体单独腐蚀影响要严重得多。二是硫化氢引起的应力开裂。一种是硫化氢腐蚀钢铁的特有现象氢脆；另一种为硫化氢应力腐蚀破裂。所谓氢脆，即由于氢离子深入到金属内部，致使金属发生形变或破裂的过程。这是由于在硫化氢的作用下阻止氢化合生成 H_2，使得氢元素游离，进入金属内部，从而影响金属的晶格间距离，导致金属开裂。硫化氢应力腐蚀破裂，是钢材在外加应力的作用下，在发生氢脆的地方发生破裂，是氢脆与应力同时作用的结果。

3）硫元素的沉积

在天然气开采过程中，随着气体的产出，气藏温度和压力下降，天然气对硫的溶解能力降低，从而析出硫。在气藏温度低于硫的凝固点的条件下，这些析出的硫就会以固态形式在储层岩石的孔隙喉道中沉积，从而堵塞天然气的渗流通道，降低储层的有效渗透率，影响气井产能，严重时将很快造成这类气藏地层孔隙被堵死，使得气井停产。

1.1.2 硫的同位素地球化学

同位素地球化学是研究天然物质中同位素的丰度、变异及其演化规律的学科。自然界存在各种物理、化学和生物的反应和过程，包括蒸发作用、扩散作用、吸附作用、化学反应、生物化学反应，等等。这些过程中的轻元素的同位素分馏是显著的，探讨这些过程的同位素分馏机制是稳定同位素地球化学的基础。硫同位素地球化学是研究天然物质中硫同位素的丰度、变异规律及其地质意义，在自然界硫化氢形成与分布研究上具有不可替代的作用。

1.1.2.1 硫同位素的基本性质

硫有四种稳定同位素：^{32}S，^{33}S，^{34}S，^{36}S，其相对丰度为：^{32}S 94.941%，^{33}S 0.769%，^{34}S 4.273%，^{36}S 0.016%。在地球化学研究中，一般考虑分布最广泛的 ^{32}S 和 ^{34}S 这两种同位素的比值，研究中用 $\delta^{34}S$ 表示：

$\delta^{34}S$ (‰) = ($^{34}S/^{32}S$ 样品 − $^{34}S/^{32}S$ 标准)/($^{34}S/^{32}S$ 标准) × 1000。

硫同位素标准是 CDT［美国亚利桑那州 Canyon Diablo 铁陨石中的陨硫铁（Troilite）］，它的$^{34}S/^{32}S$值一般为 0.045，$\delta^{34}S = 0.00$（Jensen and Nakai，1962）。自然界硫同位素组成范围大，最重的硫酸盐的 $\delta^{34}S$ 为 +95‰，最轻的硫化物为 −65‰。

硫可以呈 S^{2-}、S_2^{2-}、S^0、S^{4+}、S^{6+} 等多种价态，有时还出现 S_x^{2-}、$S_2O_3^{2-}$ 等亚稳定络合物，不同价态含硫原子团富集^{34}S的能力不同。硫化物和硫酸盐之间的氧化还原作用、地表条件下微生物的还原作用，以及硫酸盐和硫化物的溶解度的极大差异，是造成硫的轻、重同位素分馏的重要原因。

1.1.2.2　硫同位素的分馏作用

由于同位素质量不同，因此在物理、化学及生物化学作用过程中，硫元素的不同同位素在两种或两种以上物质（物相）之间的分配具有不同的同位素比值就是同位素分馏。硫同位素的分馏过程主要有：各种硫化合物（硫酸盐、硫化物）之间的同位素交换反应，是一种平衡的同位素分馏；硫化合物发生价态改变的单向化学反应，是一种不可逆的氧化还原反应，具有动力分馏的性质，它既可是无机环境改变引起，也可是生物细菌的有机作用，而且生物细菌的作用往往能引起大的动力分馏。

1）*热力学分馏*

不同物质或物相间的同位素比值达到恒定不变时，即达到了同位素平衡状态，这种状态的分馏称为同位素平衡分馏。一旦同位素平衡状态建立后，只要体系的物理化学性质不变化，则在不同矿物或物相中同位素组成就维持不变，这是同位素平衡分馏的特点。同位素平衡分馏与路径、同位素交换速率、压力等都无关，而仅与温度有关。同位素平衡分馏的研究只考虑过程的始态与终态，对其演化过程及时间不予考虑。因此，同位素平衡分馏又称热力学分馏，是同位素地质温度计的理论依据。两个平衡共存相中的硫同位素的分馏系数 α 是温度的函数，$1000\ln\alpha = AT^{-2} \times 10^{-6}$，当压力 $< 10^8$ Pa 时，压力效应可以忽略，运用实验方法测出参数 A 后，便可根据实测样品的 Δ 值求出平衡温度。

共价键具有大的平衡分馏，而离子键平衡分馏小，通常可忽略。同位素分馏由分子振动能级差异引起，低温能级差异大平衡分馏大；特别高温度能级差为零，不产生分馏。

岩浆环境和 250℃以上热液流体中的硫酸盐和溶解的硫化氢、火山喷气口的二氧化硫和硫化氢气体、热液流体中溶解的硫化氢和沉淀的硫化物等是同位素平衡交换的典型体系，平衡条件下硫的重同位素倾向于富集在具有较强硫键的化合物中，由高价到低价，$\delta^{34}S$ 依次降低，因此各种含硫原子团富集^{34}S的顺序是：$SO_4^{2-} \geqslant HSO_4^- > SO_2^{2-} > SO_2 > S_x > S_2S \geqslant HS^- \geqslant S^{2-}$。图 1.1 表示了一些含硫化合物和 H_2S 之间的同位素分馏曲线，硫化物-H_2S 达到平衡时各种硫化物富^{34}S的顺序大致如下：辉钼矿＞黄铁矿＞闪锌矿（磁黄铁矿）＞H_2S＞黄铜矿＞（HS^-）＞铜蓝＞方铅矿＞辰砂＞辉铜矿（辉锑矿）＞辉银矿＞S^{2-}。实测数据和理论计算结果大致相符。低温状态下 SO_4^{2-}-H_2S 体系

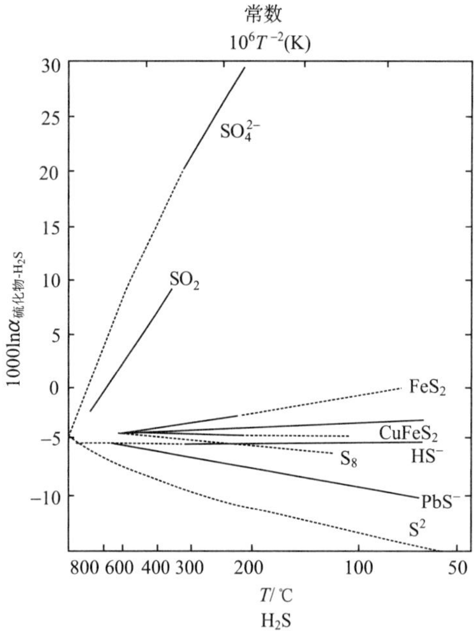

图1.1 硫化合物相对于 H_2S 的平衡分馏曲线
(Ohmoto and Rye, 1979)
实线是实验测定值，虚线是外推或理论计算值

分馏最大，理论计算分馏系数可达到1.075，实际上，低温反应很难达到平衡。溶解 SO_4^{2-} 和沉淀硫酸盐之间的硫同位素分馏系数很小。

2）动力学分馏

一些物理-化学（如蒸发、扩散、化学反应等）过程和生物（如光合作用、呼吸作用和细菌硫酸盐还原等）过程，达不到反应物与产物之间的同位素交换的平衡，称为同位素动力学分馏。这些过程往往受速度控制，其造成的同位素分馏受扩散速度或化学反应速度控制，依赖于路径、时间与速度。生物参与的化学过程，一般同位素动力学效应明显，这在S同位素分馏的研究中占有重要位置。由于轻同位素取代具有相对高的势能，因此它相对“活泼”，优先反应。反应没有达到平衡时，轻同位素相对富集在产物中，而重同位素则在反应物中相对富集。

同位素动力分馏是同位素交换偏离平衡时的一种分馏现象，是自然界中更为普遍的现象，它除与温度相关外，还受交换时间、交换机理等影响。对于动力学分馏的研究将有助于确切了解同位素交换封闭温度、矿物保存原始同位素组成能力、地质过程的热历史等，另外还可为区分地质体系是封闭体系还是开放体系提供依据。

硫化物的无机氧化还原作用是一种非平衡的单向化学反应。硫化物氧化为硫酸盐是一种动力分馏过程，但分馏不明显。硫酸盐无机还原为硫化物的同位素动力分馏效应比较明显。如用HI作还原剂的反应：$SO_2^{4-}+10H^++8e\longrightarrow H_2S+4H_2O$，低温下的分馏系数可达1.022。该反应中还原速度由 SO_4^{2-} 转化为 SO_3^{2-} 或者 SO_2 转换为过渡络合体时所发生的第一对S—O键破坏所控制，它的同位素效应比较明显。但硫酸盐的无机还原作用需要较高的活化能，低温下参与反应的物质数量很少，因而有实际意义的反应多发生在约250℃以上的热液体系和地壳深部环境，如热液流体中水溶性硫酸盐被还原成水溶硫化物，火山气体中 SO_2 被 H_2S 还原成元素硫，海水 SO_4^{2-} 被海底热火山中 Fe^{2+} 还原成 H_2S，并形成硫化物。

生物的动力学分馏主要是各种细菌引起的，包括硫酸盐的同化还原过程，即硫酸盐在生物作用下合成为有机硫化物；有机物分解产生 H_2S；细菌氧化硫化物为硫酸盐；细菌还原硫酸盐为硫化物等。不同细菌引起分馏的程度很不相同，低温下厌氧细菌对硫酸盐的还原作用能产生明显的动力同位素分馏。同样是生物成因的硫同位素组成可以相差很大。

通常生物为媒介的氧化还原反应中会产生大的动力分馏，例如：细菌还原产生的硫化物贫^{34}S。细菌硫酸盐还原最大的硫同位素分馏为46‰。S_0的细菌歧化作用产生17‰的同位素分馏。BSR和歧化作用会造成海洋约60‰同位素分馏。厌氧条件下硫酸盐还原细菌的还原作用是造成全球硫循环的最重要的分馏作用。实验表明各类硫酸盐还原细菌产生的直接同位素分馏在0～46‰之间，即分馏系数为

$$\alpha_{SO_4-H_2S}=1.000\sim1.046$$

分馏系数的大小与硫酸盐的浓度有关（Canfield and Teske，1996）：硫酸盐浓度>1mol/L，BSR造成的同位素分馏在4‰～46‰之间，平均在18‰。硫酸盐浓度≤1mol/L，BSR造成的同位素分馏≤4‰。

细菌还原硫酸盐为硫化氢的过程是相当复杂的，视体系是开放的或封闭的而有很大不同（图1.2）。若体系是开放的，在还原过程中SO_4^{2-}和H_2S浓度保持不变，即SO_4^{2-}可以不断输入体系，不随过程进行而下降，H_2S与金属形成硫化物，不随过程进行而减少，这时只要环境条件不发生变化，动力分馏会保持在一定范围内，如黑海静海底发生的还原过程，这种环境下测得的硫化物的$\delta^{34}S$比海洋硫酸盐低40‰～60‰。如果体系对SO_4^{2-}是封闭的，则需用瑞利过程来描述硫同位素分馏，半封闭的浅海和半咸水环境就是这种封闭体系。

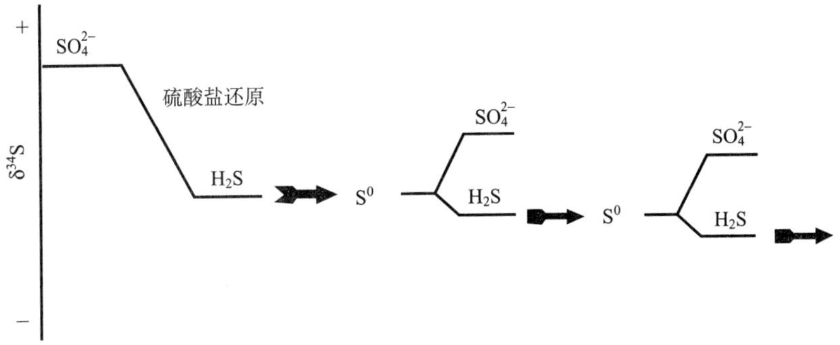

图1.2　细菌还原、氧化和歧化作用（Canfield and Thamdrup，1994）

1.1.2.3　不同地质体中硫同位素的组成

自然界有4种不同^{34}S的硫储库（图1.3）：①幔源硫，^{34}S为0±3‰；②现代海水硫，^{34}S为+20‰；③地史上海相硫酸盐，^{34}S为+9‰～+32‰；④具有较大负值和变化范围的沉积岩中的强烈还原硫（煤和石油等中的硫的^{34}S多为负值，且变化范围大）（Rollinson，1993）。^{34}S的一般特点为：①除碳质球粒陨石以外，陨石的硫同位素组成变化很稳定，范围约为0±1‰。超基性岩、基性岩及有关矿床的^{34}S变化范围也很窄，与陨石硫一致；②随着岩石酸度的增加，^{34}S的绝对值增加，变化范围增大；③现代海洋硫酸盐的^{34}S相当稳定，为+20.0‰±0.5‰。海相蒸发岩代表了地史上海洋硫酸盐的0±1‰的变化特征，为+9‰～+32‰；④沉积岩中的硫化物、石油和煤中的硫的^{34}S多为负值，且变化范围大（郑永飞、陈江峰，2000）。

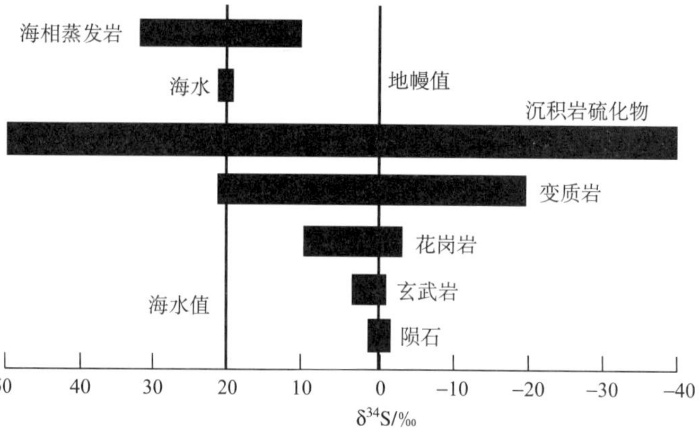

图 1.3 自然界中硫同位素的变化（据郑永飞、陈江峰，2000）

1）陨石与岩浆岩

基性岩与超基性岩：在自然界中，硫同位素组成最稳定的物质是陨石，其 $\delta^{34}S$ 值只有±0.2‰的微小变化，通常以其代表地球原始硫同位素组成。假设上地幔中的硫还保持着地球硫的原始状态，未曾发生过明显的分异，则硫同位素成分应与陨石硫相近。基性岩、超基性岩一般具有以下特点：①各矿床的硫同位素组成变化范围都很窄小，一般在3‰以下。②一般具稳定、均一的硫源，呈正态分布，$\delta^{34}S$ 数值的绝对值很小，接近陨石硫，在直方图上图像坐落在零值附近，呈塔式效应。③围岩与岩体的硫同位素组成一般没有明显差别，这是由于大部分铜镍硫化物矿床的硫来自地壳深部，具有地幔硫的特点。其中基性岩和陨石在 $\delta^{34}S$ 值上的某些差别，可能与岩浆上升过程中的结晶分异、同化混染、去气作用有关。而地层围岩的硫化物则多经历过生物循环，发生了硫同位素分馏作用，具有地壳硫的特点。

酸性侵入岩、伟晶岩：酸性侵入岩的硫同位素组成变化很大，$\delta^{34}S$ 值从－13.4‰～＋26.7‰，在很多情况下与陨石硫有很大差别。因为酸性成分的岩石可以由地壳成分的岩石再生而成，熔融后再贯入侵入体，也可以由起源于上地幔的基性成分的岩浆分异而成，亦即由于酸性岩形成条件不同所致。以花岗岩为例，泰勒等提出，幔源花岗岩（I型）$\delta^{34}S$＝－3.6‰～＋5‰，而壳源重熔型花岗岩（S型）$\delta^{34}S$＝－9.4‰～＋7.6‰，硫同位素组成与母岩有继承性。$\delta^{34}S$ 值异常高的花岗岩通常是沉积岩重熔作用形成。伟晶岩的硫与陨石差别很大，伟晶岩中硫化物硫的同位素组成变化范围很大，从－13.4‰～＋7.0‰。在很多情况下，$\delta^{34}S$ 值偏差很大，推测是伟晶岩形成时从经受变质的围岩中吸收硫的缘故。

2）沉积岩

海洋沉积物中硫化物的 $\delta^{34}S$ 值通常比海水硫酸盐低20‰～60‰，沉积物中的硫有多种不同存在形式。沉积岩中硫同位素组成变化极大，可从－40‰～＋50‰。这主要是由细菌参与的氧化还原反应造成明显的同位素分馏，是表生循环作用硫同位素分馏的主要机制。这种同位素分馏的程度除与细菌的繁殖和新陈代谢速率有关外，还与体系性质有关，如前述海洋硫酸盐-硫化物体系，如果硫酸盐的储库无限大或可连续补给，假定细菌的新陈代谢速率也不发生明显变化，则 H_2S 或硫化物的 $\delta^{34}S$ 低于海水硫酸盐，并基本保持不变；相反，如果储库是有限的，或以较大的氧化还原比例进行，则随过程进行，残余海水硫酸盐的同位素组成将因 ^{32}S 的大量移去而升高，结果在后期形成的各种硫化物中，^{32}S 的富集程度降低。这种累积效应可使蒸发盐盆地的残余海水及晚期形成的硫酸盐和硫化物达到极高的 $\delta^{34}S$ 值，比如＋50‰～＋70‰，并且由底部向顶部增高。

3）地下流体

由于硫化物沉淀时，矿物与流体（母液）间存在硫同位素分馏，分馏的程度取决于成矿的物理化学条件，因此，只有成矿流体中总硫（而不是硫化物）的同位素组成才能反映成矿的硫源特征。热液体系中各种硫化物与硫酸盐的形成条件严格地受体系中温度、pH、氧逸度、总硫浓度等物理化学环境控制。这些矿物沉淀时与热液之间按一定的分馏系数产生同位素分馏。高温岩浆作用中母岩和岩浆之间无同位素分馏，取决于体系的氧逸度状况，由熔体中分离出来的水溶液中可以富 H_2S，亦可富 SO_2，但同样无同位素分馏产生。热液晶出矿物的硫同位素组成主要取决于下列因素：热液中总硫浓度和同位素组成；温度、pH、氧逸度、离子强度等物理化学参数；结晶矿物的类型和相对数量。因此，简单地根据某些硫化物的硫同位素组成变化大或者 $\delta^{34}S$ 偏离零值较远就认为是细菌生物成因或沉积成因的观点是不合适的。

4）沉积有机质

硫酸盐微生物作用导致硫同位素分馏，造成生物成因硫化物的 ^{34}S 的值很小（约－5‰～＋36‰），世界上许多生物成因矿床的硫同位素组成中 ^{34}S 绝大多数为负值（吴柏林，2005）。

原油 ^{34}S 为－8‰～＋32‰，塔河油田两件与 H_2S 和（或）黄铁矿伴生的原油分析显示，硫含量介于2.2‰～2.5‰，而 $\delta^{34}S$ 值高达＋26.6‰和＋28.2‰。该 $\delta^{34}S$ 值远高于盆地内寒武-奥陶系产出的正常原油（主要为＋15.2‰～＋19.6‰）（Cai *et al.*，2009）。

煤 ^{34}S 为－30‰～＋24‰，煤中总硫含量小于1.0％，有机硫的 ^{34}S 介于＋4.6‰～＋7.3‰（非海相），煤中总硫含量大于1.0％，有机硫的 ^{34}S 介于＋2.9‰～＋24.5‰（有海相硫酸盐硫的加入）。

$^{34}S_{H_2S}$ 为＋3‰～＋30‰，天然气中 H_2S 较烃类及其他组分易溶于水或易被氧化形成硫酸或（和）单质硫，这也是现今气藏中 H_2S 浓度偏低的重要原因（Orr，1987；Machel *et al.*，1995）。

生物有机质 ^{34}S 为－30‰～＋10‰。

1.1.2.4　硫同位素的分布特征

地球上有两个重要且硫同位素组成均一的硫源，一为地幔，其 $\delta^{34}S$ 平均为0，主要以还原形式存在；一为海水，其 $\delta^{34}S$ 平均为+20‰，以 SO_4^{2-} 形式存在。大陆地壳的火成岩、沉积岩和变质岩中的硫都可能大于或小于上述两种硫源值。具体表现如下：

硫具有从正到负的多种化学价的化合物。氧化态与还原态之间大的同位素分馏（平衡的、动力的，主要是生物的）是硫同位素地球化学的重要特征。硫的高价态化合物相对于低价态的普遍富集重同位素。同一体系中，硫同位素的富集规律（平衡分馏）固态>液态>气态；相同化学式的，共价化合物>离子化合物。

海水具有基本恒定的硫酸盐和碳酸盐的同位素组成，现代海水的硫（硫酸盐）的同位素组成均匀，为+20‰（相对 CDT，美国亚利桑那州迪亚布洛峡谷铁陨石中的陨硫铁，用作硫同位素的国际统一标准）。

地幔的硫同位素范围估计在 0‰附近。

沉积岩中黄铁矿或硫化物的硫同位素变化可从很负到很正，这是由于细菌还原硫酸盐过程的生物参与的动力学分馏造成的。

生物参与的同位素动力分馏会造成大的分馏作用。例如，BSR 作用产生的硫化氢非常亏损重同位素。

含硫矿物由一个统一的流体相沉淀出来时，硫同位素在含硫矿物间进行分配，平衡条件下共生矿物间硫同位素组成富 ^{34}S 的顺序为：从高价到低价，化合物的 $\delta^{34}S$ 逐渐降低，$SO_4^{2-} \geqslant SO_3^{2-} > SO_2 > SCO > S_x \approx H_2S \approx HS^- > S^{2-}$；硫酸盐：石膏>天青石>重晶石>铅矾；硫化物：辉钼矿>黄铁矿>闪锌矿>磁黄铁矿>黄铜矿>斑铜矿>方铅矿>辉铜矿>辉银矿>辰砂。这一规律可以用来判断成矿作用是否达到平衡，以及矿物间是否为同期矿化所致。同时，由于共生含硫矿物间的同位素分馏程度受温度控制，因此利用共生矿物对的硫同位素组成可以计算成矿的温度。

蒸发岩（石膏）与海水 SO_4^{2-} 之间和硫酸盐矿物（如重晶石、石膏）之间分馏可以忽略不计。沉积的石膏与溶液 SO_4^{2-} 之间的同位素分馏在室温下仅为 1.65‰±0.12‰，相对现代海水+20‰值它们之间的差值是可以不计的。

自然界硫演化过程中同位素的分馏程度如下：

硫化物氧化为硫酸盐：$\Delta \approx 0$

硫酸盐无机还原为 H_2S 过程（TSR）：$\Delta \approx 15‰$

在 250℃下，二价 Fe 为还原剂就可以把硫酸盐还原：

$$SO_4^{2-} + 8Fe^{2+} + 10H^+ \longrightarrow H_2S + 8Fe^{3+} + 4H_2O$$

热液淋滤黄铁矿生成 H_2S 过程：$\Delta \approx 0$

$$6FeS_2 + 11H_2O \longrightarrow 3Fe_2O_3 + 11H_2S + SO_2$$

$$4FeS_2 + 4H_2O + 6H^+ \longrightarrow 4Fe^{2+} + 7H_2S + SO_4^{2-}$$

由 H_2S 生成硫化物或黄铁矿过程：$\Delta \approx 0$

海水及从中沉淀的硫化物的硫同位素组成是随时代而变化的，现代海洋硫酸盐的 $\delta^{34}S$ 值恒定在一个很小的范围内，约为+20‰海相硫酸盐 ^{34}S 值以寒武纪为最高，$\delta^{34}S$ 值可达+30‰上下（Faure，1977）。沉积旋回中的硫化物和硫酸盐中的硫同位素分馏通常与硫酸盐还原细菌的出现有关，硫同位素组成差别很大的黄铁矿出现在古元古代时期。硫同位素地层学就是利用海相硫酸盐岩硫同位素组成随地质时代的变化进行时代的划分和对比，确定成矿时所对应的地质时代。地质历史中还有高的硫同位素异常现象。Canfield 和 Teske（1996）所收集的数据也表明，大约 750～600Ma 间沉积的黄铁矿达到地质历史上最高的 $\delta^{34}S$ 值，超过了同时代海水硫酸盐的 $\delta^{34}S$ 值。异常高 $\delta^{34}S$ 值的沉积黄铁矿被认为是对于“雪球”事件的响应（储雪蕾等，2001）。地质历史上海水的硫同位素发生过变化，硫同位素在＋10‰～＋35‰之间。它们随地质年代变化的曲线称为年龄曲线。

Claypool 等（1980）和 Strauss（1993，2002）根据世界各地海相蒸发硫酸盐硫同位素的统计分析给出的古海水硫同位素变化曲线显示：从 70Ma 左右到新元古代与寒武纪的界线处古海水的 $\delta^{34}S$ 值大致从＋20‰突然增大到＋30‰左右，但其间具体变化不清楚，进入寒武纪以后 $\delta^{34}S$ 值又逐渐减小。Gorjan 等（2000）给出的新元古代古海水硫同位素曲线显示：从 Marinoan 冰期结束（595Ma）到新元古代与寒武纪的界线处，古海水硫酸盐的 $\delta^{34}S$ 值从＋22‰左右逐渐增大到＋33‰左右。地质历史上，海水（硫酸盐）的硫同位素组成大致经历三个时期的急剧变化（图 1.4）：

新元古代晚期—早寒武世，从大约＋17‰变化到＋35‰，然后逐渐下降，到早泥盆世降到谷底。

晚泥盆世早期（大约 355Ma）又一次跃起到大约＋25‰，再逐渐下降，到二叠纪达到最低的大约＋10‰。

早三叠世（大约 215Ma）又跃上到＋32‰，然后再下降和小幅波动，到现在的＋20‰。

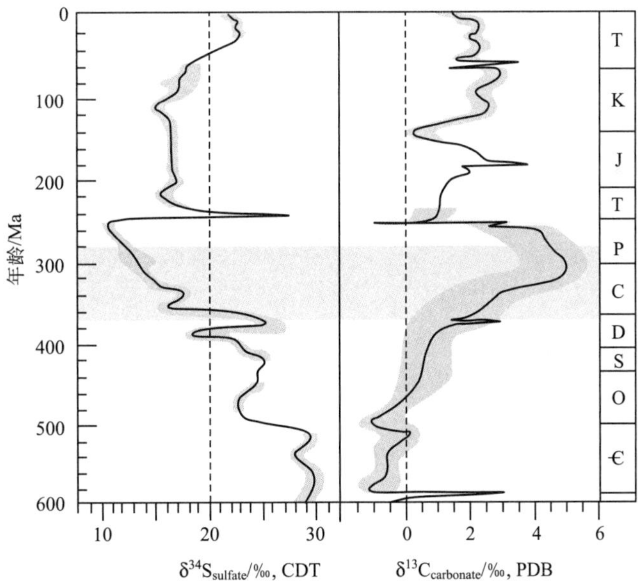

图 1.4　显生宙时期海洋中碳与硫同位素组成变化（Holser，1984）

同位素地球化学是探讨成矿流体和成矿物质来源最为有效的工具，但是 Dejonghe 等（1989）指出，仅仅利用少量单一的同位素数据可能会得出与地质事实不符的结论，有时甚至几种同位素方法研究的结果可能会相互矛盾，所以任何有效的示踪剂都不能单独使用，如天然气藏中硫化氢的形成与聚集过程复杂，仅凭其硫同位素不能贸然下结论，但它的确是非常重要的手段，结合其他指标，可以有效地解决其成藏过程问题。

1.2　含硫天然气的基本类型及硫化氢成因

无论在海相还是陆相沉积盆地中，原始有机质多呈分散状或部分呈集中状（泥炭、煤）伴随其他矿物质沉积，在较浅埋藏条件下形成生物气；随着埋藏深度逐渐增加，地温不断升高，在还原环境或强还原环境下，有机质逐步由过渡带气向液态烃（石油）转变；随着深度进一步增加或地温升高，液态烃开始裂解成气。因此，在不同深度范围内，有机质在各种媒体介质条件会产生明显不同的产物特征，表明原始沉积有机质向油、气的转化过程具有明显的阶段性。20 世纪 70 年代到 80 年代，欧美天然气地质学家（Tissot and Welte，1978；Hunt，1979；Schoell，1980；Schoell，1988；Galimov，1988）根据天然气来源提出天然气为有机来源和无机来源两大类，并出现以有机质母质类型进行天然气划分的雏形。20 世纪 80 年代以来，我国天然气地质学家在欧美学者分类基础上，发展了狭义天然气成因类型的划分方案，确定了天然气有机和无机两大基本来源，明确地提出有机成因气中油型气和煤型（成）气的基本类型，并以有机质的化学作用形式及演化特征，确定出细菌作用形成的生物气、热解作用形成的热催化气和热裂解气的概念（戴金星等，1989；徐永昌，1994）。

1.2.1　含硫天然气及其分类

天然气的组分一般以烃类气体占绝对优势。在天然气的勘探中，硫化氢含量超过5%时称为高含硫天然气。天然气中硫化氢的存在对天然气的勘探开发和利用产生重大安全影响。硫化氢作为天然气中的酸性气体，对钻井设备具有强烈的腐蚀作用，是缩短油气井和其他矿场设备寿命的有害气体，其存在大大增加了气田的勘探开发成本和技术难度。同时，硫化氢又是一种剧毒气体，其泄漏可造成巨大的人身伤亡和环境污染，在钻采过程中发生灾难性的后果。在高含硫天然气藏的开发过程中，曾发生多起人员伤亡事故，2003 年年底在重庆开县发生的“12・13”特大井喷事故就曾造成 200 多人死亡，多人受伤。

海相层系的天然气藏中普遍含有 H_2S，且 H_2S 含量分布很宽，从微含硫化氢到气体中硫化氢含量占 92%以上。对于含非烃气体（CO_2，N_2，H_2S 和 He 等）气藏的分类，基于非烃组分的相对含量及其对勘探开发的影响进行划分。根据 H_2S 含量，戴金星（1985）把天然气中 H_2S 含量在 70%以上的划分为 H_2S 型天然气；H_2S 含量在 2%～70%的划分为高 H_2S 型天然气；H_2S 含量在 0.5%～2%的划分为低 H_2S 型天然气；H_2S 含量大于零、小于 0.5%的划分为微（贫）H_2S 型天然气；天然气中不含硫化氢的划分为无 H_2S 型天然气。笔者结合沈平等（1991）对非烃天然气藏的分类方法，考虑到硫化氢组分的工业应用，对含硫天然气进行分类，见表 1.1。目前，我国已在四川盆地、渤海湾盆地、鄂尔多斯盆地和塔里木盆地等含油气盆地中发现了含 H_2S 天然气。硫化氢的浓度大于5%的气田具有商业价值，它是硫磺资源的重要来源。

表 1.1　含硫天然气藏的分类

	（贫）无硫天然气	含硫天然气	高硫天然气	硫化氢天然气
硫化氢/%	<0.5	0.5~5.0	5.0~70	>70

1.2.2　含硫化氢天然气的成因类型和机理

国内外学者对含硫天然气中的硫化氢的成因已进行了较多研究，并根据其地质与地球化学特征进行了初步的成因分类（Anisimov，1978；Stark and Wallace，1982；戴金星，1985；Anderson and Garven，1987；Krouse *et al.*，1988；Odonr，1990；Schoonen and Barnes，1991a，1991b；Machel *et al.*，1995；Worden *et al.*，1995；Schumacher and Abrams，1996；Rickard and Luther，1997；沈平等，1997；Vester and Lngvorsen，1998；Saunders *et al.*，1999；戴金星等，2004；朱光有等，2004）。根据硫化氢的成因机理可将自然界中的硫化氢分为三大类：生物成因（生物降解、微生物硫酸盐还原）、热化学成因（热分解、硫酸盐热化学还原）和岩浆作用或火山喷发成因。其中，生物成因可分生物热降解成因和生物化学成因两种类型（Anisimov，1978；Anderson and Garven，1987；Odonr，1990；Vester and Lngvorsen，1998），热化学成因可分为热降解成因、热化学还原成因两种类型（Krouse *et al.*，1988；Sassen，1988；Goldhaber and Orr，1995；Worden *et al.*，1995）；另一大类是高温合成的火山喷发成因等。

1.2.2.1　生物成因机理

硫化氢可以通过生物（微生物）活动的方式形成，其途径有二：一是通过微生物同化还原作用和植物等的吸收作用形成含硫有机化合物（如含硫的维生素或蛋白质），而后在一定的条件下分解而产生硫化氢。这是在腐败作用主导下形成硫化氢的过程。腐败作用是在含硫有机质形成之后，当同化作用的环境发生变化，不利于同化作用进行时，就可能会发生含硫有机质的腐败分解，从而释放出硫化氢。这种方式形成的硫化氢比较常见，一般来说，所生成的硫化氢规模和含量都不会很大，也难以聚集，但分布很广，主要集中分布于埋藏较浅的地层中。而生物成因的另一途径是通过硫酸盐还原菌对硫酸盐的异化还原代谢。硫酸盐还原菌利用各种有机质或烃类作为给氢体来还原硫酸盐，在异化作用下直接形成硫化氢。在这个作用过程中，微生物（硫酸盐还原菌）只将一小部分代谢的硫结合进细胞中，大部分硫（以类似氧的形式）被需氧生物（另一种属的硫酸盐还原菌）所吸收来完成能量代谢过程。不同种属的硫酸盐还原菌具有不同的生物化学过程。一些菌种的有机质分解产物可能会成为另一些菌种所需的营养，这会使有机质被硫酸盐还原菌吸收转化的数量提高，从而产生大量的硫化氢。这种硫酸盐还原菌在进行还原的硫酸盐呼吸作用中将硫酸盐还原生成硫化氢的方式，又被称为微生物硫酸盐还原作用。该过程是硫化氢生物化学成因的主要作用类型，由于这种异化作用是在严格的还原环境中进行的，故有利于所生成硫化氢的保存和聚集，但是形成的硫化氢丰度一般不会超过3%，且地层介质条件必须适宜硫酸盐还原菌的生长和繁殖，因此在深层中难以发生。生物降解 H_2S 气是同化作用和腐败作用生气的总和，以腐败作用产气为主。同样，这种方式生成的硫化氢规模和含量也不会很大，难以聚集，但分布很广，主要集中分布于埋藏较浅的地层中。

从国内外目前发表的文献来看，生物成因硫化氢主要具有如下特征：①硫同位素组成轻，$\delta^{34}S$ 一般小于0，硫同位素分馏高达22‰。②与 H_2S 相伴出的 CO_2 含量一般较低（<5%），且具轻碳同位素特征。③当 H_2S 浓度低时，H_2S 气中烃类组分以甲烷为主，甲烷可能具生物甲烷特征。④当 H_2S 浓度很高时，共生烃类将会有较多重轻组分（C_{2+}）。⑤对于某些具重同位素组成的生物气，可以用共生的 CO_2 碳同位素予以区分。⑥在 H_2S 的生储层中可能具生物作用的证据。

1.2.2.2 热化学成因机理

热化学成因主要包括热化学分解成因和硫酸盐热化学还原成因。热化学分解成因是指含硫有机化合物在热力作用下，含硫杂环断裂形成硫化氢，又称为裂解型硫化氢。这种方式形成的硫化氢丰度一般小于2%。硫酸盐热化学还原成因主要是指硫酸盐热化学还原作用（TSR）生成硫化氢，即硫酸盐与有机物或烃类发生作用，将硫酸盐矿物还原生成硫化氢和二氧化碳。其反应式为

$$2C + CaSO_4 + H_2O \longrightarrow CaCO_3 + H_2S + CO_2$$

$$\Sigma CH + CaSO_4 \longrightarrow CaCO_3 + H_2S + H_2O$$

硫酸盐热化学还原成因是生成高含硫化氢天然气和硫化氢型天然气的主要形式，其发生的温度一般大于150℃。

热化学成因 H_2S 的形成受热力场控制，包括热降解成因和热化学还原成因。由于不同成因的硫化氢成因机理不同，反应的活化能亦不同，因此，不同成因的硫化氢便出现在不同温度段内。

Ⅰ. 热降解成因主要是含硫有机化合物在热力作用下，含硫杂环断裂形成 H_2S。该类成因开始较多释出 H_2S 的温度在80℃以上，H_2S 大量生成在120～150℃。

Ⅱ. 硫酸盐的热化学还原成因生成 H_2S。形成温度在150～300℃，生成 H_2S 的途径主要有两个：

(1) 硫酸盐与有机质（烃类）在热动力条件下发生反应而生成非烃类酸性气体，即硫酸盐热化学还原反应成因（Thermochemical Sulfate Reduction，TSR），地层中的硫酸盐还原生成 H_2S 是由有机质作为还原剂。Machel 等（1995）将该反应概括为

$$\text{烃类} + SO_4^{2-} \longrightarrow \text{蚀变的烃类} + \text{固态沥青} + HCO_3^-(CO_2) + H_2S(HS^-) + \text{热}$$

该反应与烃类热成熟过程密切相关。Worden 等（1995）和 Heydari（1997）分别对阿布扎比 Khuff 组、美国密西西比州 Smackover 组高含硫气藏形成条件研究后认为，其硫酸盐热化学还原反应发生在140℃以上。但多数实验和对含硫油气藏研究结果表明该反应可

以发生在地温100～200℃、R^o值1%～4%的深埋藏环境。实验资料和油气藏研究资料都说明，硫酸盐热化学还原作用是一种热力学反应，反应过程只与温度有关而与时间无关。反应产物除H_2S、CO_2和沥青外，还可能有方解石、白云石、黄铁矿和元素硫等。

（2）硫磺与有机质（烃类）以及H_2作用生成H_2S。尽管各自的反应有所不同，但总的反应均为S与H的结合与转化，只是作用的途径和方式有所不同。

热化学成因H_2S具有下列特征：①重的硫同位素组成，与同源硫酸盐的硫同位素分馏小，H_2S的硫同位素组成常略小或等于同源硫酸盐的值，$\delta^{34}S$一般均大于0。②与H_2S相伴生的CO_2含量一般较高，且CO_2的碳同位素组成较重，常与地层中碳酸盐的碳同位素相近，一般在0‰左右。③地层中H_2S的浓度随有机质演化程度的加强而增大，硫同位素组成也随之变重，反之亦然。④甲烷碳同位素组成偏重，甲烷同系物的碳同位素组成具典型的油型气特征。

1.2.2.3　岩浆作用或火山喷发成因机理

由于地球内部硫元素的丰度远高于地壳，岩浆活动使地壳深部的岩石熔融并产生含硫化氢的挥发成分，所以火山喷发物中常常含有硫化氢（如火山喷溢形成的包裹体中多数富含硫化氢）。而硫化氢的含量主要取决于岩浆的成分及气体运移条件等，因此火山喷发气体中硫化氢的含量极不稳定，且只有在特定的运移和储集条件下才能保存下来。

硫化氢的成因，可以通过对硫化氢和硫酸盐等成分中的硫进行同位素分析来确定。从硫化氢的成因机理和聚集规律上看，大量高丰度的硫化氢的形成很可能主要是通过微生物硫酸盐还原（BSR）和（或）硫酸盐热化学还原（TSR）方式来完成。H_2S作为一种酸性非烃类气体主要分布在海相碳酸盐岩和白云岩气藏中，偶然在碎屑岩也有分布。多数H_2S形成是通过硫酸盐与烃类还原反应，这些反应过程主要为微生物（主要为细菌）或非生物（无机矿物）等作用。当微生物作用通过硫酸盐与烃类还原反应称为微生物硫酸盐还原（BSR），而非生物（无机矿物）作用下的硫酸盐与烃类还原反应则称为热硫酸盐化学还原（TSR）。溶解的硫酸盐与石油（包括碳水化合物、干酪根、原油、沥青和轻烃以及气态有机化合物）共生时很不稳定。Cohn（1867）首次发现硫磺细菌Beggiatoa在一定条件下可以生成H_2S，但并没有命名为BSR。BSR的正式命名者是Beijerinck（1895），发表于《Journal of Bacteriology，Parasitology，Infectious Diseases and Hygiene》杂志上。BSR一般发生在地层温度低的沉积盆地中（温度低于80℃），包括地下含水土壤层、海相沉积物、暗礁碳酸盐岩、层状或分散状蒸发岩以及碎屑沉积物中。TSR反应首次由Toland（1960）在进行不同溶解硫酸盐与烃类实验中提出。随后发现TSR可以在实验条件下温度低于175℃下发生（Trudinger *et al.*，1985）；而在实际地质条件下可能需要温度为100～140℃（Machel，1998）。这样，TSR仅局限于成岩和热液环境中发生，且地质温度高于100～140℃，同时伴随有大量H_2S的生成。例如欧洲西北部的二叠纪Zechstein碳酸盐岩和硫酸盐矿床（Jochum，2000）、川东北海相碳酸盐岩和白云岩（Li *et al.*，2005；Hao *et al.*，2008）、鄂尔多斯盆地靖边气田白云岩等（Liu *et al.*，2009）。

1.2.3 BSR（微生物硫酸盐还原）与TSR（硫酸盐热化学还原）

关于BSR与TSR反应途径与生成产物前人已做了大量报道（Machel，2001；Pan *et al.*，2006；Zhang *et al.*，2008a，2008b）。所有的反应途径均建立在实验描述、实际地质观察、热动力学计算以及元素和同位素组成等基础上，一些次稳定或过渡反应产物没有考虑，如多硫络合物。原油在喜氧或厌氧作用下发生生物降解是发生BSR的先决条件，因为硫酸盐还原菌是以生物降解残留物作为营养供给的；在厌氧环境下硫酸盐还原菌可以与甲烷菌共生，并把甲烷作为碳源攻击源。而在TSR反应中不需要这一过程，因为TSR可以在没有生物降解烃类存在的情况发生。

无论是TSR还是BSR，其产物中均会生成硫化氢、方解石、白云石、单质灰硫以及固体沥青。这些共生产物在实际地质体中已经被观察到，甚至被作为鉴别烃类是否发生氧化还原反应的指标。在BSR中，硫化氢仅作为还原产物，且需要有营养组分供微生物消耗，这样生成的H_2S含量要低于微生物新陈代谢过程中防止中毒的硫化氢水平。因此，如果在BSR中要生成大量硫化氢，当气藏中含有烃类，则需要处于开放体系，且硫酸盐能够不断向内扩散；或者气藏中含有硫酸盐，则需要烃类不断供给。这些生成的硫化氢以金属硫化物、有机化合物固定下来，或者散逸，从而保证气藏中不会有大量硫化氢存在。在TSR中，硫化氢含量一般较高。虽然含S干酪根也能直接生成一定量的硫化氢，但在S含量为3%的原油中，裂解后生成的硫化氢含量不超过2%～3%（Orr，1974），但在TSR生成的硫化氢含量一般高于此数值。当圈闭中烃类消耗殆尽或没有烃类供给，那么TSR就会生成单质硫。在TSR和BSR中通常会形成一定的非极性化合物（Ho *et al.*，1974；Zhang and Krooss，2001；Kelemen *et al.*，2008）。这些非极性化合物有些保存在固体有机沉积物中，如沥青；另外部分可能反应生成气体。这些化合物可以与生物降解和热解生成的非极性化合物区分开来。在TSR或BSR过程中，如果有金属参与或存在（包括金属离子直接参与、TSR与BSR反应产物被运移到含有金属离子环境后），那么就会有不同金属矿物沉淀。首先，碱金属可以使碳酸钙（方解石和白云石）以胶结物或替代溶解硫酸盐（石膏和硬石膏）而沉淀下来。聚硫络合物与重碳酸盐反应也可以使得方解石沉淀，而重碳酸盐则在硫化物通过生物氧化为硫磺时生成，这类重碳酸盐以方解石形式作为次要沉淀物沉淀下来。同时，在TSR和BSR过程中，也能生成其他碳酸盐岩类，如铁白云石、菱铁矿、碳酸钡、菱锶矿等。如果有碱金属或过渡金属参与，也可形成分散状或层状碱金属矿床，其矿物包括黄铁矿、方铅矿和闪锌矿等。这些反应过程中由于硫化物沉淀形成酸性溶液引起围岩的部分溶解，在一定程度上可改善储层效应。同时，在TSR和BSR过程中由于本身生成的CO_2和H_2S，使得反应周围溶液变为酸性。虽然TSR过程能生成大量水，但TSR一般仅发生在气水过渡带区域，地球化学异常也主要出现在这些过渡带区域，如H_2S含量异常高、重烃气体微量或不含等。

尽管TSR和BSR反应途径可能相似，但它们属于完全不同的反应体系，主要表现在H_2S含量和同位素组成上，BSR发生在温度低于80℃，R°约为0.2%～0.3%，而

TSR发生在100～140℃，R^{o}约大于1.5%条件下，这些温度范围仅为通常情况下，其具体温度取决于实际热演化与埋藏史。对于BSR，当温度高于80℃时，多数硫酸盐还原菌已经死亡，因为硫酸盐还原菌和甲烷菌在超过此温度时将停止新陈代谢（Machel and Foght，2000）。因此，除特殊情况外，BSR一般发生在地表或埋深较浅的环境中。在这些环境中，BSR与地质历史相比几乎是瞬时发生的，不受催化作用影响。这种现象已经在实验和地质实例中得到证实。例如在俄罗斯和加拿大某些油田，为了提高采收率，将水或其他含有微生物的污水注入井下后很快就有H_2S生成。在不到10年时间里在这里产率较低的气藏里H_2S含量已经达到10%。因此，BSR发生埋藏深度一般小于2000m。当然这一深度也不是绝对的，有些微生物可能在更深处仍能存活。例如Ashirov（1962）、Rosanova和Khudyakova（1974）发现在深度为3292m仍然有微生物（温度为75℃，压力35MPa）。这样，硫酸盐还原、烃类生物降解以及喜氧硫化物和硫磺氧化等应在富氧岩石（0～200m）或含氧地下水带发生（约600m）。因此，在BSR中，碳酸盐岩、沥青和单质硫以及部分硫化物再氧化主要发生在地表或浅层油藏的油水界面下，如盐丘盖层内。大气水可能通过断层、裂隙以及其他疏导层将微生物带入油藏，从而引起H_2S被氧化为S^0。在BSR中，固体沥青少见，沉淀的碳酸盐岩碳同位素组成比原油轻，甲烷为主要反应产物。TSR发生温度为100～140℃，R^{o}大于1.5%；与BSR相比，其反应速度较慢，但相对地质时期其反应速度仍然很快，可能在不到100Ma内就能完全反应（Machel，2001）。反应活化能变化大，对于不同烃类其活化能各不相同（Toland，1960；Zhang *et al.*，2008a）。在实验模拟中TSR仅在高温阶段发生，温度大于175℃，但在实际地质中反应最大速率仅在250℃，而大量地质实例、理论计算以及其他现象认为TSR应发生在温度为135～140℃范围（Machel，1998）。但是，对于不同气藏可能TSR发生的最小温度范围可能存在差异，因为反应烃类组成（含S量）、催化作用、硬石膏分布和溶解速率、湿度以及运移与扩散系数等均影响TSR发生的最小温度范围。因此，TSR发生的最小温度仅针对理想的、均一气藏而言，一般不同气藏，其TSR发生最小温度会存在差异。

由于TSR与BSR生成产物相似，仅依靠地质证据很难区分，只有地球化学手段来鉴别。例如，固体沥青不仅在TSR过程中可以形成，而且在高演化烃类浓缩和生物降解过程中可以生成。同时，碳酸盐和硫化物沉淀也可以在非TSR条件下形成。由于BSR一般发生在浅层，且盆地热演化程度很低（$R^{o}=0.2\%\sim0.3\%$），因此，在受热演化控制的沉积盆地中一般少见，从而与TSR和热降解可以区分。同时，利用天然气化学组分与碳同位素组成（CH_4，C_2H_6，C_3H_8）以及H_2S含量也可以较好地区分TSR与BSR。BSR中H_2S的$\delta^{34}S$为$-10‰\sim+10‰$（CDT，Canyon Diablo Trioilite Standard），与微生物硫同位素在瑞利分馏中相一致；但是TSR中H_2S的$\delta^{34}S$一般与围岩硬石膏的相匹配。BSR生成的CO_2含量变化大，为0～50%；且$\delta^{13}C_{CO_2}$较重；而TSR生成的CO_2含量变化窄，为7%～10%。BSR中H_2S和CO_2主要为微生物来源，而TSR则为TSR生成和碳酸盐岩热分解，可以通过方解石和单质硫与BSR区分。

1.3 含硫天然气藏分布与成藏地质条件

1.3.1 含硫天然气藏的分布

含硫化氢天然气在全球天然气中分布广泛，目前世界上已发现了400多个具有工业价值的天然气田含硫化氢。其中仅原苏联就发现了70多个含硫化氢气田，其储量占该国天然气储量的12%（Amursky *et al.*，1983）。世界上含硫化氢最高的天然气产自美国得克萨斯州南部Smackover石灰岩，硫化氢含量高达98%，即1508.220g/m^3；法国著名高硫化氢气田拉克气田的硫化氢含量为15.2%，即233.928g/m^3；加拿大贝尔贝雷气田硫化氢含量高达90.6%，即1394.334g/m^3。这些硫化氢气田的H_2S均为高温还原成因。我国含硫化氢天然气分布也十分广泛，目前已经在四川盆地及其周缘、渤海湾盆地、鄂尔多斯盆地、塔里木盆地和准噶尔盆地等含油气盆地中发现了含硫化氢天然气。工业天然气藏中硫化氢含量变化区间很大，从微含硫化氢到硫化氢含量占92%以上。高含硫化氢天然气主要有渤海湾盆地陆相层系的华北赵兰庄气田、胜利油田罗家气田和四川盆地海相地层的渡口河、罗家寨、铁山坡、普光、建南、龙门、中坝、威远和卧龙河等气田。这些气田的硫化氢含量一般在5%～92%，主要分布在以碳酸盐岩为主的富含硫酸盐矿物（石膏）的层系中。华北赵兰庄气田是迄今为止国内已知硫化氢丰度最高的气藏，也是世界上硫化氢含丰度最高的气藏之一。已测试的赵2井含硫化氢92%，是典型的硫化氢气田。初步分析认为赵兰庄气田的高丰度硫化氢很可能主要是硫酸盐热化学还原反应（TSR）的产物（Zhang *et al.*，2005）。

我国含硫化氢气田硫化氢的含量差别很大。主要气田天然气均含一定量（0～4%）的硫化氢，而主要高含硫化氢气田的硫化氢含量更是达到0.5%～92%，特别是川东地区飞仙关组硫化氢含量大多为10%～15%，而卧龙河气田嘉陵江组气藏的H_2S最高含量甚至达到了491.49g/m^3。我国高含硫化氢天然气具有一定的地域分布特点，主要分布在鄂尔多斯盆地、渤海湾盆地和四川盆地。其中西部和西南部地区的含硫天然气占到了总资源量的80%。西南部的四川盆地是我国高含硫化氢气体分布最广的盆地，其中四川盆地2/3的气田含有硫化氢。

四川盆地含H_2S天然气主要分布在震旦系和三叠系储集层中。其中，以下三叠统飞仙关组（T_1f）为储层的高含硫气藏（田）有普光、罗家寨、渡口河、铁山坡、七里北等气田，这些飞仙关组鲕滩气藏硫化氢含量多数在5%以上，部分含量可达15%～17%，平均在10%以上；以下三叠统嘉陵江组（T_1j）为储层的有卧龙河气田；以中三叠统雷口坡组（T_2l）为储层的有磨溪及中坝气田；以震旦系灯影组（Z_2dn）为储层的有威远气田等。在各时代储层中，又以下三叠统飞仙关组气藏储量规模最大，H_2S含量最高（含量平均为14%）。这些高含H_2S气藏储层的普遍特点是以白云岩储层为主，储层中夹有薄层膏质岩类。

济阳拗陷沾化凹陷南斜坡的罗家气田是渤海湾盆地中新生界陆相层系在胜利油田发现的唯一高含硫化氢气田，硫化氢含量约在3%～8%。其储集层为沙四段一套由膏岩、泥膏岩、白云岩、泥灰岩、油页岩和砂砾岩体组成的储集层，其中泥膏岩、白云岩、泥灰岩、油页岩为罗家气田的主力源岩，由于储集层为碎屑岩系，地层中富含 Fe、Ni、Pb、Zn 等元素，这些元素若与硫化氢接触后会迅速转化为黄铁矿等金属硫化物，因此目前找到的硫化氢很可能只是其残余部分。

1.3.2　天然气中硫化氢形成的地质条件

1.3.2.1　硫酸盐（石膏）是硫化氢形成的物质基础

勘探实践的研究表明，我国已发现的所有高含硫化氢天然气田的分布，无论在时代上还是在区域上均与碳酸盐-蒸发岩剖面中石膏的分布完全一致。我国含硫化氢天然气主要分布在五大层系：震旦系、奥陶系、石炭系、三叠系和古近系。这些层系中 H_2S 产层也都与本层系中的膏源岩密切相关。世界上已发现的 400 多个含硫化氢气田中，90%以上都分布在碳酸盐-蒸发岩地层中，而在陆源储层中发现的绝大多数含硫化氢气田，也都与区域上碳酸盐-蒸发岩地层有着明显的联系。因此，硫酸盐（或石膏）是含 H_2S 地层中 H_2S 的最主要硫源。尽管石膏的成因是多种多样的，但最利于 H_2S 形成的主要是沉积成因的石膏。我国石膏绝大多数为沉积成因，有利于 H_2S 的形成。已有的研究表明，我国石膏主要形成于寒武纪、中奥陶世、早中石炭世、早中三叠世和白垩纪—古近纪。其中，早、中三叠世以前均为海相石膏，而侏罗纪到第四纪则以陆相为主。从以上对硫化氢与硫酸盐（石膏）在时空上的分布分析可以看出，两者在时空分布上具有很好的一致性，说明硫酸盐（石膏）可为硫化氢的形成提供主要硫源。

1.3.2.2　蒸发岩与烃源组合是硫化氢形成的有利因素

如前所述，世界上已发现的硫化氢气田（藏）多与硫酸盐（或石膏）有关，但是，在含硫酸盐的碳酸盐-蒸发岩剖面和含油气盆地中却不一定会有硫化氢气的形成和产出。与碳酸盐-蒸发岩有关的膏盐岩根据其特征与作用可以分为两种：一种是只作盖层的盖层型，另一种为烃源型。前者只作盖层，不参与生油岩的油气生成，直接或间接地覆盖在生油岩之上，对油气只起保护作用。如东濮油田和中东波斯湾盆地伊朗、伊拉克部分地区。后者则是膏盐层分布于烃源之中，这个烃源包括古油藏在内的不同赋存状态的可溶有机质，膏盐岩直接参与油气的生成，影响油气的性质，如济阳拗陷罗家气田和冀中拗陷赵兰庄油气田。我国广泛存在的海相碳酸盐岩层系天然气中硫化氢的形成就是膏盐岩与可溶有机质在高温条件下的产物。

1.3.2.3　控制天然气中高硫化氢分布的因素

影响 H_2S 分布的因素很多，其中又以区域构造背景、H_2S 生聚的沉积组合和 H_2S 的成因类型最为重要。在这三大因素中，区域构造背景是关键，决定着后两者的存在与特征，构造控制着含膏蒸发岩的发育，同时也控制着地热场的变化和生物作用的环境，从面控制着 H_2S 的形成。沉积组合对 H_2S 分布的影响主要是由地层中硫源的赋存状态、丰富程度、有机物质的类型和丰度以及沉积组合中金属元素的含量和类型决定的。高的硫含量，特别是以溶解状态存在的含硫离子和高的有机物质丰度有利于高含量H_2S气田的形成，而高的金属离子含量则利于H_2S的消耗。此外，H_2S的成因类型对其分布也有影响，因为不同成因的H_2S生成于地层剖面的不同空间。

1.3.2.4 储层性质控制气藏中硫化氢的丰度分布

我国含硫化氢的天然气储层，按岩性分主要有碎屑岩天然气储层和碳酸盐岩天然气储层等。碎屑岩储集层天然气为不含或贫含硫化氢，其含量最高不超过1%。我国所发现的碳酸盐岩气藏主要集中在中三叠统及较早的地层中，全国气层气储量的67.9%集中在碳酸盐岩中，碳酸盐岩储集层天然气中则较普遍含有硫化氢，有的含量非常高。

控制硫化氢含量的关键因素是硫酸盐岩、成藏温度和反应时间。在含膏盐岩的碳酸盐岩储层中，膏盐岩作为直接或间接盖层的气藏最有可能形成高含硫化氢的气藏。在碳酸盐-硫酸盐岩组合中，硫酸盐有两种赋存形式：一种形式是以层状与碳酸盐呈夹层或互层（如嘉陵江组、孔店组气藏），该组合类型特征是硫化氢含量很高，通常属于高含硫或特高含硫；另一种是以透镜状、团块状、星散状包容于碳酸盐岩中（如四川盆地建南气田长兴组生物礁气藏），该组合类型的特征是，气藏通常属于低含硫—高含硫气藏。另外，储集体埋深或曾经埋深大、地层温度高是控制高硫化氢形成的重要条件。如川东北部宣汉、开县地区的下三叠统飞仙关组气藏，埋深为3000～4500m，地层温度在100℃以上。

参考文献

储雪蕾，李任伟，张同钢，张启锐. 2001. 大塘坡期锰矿层中黄铁矿异常高的^{34}S值的意义. 矿物岩石地球化学通报，20（4）：320～322

戴金星. 1985. 中国含硫化氢的天然气分布特征、分类及其成因探讨. 沉积学报，3（4）：109～120

戴金星，胡见义，贾承造，方义生，孙志道，魏伶华，袁进平，杨威. 2004. 科学安全勘探开发高硫化氢天然气田的建议. 石油勘探与开发，31（2）：1～4

戴金星，戚厚发，郝石生. 1989. 天然气地质学概论. 北京：石油工业出版社. 1～266

沈平，徐永昌，王晋江，王兰生. 1997. 天然气中硫化氢硫同位素组成及沉积地球化学相. 沉积学报，15（2）：216～219

沈平，徐永昌，王先彬，刘德汉. 1991. 气源岩和天然气地球化学特征及成气机理研究. 兰州：甘肃科技出版社. 1～115

吴柏林. 2005. 中国西北地区中新生代盆地砂岩型铀矿地质与成矿作用. 西北大学博士学位论文. 1～96

徐永昌. 1994. 天然气成因理论及应用. 北京：科学出版社. 1～267

郑永飞，陈江峰. 2000. 稳定同位素地球化学. 北京：科学出版社. 1～132

朱光有，戴金星，张水昌，李剑，史斗，文志刚. 2004. 含硫化氢天然气的形成机制及其分布规律研究. 天然气地球科学，15（2）：166～170

Amursky G I，Ermakov V I，Zhabrev I P，Staroselsky V I，Solovyev N N. 1983. Valuable component in natural gases in the USSR. In：Proceedings of the 11th World Petroleum Congress，11，London. UK. 303～309

Anderson G M，Garven G. 1987. Sulfate-sulfide-carbonate associations in Mississippivalley-type lead-zinc deposits. Economic Geology，82（2）：480～488

Anisimov L A. 1978. Conditions of abiogenic reduction of sulfate in oil and gas bearing basins. Geochimica et

Cosmochimica Acta, 15: 63～71

Ashirov K B. 1962. Life activity of formational microflora as an index of geologic environment and processes obtaining in petroliferous formations. Trans Inst Microbiol IX: 135～152

Beijerinck M W. 1895. Ueber Spirillum desulfuricans als Ursache von Sulfat-reduktion. Centralblatt fur Bakteriologie, Parasitenkunde, Infektionskrankheiten und Hygiene, Abteilung I (Originale 1): 1～114

Cai Chunfang, Zhang Chunming, Cai Liulu, Wu Guanhui, Jiang Lei, Xu Zhiming, Li Kaikai, Ma Anlai, Chen Lixin. 2009. Origins of Palaeozoic oils in the Tarim Basin: Evidence from sulfur isotopes and biomarkers. Chemical Geology, 268 (3-4): 197～210

Canfield D E, Teske A. 1996. Late Proterozoic rise in atmospheric oxygen concentration inferred from phylogenetic and sulphur isotope studies. Nature, 382: 127～132

Canfield D E, Thamdrup B. 1994. The production of ^{34}S-depleted sulfide during bacterial disproportionation of elemental sulfur. Science, 266: 1973～1977

Claypool G E, Holser W T, Kaplan I R S, Hitoshi Z I. 1980. The age curves of sulfur and oxygen isotopes in marine sulfate and their mutual interpretation. Chemical Geology, 28: 825～839

Cohn F. 1867. Beitrage zur Physiologie der Phycochromaceen and Florideen. Archiv fuer Mikroskopische Anatomie, B3: 89～110

Dejonghe L, Doulegue J, Demaiffe D, Letolle R. 1989. Isotope geochemistry (S, C, O, Sr, Pb) of the Chaudfontaine mineralization (Belgium). Mineralium Deposita, 24: 132～140

Faure G. 1977. Principles of isotope geology. John Wiley & Sons, New York. 34～68

Galimov E M. 1988. Sources and mechanisms of formation of gaseous hydrocarbons in sedimentary rocks. Chemical Geology, 71 (1-3): 77～95

Goldhaber M B, Orr W L. 1995. Kinetic controls on thermochemical sulfate reduction as a source of sedimentary H_2S. American Chemical Society. 521～544

Gorjan P, Veevers J J, Walter M R. 2000. Neoproterozoic sulfur-isotope variation in Australia and global implications. Precambrian Research, 100: 151～179

Hao Fang, Guo Tonglou, Zhu Yangming, Cai Xunyu, Zou Huayao, Li Pingping. 2008. Evidence for multiple stages of oil cracking and thermochemical sulfate reduction in the Puguang gas field, Sichuan Basin, China. AAPG Bulletin, 92 (5): 611～637

Heydari E. 1997. The role of burial diagenesis in hydrocarbon destruction and H_2S accumulation, Upper Jurassic Smackover Formation, Black Creek Field, Mississippi. AAPG Bulletin, 81: 26～45

Ho T Y, Rogers M A, Drushel H V, Kroons C B. 1974. Evolution of sulfur compounds in crude oils. AAPG Bulletin, 58 (11): 2238～2248

Holser W T. 1984. Patterns of Change in Earth Evolution (eds.). Springer, Berlin. 40～92

Hunt J M. 1979. Petroleum geochemistry and geology. Freeman, San Francisco. 21～66

Jensen M L, Nakai N. 1962. Sulfur isotope meteorite standards, results and recommendations. In: Biogeochemistry of Sulfur Isotopes, NSF Symposium. 30～35

Jochum J. 2000. Variscan and post-Variscan lead-zinc mineralization, Rhenish Massif, Germany; evidence for sulfide precipitation via thermochemical sulfate reduction. Mineralium Deposita, 35 (5): 451～464

Kelemen S R, Walters C C, Kwiatek P J, Afeworki M, Sansone M, Freund H, Pottorf R J, Machel H G, Zhang Tongwei, Ellis G S, Tang Yongchun, Peters K E. 2008. Distinguishing solid bitumens formed by thermochemical sulfate reduction and thermal chemical alteration. Organic Geochemistry, 39: 1137～1143

Krouse H, Roy V, Christian A, Eliuk L S, Ueda A, Halas S. 1988. Chemical and isotopic evidence of thermochemical sulphate reduction by light hydrocarbon gases in deep carbonate reservoirs. Nature, 333 (6172): 415～419

Li Jian, Xie Zengye, Dai Jinxing, Zhang Shuichang, Zhu Guangyou, Liu Zhaolu. 2005. Geochemistry and origin of sour

gas accumulations in the northeastern Sichuan Basin，SW China. Organic Geochemistry，36 (12)：1703～1716
Liu Quanyou，Chen Mengjin，Liu Wenhui，Li Jian，Han Pinlong，Guo Yanru. 2009. Origin of natural gas from the Ordovician paleo-weathering crust and gas-filling model in Jingbian gas field，Ordos Basin，China. Journal of Asian Earth Sciences，35 (1-2)：74～88
Machel H G. 1998. Gas souring by thermochemical sulfate reduction at 140 °C：Discussion. AAPG Bulletin，82 (10)：1870～1873
Machel H G. 2001. Bacterial and thermochemical sulfate reduction in diagenetic settings - old and new insights. Sedimentary Geology，140 (1-2)：143～175
Machel H G，Foght J. 2000. Products and Depth Limits of Microbial Activity in Petroliferous Subsurface Setting. Springer，Berlin.
Machel H G，Krouse H R，Sassen R. 1995. Products and distinguishing criteria of bacterial and thermochemical sulfate reduction. Applied Geochemistry，10：373～389
Odonr J M. 1990. Industrial and environment concern with sulphate reducing bacteria. ASM News，56：470～480
Ohmoto H，Rye R O. 1979. Isotope of Sulfur and Carbon. John Wiley，New York. 1～69
Orr W L. 1974. Changes in sulfur content and isotopic ratios of sulfur during petroleum maturation-study of Big Horn Basin Paleozoic oils. AAPG Bulletin，58 (11)：2295～2318
Orr W L. 1987. Geologic and geochemical controls on the distribution of hydrogen sulfide in natural gas. Madrid，Enadisma. 157～176
Pan Changchun，Yu Linping，Liu Jinzhong，Fu Jiamo. 2006. Chemical and carbon isotopic fractionations of gaseous hydrocarbons during abiogenic oxidation. Earth and Planetary Science Letters，246 (1-2)：70～89
Rickard D，Luther III，George W. 1997. Kinetics of pyrite formation by the H_2S oxidation of iron (II) monosulfide in aqueous solutions between 25 and 125℃：the mechanism. Geochimica et Cosmochimica Acta，61 (1)：135～147
Rollinson H R. 1993. Using Geochemical Data：Evaluation，Presentation and Interpretation. Longman，Harlow
Rosanova E P，Khudyakova A I. 1974. A new non spore-forming thermophilic sulfate-reducing organism，Desulfovibrio thermophilius，nov. sp. Microbiology，43：908～912
Sassen R. 1988. Geochemical and carbon isotopic studies of crude oil destruction，bitumen precipitation，and sulfate reduction in the deep Smackover Formation. Organic Geochemistry，12 (4)：351～361
Saunders D F，Burson K R，Thompson C K. 1999. Model for hydrocarbon microseepage and related near-surface alterations. AAPG Bulletin，83 (1)：170～185
Schoell M. 1980. The hydrogen and carbon isotopic composition of methane from natural gases of various origins. Geochimica et Cosmochimica Acta，44 (5)：649～661
Schoell M. 1988. Multiple origins of methane in the Earth. Chemical Geology，71 (1-3)：1～10
Schoonen M A A，Barnes H L. 1991a. Reactions forming pyrite and marcasite from solution. II. via FeS precursors below 100℃. Geochimica et Cosmochimica Acta，60：115～134
Schoonen M A A，Barnes H L. 1991b. Reactions forming pyrite and marcasite from solution：I. Nucleation of FeS_2 below 100℃. Geochimica et Cosmochimica Acta，55：1495～1504
Schumacher D，Abrams M A. 1996. Hydrocarbon migration and its near surface expression. AAPG Memoir，66：139～242
Stark J G，Wallace H G. 1982. Chemistry Data Book (2nd edition). John Murry，London. 1～164
Strauss H. 1993. The sulfur isotopice record of Precambrian sulfates：new data and a critical evaluation of the existing record. Precambrian Research，63：225～246
Strauss H. 2002. The isotopic composition of Precambrian sulphides-seawater chemistry and biological evolution. Spec. Publs. Int. Ass. Sediment，33：67～105
Tissot B T，Welte D H. 1978. Petroleum Formation and Occurrence：A New Approach in Oil and Gas Exploration. Springer-Verlag，Berlin. 85～155

Toland W G. 1960. Oxidation of organic compounds with aqueous sulfate. Journal of American Chemical Society，82 (8)：1911～1916

Trudinger P A，Chambers L A，Smith J W. 1985. Low-temperature sulphate reduction：biological versus abiological. Canadian Journal of Earth Sciences，22 (12)：1910～1918

Vester F，Lngvorsen K. 1998. Improved MPN method to detect sulphate reducing bacteria with natural media and radiotracer. Appl. Environ. Microbiol.，64 (5)：1700～1707

Worden R H，Smalley P C，Oxtoby N H. 1995. Gas souring by thermochemical sulfate reduction at 140°C. AAPG Bulletin，79 (6)：854～863

Zhang Shuichang，Zhu Guangyu，Liang Yingbo，Dai Jinxin，Liang Hongbin，Li Maowen. 2005. Geochemical characteristics of the Zhaolanzhuang sour gas accumulation and thermochemical sulfate reduction in the Jixian Sag of Bohai Bay Basin. Organic Geochemistry，36 (12)：1717～1730

Zhang Tongwei，Amrani A，Ellis G S，Ma Qisheng，Tang Yongchun. 2008a. Experimental investigation on thermochemical sulfate reduction by H_2S initiation. Geochimica et Cosmochimica Acta，72 (14)：3518～3530

Zhang Tongwei，Ellis G S，Walters C C，Kelemen S R，Wang Kang-shi，Tang Yongchun. 2008b. Geochemical signatures of thermochemical sulfate reduction in controlled hydrous pyrolysis experiments. Organic Geochemistry，39：308～328

Zhang Tongwei，Krooss B M. 2001. Experimental investigation on the carbon isotope fractionation of methane during gas migration by diffusion through sedimentary rocks at elevated temperature and pressure. Geochimica et Cosmochimica Acta，65 (16)：2723～2742

第二章 含硫物质组分及硫同位素分析方法

硫是一种非常常见的非金属元素，广泛分布于岩石圈、生物圈、水圈及大气圈中。地球中硫的含量为3.79%，主要分布在地幔部分，而地壳中硫的克拉克值仅为0.05%。由于硫有多种不同的化合价（常见的有－2，0，＋2，＋4，＋6等），因而可形成各种不同形态的含硫物质。在自然界中，硫主要以硫酸盐、硫化物或单质硫的形式出现，其中与高含硫天然气形成有关的气相含硫物质主要是H_2S，其次为气态的含硫有机化合物，如硫醇、硫醚等；液相含硫物质主要是地层水中溶解的H_2S和SO_4^{2-}，以及沉积有机质中的含硫有机化合物，如噻吩、苯并噻吩及多芳苯并噻吩等（Sinninghe Damste and De Leeuw，1990）；固相含硫物质主要有硫酸盐（石膏、硬石膏）、黄铁矿和单质硫等。

2.1 天然气中硫化氢含量及其硫同位素分析方法

天然气中的H_2S含量及其硫同位素组成是进行天然气气源对比和成因研究的主要地球化学指标，但由于H_2S具有强烈的腐蚀性和毒性，造成目前国内相关的地球化学分析方法较为薄弱，而且已有的分析方法也比较复杂繁琐，在一定程度上制约了对高含硫天然气的地质地球化学研究。因此，研究和建立方便、快捷的H_2S含量及其硫同位素分析方法，对于提高目前国内高含硫天然气的地球化学分析水平、加深高含硫天然气的地球化学研究具有重要意义。

2.1.1 天然气中硫化氢含量的质谱分析方法

目前国内采用的H_2S含量分析方法较多，主要有碘量法、亚甲蓝法、醋酸铅反应速率法、电位测定法、带电化学检测器的气相色谱测定法、带火焰光度检测器的气相色谱测定法等（表2.1），这些方法中只有气相色谱法是直接分析法，其他都是间接分析法。间接分析法是在现场用化学试剂吸收硫化氢，再用化学方法、或在实验室将H_2S转化为仪器可分析的形式，分析其含量。对于天然气中的H_2S含量测定，目前主要是依据GB/T11060.1-1998，即碘量法进行测定的。该方法是用过量的乙酸锌[$(Zn(CH_3COO)_2 \cdot 2H_2O$]溶液吸收气样中的$H_2S$，生成硫化锌沉淀，加入过量的碘溶液以氧化生成的硫化锌，剩余的碘用$Na_2S_2O_3$标准溶液滴定。该方法虽然简单易行，但对标准溶液的配制、取样、滴定操作等环节要求严格，如果稍有偏差，便会对测定结果产生较大影响（黄韵弘，2007）。此外，也可依据GB/T11060.2-1998，即亚甲蓝法对天然气中的H_2S含量进行测定，该方法是用乙酸锌溶液吸收气样中的硫化氢，生成硫化锌。在酸性介质中和三价铁离子存在下，硫化锌同N,N-二甲基对苯二胺盐酸盐反应，生成染料亚甲蓝。通过用分光光度计在波长670nm处测量溶液吸光度的方法测定生成的亚甲蓝，从而确定天然气中硫化氢的质量分数。总体来说，上述各种H_2S含量间接分析方法步骤较多，容易产生误差，而气相色谱线性范围较窄，需要配制不同含量的标准样品，因此，这些分析方法的测量精度和范围都受到限制。

表 2.1 天然气中硫化氢含量的分析方法

测定对象	测定方法	浓度范围/mg/m^3以硫计	标准编号
硫化氢（H_2S）	碘量法	≥0	GB/T11060.1-1998
	亚甲蓝法	0～23	GB/T11060.2-1998
	醋酸铅反应速率法	0.1～22	ASTM D4084-94
	电位测定法	≥1	ISO 6326-3
	带电化学检测器的气相色谱测定法	0.1～100	ISO 6326-2
	带火焰光度检测器的气相色谱测定法	0.1～30	ISO 6326-4

为提高天然气中硫化氢组分分析的准确性和安全性，我们尝试利用MAT271型气体质谱计开展天然气中H_2S含量的直接测定方法研究，并验证常规天然气采样容器对H_2S含量测定数据准确性的影响，从而建立方便、快捷和易于操作的天然气中H_2S含量的测定方法。

2.1.1.1 硫化氢含量的质谱分析方法及原理

MAT271型气体质谱计为美国Finnigan MAT公司制造的大型分析仪器，由真空系统、分析系统、数据获取与处理系统组成，其质量范围为1～700amu，质量分辨率220～3000，主要用于气体成分分析，如天然气、高纯气、标准混合气等。

1）进样系统

一般用高压铝合金钢瓶容器采集天然气，样品压强大于0.1MPa，有的达到8.0MPa。取样时，在铝合金钢瓶上安装减压阀，用橡胶垫封堵减压阀出口，调节出口压强在0.2MPa左右，在橡皮垫上插入针头通气，通过打开和关闭铝合金钢瓶的阀门，置换减压阀中的空气。置换次数根据样品压强确定，样压5MPa左右时，置换3～4次即可。如果样品压强小于1.0MPa，可不装减压阀，直接在铝合金钢瓶上装一带盖的螺母，盖中央开一$\Phi 2$左右的孔，用橡胶垫封堵此孔，通过铝合金钢瓶阀门的打开和关闭，置换盖和阀之间的空气，一般3～4次即可。置换必须在室外或在通风橱中进行。用1～10mL的注射器抽取1mL样品，快速注入质谱计的进样系统，在取样过程中，应尽量缩短样品在减压阀中保留的时间。

图2.1为MAT271型气体质谱计进样系统示意图，所用管线内径为$\Phi 6$，材质为不锈钢，两个手动阀之间的“U”型冷阱主要用于富集H_2S，储样器体积大约为2L，管道和储样器抽真空后，通过在进样口注样以及打开或关闭有关阀门，可将样品引入储样

器，气体的压强可以通过薄膜压力计测定。对于纯气，通过质谱分析，可测量出质谱响应与样品压强的比，即灵敏度，对于未知样品，通过测量质谱响应，可以反推计算出样品中相应组分的分压强。由于体积和温度固定，分压强与总压强之比，实际上就是相应组分的绝对（摩尔或体积）浓度。对于非纯气体，只要已知其浓度，即可计算其分压，通过测量质谱响应，也可以得到其灵敏度数据。

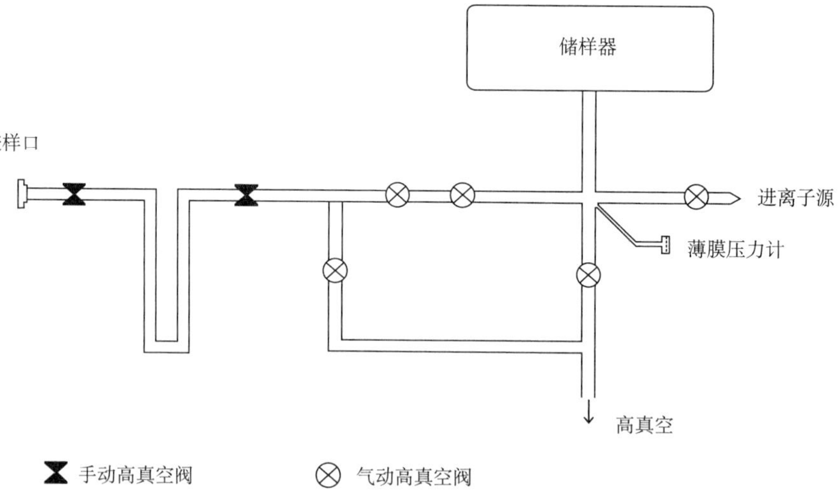

图 2.1 MAT271 型气体质谱计进样系统示意图

2）标准样品

对于天然气中的 H_2S，不必另外制备标准样品，可将高含 H_2S 的天然气通过低于 −80℃的“U”型冷阱，H_2S 和 CO_2 被收集在冷阱中，其余气体通过真空系统排出，由于被收集的气体中仅含 H_2S 和 CO_2，通过测定 CO_2 的浓度即可计算出 H_2S 的浓度，从而得到其灵敏度数据。实测过程中，采用普光 7 井含硫天然气冷冻分析 H_2S 的灵敏度，从此样品的组分数据看，C_2 以上的组分含量不到 0.5%，用这种方法分析 H_2S 的灵敏度，由灵敏度产生的相对误差也就小于 0.5%，而且还可以通过测量其他组分的绝对含量来减少这种误差。

3）质谱分析原理

MAT271 型气体质谱计采用 EI 离子源，磁分析器，法拉第接收杯，通过改变磁场选择不同荷质比的分子、在整荷质比磁场位置改变电压获得一个平顶的质谱峰，从而确保测量的准确性。实际分析时，气体样品从储样器通过一个微孔连续进入离子源，被电离的分子通过加速进入分析器，被选择的离子到达法拉第杯，经放大并转变为数字信号由计算机采集。同时真空系统连续工作，保持飞行管道的高真空。仪器实验条件为电子能量 86eV，加速电压 8kV，发射电流 40μA，分析天然气时，用两个测量通道，质量分辨率分别为 220 和 3000。用分辨率为 220 的通道扫描 $m/e=2$ 到 $m/e=66$ 的质谱，得

到 H_2、He、CH_4、H_2O、N_2、C_2H_6、O_2、H_2S、Ar、CO_2、C_3H_8、C_4H_{10}、SO_2 等成分的质谱，用分辨率为 3000 的通道扫描受干扰的质谱峰，如 O^+/CH_4，$N_2/C_2H_4^+$，S^+/O_2，$Ar/C_3H_4^+$，CO_2/C_3H_8，其整质量数相同，但精确质量有差别，可以通过高分辨率分开。

4）数据处理

用纯气或已知含量的气体作标样，测定单分子气体的灵敏度。通过对扫描所获得的质谱数据进行处理，结合灵敏度数据，可计算出每种成分的体积浓度，作为理想气体处理，即为摩尔浓度。对于 C_4 以上成分含量极低的情况，也可以将总的体积浓度归一化到 100%，以减少误差。H_2S 含量较低时，其含量数据受 $^{18}O^{16}O$ 的影响，解决办法是利用“U”型冷阱富集 H_2S，排除氧气后再进行分析，然后根据进样量和 H_2S 的质谱响应，计算 H_2S 的浓度。为避免进样过程人为因素产生的误差，可以利用 H_2S 与 CO_2 的含量比和已测定的 CO_2 含量计算 H_2S 的含量。二者可相互验证。

2.1.1.2　天然气中硫化氢含量的质谱测定数据分析

实验所用测试样品采自四川盆地。共选取不同地区、不同层位及不同 H_2S 含量（0.01%～14.49%）的天然气样品 8 个，其中普光气田 2 个、建南气田 6 个，实验样品的基本地质情况及生产单位提供的、利用碘量法现场测定的 H_2S 含量数据见表 2.2。

表 2.2　天然气中硫化氢含量质谱分析实验样品

样品	产层	深度/m	H_2S/%	气田
普光 7 井-1	T_1f^1	5571.7～5590	14.49	普光气田
普光 7 井-2	T_1f^2	5484.7～5546.7	—	
建 44-1 井	P_2ch	3146.9～3600	4.34	建南气田
建平 1 井	T_1f^3	3618～4617	0.51	
建平 2 井	P_2ch	3846～4604.25	0.91	
建 43 井	P_2ch	3456～3483	2.005	
建 68 井	T_1f^3	3805～3867	0.35	
建 32-1 井	C	3732～3744	0.01	

注：H_2S 含量为现场获得的生产单位利用碘量法测定的数据。

鉴于 H_2S 气体的强腐蚀性，研究中采用两种不同材质的采样容器。一种为全新的常规高压铝合金钢瓶容器，另一种为两端带有真空活塞的玻璃瓶容器，在现场同时采集含硫天然气样品（以下分别简称为钢瓶气样和玻璃瓶气样）。通过不同时间段内在实验室同时对两种容器天然气样品的检测，以分析常规高压铝合金钢瓶容器对 H_2S 含量测定的影响及影响程度，同时验证玻璃瓶容器采集含硫天然气样品并用于研究分析的可行性。

1）钢瓶气样 H_2S 含量及组分测定结果分析

利用MAT271型气体质谱计，对含硫天然气钢瓶气样进行了两次 H_2S 含量及组分测定，期间样品保存时间为4个月，两次测定结果数据分别见表2.3和表2.4，其中，常量组分（H_2S、CH_4、C_2H_6、CO_2、N_2）数据保留两位小数，微量组分（C_3H_8、O_2）数据保留三位小数，微量及痕量组分（C_4H_{10}、SO_2、He、Ar）数据保留四位小数。

表2.3　第一次钢瓶气样 H_2S 含量及组分测定数据

样品	组分/%										
	H_2S	CH_4	C_2H_6	C_3H_8	C_4H_{10}	CO_2	N_2	O_2	SO_2	He	Ar
普光7-1	13.86	76.63	0.41	0.010	0.0000	8.41	0.65	0.022	0.0063	0.0027	0.0030
普光7-2	12.11	78.43	0.34	0.013	0.0000	8.42	0.63	0.049	0.0039	0.0058	0.0022
建44-1	3.17	87.31	0.21	0.014	0.0000	8.75	0.52	0.021	0.0038	0.0100	0.0009
建43	1.73	91.02	0.21	0.018	0.0010	6.37	0.61	0.027	0.0027	0.0099	0.0015
建平1	0.36	96.16	0.20	0.021	0.0000	2.49	0.72	0.024	0.0000	0.0100	0.0012
建平2	0.28	94.78	0.20	0.019	0.0061	4.08	0.60	0.027	0.0017	0.0141	0.0011
建68	0.20	97.16	0.18	0.022	0.0000	1.68	0.70	0.024	0.0013	0.0174	0.0016
建32-1	0.01	92.72	1.23	0.316	0.0110	1.02	4.59	0.021	0.0000	0.0810	0.0133

表2.4　第二次钢瓶气样 H_2S 含量及组分测定数据

样品	组分/%										
	H_2S	CH_4	C_2H_6	C_3H_8	C_4H_{10}	CO_2	N_2	O_2	SO_2	He	Ar
普光7-1	13.85	76.66	0.41	0.014	0.0000	8.45	0.57	0.028	0.0027	0.0083	0.0020
普光7-2	12.79	77.66	0.38	0.011	0.0000	8.52	0.60	0.027	0.0019	0.0069	0.0023
建44-1	3.21	87.15	0.20	0.022	0.0000	8.86	0.51	0.024	0.0000	0.0122	0.0011
建43	1.71	90.98	0.21	0.021	0.0000	6.43	0.61	0.026	0.0000	0.0113	0.0011
建平1	0.35	96.07	0.20	0.028	0.0000	2.54	0.75	0.026	0.0000	0.0157	0.0014
建平2	0.65	94.42	0.20	0.025	0.0000	4.05	0.61	0.028	0.0000	0.0150	0.0011
建68	0.23	97.15	0.18	0.024	0.0000	1.66	0.71	0.020	0.0000	0.0207	0.0015
建32-1	0.00	92.63	1.24	0.336	0.0110	1.00	4.65	0.020	0.0000	0.0947	0.0125

从两次钢瓶气样的分析结果来看（表2.3、表2.4、图2.2），无论是 H_2S 含量数据，还是烃类气体组分以及其他非烃气体组分含量数据都具有非常好的一致性，说明MAT271型气体质谱计的检测重复性很好，同时也反映出实验样品在经过为期4个月的保存后，同一钢瓶气样的天然气化学组成没有发生明显变化。

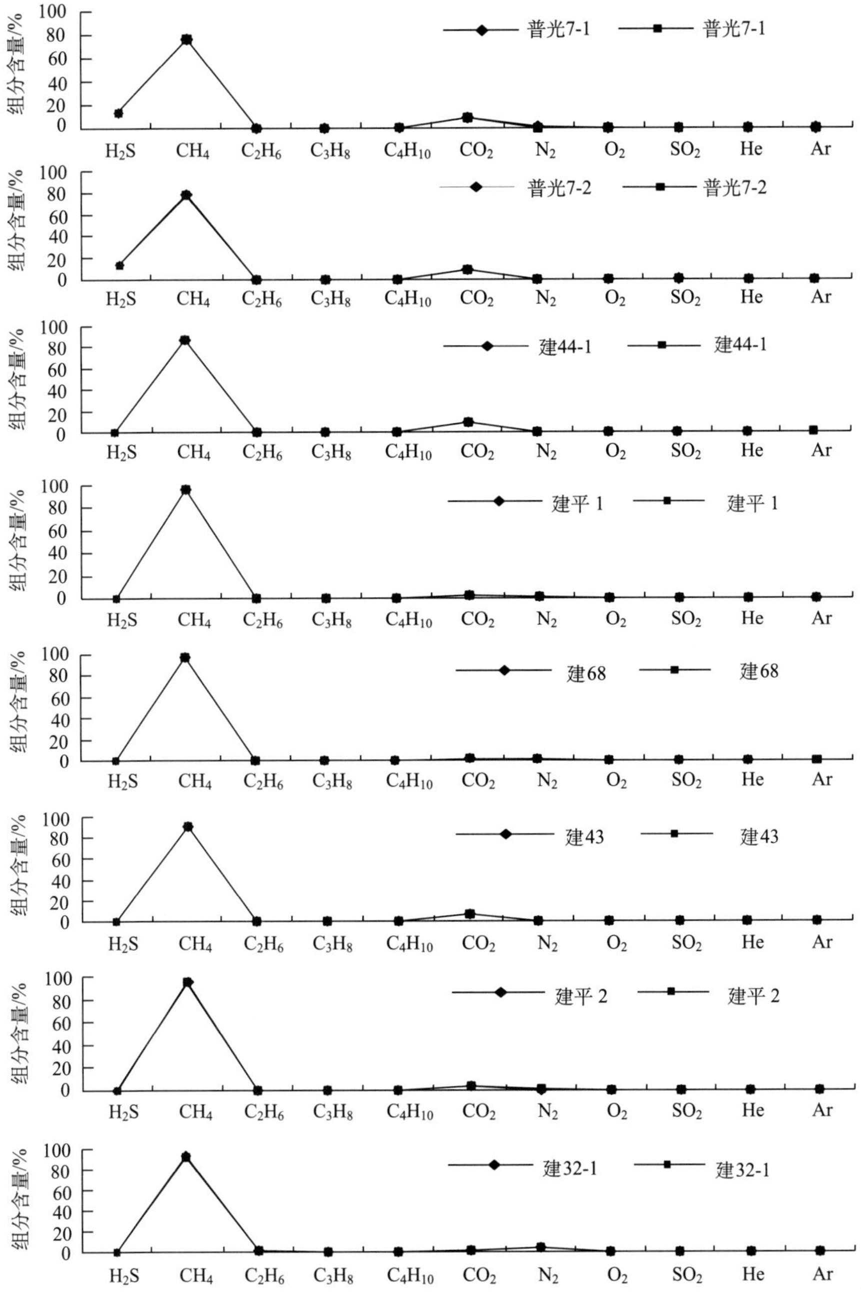

图 2.2　钢瓶气样两次组分检测数据对比

2）玻璃瓶气样 H_2S 含量及组分测定结果分析

两端带有真空活塞的玻璃瓶是针对含硫天然气而设计的采样容器。本次研究在采集含硫天然气钢瓶样时，也利用这种容器采集了玻璃瓶气样。在实验室内利用 MAT271

型气体质谱计检测钢瓶气样的同时，对玻璃瓶气样也分别进行了两次 H_2S 气体含量及组分测定，期间样品保存时间也为 4 个月，表 2.5 和表 2.6 分别为两次检测的实验数据，测试数据有效数字保留与钢瓶气样一致。

表 2.5　第一次玻璃瓶气样 H_2S 含量及组分测定数据

样品	组分/%									
	H_2S	CH_4	C_2H_6	C_3H_8	C_4H_{10}	CO_2	N_2	O_2	SO_2	He	Ar
普光 7-1	13.57	77.07	0.41	0.000	0.0000	8.49	0.43	0.000	0.0000	0.0077	0.0070
建 44-1	3.49	87.47	0.19	0.000	0.0000	8.63	0.16	0.000	0.0000	0.0130	0.0420
建 43	1.62	89.54	0.21	0.010	0.0000	6.08	2.50	0.000	0.0000	0.0110	0.0300
建平 1	0.35	93.49	0.20	0.000	0.0000	2.38	3.07	0.460	0.0000	0.0140	0.0300
建平 2	0.66	94.37	0.20	0.010	0.0000	4.03	0.68	0.000	0.0000	0.0200	0.0054
建 68	0.28	96.82	0.20	0.000	0.0000	1.60	1.07	0.000	0.0000	0.0210	0.0080
建 32-1	0.0022	85.36	1.10	0.360	0.0000	0.79	10.23	1.960	0.0000	0.0870	0.0970

表 2.6　第二次玻璃瓶气样 H_2S 含量及组分测定数据

样品	组分/%									
	H_2S	CH_4	C_2H_6	C_3H_8	C_4H_{10}	CO_2	N_2	O_2	SO_2	He	Ar
普光 7-1	12.87	77.66	0.38	0.000	0.0000	8.32	0.68	0.080	0.0017	0.0000	0.0045
建 44-1	3.44	87.22	0.21	0.006	0.0000	8.51	0.58	0.028	0.0005	0.0000	0.0034
建 43	1.47	91.36	0.20	0.008	0.0000	6.06	0.75	0.137	0.0000	0.0000	0.0066
建平 1	0.28	91.66	0.19	0.010	0.0000	2.31	4.40	1.087	0.0045	0.0000	0.0505
建平 2	0.36	89.18	0.18	0.009	0.0000	3.59	5.13	1.470	0.0000	0.0000	0.0736
建 68	0.23	97.15	0.18	0.008	0.0000	1.58	0.77	0.069	0.0014	0.0000	0.0045
建 32-1	0.03	85.25	1.12	0.277	0.0000	0.92	10.58	1.725	0.0000	0.0000	0.0870

表 2.5 表明，在建 32-1 井和建平 1 井玻璃瓶气样中 O_2 的含量较高，属不正常分布，说明在样品采集过程中有空气的混入。其余玻璃瓶气样则采集的比较成功，其 H_2S 气体含量及组分测定数据能够反映实际情况。而从表 2.6 的分析数据可以看出，在玻璃瓶气样保存了 4 个月后，样品中的 O_2 含量都明显增高，说明采用的玻璃瓶很难达到密封要求，在样品保存期间都不同程度地混入了空气，从而影响了 H_2S 气体含量及组分的测定结果，因此该种容器不适合用于含硫天然气样品的采集和保存。

3）常规高压铝合金钢瓶容器对 H_2S 含量测定的影响分析

天然气采样容器主要有玻璃瓶、气囊和高压铝合金钢瓶等，其中常规高压铝合金钢瓶是天然气样品采集和保存的最佳容器（刘文汇等，2003）。对于含硫天然气而言，由于 H_2S 气体具有强烈的腐蚀性，加之其极易溶于水，是一种很强的还原剂，常规高压铝合金钢瓶容器的材质是否会对 H_2S 含量的测定数据的准确性产生影响以及能产生多大影响，目前尚无实验数据进行评价，但其直接涉及各项实验测试数据的可靠性和以此为基础的研究结果的质量，是一项亟待解决的科学问题。因此，在开展天然气中 H_2S 含量的质谱测定方法研究的基础上，需通过对同一样品在不同时间段内的 H_2S 含量测定，分析含硫天然气对常规高压铝合金钢瓶容器的腐蚀程度及由此引起的 H_2S 组分变化情况，探讨利用常规高压铝合金钢瓶容器采集和保存含硫天然气样品并运用于研究分析的可行性。

从表 2.7 和图 2.3 可以看出，现场测定的 H_2S 含量值普遍略高于 MAT271 型气体质谱计的测定值，最高达到 1.17%（建 44-1 井），但大体的分布趋势是相似的。而从实验室内利用 MAT271 型气体质谱计检测获得的数据来看，两组 H_2S 含量测定值基本吻合，其差值为−0.68～0.02，且主要在 0.02 左右。如果 H_2S 气体对铝合金钢瓶容器产生腐蚀作用，将会降低容器内 H_2S 气体的浓度，而且随着样品保存时间的增长，腐蚀作用继续进行，容器内 H_2S 气体的浓度将可能会进一步降低，那么第二次检测数据应该均低于第一次检测数据，即它们的差值应全部为正值，但从实际检测结果来看，在间隔 4 个月而进行的两次重复检测后，同一样品的 H_2S 含量测定值基本接近，甚至有些样品出现第二次 H_2S 含量测定值略高于第一次测定值的现象，分析认为这种现象可能

表 2.7　钢瓶气样两次检测的 H_2S 含量（%）数据对比

	样品							
	普光 7-1	普光 7-2	建 44-1	建 43	建平 1	建平 2	建 68	建 32-1
参考值	14.49	—	4.34	2.005	0.51	0.91	0.35	0.01
第一次检测	13.86	12.11	3.17	1.73	0.36	0.28	0.20	0.01
第二次检测	13.85	12.79	3.21	1.71	0.35	0.65	0.23	0.0006
差　值	0.01	−0.68	−0.04	0.02	0.01	−0.37	−0.03	0.009

注：参考值为现场测定的数值；差值为第一次检测数值−第二次检测数值。

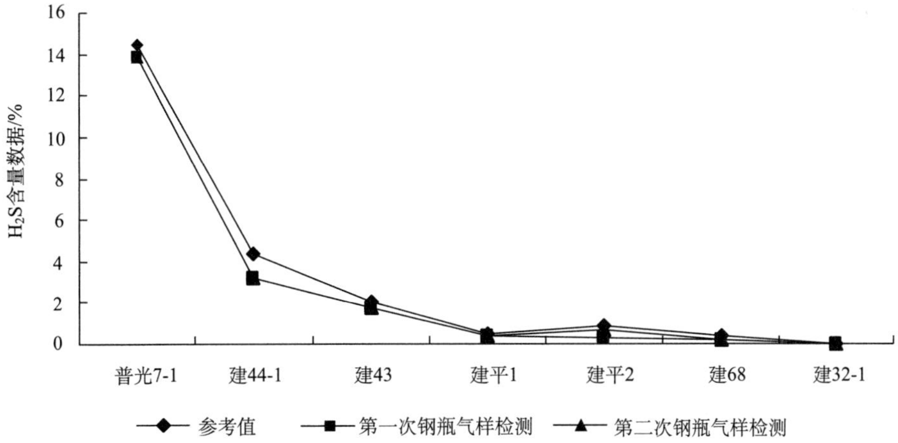

图 2.3　钢瓶气样的 H_2S 含量检测数据对比

是由测试误差造成的。钢瓶气样的两组 H_2S 含量检测数据对比表明，在经过 4 个月的保存期后，同一样品容器内的 H_2S 含量测定值并未因 H_2S 气体的强腐蚀性而产生明显变化。

由于玻璃瓶容器能够消除 H_2S 气体的腐蚀性影响，因而由玻璃瓶气样测得的 H_2S 含量可视为在现场的实测数据。取用第一次检测的玻璃瓶气样 H_2S 含量数据与钢瓶气样的两次测定数据进行对比（表 2.8，图 2.4），可以看出三组实验数据同样具有比较好的一致性。

表 2.8 玻璃瓶气样与钢瓶气样的 H_2S 含量（%）检测数据对比

	样品						
	普光 7-1	建 44-1	建 43	建平 1	建平 2	建 68	建 32-1
参考值	14.49	4.34	2.005	0.51	0.91	0.35	0.01
第一次玻璃瓶气样检测	13.57	3.49	1.62	0.35	0.66	0.28	0.0022
第一次钢瓶气样检测	13.86	3.17	1.73	0.36	0.28	0.20	0.01
差　值	−0.29	0.32	−0.11	−0.01	0.38	0.08	−0.0078
第一次玻璃瓶气样检测	13.57	3.49	1.62	0.35	0.66	0.28	0.0022
第二次钢瓶气样检测	13.85	3.21	1.71	0.35	0.65	0.23	0.0006
差　值	−0.28	0.28	−0.09	0.00	0.01	0.05	0.0016

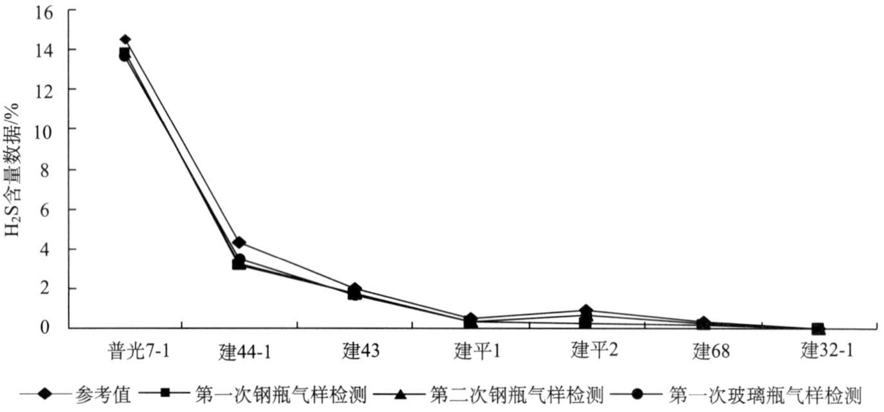

图 2.4 玻璃瓶气样与钢瓶气样的 H_2S 含量检测数据对比

两组钢瓶气样检测数据和第一次玻璃瓶气样检测数据具有比较好的一致性，说明利用常规钢瓶容器采集含硫天然气样品并经过一段时间保存后，它们的 H_2S 含量及其他组分测定数据基本一致，并未因 H_2S 气体的强腐蚀性而发生明显变化，从而证明常规高压铝合金钢瓶容器能够满足含硫天然气样品的采集、保存及组分分析要求，可以作为含硫天然气样品采集和保存的首选和最佳容器。

2.1.1.3　天然气中硫化氢含量的碘量法分析

目前国内对天然气中 H_2S 气体的含量测定数据主要是通过碘量法分析（化学滴定法）获得的，为此国家制定了专门检测标准（GB/T11060.1-1998）。为了验证 MAT271 型气体质谱计检测数据与依据国家标准获得的检测数据的可比性，本次研究还开展了利用碘量法测定天然气中 H_2S 气体含量的分析工作。

碘量法测定分析是与钢瓶气样的第二次 MAT271 型气体质谱计检测同步进行的。实验所需的试剂、溶液配制、标定及分析步骤都严格按照碘量法的国标要求完成，利用碘量法测定钢瓶气样 H_2S 含量的实验数据见表 2.9。

表 2.9　碘量法测定的钢瓶气样中 H_2S 含量数据表

样品	普光 7-1		普光 7-2		建 44-1		建 43		建平 1		建平 2		建 68		建 32-1	
测定条件	84.8kPa 19℃		84.8kPa 18℃		84.8kPa 21℃		84.8kPa 21℃		84.8kPa 20℃		84.8kPa 20℃		84.8kPa 20℃		84.8kPa 18℃	
$V1$/mL	6.22	6.22	39.83	39.81	6.22	6.22	6.22	6.22	6.22	6.22	6.22	6.22	3.02	3.02	36.11	36.11
$V2$/mL	1.91	2.16	15.49	15.43	5.52	5.38	5.82	5.84	6.04	5.97	6.07	6.06	2.94	2.93	36.04	36.10
ρ /(g/m³)	210.94	198.70	196.85	197.17	34.37	41.25	19.64	18.66	8.84	12.28	7.37	7.86	3.39	4.42	0.28	0.04
	204.82		197.01		37.81		19.15		10.56		7.62		4.18		0.16	
φ/% (V/V)	14.71	13.85	13.72	13.74	2.40	2.88	1.37	1.30	0.62	0.86	0.51	0.55	0.27	0.31	0.02	0.003
	14.28		13.73		2.64		1.34		0.74		0.53		0.29		0.012	
备　注	5g/L I_2 溶液 $V_n=41.85$		5g/L I_2 溶液 $V_n=42.14$		5g/L I_2 溶液 $V_n=41.71$		5g/L I_2 溶液 $V_n=41.71$		5g/L I_2 溶液 $V_n=41.71$		5g/L I_2 溶液 $V_n=41.71$		0.25g/L I_2 溶液 $V_n=41.71$		0.25g/L I_2 溶液 $V_n=42.14$	

碘量法分析数据表明，所测样品的两次平行测定值比较吻合，其差值在 0.02～0.86 之间，说明测定数据有比较好的准确性。将两次平行测定值取算术平均值作为碘量法测定的 H_2S 含量值，并与第一次玻璃瓶气样（相当于现场值）和第二次钢瓶气样的 MAT271 型气体质谱计检测数据进行比较，可以看出，三者也具有比较好的一致性（表 2.10、图 2.5），说明 H_2S 含量的质谱分析数据与碘量法分析数据具有很好的可比性，同时也表明 H_2S 含量的现场测定工作可通过实验室内的仪器检测来完成。

表 2.10　碘量法与 MAT271 型气体质谱计测定 H_2S 含量（%）数据对比

	样品							
	普光 7-1	普光 7-2	建 44-1	建 43	建平 1	建平 2	建 68	建 32-1
碘量法平行测定值	14.71	13.72	2.48	1.37	0.62	0.51	0.27	0.02
	13.85	13.74	2.88	1.30	0.86	0.55	0.31	0.003
差　值	0.86	−0.02	−0.40	0.07	−0.24	−0.04	−0.04	0.017
碘量法平均值	14.28	13.73	2.64	1.34	0.74	0.53	0.29	0.012

续表

	样品							
	普光 7-1	普光 7-2	建 44-1	建 43	建平 1	建平 2	建 68	建 32-1
碘量法平均值	14.28	13.73	2.64	1.34	0.74	0.53	0.29	0.012
第二次钢瓶气样检测	13.85	12.79	3.21	1.71	0.35	0.65	0.23	0.0006
差　值	0.43	0.94	0.57	−0.37	0.36	−0.12	0.06	0.0074
碘量法平均值	14.28	13.73	2.64	1.34	0.74	0.53	0.29	0.012
第一次玻璃瓶气样检测	13.57	—	3.49	1.62	0.35	0.66	0.28	0.0022
差　值	0.71	—	−0.85	−0.28	0.39	−0.13	0.01	0.0098
参考值	14.49	—	4.34	2.005	0.51	0.91	0.35	0.01

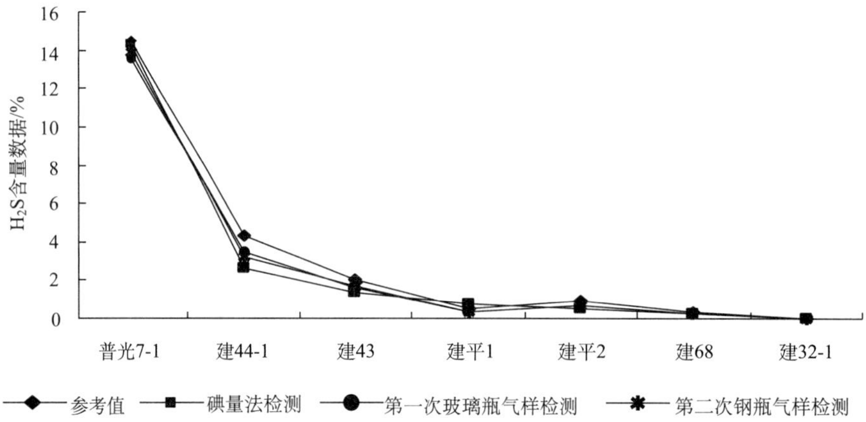

图 2.5　碘量法与 MAT271 型气体质谱计法测定 H_2S 含量数据对比

通过上述系列实验，本次研究建立了天然气中 H_2S 含量及其他组分的质谱直接测定方法。该方法利用质谱计线性范围宽、重复性好的特点，可将天然气样品直接导入质谱计分析天然气中的 H_2S 含量，并可一次性检测出其他气体组分含量，分析数据稳定可靠。

与 H_2S 含量的传统分析方法相比（表 2.11），质谱直接测定方法具有操作简便、用样量少、标准样品易于制备、分析速度快、测试精度高等显著特点，适合用于含硫天然气中 H_2S 气体及其他气体组分的在线系统分析。

表 2.11　质谱直接测定方法与传统方法的比较

质谱直接测定方法	传统方法
用钢瓶采样，在室内分析	化学分析方法在现场采样分析
用样量少	化学分析方法用样量较多
操作简单，误差来源少	过程较复杂，测试结果影响因素较多
可采用高含 H_2S 天然气制备标准样品	配制不同含量标准样品
分析时间短，速度快	分析时间较长

2.1.2　气态硫的硫同位素直接分析新方法

自然界中的硫有 4 种稳定同位素，即^{32}S、^{33}S、^{34}S和^{36}S。根据 Ding 等（2001）提供的数据，4 种硫稳定同位素的相对丰度分别近似为：^{32}S 95.04%，^{33}S 0.75%，^{34}S 4.20%，^{36}S 0.015%。由于^{33}S和^{36}S在自然界中的含量很低，其变化不易测定，因此通常只研究^{34}S和^{32}S的比值，即 $R={}^{34}S/{}^{32}S$，并用其值与标准样品相比的千分偏差值 $\delta^{34}S$（CDT，‰）来表示含硫物质的硫同位素组成。由于硫有多种价态，不同价态的硫化物中化学键的强度略有差别，因而在化合价改变的反应中，很容易发生硫同位素分馏，从而导致硫在地质过程中出现较大的同位素分馏。在传统的天然气中硫同位素测定过程中，样品前处理制备过程中也会产生这种分馏。因此，天然气中硫化氢硫同位素直接测定，会极大地提高分析精确度。

2.1.2.1　传统的硫同位素分析方法

从目前已发表的相关研究成果来看，有关硫同位素分析方法的研究文献很少，而已采用的硫同位素测试技术只能分析固态形式的含硫物质。这些测试技术包括直接热解法分析硫同位素（储雪蕾等，1993b；赵瑞等，1996）、利用元素分析仪在线分析固态形式的硫同位素（Misuk *et al.*，2004）、以及 SF_6 硫同位素分析方法（Shuhei *et al.*，2006）。

1）硫化物及硫酸盐样品的硫同位素分析——直接热解法

储雪蕾等（1993b）建立了硫化物及硫酸盐样品的硫同位素分析——直接热解法，图 2.6 为其硫同位素制样系统示意图，具体测试方法为将适量的硫酸盐（如 25mg 硬石膏）、氧化亚铜、石英砂按 1∶10∶30 的比例一同放入玛瑙研钵中研细并混合均匀，然后装进瓷舟推入石英反应管。系统抽真空到优于 0.1Pa，反应炉温度为 1150℃，20min

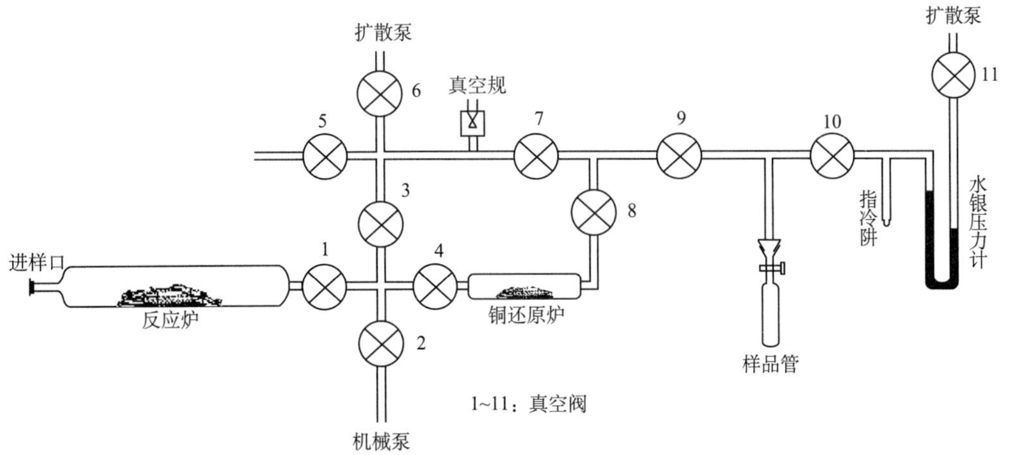

图 2.6　直接热解法硫同位素制样系统示意图（储雪蕾等，1993b）

后反应完成。让反应后的气体通过铜炉，铜炉温度为 800℃，铜炉把硫酸盐热解产生的 SO_3全部转化为 SO_2。将样品管套上液氮杜瓦瓶，SO_2气体被收集到样品管中，然后将样品管中的气体导入质谱计进行硫同位素分析。在石英反应管的左端进样口处装有一个外表面被抛光的金属接头，抽真空时，大气压把玻璃片与金属接头（通过橡胶密封圈）紧密地连接在一起，既方便了装卸样品，也避免了使用玻璃磨口所带来的真空油脂的硫污染。反应时真空活塞 2、3、7 和 10 关闭，1、4、8 和 9 打开。对于硫化物，反应后的气体不需要通过铜炉还原，反应时可关闭真空活塞 4 和 8，直接将反应产生的 SO_2气体收集到样品管中，然后导入质谱计进行硫同位素分析。

2）硫化物及硫酸盐样品的硫同位素分析——连续流 EA-IRMS 法

Misuk 等（2004）利用元素分析仪和连续流稳定同位素质谱仪，建立了硫化物及硫酸盐样品的硫同位素分析——连续流 EA-IRMS 法，图 2.7 为其硫同位素分析装置示意图，具体测试方法为将干燥的测试样品粉碎成粉末状，取约 15mg 样品与 0.2mg V_2O_5 试剂混合，放置于重 40mg 的锡杯中，将锡杯置入反应器中，通入氧气（25mL/min）进行燃烧（1050℃），生成的气体在载气（He，80mL/min）的带动下，通过一个装有 WO_3、Cu 和石英玻璃毛的氧化-还原反应器。燃烧反应管底部和氧化-还原反应器上部装填 1cm 的石英玻璃毛，用于接收燃烧反应产生的残渣灰，然后气体产物通过一个含 75%高氯酸镁和 25%石英碎片的吸附管以除去水蒸气，剩余气体经过一个 1.2m 和 75℃恒温的 GC 柱（Poropak™ QS，Teflon），这时 CO_2、N_2和 SO_2被分离。分离后的气体依次通过带开口分流的接口进入离子源，大量的 CO_2在开口分流器处被稀释，使其维持在同位素比质谱仪的动态范围内。通过两个法拉第杯同时接收 $m/e=64$ 和 $m/e=66$ 的质谱峰，分析得到样品的硫同位素组成。

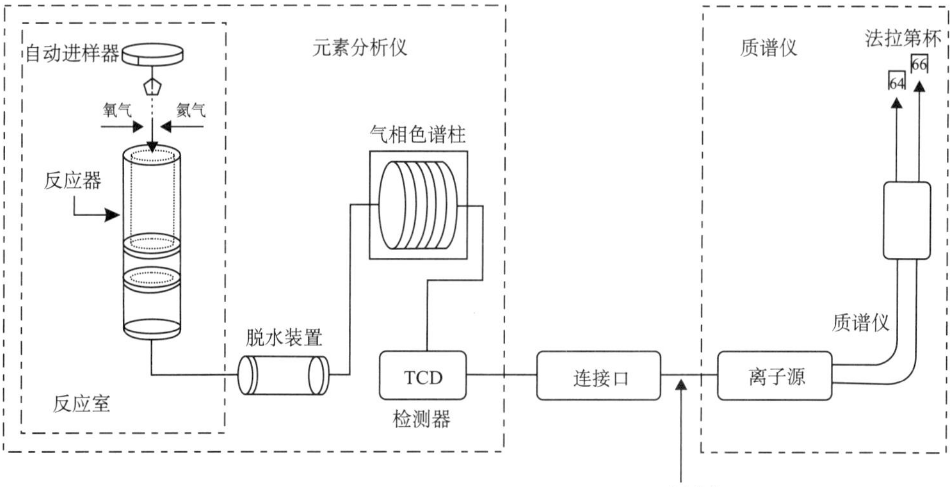

图 2.7 连续流 EA-IRMS 法分析装置示意图（Misuk *et al.*，2004）

3）硫化物样品的硫同位素分析——SF_6法

Shuhei等（2006）建立了硫化物样品的硫同位素分析——SF_6法，图2.8为其激光氟化法硫同位素分析装置示意图，具体测试方法为将反应室抽真空后，通入<30Torr[①]的F_2气进行预氟化，以除去干扰氟化反应的水、含水矿物和碳氢化合物等物质，降低系统本底，由于硫化银在室温下与氟反应，所以硫化银不能预氟化。当反应室中氟气压强约为30Torr时，打开激光，熔化硫化物颗粒，使其与F_2反应生成SF_6。过剩的氟与热的KBr反应生成Br_2，将其收集到冷阱CT2和CT3中，SF_6收集到冷阱CT1中，未能收集的气体由真空泵抽走，然后CT1中的SF_6扩散到气相色谱的进样环，如果气量足够多，可关闭阀11，通过六通阀V1将进样环中气体切换到气相色谱柱进行硫同位素分析。如果气量少，可通过液氮冷冻进样环，富集SF_6，然后六通阀V1将进样环中气体切换到气相色谱柱进行硫同位素分析。

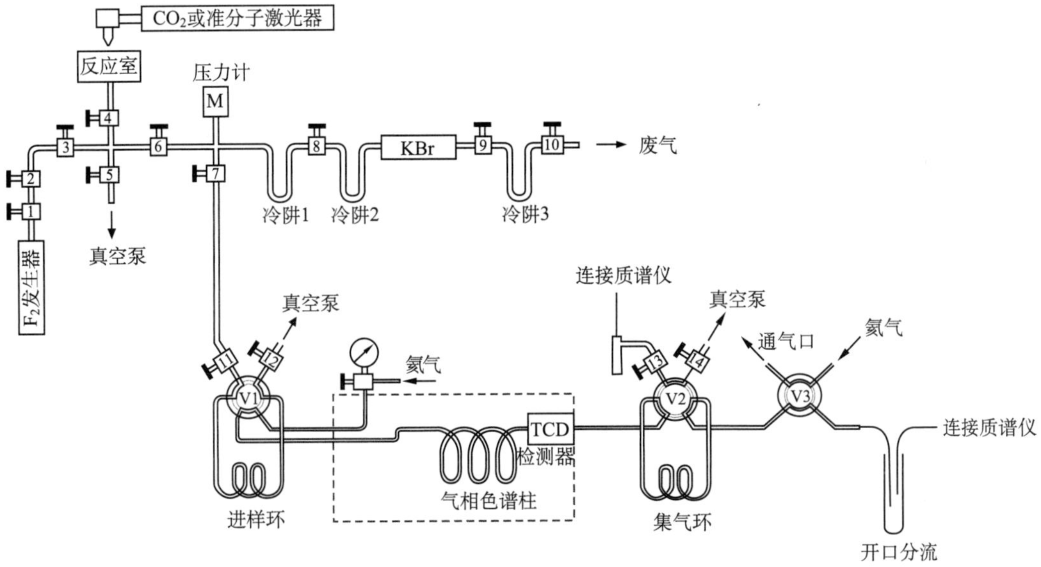

图2.8　SF_6硫同位素分析装置示意图（Shuhei *et al.*，2006）

4）天然气中H_2S的硫同位素分析方法

对于天然气中的H_2S气体，目前采用的测试方法是在现场通过化学方法将H_2S转化为固态硫化物，一般是利用醋酸锌溶液将天然气中的H_2S转化为ZnS，再在实验室内将ZnS转化为CuS，将CuS与Cu_2O混合，在1070℃的真空炉中反应，通过冷阱收集纯化反应产物SO_2，导入同位素质谱计进行硫同位素组成分析（Cai *et al.*，2003），上述测试方法要求的样品量较多，而且在样品前处理环节存在三个步骤的化学反应，转化时间较长，容易产生反应转化不完全。

① 1Torr=133.3Pa

2.1.2.2 气态硫的硫同位素直接分析方法研究

从已有的研究资料来看，利用同位素质谱计直接分析天然气中 H_2S 气体的硫同位素的分析方法尚未见报道，因而本次研究尝试利用 MAT271 型气体质谱计，通过将天然气中 H_2S 气体冷冻富集后，直接测定其硫同位素组成，从而建立新的气态硫的硫同位素分析方法。

1）气态硫的硫同位素直接分析方法

为了直接分析测定天然气中 H_2S 的硫同位素组成，本次实验研究设计了天然气中 H_2S 气体的冷冻富集装置（图 2.9）。研究采用的具体实验方法为：①让含硫天然气通过液氮冷冻的“U”型冷阱，天然气中的 H_2S 被冷冻富集到冷阱中，通过抽真空除去 O_2、Ar 等干扰气体，将富集到的 H_2S 气体导入 MAT271 型气体质谱计，直接测量其 $m/e=36$ 和 $m/e=34$ 的比值；②用已知硫同位素组成的 FeS 与足够的稀盐酸反应，使 FeS 全部转化为 H_2S，再通过同样的方法测量其 $m/e=36$ 和 $m/e=34$ 的比值；③用同位素组成定义公式计算并确定天然气中硫化氢的硫同位素组成。在硫化氢气体冷冻富集过程中，CO_2 和 C_3 以上的烃类气体也被富集到冷阱中，CO_2 产生的 $[^{16}O^{18}O]^+$ 离子对 $m/e=34$ 的影响极微，基本不影响硫同位素的测量，C_3 以上的烃类气体在质谱中产生 $m/e=36$ 质谱峰，干扰硫同位素的测量，但由于高含硫天然气中 C_3 以上的成分含量极低，对硫同位素测试数据基本没有影响；而对于低含硫天然气，由于硫化氢浓度低，必须用较多的天然气进行富集，C_3 以上的成分会对硫同位素测试数据产生一定的影响。硫化氢中氢同位素主要影响 $m/e=35$，对 $m/e=36$ 的影响可以忽略。

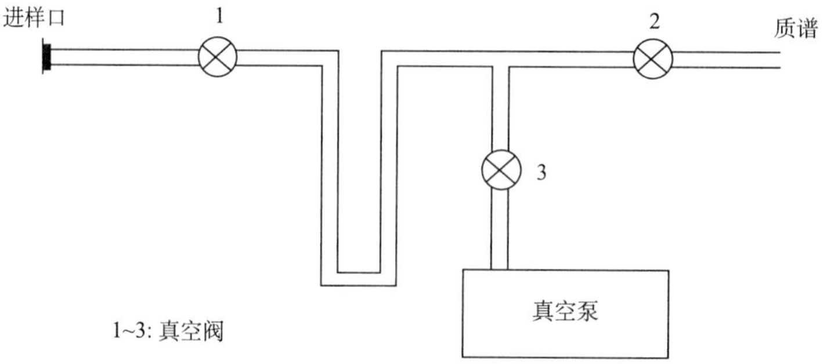

图 2.9 天然气中硫化氢冷冻富集装置

图 2.10 为普光 7 井（5571.7m）天然气样品冷冻富集后的质谱图，从中可以看出，富集后气体中主要含 H_2S 和 CO_2，而 CO_2 质谱对 H_2S 质谱没有影响，因此，天然气中的 H_2S 经冷冻富集后其硫同位素测试不会受到干扰。

2）标准样品气态硫的硫同位素直接分析实验

实验所用的含硫物质为固体 FeS 标准样品，其硫同位素组成由中国科学院地质与

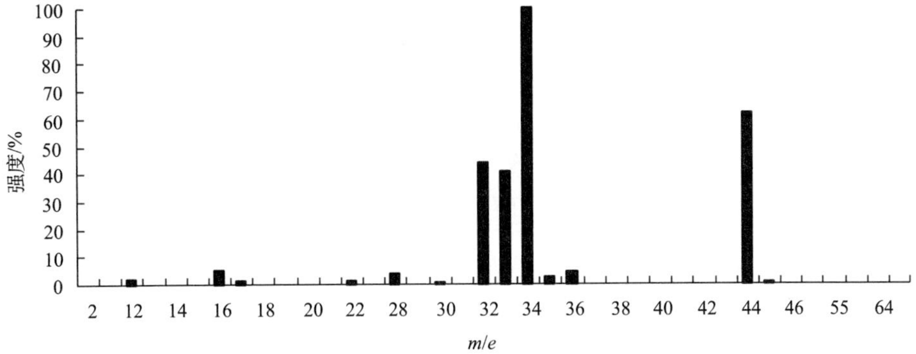

图 2.10　普光 7 井（5571.7m）中 H_2S 经富集后的质谱图

地球物理研究所环境同位素实验室测得，测试采用的是传统的高温氧化法分析硫同位素方法，两次测量结果的平均值为＋29.84‰（CDT）。用已知硫同位素组成的 FeS 与稀盐酸反应制备硫化氢，反应式如下：

$$FeS + 2HCl = H_2S\uparrow + FeCl_2$$

对于实验室制备的 H_2S 气体，直接导入 MAT271 型气体质谱计测量其 $m/e=36$ 和 $m/e=34$ 的比值。表 2.12 为实验室制备的 H_2S 气体六次平行测量实验数据，从中可以看出，六次平行测量的 $m/e=36$ 和 $m/e=34$ 质谱峰高比为 4.4536～4.4559，其平均值为 4.4544，测量标准偏差为 0.0009，相对标准偏差为 0.02%，说明 MAT271 型气体质谱计硫同位素的测试精度可以达到 0.02%。

表 2.12　实验室制备 H_2S 气体（$\delta^{34}S_{CDT}=+29.84‰$）硫同位素质谱峰高比测试结果

测量	34/V	$R_{35/34}/\%$	$R_{36/34}/\%$
1#	2.7725	2.6415	4.4544
2#	2.7635	2.6413	4.4547
3#	2.7541	2.6422	4.4536
4#	2.7454	2.6425	4.4540
5#	2.7365	2.6441	4.4559
6#	2.7289	2.6431	4.4536
平均值		2.6425	4.4544
标准偏差		0.0010	0.0009
相对标准偏差/%		0.04	0.02

注：34/V 表示质谱峰高或强度，单位为 V，$R_{36/34}/\%$表示 $m/e=36$ 与 $m/e=34$ 的质谱峰高比。

3）实验样品气态硫的硫同位素直接分析实验

实验所用样品为普光 7 井（5571.7m）含硫天然气，利用图 2.9 所示的实验装置，对该井含硫天然气样品进行了冷冻富集，然后将富集的实验样品直接导入 MAT271 型气体质谱计测量其 $m/e=36$ 和 $m/e=34$ 的比值，实验也进行了六次平行测量。表 2.13

为普光 7 井（5571.7m）含硫天然气中 H_2S 硫同位素质谱峰高比测量实验数据，可以看出，六次平行测量的 $m/e=36$ 和 $m/e=34$ 质谱峰高比为 4.3535～4.3572，其平均值为 4.3548，测量标准偏差为 0.00143，相对标准偏差为 0.03%，说明实验测量精度达到 0.03%。利用表 2.12 的数据和同位素组成定义公式，反推计算得到 $\delta^{34}S_{CDT}=0‰$时，$R_{36/34}$（%）值为 4.3259，利用表 2.13 的数据以及 $\delta^{34}S_{CDT}=0‰$时的 $R_{36/34}$（%）值，根据同位素组成定义，计算得到普光 7 井（5571.7m）含硫天然气中 H_2S 的 $\delta^{34}S_{CDT}=+6.7‰$。

表 2.13 普光 7 井（5571.7m）天然气中 H_2S 硫同位素质谱峰高比测试结果

测量	34/V	$R_{35/34}$/%	$R_{36/34}$/%
1#	1.403	2.5896	4.3538
2#	1.401	2.5877	4.3547
3#	1.397	2.5885	4.3535
4#	1.394	2.5871	4.3556
5#	1.390	2.5884	4.3537
6#	1.386	2.5881	4.3572
平均值	1.395	2.5882	4.3548
标准偏差		0.00084	0.00143
相对标准偏差（%）		0.03	0.03

利用本次研究建立的直接冷冻富集分析方法，重复测试了一些实验样品中 H_2S 的硫同位素组成，实验结果见表 2.14。其中，FeS＋HCl 分两次制备测量，时间间隔为 42 天，每次制备数毫升 H_2S 气体，重复分析 2 次；普光 7 井（5571.7m）和建 43 井样品容器为铝合金钢瓶，两次测量时间间隔达到了 6 个月。可以看出，FeS＋HCl 制备的 H_2S 的硫同位素组成测试误差分别为 0.2‰和 0.1‰，普光 7 井（5571.7m）和建 43 井天然气样品中 H_2S 的硫同位素组成测试误差分别为 0.6‰和 0.1‰，说明测试数据具有很好重复性，测试误差均在合理范围之内。同时也说明，利用高压铝合金钢瓶采集含硫天然气样品，经过 6 个月的保存期，容器内 H_2S 的硫同位素组成并未发生明显变化。

表 2.14 H_2S 的硫同位素组成实验数据（以 FeS 为参考）

实验样品	$R_{36/34}$/%	$\delta^{34}S_{CDT}$/‰
FeS＋HCl	4.4555	+29.9
	4.4544	+29.7
	4.4553	+29.9
	4.4547	+29.8
普光 7 井（5571.7m） H_2S=13.86%	4.3548	+6.7
	4.3587	+7.6
建 43 井 H_2S=1.73%	4.3787	+12.2
	4.3781	+12.1

2.1.2.3 气态硫的硫同位素直接分析方法与传统方法的比较

天然气中 H_2S 硫同位素的传统测试方法是在现场通过化学方法将 H_2S 转化为固态硫化物，再在实验室内利用高温氧化法将固态硫化物转化为气态 SO_2，然后导入同位素质谱计进行硫同位素组成分析。本次研究在进行气态硫的硫同位素直接分析方法实验的同时，也利用传统方法在现场对普光 7 井等不同含量的含硫天然气（H_2S含量为0.36%～13.86%），用醋酸镉溶液制备了固态的 CdS 硫同位素分析样品和进行了 CdS 高温氧化法的硫同位素测试分析。通过在实验室内对同一样品两种分析方法的对比实验，以验证气态硫的硫同位素直接分析方法的可靠性和这种新方法的实用性。

表 2.15 为实验样品两种分析方法的测试数据，图 2.11 为两种分析方法实验结果的对比图。可以看出，对于不同含量的含硫天然气而言，利用两种分析方法所得到的测试数据的差值分布在 0.1‰～1‰范围内，具有比较好的一致性，充分说明了本次研究所建立的气态硫的硫同位素直接分析新方法与传统分析方法有很好的可比性。

表 2.15 直接分析法与 CdS 高温氧化法实验数据

样品	直接分析法 $\delta^{34}S_{CDT}$/‰	CdS 高温氧化法 $\delta^{34}S_{CDT}$/‰	差值/‰
普光 7-1	+7.15	+7.05	0.1
普光 7-2	+7.3	+6.7	0.6
建 68	+10.7	+9.1	0.4
建平 1	+15.0	+16.0	1.0

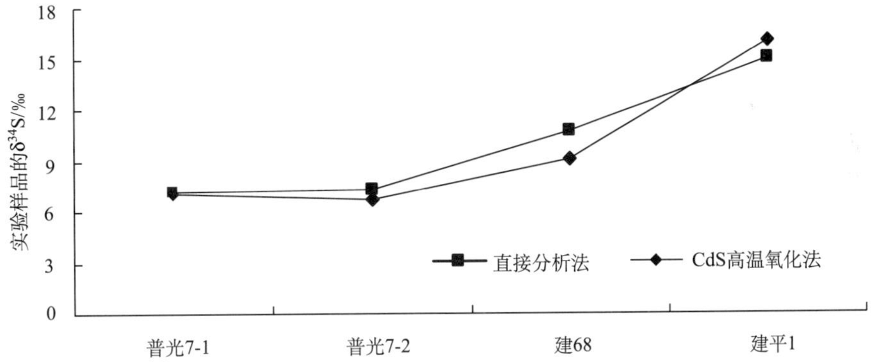

图 2.11 直接分析法与 CdS 高温氧化法实验结果对比

从分析流程来看，传统的 H_2S 硫同位素分析方法测试步骤比较复杂，需要在现场制备硫同位素测试样品，其样品的前处理包含着两步或两步以上的化学反应，为了防止发生硫同位素分馏，要求化学反应进行得很彻底，因此对操作的要求也比较严格，相应产生误差的因素也较多，并且需要较长的分析时间（表 2.16）。

表 2.16 直接分析法与传统高温氧化法的比较

直接分析法	高温氧化法
用液氮冷阱富集 H_2S，直接导入质谱计，测量 $R_{36/34}$，与标准样品比较，计算其硫同位素组成	用化学方法将天然气中的 H_2S 转化为固体硫化物，再在室内将固体硫化物转化为二氧化硫，用稳定同位素质谱计分析其硫同位素组成
用钢瓶采样，在室内分析	在现场将 H_2S 转化为固体硫化物
用样量少	用样量较多
测试结果准确	测试结果准确
操作步骤简单，误差来源少	过程较复杂，测试结果影响因素较多
用固体硫化物制备标准样品	直接用二氧化硫气体标准样品或用固体硫化物制备标准样品
分析时间短，速度快	分析时间较长

气态硫的硫同位素直接分析方法，采用在现场用高压铝合金钢瓶采集含硫天然气样品，在实验室内将测试样品通过液氮冷阱冷冻富集 H_2S 气体，然后将其直接导入MAT271 型气体质谱计测量 H_2S 的硫同位素组成。整体而言，气态硫的硫同位素直接分析新方法极大地简化了样品前处理和硫同位素测试步骤，具有操作简单、误差来源少、分析时间短和分析数据准确可靠等明显优势，显示出了很好的应用前景。

2.2 有机质及流体中含硫化合物及测定方法

2.2.1 有机质中含硫化合物及硫同位素分析方法

煤、黑色页岩及海相碳酸盐岩等沉积岩中不仅含有黄铁矿、单质硫、单硫化物、硫酸盐等无机形态的含硫化合物，同时在它们的沉积有机质中也赋存有比较丰富的有机含硫化合物。这些有机含硫化合物主要以可溶形态和有机大分子形态分别存在于沉积有机质的可溶组分和干酪根中。而原油作为地质体中高度富集的有机质，特别是与海相和盐湖相源岩有关的原油，其芳烃馏分中更是含有十分丰富的噻吩、苯并噻吩等有机含硫化合物（Fan *et al.*，1990）。

2.2.1.1 原油中有机含硫化合物的硫同位素分析方法

对于原油中有机含硫化合物的硫同位素分析，郑冰和高仁祥（2006）建立了一套实验方法，其主要操作步骤为：将 2～10g 原油加等量的无水碳酸钠和双倍的二氧化锰，在电炉上加热焙烧和搅拌氧化，挥发后放入 850℃马弗炉中灼烧，使原油中的硫氧化成硫酸钠；再用 100mL 蒸馏水洗涤数次，弃去残渣，加入 5%氯化钡即生成硫酸钡沉淀；用砂芯漏斗抽滤、蒸馏水洗涤沉淀物数次，将沉淀物移至 25mL 小烧杯中蒸干，并在105℃烘 1～2h；烘干的硫酸钡在真空系统加热至 1400～1600℃分解，通过 850℃铜炉，使 SO_3 转化成 SO_2，将 SO_2 用液氮冷冻收集在样品管中，然后导入同位素质谱计分析其硫同位素，即可获得原油中总的有机含硫化合物的硫同位素组成。

2.2.1.2 沉积有机质可溶组分中有机含硫化合物的硫同位素分析方法

对于赋存在沉积有机质可溶组分中的有机含硫化合物，可以采用有机物抽提的方法，以获得沉积岩中的可溶有机质，然后按照郑冰和高仁祥（2006）建立的实验方法，对可溶有机质中的有机含硫化合物进行硫同位素组成分析。

2.2.1.3 沉积岩中总有机硫的硫同位素分析方法

储雪蕾等（1993a，b）建立了对沉积岩中总有机硫进行硫同位素分析的实验方法，该方法主要是通过一系列化学方法分离剔除沉积岩中的硫酸盐、黄铁矿等无机形态的硫，将包含有机硫的剩余残渣与艾士卡试剂（MgO∶Na_2CO_3=3∶1，重量）按重量比1∶3混合加入瓷坩埚中，在800℃的马弗炉中熔样2h，得到硫酸盐的固体混合物，然后按照类似硫酸盐的分离方法，将得到的硫酸盐转化制备成纯净的硫酸钡或硫化银固体，再按照硫酸盐或硫化物的硫同位素测试方法分析其硫同位素，得到沉积岩中总有机硫的硫同位素组成。

2.2.1.4 沉积有机质干酪根中有机硫的硫同位素分析方法

对于以大分子形式赋存于沉积有机质干酪根中的有机硫，可以采取有机物抽提的方法，以除去沉积岩中可溶形态的有机硫，然后按照储雪蕾等建立的实验方法，对剩余物中的有机硫进行硫同位素分析，从而获得干酪根中有机硫的硫同位素组成。

2.2.2 地层水中含硫物质及硫同位素分析方法

地层水中的含硫物质通常以离子状态存在，如硫酸根离子、硫离子、亚硫酸根离子、硫代硫酸根离子，其中硫酸根离子是最主要的赋存形态和硫同位素研究的关注对象。前人对从水溶液中提取硫酸根离子并进行硫同位素分析进行了研究，并建立了相关的实验分析方法（Gorjan *et al.*，2000；Lev *et al.*，2003；乐淑葵等，2007；蒋颖魁等，2007）。综合来看，他们的基本实验方法相似，具体操作步骤为：取过滤后的水样1L，加热浓缩至50mL左右，加入稀盐酸煮沸，用甲基橙调节pH，使溶液呈红色（酸性），由于单硫化物为酸可溶硫化物，此过程可使这部分硫以H_2S的形式释放，从而使它与硫酸根离子分开；在煮沸的溶液中加入10～20mL 10%的$BaCl_2$溶液，使之与硫酸根离子反应生成白色硫酸钡沉淀，经过几次冷却和煮沸后，静置过夜陈化，次日将沉淀物过滤或者离心分离，并用热蒸馏水淋洗沉淀物，干燥后得到纯净的硫酸钡固体，然后将得到的固体硫酸钡转化制备成二氧化硫气体，导入同位素质谱计分析其硫同位素，既获得硫酸根离子的硫同位素组成。

此外，地层水中还包含有单硫化物形式的含硫物质，如硫化氢，特别是在高含硫天然气田（藏）的地层水中，大量硫酸盐热化学还原成因或生物成因的硫化氢会以溶解状态赋存在水体中。对于这部分含硫物质，可以采用本次研究所建立的气态硫的硫同位素直接分析方法进行硫同位素组成分析，即通过对地层水样品的脱气和冷冻富集后，直接导入 MAT271 型气体质谱计分析硫化氢的硫同位素组成。也可以采用传统的分析方法进行硫同位素分析，既利用乙酸锌（或乙酸镉）溶液捕获地层水样品中的硫化氢，制备成固体硫化物，再用硫化物的硫同位素分析方法分析其硫同位素组成。

2.3 固体化合物中硫的同位素分析方法

2.3.1 固体硫化物的硫同位素分析方法

对于固体硫化物的硫同位素分析，目前最常采用的分析方法是直接氧化法，即在真空系统中加热硫化物和氧化剂生成 SO_2，然后进行硫同位素分析。此法常用的氧化剂有 CuO、Cu_2O 或 V_2O_5，并对反应的温度、时间及硫化物和氧化剂的量比要求严格，以保证达到 100%的转化率和准确的测量结果。此外常用的方法还有 SF_6 法（Puchelt *et al.*，1971），即采用类似氧同位素分析样品制备方法，将硫化物与强氧化剂 BrF_5 反应生成 SF_6，然后进行硫同位素分析。

本次实验采用高温氧化法对固体硫化物进行硫同位素分析，图 2.12 为研究所采用的实验装置示意图。研究选取了 FeS 和 CdS 两种固体硫化物进行硫同位素分析实验，具体实验步骤为：称取不到 0.01g 的固体硫化物样品，放入石英玻璃样品管，再加入约 3 倍重量的 CuO，在 300℃以下抽真空约 1h，以除去样品表面的吸附气，然后将样品管加热，在不到 4min 的时间内升温至 950℃，并恒温 20min，同时收集释放出来的气体，将气体导入同位素质谱计进行硫同位素分析。实验中需要控制好硫化物的量，以使反应达到完全，又使质谱峰高达到测试要求。通过计算，取能够产生 1mL 左右 SO_2 的硫化物与 CuO 反应即可。

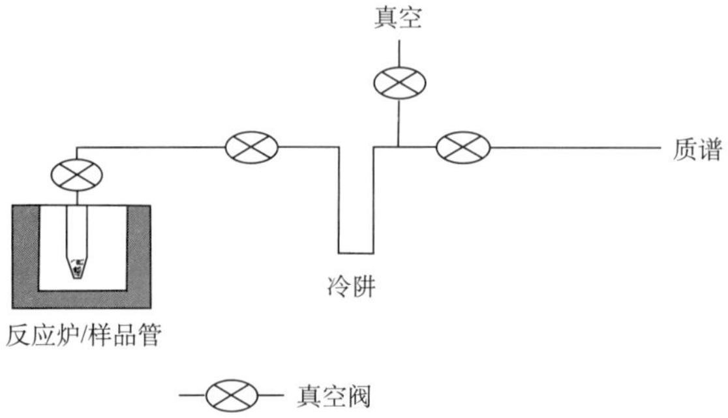

图 2.12 固体硫化物硫同位素制备实验装置

FeS 与 CuO 反应进行了 6 次实验，实验结果如表 2.17，其中 $R_{50/48}$ 表示 $m/e=50$ 与 $m/e=48$ 的质谱峰高比，$R_{66/64}$ 表示 $m/e=66$ 与 $m/e=64$ 的质谱峰高比，为便于将来与不同氧同位素比的 SO_2 参考气比较，列出了 $2R_{50/48}-R_{66/64}$ 的值。图 2.13 是 FeS 与 CuO 反应产生气体的质谱，可以看出，除 SO_2 外，其他成分含量很少。

表 2.17 FeS 与 CuO 反应硫同位素质谱峰高比测试结果

测量	$R_{50/48}$/%	$R_{66/64}$/%	$2R_{50/48}-R_{66/64}$
1#	4.8560	4.9878	4.7242
2#	4.8554	4.9844	4.7264
3#	4.8548	4.9850	4.7246
4#	4.8505	4.9863	4.7147
5#	4.8529	4.9891	4.7167
6#	4.8442	4.9804	4.7080
平均值	4.8523	4.9855	4.7191
相对标准偏差/%	0.09	0.06	0.15

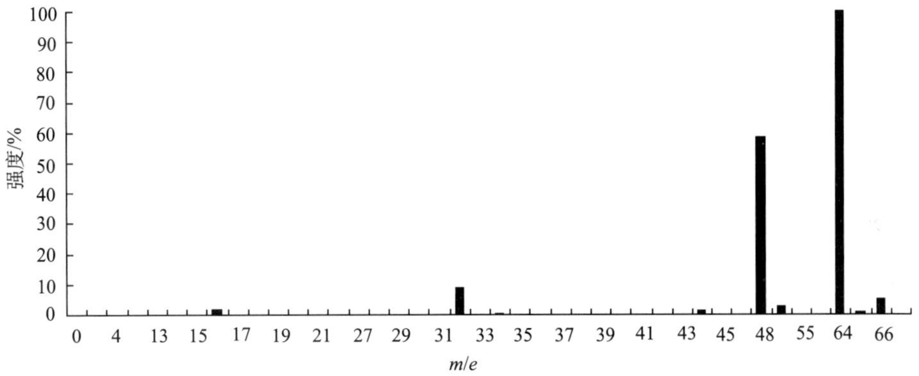

图 2.13 FeS 与 CuO 反应产生气体的质谱

利用普光 7 井（5571.7m）含硫天然气制备的 CdS 与 CuO 反应，分别进行了 3 次实验，实验结果见表 2.18。1# 样由于量太少而误差较大。根据表 2.17 的测试数据和同位素定义公式，计算了普光 7 井（5571.7m）CdS 的 $\delta^{34}S$ 值，与直接冷冻富集 H_2S 气体测量的实验结果比较吻合（表 2.14），后者的测量值 $\delta^{34}S_{CDT}$ 分别为＋6.7‰和＋7.6‰。

表 2.18 CdS 与 CuO 反应硫同位素质谱峰高比测试结果

样品	$R_{50/48}$/%	$R_{66/64}$/%	$2R_{50/48}-R_{66/64}$	$\delta^{34}S_{CDT}$/‰
1#	4.7243	4.8645	4.5841	+4.8
2#	4.7373	4.8766	4.5980	+7.3
3#	4.7369	4.8738	4.6000	+6.8

图 2.14 是普光 7 井（5571.7m）制备的 CdS 与 CuO 反应产生气体的质谱，可以看出，气体中含有大量的 CO_2，除 CO_2 和 SO_2 外，其他成分含量很少。CO_2 可能来自于固体表面吸附的有机物质或沉淀有机物质与 CuO 反应，或来自未完全反应的乙酸盐的分解。经过对 CdS 样品反复冲洗后的重复实验，其反应产物中 CO_2 含量大量减少，说明其来源主要为未完全反应的乙酸盐的分解，因此对沉淀法获得的硫化物样品进行硫同位

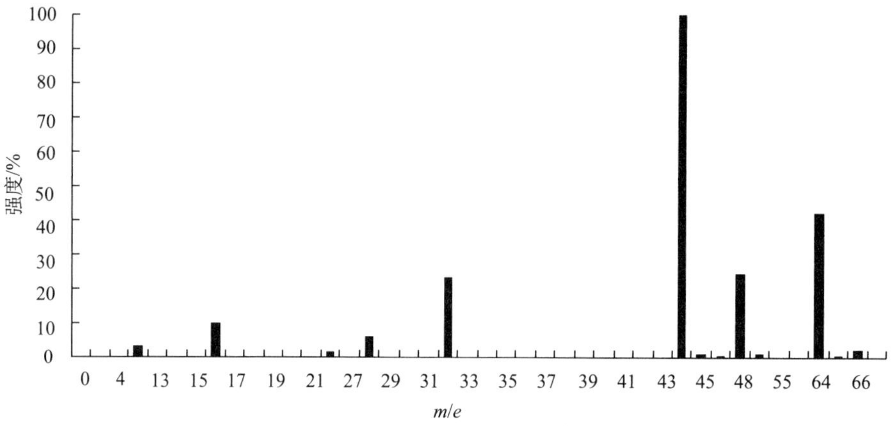

图 2.14　普光 7 井（5571.7m）制备的 CdS 与 CuO 反应产生气体的质谱

素分析时，须对样品进行多次冲洗，以减少 CO_2 生成量。反应产生的 CO_2 虽然不干扰硫同位素的测试，但是影响对反应物量的估计。

2.3.2　硫酸盐的硫同位素分析方法

硫酸盐的硫同位素分析方法很多，有直接法和间接法，直接法又有直接火焰燃烧法、Coleman 法和 Halas 法等，间接法有三酸还原法、Kiba 试剂法和石墨还原法等（郑淑蕙等，1986）。间接法操作步骤较多，直接火焰燃烧法要求温度很高，且存在标准样品与分析样品氧同位素不一致的问题，在研究石膏的硫同位素试验过程中又发现可以直接采用 Halas 法将 $CaSO_4$ 转化为 SO_2，而 Coleman 法没有达到预期的效果，因此本次研究采用 Halas 法分析硫酸盐的硫同位素组成，图 2.15 为研究所采用的硫酸盐硫同位素样品制备装置示意图。

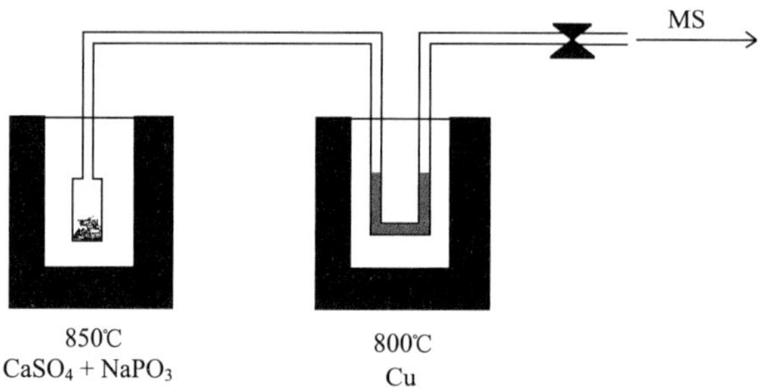

图 2.15　硫酸盐硫同位素制备装置示意图

Halas 法是将硫酸盐在真空系统中与亚磷酸钠（$NaPO_3$）作用，生成的 SO_3 与铜反应，还原成 SO_2，反应式如下：

$$BaSO_4 + NaPO_3 \longrightarrow NaBaPO_4 + SO_3$$

$$SO_3 + Cu \longrightarrow SO_2 + CuO$$

由于在反应过程中加入了较多的 $NaPO_3$，生成的 SO_2 的氧同位素值趋于一致，在标准样品和分析样品采用同一方法的情况下，可以不进行氧同位素校正。

Halas 法的第一步是制备 $NaPO_3$，将 NaH_2PO_4 试剂加热到 900℃，恒温 2h，以除去有机物和硫化物。冷却至室温后，将块状 $NaPO_3$ 试剂包在铜箔中用锤子敲碎，放在干燥器中保存备用。

将约 20mg 的 $CaSO_4$ 与约 60mg 的 $NaPO_3$ 混合后放入石英样品管中，在＜200℃的温度下抽真空 1h，同时铜炉升温到 800℃；关闭靠近质谱计的金属高真空阀，样品反应炉升温到 850℃，恒温 20min；打开靠近质谱计的金属高真空阀，将反应后的气体导入同位素质谱计进行硫同位素分析。为了观察反应产物，在进行硫同位素测试之前，对反应产物进行了全扫描质谱分析。从图 2.16 可以看出，反应产物主要是 SO_2，其中 $m/e=32$ 和 $m/e=48$ 处的质谱峰为 SO_2 产生的碎片离子。

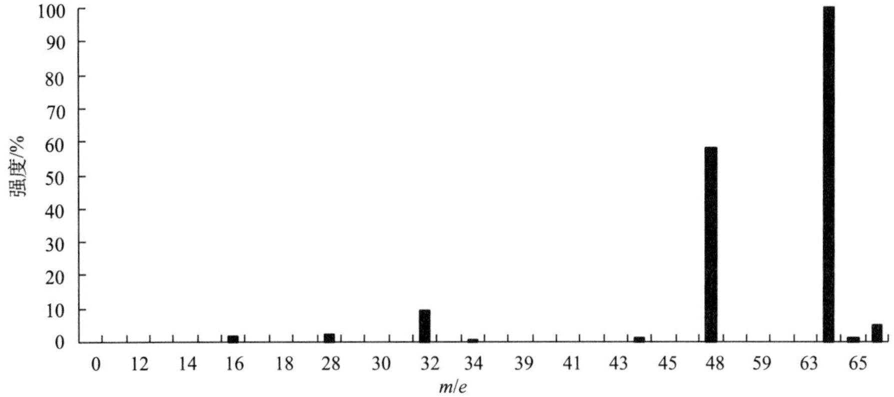

图 2.16　硫酸钙制备 SO_2 反应产物质谱图

表 2.19　硫酸钙的硫同位素重复分析结果

测量	64/V	$R_{66/64}$/%	$\delta^{34}S_{CDT}$/‰
1#	3.8	4.7801	−12.6
2#	1.3	4.7925	−10.0
3#	4.2	4.7785	−12.9
4#	4.0	4.7830	−12.0
5#	4.7	4.7761	−13.4
6#	1.1	4.7653	−15.6
平均值		4.7793	−12.8
标准偏差		0.0089	1.8
相对标准偏差/%		0.19%	

利用本次研究采用的硫酸盐硫同位素样品制备装置，将固体硫酸钙制备成气态 SO_2，并测量了其硫同位素组成。实验重复进行了 6 次，表 2.19 为 6 次实验的分析结

果，计算得出测量结果的相对标准偏差为0.19%，说明能够在允许的误差范围内开展工作。因受操作熟练程度等因素的影响，上述实验结果的精度不够理想，还有待于在今后的实验工作中进一步提高。

2.4 单质硫的硫同位素分析方法

单质硫是自然界中硫的一种主要存在形态，在地质体中具有广泛的分布性，例如在现代海洋和湖泊沉积物、古代各类沉积岩中都普遍含有少量的单质硫（罗莎莎、万国江，2000；王一刚等，2002；朱光有等，2005；廖家隆等，2008；王作栋等，2008），而在某些海洋底部热液区会出现高度富集的单质硫体（曾志刚等，2007）。地质体中的单质硫可以肉眼可见的结晶体形式出现，对于这种单质硫可以直接挑选纯净的结晶体作为硫同位素测试样品，此外地质体中的单质硫也可以细微结晶颗粒形式出现，对于这种单质硫则根据它易溶于氯仿等有机溶剂的特性，采用物理和化学方式进行提取，以获得硫同位素测试样品。

获取地质体中单质硫硫同位素测试样品和进行硫同位素分析的具体实验方法为：将粉碎好的样品（≥120目）置于索氏抽提器中，有机溶剂为氯仿，进行超长时间抽提（>72h），充分将样品中的单质硫转移至氯仿溶剂中，将定量的分析纯铜粉（99.7%）加入氯仿溶剂中，在保持40℃的温度条件下静置24h进行单质硫吸附，过滤并用氯仿反复冲洗铜粉，以除去可溶有机质，挥发氯仿溶剂后，将干燥铜粉进行定量，确定得到的单质硫重量。然后，采用图2.12的实验装置，利用高温氧化测试方法对单质硫样品进行硫同位素分析，根据单质硫的重量，将吸附硫的铜粉与五氧化二钒约按1∶3的比例混合，目的是使它们能够反应完全，将混合物放入石英玻璃样品管中，在100℃左右抽真空1h，关闭靠样品管的真空阀，然后升温到600℃，并恒温20～30min，打开真空阀，将反应产生的SO_2气体导入质谱计进行硫同位素分析，从而得到单质硫的硫同位素组成。

参考文献

储雪蕾，赵瑞，霍卫国等. 1993a. 一种改进的硫酸盐硫同位素制样方法. 地质科学，28（2）：187～190
储雪蕾，赵瑞，藏文秀等. 1993b. 煤和沉积岩中各种形式硫的提取和同位素样品的制备. 科学通报，38（20）：1887～1890
黄韵弘. 2007. 天然气中硫化氢含量的测定——碘量法影响分析结果的主要因素. 天然气与石油，25（1）：23～25
蒋颖魁，刘丛强，陶发祥. 2007. 贵州乌江水系河水硫同位素组成特征研究. 水科学进展，118（14）：558～565
乐淑葵，潘家永，陈益平等. 2007. 南昌市雨水和湖水硫同位素特征的研究. 地球与环境，35（4）：297～302
廖家隆，姚素平，丁海. 2008. 滨海红树林泥炭沉积物中硫的赋存特点及其控制因素. 高校地质学报，14（4）：620～630
刘文汇，刘全有，徐永昌等. 2003. 天然气地球化学数据的获取及应用. 天然气地球科学，14（1）：21～29
罗莎莎，万国江. 2000. 湖泊沉积物中硫的地球化学循环机制研究. 四川环境，19（3）：1～3
王一刚，窦立荣，文应初等. 2002. 四川盆地东北部三叠系飞仙关组高含硫气藏H_2S成因研究. 地球化学，31（6）：517～524
王作栋，陶明信，孟仟祥等. 2008. 吐哈盆地烃源岩研究进展与低演化油气的形成. 天然气地球科学，19（6）：

754～760

曾志刚，刘长华，陈镇东等. 2007. 台湾岛东北部龟山岛热液区自然硫烟囱体的成因. 中国科学 D 辑，37（8）：1134～1140

赵瑞，沈延安，储雪蕾等. 1996. 硫酸盐岩中微量硫酸盐的氧硫同位素分析. 地质科学，31（3）：308～312

郑冰，高仁祥. 2006. 塔里木盆地原油碳硫同位素特征及油源对比. 石油实验地质，28（3）：281～284

郑淑蕙，郑斯成，莫志超. 1986. 稳定同位素地球化学分析. 北京：北京大学出版社. 260～269

朱光有，张水昌，梁英波等. 2005. 川东北地区飞仙关组高含 H_2S 天然气 TSR 成因的同位素证据. 中国科学 D 辑，35（11）：1037～1046

Cai C F，Worden R H，Bottrell S H *et al*. 2003. Thermochemical sulphate reduction and the generation of hydrogen sulphide and thiols（mercaptans）in Triassic carbonate reservoirs from the Sichuan Basin，China. Chemical Geology，202：39～57

Ding T，Valkiers S，Kipphardt H *et al*. 2001. Calibrated sulfur isotope abundance ratios of three IAEA sulfur isotope reference materials and V-CDT with a reassessment of the atomic weight of sulfur. Geochimica et Cosmochimica Acta，65（15）：2433～2437

Fan P，Philp R P，Li Z *et al*. 1990. Geochemical characteristics of aromatic hydrocarbons in crude oils and source rocks from different sedimentary environments. Organic Geochemistry，16（1-3）：427～435

Lev N N，Michael E B，Vladimir A G. 2003. Sulfur isotope geochemistry of the Black Sea water column. Chemical Geology，200：59～69

Misuk Y，Moire A W，Alison P. 2004. Direct measurement of sulphur isotopic composition in lichens by continuous flow-isotope ratio mass spectrometry. Chemical Geology，204：369～376

Gorjan P，Veevers J J，Walter M R. 2000. Neoproterozoic sulfur-isotope variation in Australia and global implications. Precambrian Research，100：151～179

Puchelt I I，Sabels B R，Hoeering T C. 1971. Preparation of sulfur hexafluoride for isotopic geochemical analysis. Geochimica et Cosmochimica Acta，61：625～628

Shuhei O，Boswell W，Douglas R *et al*. 2006. High precision analysis of all four stable isotopes of sulfur（^{32}S，^{33}S，^{34}S and ^{36}S）at nanomole levels using a laser fluorination isotope-ratio-monitoring gas chromatography-mass spectrometry. Chemical Geology，225：30～39

Sinninghe Damste J S，De Leeuw J W. 1990. Analysis，structure and geochemical significance of organically-bond sulphur in the geosphere：state of art and future research. Org Geochem，16（4-6）：1077～1101

第三章 硫化氢形成的实验地质研究

地质地球化学实验是认识地质过程的最重要、也是最有用的手段。众多数据需要通过微观实验测试和宏观观察测量两个方面来获取；种种设想和假说需要通过模拟实验来验证。模拟实验研究已成为成烃演化、成藏过程和化学动力学研究的主要手段和依据。有机质的热解实验广泛用来模拟不同条件下的烃类生成过程，评价不同类型有机质的产烃潜力，研究矿物基质对有机质演化成烃过程的影响等。模拟是以短时间的相对高的温度来补偿漫长的地质时间，但是，沉积有机质成烃过程非常复杂，并非只是单一的热能主导下的热解化学反应。事实上，热模拟不能完全重复和再现自然界的变化过程，所以，人们力图选取更接近地质实际的实验或用其他方式来弥补模拟实验的不足。因此，对有机质成烃演化和特殊物质形成机理研究，模拟实验仍不失为一种首选方法。

从硫化氢的成因机理和聚集规律上看，形成大规模硫化氢气体需要 BSR 或 TSR，而 TSR 是形成硫化氢的主要作用。TSR 反应过程的控制因素、各种烃类（主要是甲烷—丁烷）在 TSR 反应中的活性，反应形成的硫化物种类和数量、反应温度与转化率及反应速率的关系等都需要实验给予解决。本章以高含硫天然气硫化氢由 TSR 生成为主线，通过温压模拟实验，探讨不同烃源、碳酸盐岩储体与膏盐层三者对高硫化氢天然气形成聚集的控制作用，进而讨论硫化氢的成因机理与控制因素以及其对含硫天然气成藏过程的影响。

3.1 硫化氢形成模拟实验研究现状

如前文所述，硫化氢的形成机制比较复杂，可以分成三大类：生物成因、热化学成因和岩浆成因。其中，生物成因可分为生物热降解成因、微生物还原硫酸盐（BSR）成因、金属硫化物氧化成因；热化学成因可分为含硫杂环有机物热降解（thermal decomposition of sulfides，TDS）成因、硫酸盐热化学还原（TSR）成因和高温合成成因。能形成 H_2S 并在天然气藏中保存下来的成因类型主要包括 BSR、TDS 以及 TSR，这三种反应都会形成含硫天然气（图 3.1），但发生于油气演化的不同阶段，反应机理不同对高含硫天然气中 H_2S 的贡献也不同；研究程度也不同，其中 TSR 研究程度最高，而 BSR 及 TDS 的研究通常是伴随 TSR 研究进行的。

虽然 TSR 研究已经进行了 50 年左右（Toland，1960；Orr，1974，1977；Anisimov，1978；Krouse *et al.*，1988），研究内容涉及反应机理、反应物、反应产物、反应温度以及控制因素等诸多方面，但是目前公开发表的关于 TSR 形成机理的模拟实验结果却很少，主要是因为硫元素的活性较大，容易跟几乎所有金属材料反应，硫化氢溶于水，并

且 H_2S 很容易被氧化，即便模拟实验产生了少量硫化氢也很难检测，所以 TSR 的模拟实验研究困难较大。近年来，随着试验条件的提高以及测试技术的进步，相继出现了几个比较成功的模拟实验，下面做简单的介绍及分析，以便为本次模拟实验仪器及模拟方案的选取提供借鉴。

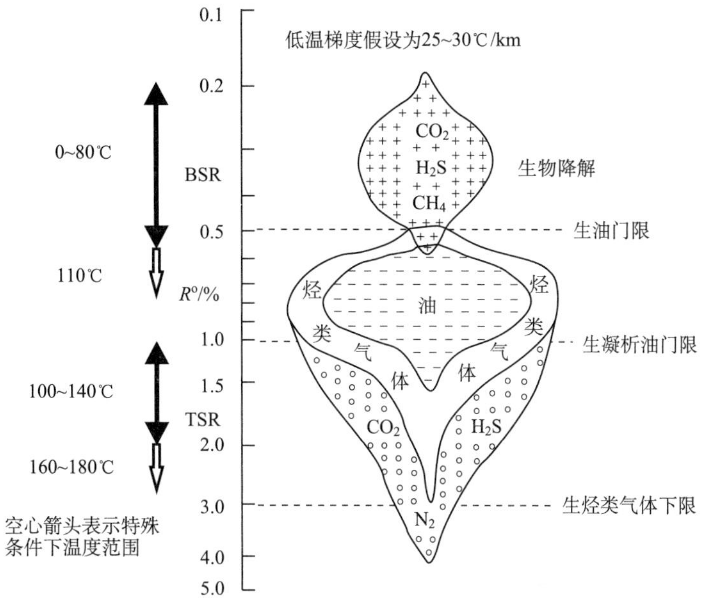

图 3.1　不同地质演化阶段烃类及非烃气体的生成（据 Machel *et al.*，1995，修改）

3.1.1　乙酸-Na_2SO_4、乙酸钠-Na_2SO_4反应体系的模拟实验

Cross 和 Manning（2004）利用金-钛合金釜做了乙酸-Na_2SO_4 以及乙酸钠-Na_2SO_4 体系的模拟实验，探讨了温度、压力以及 pH 对 TSR 反应的影响。指出在 325～350℃时，反应体系内 SO_4^{2-} 反应一半的时间为 1～4 天；当温度为 150～200℃时，这一时间为 23～1650 年；而当温度为 100～150℃时，则时间为 1650～372000 年（图 3.2）。因此 TSR 反应是温度控制的反应，当温度足够高时，反应所需的时间相对于地质年代来说是很短暂的。

通过实验进一步指出在该体系内压力和 pH 并不明显影响 TSR 的反应速度（图 3.3）。该模拟实验成功探讨了 TSR 反应的控制因素，但是乙酸和乙酸钠都是亲水性物质，它们易溶于水因此容易与溶于水的 Na_2SO_4 在离子状态下接触并发生反应，反应产生的气体较少，因此压力对反应体系影响不大。原油、天然气以及干酪根与乙酸、乙酸钠的性质差别较大，它们难溶于水，并且在加热的情况下会有大量的气体产生，因此通过该模拟实验并不能完全反应烃类与硫酸盐发生 TSR 的实际情况。

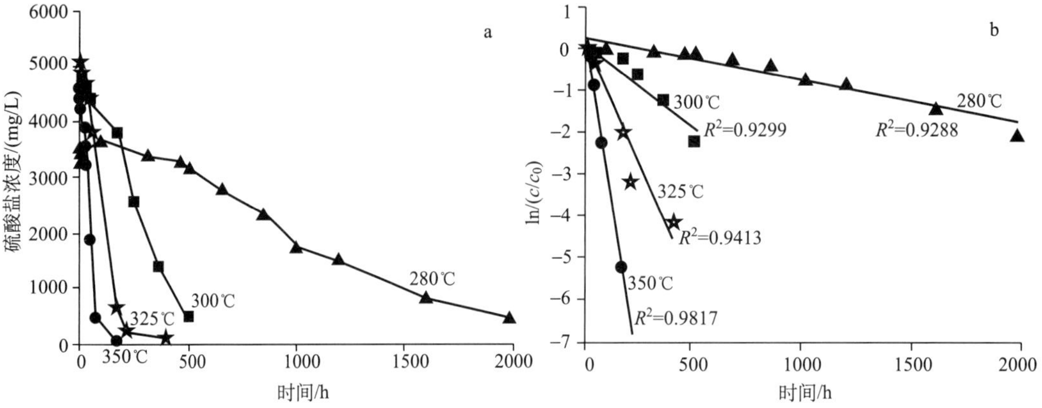

图 3.2　温度对 TSR 反应速率的影响

a. 不同温度下硫酸盐浓度随时间变化趋势；b. 不同温度下 [SO_4^{2-}] / [SO_4^{2-}]^0 随时间变化趋势。其中 c 表示 [SO_4^{2-}]，反应后 SO_4^{2-} 浓度；c_0 表示 [SO_4^{2-}]^0，反应前 SO_4^{2-} 浓度

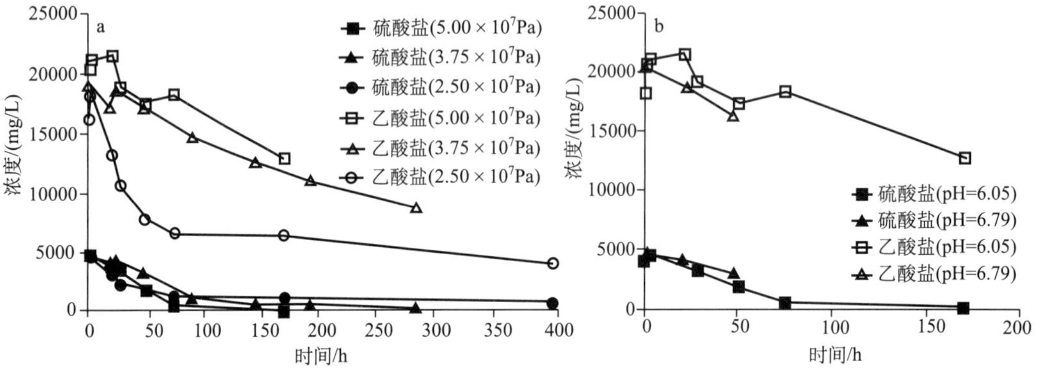

图 3.3　压力、pH 对 TSR 反应速率的影响

a. 不同压力下反应物浓度随时间变化趋势；b. 不同 pH 下反应物浓度随时间变化趋势

3.1.2　CH_4-$CaSO_4$反应体系的模拟实验

岳长涛等（2003，2005）发表了关于 CH_4-$CaSO_4$ 反应系统模拟实验的论文。实验装置主要由 200mL 高压合金反应釜、气路和取样分析系统组成。为了防止硫化氢腐蚀釜壁，生成的残渣和反应产物混合污染反应产物，将无水硫酸钙放置到石英管中，将 99.9%纯度的甲烷加入高压釜。甲烷的初始压力为 6MPa，最终压力一般在 14～16MPa 范围内。从室温到 400℃之前对反应釜采取满负荷直接加热的方法，400℃到最终的反应温度采取程序升温的方法：400～550℃，166 小时；400～600℃，120 小时；400～650℃，66 小时；400～670℃，60 小时；400～700℃，50 小时，结果见表 3.1。如果该反应体系能进行，那么反应表达式应该为：$CaSO_4+CH_4 \longrightarrow CaCO_3+H_2S+H_2O$。实际模拟产物中生成了大量的氢气、一氧化碳以及少量乙烷，而只有少量的硫化氢生成，表明甲烷发生了裂解和聚合，所进行的反应已经不是 TSR 反应，在该温度范围内至少存在

下面的反应[①]：

$$CaSO_4(s) + 4H_2 \longrightarrow CaS(s) + 4H_2O$$

$$CaS + CO_2 + H_2O \longrightarrow CaCO_3 + H_2S$$

从该实验来看，甲烷与石膏很难反应，至少说明在不加水的情况下很难反应。但是如果在该反应装置内加水，那么在高温下石膏就会与石英发生反应，溶蚀石英管，如果能生成 H_2S，H_2S 气体溶于水又会与合金釜反应，因此该实验方案和实验装置都需要改进才能模拟 TSR 反应。

表 3.1　CH_4-$CaSO_4$ 反应体系气体产物组成（体积分数，%）

温度	H_2	CO_2	CO	CH_4	C_2H_6	H_2S
550℃	2.496	0.861	0.614	95.982	0.006	0.0414
600℃	5.578	1.110	0.836	92.165	0.155	0.1558
650℃	6.316	1.222	0.891	91.176	0.310	0.2649
670℃	7.137	1.470	0.982	89.630	0.444	0.3375
700℃	8.393	1.685	1.169	87.759	0.512	0.4822

3.1.3　湿气-硫酸镁反应体系模拟实验

于林平等（2005）进行了湿气（C_2以上气态烃）-硫酸镁反应体系的模拟实验。首先预制多个小金管（长 30mm，内径 3mm）。将 20mg 从爱沙尼亚奥陶系未熟油页岩（Kukersite 油页岩）中提取的Ⅰ型干酪根置于管内，抽真空并密封。将这些小金管装入多个高压釜中，将釜体装满水，封盖后，各釜体内的水通过金属管线相互联通，利用高压泵对高压釜充水加压，并将这些高压釜置于同一加热炉内升温加热。将高压釜温度和压力设置在 450℃和 50MPa，加热时间为 72 小时。从制备好的金管中随机抽出 9 个，测定气态烃总量、组成、碳同位素组成及非烃气体（H_2、CO_2和 H_2S）的含量（表 3.2）。预备多个大金管（长 60mm，内径 6mm），将上述含气小金管密封在真空的大金管内，用平口钳在放置小金管的部位挤压大金管，使含气小金管破裂。由于大金管体积大，内部压力低，在挤压过程中可以完好无损。小金管挤破后，将大金管放入高压釜中，用前述小金管热解实验的方法，对大金管进行加热。实验温度为 350℃，压力为 50MPa。反应进行 72 小时、144 小时 216 小时及 288 小时，公布的实验结果见表 3.2。

反应进行 72 小时后，从检测到的 $C_{1\sim5}$烃气看，消耗的主要是 $C_{2\sim5}$部分烃类，并且碳链越长消耗的比例也越大，甲烷产率基本不变。反应进行 144 个小时后，$C_{3\sim5}$烃类气体已经完全消耗完，而甲烷产率却由 72 小时的 10.02mmol/g 增加到 13.20mmol/g，硫化氢产率平均由 2.76mmol/g 增加到 6.40mmol/g，揭示硫化氢大量生成的阶段，甲烷

① 据“一种还原脱硫废渣、磷石膏或天然石膏的方法”，专利号 CN98101761.4

表 3.2　湿气-硫酸镁反应体系气体产物产率（据于林平等，2005）（单位：mmol/g）

样品＼组分	C_1	C_2	C_2H_4	C_3	C_3H_6	iC_4	nC_4	iC_5	nC_5	H_2	CO_2	H_2S
初始样												
1	10.02	3.35	0.92×10^{-3}	1.38	2.69×10^{-3}	0.19	0.07	4.87×10^{-3}	4.20×10^{-3}	0.24	2.57	0.67
2	9.66	3.39	0.88×10^{-3}	1.38	2.64×10^{-3}	0.18	0.07	4.82×10^{-3}	4.07×10^{-3}	0.25	2.62	0.70
3	9.96	3.33	0.95×10^{-3}	1.29	2.71×10^{-3}	0.18	0.07	4.75×10^{-3}	4.00×10^{-3}	0.24	2.62	0.69
4	10.04	3.26	0.92×10^{-3}	1.33	2.67×10^{-3}	0.18	0.06	4.47×10^{-3}	3.73×10^{-3}	0.25	2.61	0.68
5	9.87	3.26	0.85×10^{-3}	1.22	2.07×10^{-3}	0.14	0.04	3.64×10^{-3}	3.19×10^{-3}	0.17	2.78	0.66
6	9.91	3.16	0.82×10^{-3}	1.21	2.04×10^{-3}	0.14	0.05	3.45×10^{-3}	2.78×10^{-3}	0.18	2.63	0.65
7	10.16	3.25	0.83×10^{-3}	1.48	2.05×10^{-3}	0.189	0.093	5.61×10^{-3}	4.48×10^{-3}	0.29	2.73	0.68
8	10.56	3.42	0.75×10^{-3}	1.22	2.09×10^{-3}	0.141	0.035	3.65×10^{-3}	3.27×10^{-3}	0.33	2.86	0.69
9	10.31	3.33	0.82×10^{-3}	1.19	2.05×10^{-3}	0.136	0.034	3.47×10^{-3}	3.17×10^{-3}	0.33	2.84	0.68
平均值	10.05	3.31	0.86×10^{-3}	1.3	2.33×10^{-3}	0.163	0.057	4.3×10^{-3}	3.65×10^{-3}	0.25	2.7	0.68
均方误差	0.25	0.08	0.06×10^{-3}	0.09	0.31×10^{-3}	0.022	0.02	0.73×10^{-3}	0.54×10^{-3}	0.05	0.1	0.01
$MgSO_4\cdot7H_2O$ 为氧化剂												
72h-1	9.92	3.08	—	0.45	—	0.001	0.008	0.15×10^{-3}	0.45×10^{-3}	—	2.64	2.74
72h-2	10.11	3.07	—	0.41	—	0.001	0.002	—	—	—	2.8	2.78
72h 平均值	10.015	3.075		0.43		0.001	0.005	0.075×10^{-3}	0.225×10^{-3}		2.72	2.76
144h-1	13.54	0.22	—	0.001	—	—	—	—	—	—	3.67	6.71
144h-2	13.44	0.43	—	0	—	—	—	—	—	—	3.7	6.41
144h-3	12.61	0.39	—	0.007	—	—	—	—	—	—	3.66	6.28
144h-4	13.22	0.51	—	0.023	—	—	—	—	—	—	3.71	6.05
144h 平均值	13.2025	0.3875		0.0077							3.685	6.3625
216-1	12.6	0	—	0.001	—	—	—	—	—	—	5.85	6.93
216-2	12.9	0.03	—	0.002	—	—	—	—	—	—	5.9	6.56
216-3	12.89	0.03	—	0.006	—	—	—	—	—	—	5.91	7.22
216-4	12.9	0.03	—	0.005	—	—	—	—	—	—	5.5	6.67
216-5	12.48	0.04	—	0.003	—	—	—	—	—	—	5.45	6.38
216h 平均值	12.754	0.026		0.0034							5.675	6.752
288h	13.43	0.01	—	0.001	—	—	—	—	—	—	7.72	7.17

不但没有被消耗，反而有所增加。反应进行 216 小时后，乙烷基本消耗完，而甲烷产率比反应 144 小时后有少量减少；至于减少的原因是甲烷生成后被消耗了还是由于重烃参与 TSR 反应被消耗后产生的甲烷少了，还不能确定。根据热力学计算，碳链越长越容易发生 TSR 反应，所以 C_{5+} 重烃也应该参与了反应，由于本实验没有监测液态烃变化所以没有直接的证据，下面是间接证据：①216 小时后，甲烷产率比 144 小时产率降低 0.45mmol/g，乙烷产率降低 0.36mmol/g，这样烃类气体产率减少对应的碳原子为（0.36mmol/g×2＋0.45mmol/g）＝1.17mmol/g，而二氧化碳的产率增加 1.99mmol/g，（1.99mmol/g－1.17mmol/g）＝0.82mmol/g，因此，有 0.82mmol/g 的二氧化碳是 C_{5+} 重烃与 TSR 反应产生的，而这部分液态烃气相色谱未检测出。②同样，反应进行 288 小时后，硫化氢产率增加的同时甲烷产率也增加，而 C_{2+} 烃类在 216 小时的时候已经被消耗完了，那么这部分增加的甲烷只能来自 C_{5+} 重烃。

从以上的分析来看，甲烷几乎不参与 TSR 反应并且可能是 C_{5+} 重烃参与 TSR 反应的产物，C_{2+} 部分烃类比甲烷容易参与 TSR 反应，从检测出的 $C_{2\sim5}$ 气态烃来看，链长越长越容易反应。由于本实验没有监测 C_{5+} 液态烃变化，因此不能分析最容易参与 TSR 反应的烃类链长范围。

3.1.4　重烃（液态烃）-硫酸镁反应体系的模拟实验

Zhang 等（2007）利用金管进行了不同类型的重烃（原油、石蜡混合物）与过量硫酸镁 TSR 反应的实验，反应釜升温速率为 2℃/h，实验结果见表 3.3。作者通过实验分析得到以下几方面的认识：①不同类型烃类与硫酸盐发生 TSR 的顺序由易到难依次为，1-辛烯＞1-辛醇＞1-辛酮＞正辛烷＞辛酸＞辛基苯＞二甲基苯。据此认为饱和烃比芳烃更容易参与 TSR 反应，因此 TSR 反应导致饱和烃/芳烃值的降低，使得油气中芳烃含量相对增加。②原油含硫量不同影响 TSR 反应，促进 TSR 或是抑制 TSR 尚不清楚。

除了作者得到的结论外，利用其数据进行分析，得到一些作者没有提到的认识，下面做详细分析。除了原油与硫酸镁发生 TSR 反应产生硫化氢外，含硫原油的裂解也产生硫化氢，因此将原油与硫酸镁反应的硫化氢产率减去相同（相近）温度下原油自身裂解所产生的硫化氢产率，得到“硫化氢产率增量”（表 3.3），认为该增量是由于 TSR 作用产生的硫化氢。利用“硫化氢产率增量”及烃气产率以温度为横坐标作图。从图 3.4 气体产率关系图可以看出，随着温度的升高，甲烷的产率逐渐增加，$C_{2\sim5}$ 烃类的产率在 350～450℃逐渐增加，在 450℃左右时达到最大值，而后随着温度进一步增加而减少，也就说重烃裂解气在 450℃时湿气含量达到最大而后逐渐变干。硫化氢的产率曲线与 $C_{2\sim5}$ 烃类的曲线在达到高峰之前保持基本一致的趋势，350～450℃之间随着温度的增加逐渐增加，到了 450℃左右时迅速达到最大值，而后随着温度的增加其产率并不增加，硫化氢的产率最大值比 $C_{2\sim5}$ 烃类产率最大值对应的温度稍稍高一些，这也说明硫化氢的生成主要在湿气生成阶段，其含量是伴随着 C_{2+} 烃类增加而增加的，在 C_{2+} 组分裂解完之后硫化氢的总量几乎不再增加。尽管不同烃类达到最大值的温度可能会比 450℃高一些或者低一些，但是它们的相对关系不会有太大变化。因此，TSR 反应产生硫化氢的阶段主要在湿气阶段，而在天然气进入干气演化阶段以后 TSR 反应是很微弱的。

表 3.3　不同烃类裂解和 TSR 反应后烃类气体及硫化氢产率

原油类型	发生 TSR				H_2S 产率增量/(mmol/g)	不发生 TSR			
	温度/℃	气体产率/(mmol/g)				温度/℃	气体产率/(mmol/g)		
		H_2S	C_1	$C_{2\sim5}$			H_2S	C_1	$C_{2\sim5}$
石蜡混合物（不含硫）	376	0.01	0.02	0.13	0.01	375		0.01	0.09
	400	0.03	0.08	0.64	0.03	400		0.13	0.78
	427	0.15	1.37	5.72	0.15	425		1.82	6.86
	451	0.58	4.86	11.30	0.58	450		5.97	12.08
	475	1.25	10.31	11.32	1.25	478		10.96	13.72
	501	1.47	16.71	9.56	1.47	504		16.01	11.01
	526	1.33	19.04	7.02	1.33	525		23.50	7.92
	555	1.44	25.39	4.28	1.44	550		26.98	5.64
原油-1（含硫 0.5%）	353	0.01	0.01	0.04	−0.02	342	0.03	0.01	0.02
	376	0.08	0.11	0.36	0.03	368	0.05	0.02	0.07
	400	0.10	0.40	1.34	0.07	391	0.03	0.17	0.61
	427	0.25	2.17	5.70	0.20	417	0.05	1.01	3.22
	451	0.60	5.26	8.95	0.53	445	0.07	3.80	7.76
原油-1（含硫 0.5%）	475	1.27	8.76	8.48	1.20	470	0.07	8.39	9.63
	501	1.48	14.10	7.19	1.43	492	0.05	13.81	8.86
	526	1.41	16.36	5.23	1.38	525	0.03*		
	552	1.48	21.44	3.38	1.45	550	0.03*		
原油-2（含硫 3.0%）	353	0.43	0.16	0.19	0.17	342	0.26	0.07	0.12
	375	0.73	0.40	0.71	0.30	368	0.43	0.24	0.42
	376	0.83	0.52	0.83					
	400	0.88	0.85	1.82					
	400	1.00	1.06	2.15	0.46	391	0.54	0.74	1.64
	427	1.28	2.47	5.09	0.67	417	0.61	2.06	4.88
	451	1.66	4.99	7.83	1.03	445	0.63	5.89	8.74
	475	1.72	8.35	7.57	1.05	470	0.67	8.88	8.87
	501	2.02	12.96	6.50	1.53	492	0.49	14.84	7.29
	526	2.21	17.44	5.76	1.76	525	0.45*		
	555	2.15	21.26	3.64	1.70	550	0.45*		

续表

原油类型	发生 TSR				H_2S 产率增量/(mmol/g)	不发生 TSR			
	温度/℃	气体产率/(mmol/g)				温度/℃	气体产率/(mmol/g)		
		H_2S	C_1	$C_{2\sim5}$			H_2S	C_1	$C_{2\sim5}$
原油-3(含硫 5.2%)	345	0.03	0.04	0.07	0.01	350	0.02	0.03	0.07
	375	0.22	0.20	0.36	0.10	372	0.12	0.17	0.33
	377.6	0.26	0.23	0.41					
	400	0.51	0.51	1.06					
	401	0.53	0.58	1.20	0.28	401	0.25	0.68	1.45
	425.7	1.21	1.59	3.21	0.83	429	0.38	2.30	4.70
	450	1.80	3.71	4.93	1.38	449	0.42	4.03	6.87
	475	1.86*	7.33	6.00	1.40		0.46*		
	498	1.75	9.89	4.79	1.24	504	0.51	11.76	5.44
						525	0.61	15.47	3.65

注：油总量 15mg，水总量 15mg，$MgSO_4$ 10mg。

* 按变化趋势推测数据。

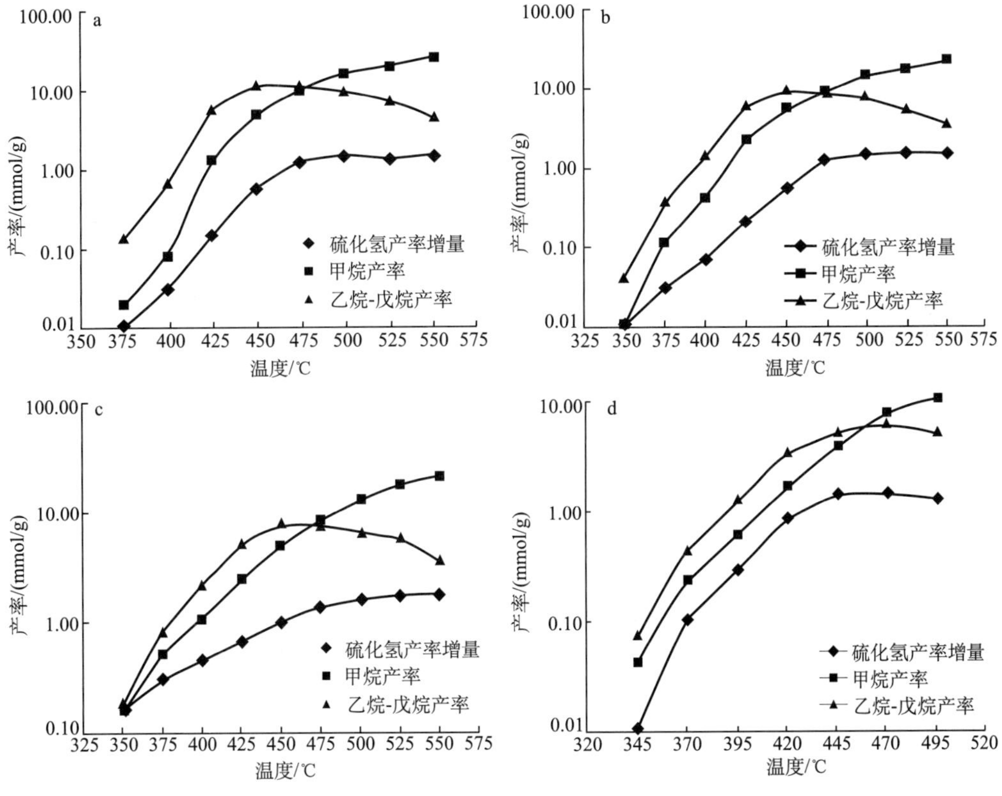

图 3.4　不同类型烃类参与 TSR 反应气体产率对比图

a. 石蜡混合物参与 TSR 时气体产率；b. 原油-1 参与 TSR 时气体产率；

c. 原油-2 参与 TSR 产率；d. 原油-3 参与 TSR 气体产率

3.2 模拟样品选择及实验方法研究

3.2.1 实验装置优选

热模拟实验是目前研究天然气形成机理的重要手段，从物质平衡和交换的角度，可将其分为 3 种（张海祖等，2006；田辉、王招明，2006）：开放体系、封闭体系（限定体系）及介于二者之间的半封闭（半开放）体系。①常见的开放体系实验装置有 Rock-Eval 热解、热解气相色谱（PY-GC）、热解气相色谱质谱（PY-GC-MS）等，其中 PY-GC 热解在油气地球化学研究中使用广泛，主要适用于成熟度不高无二次裂解的情况（傅家谟、秦匡宗，1995）。由于 TSR 模拟实验所需模拟温度较高，且需要加水，并收集产物，此类装置不适合本次模拟实验。②常见的半封闭体系装置有自吹扫系统和压实热解实验装置。其中压实热解实验考虑了上覆压力、温度和流体压力共同作用下，油气生成和运移过程，适合于含碳量低的全岩样品的热解实验研究（傅家谟、秦匡宗，1995）。此类装置虽然可以施加压力，也可以加水，但是装置为金属材料，容易与 H_2S 反应，因此也不适合本次模拟实验。③常见的封闭体系装置有真空玻璃管、高温高压水热体系、MSSV 体系（Horsfield *et al.*，1992；Schenk *et al.*，1997）和黄金管-高压釜限定体系（Ungerer and Pelet，1987；刘金钟、唐永春，1998；Tang *et al.*，2000；熊永强等，2001；Hill *et al.*，2003）。

经过多种实验装置的探索性实验，最后选定黄金管-高压釜限定体系装置作为该模拟实验的装置，该系统由中国科学院广州地球化学研究所与美国加州理工学院能源与环境研究中心合作设计和开发（刘金钟、唐永春，1998），已经在干酪根生烃动力学、原油裂解生气动力学等模拟实验研究中取得很好的效果，是目前使用比较普遍、有效的手段（熊永强等，2004；张海祖等，2004；耿新华等，2005；田辉、王招明，2006）。

3.2.2 实验方案设计

前人已经对含硫量不同的原油以及湿气参与 TSR 反应进行了模拟实验，得到了比较理想的结果。因此本次试验主要探讨有机质演化过程中不同类型有机质参与 TSR 反应的特征以及 TSR 反应对这些有机质降解的影响，分析不同类型有机质参与 TSR 反应的可能性，确定不同反应物反应的优先顺序及产物，初步研究 TSR 控制因素。本次研究共设计了高含硫原油、固体沥青、Ⅲ型干酪根、Ⅱ型干酪根、高含硫煤、烷烃共六个反应系列（表 3.4），每个反应系列设计 360℃、450℃两个温度点，压力 35MPa，反应时间为 240 小时。

1）高含硫原油反应系列

该反应系列共设计了 4 个反应体系，高含硫原油＋去离子水反应体系为了探讨原油裂解产生硫化氢的能力，并与相同温度、压力条件下的 TSR 反应进行产物对比，以探讨 TSR 反应特征。同时设计高含硫原油＋硫酸镁＋去离子水和高含硫原油＋石膏＋去

表 3.4　TSR 模拟实验反应体系

烃　类	反应体系	反应类型
高含硫原油	高含硫原油＋去离子水	裂解
	高含硫原油＋硫酸镁＋去离子水	TSR
	高含硫原油＋石膏＋去离子水	TSR
	高含硫原油＋石膏	TSR
固体沥青	固体沥青＋去离子水	裂解
	固体沥青＋硫酸镁＋去离子水	TSR
	固体沥青＋石膏＋去离子水	TSR
	固体沥青＋石膏	TSR
Ⅲ型干酪根	Ⅲ型干酪根＋去离子水	裂解
	Ⅲ型干酪根＋硫酸镁＋去离子水	TSR
高含硫煤	高含硫煤	裂解
	高含硫煤＋去离子水	裂解
Ⅱ型干酪根	Ⅱ型干酪根＋去离子水	裂解
	Ⅱ型干酪根＋硫酸镁＋去离子水	TSR
	Ⅱ型干酪根＋石膏＋去离子水	TSR
烷　烃	正十八烷＋硫酸镁＋去离子水	TSR
	正己烷＋硫酸镁＋去离子水	TSR

离子水两个反应体系，目的是探讨硫酸盐溶解度对 TSR 反应的影响，因为硫酸镁易溶而石膏难溶，以探讨 TSR 中硫酸盐是以固态参与反应还是以 SO_4^{2-} 状态参与反应。设计高含硫原油＋石膏反应体系的目的是为了与固体沥青＋石膏＋去离子水反应体系对比，以进一步确认水在 TSR 反应中的作用。

2）固体沥青反应系列

固体沥青在一定条件下可以作为良好的气源，设计该反应系列的目的是探讨固体沥青参与 TSR 反应的产物特征，以及 TSR 反应对固体沥青自身演化的影响。该反应系列的反应条件与高含硫原油系列完全相同，可以用来对比分析哪类有机质更容易参与 TSR 反应。

3）Ⅱ型干酪根反应系列

Ⅱ型干酪根是属高度饱和的多环碳骨架，含中等长度直链烷烃和环烷烃较多，也含多环芳香烃及杂原子官能团，它们来源于浮游生物（以浮游植物为主）和微生物的混合有机质，具有中等的生油能力，设计该反应系列的目的是探讨该类型干酪根参与 TSR 反应产物特征以及 TSR 反应对该类型干酪根降解的影响。

4）Ⅲ型干酪根反应系列

Ⅲ型干酪根以多环芳烃及含氧官能团为主，饱和烃链很少，来源于陆地高等植物，以生气为主，设计该反应系列的目的是探讨该类型干酪根参TSR反应产物特征以及TSR反应对该类型干酪根降解的影响，并与Ⅱ型干酪根参与的TSR反应进行对比。

5）高含硫煤反应系列

设计该反应系列的目的是探讨高含硫煤在降解生成天然气过程中能否生成H_2S及其生成的气态烃特征。

6）正构烷烃反应系列

该系列反应物采用分析纯的正构烷烃及七水硫酸镁，目的是对比不同碳链长度的烷烃参与TSR反应的特征，探讨不同碳链长度的烷烃参与TSR反应所需要的温度条件及其产物特征，并进行动力学解释。

3.2.3 实验样品选择

1）高含硫原油

高含硫原油样品取自塔河T740井，奥陶系鹰山组$O_{1-2}y$产层，产层深度6260～6290m。该原油族组分为：饱和烃，43.8%；芳烃，28.8%；非烃，10.6%；沥青质，16.8%；含硫量：2.25%。生物降解严重（图3.5），所含有机硫大都存在于硫芴系列中（图3.6）。

2）Ⅱ型干酪根

Ⅱ型干酪根由广元上寺-磨刀垭剖面大隆组泥岩（GY-07-16）制备，$R^o=0.546$，泥岩全硫量0.9%。

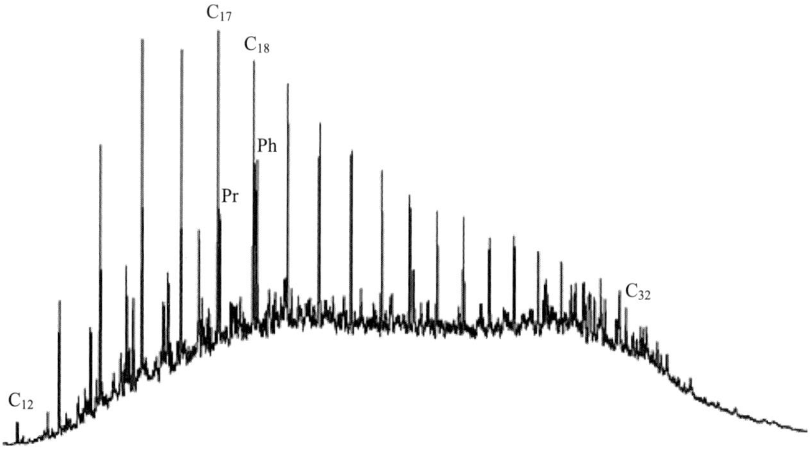

图3.5 T740原油饱和烃色谱图

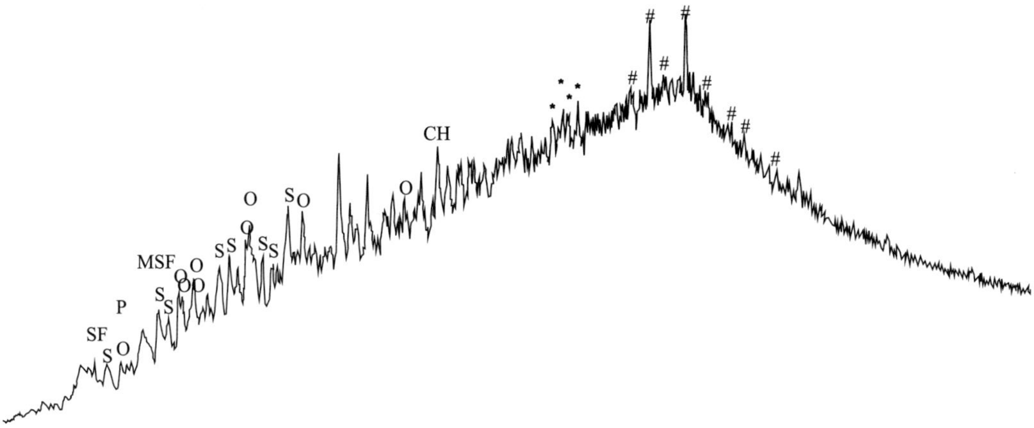

图 3.6 T740 原油芳烃质量色谱图

3）Ⅲ型干酪根

Ⅲ型干酪根由重庆华蓥山 P_2l 煤制备，R°＝0.6％，煤中全硫含量 17.34％。

4）高含硫煤

高含硫煤取自黔中渔洞 P_2l 煤（YD-4），煤全硫含量 18.34％。

5）石膏

石膏取自毛坝 3 井 T_1f 3872m 处岩心中的硬石膏（Mb3-4-1）。

6）硫酸镁

硫酸镁为分析纯的 $MgSO_4 \cdot 7H_2O$。

7）正构烷烃

正构烷烃为分析纯的正十八烷、正己烷。

3.2.4 实验仪器及实验方法设计

模拟实验装置（图 3.7）主要由三部分组成：高压釜系统、产物收集装置、分析测试系统。

1）模拟实验步骤

将适量的样品在氩气保护下封入黄金管（内径 4.2mm，长 40～60mm），然后将金管放入高压釜。再将高压釜置于程序控温的电炉中，所有高压釜采用压力并联方式，确

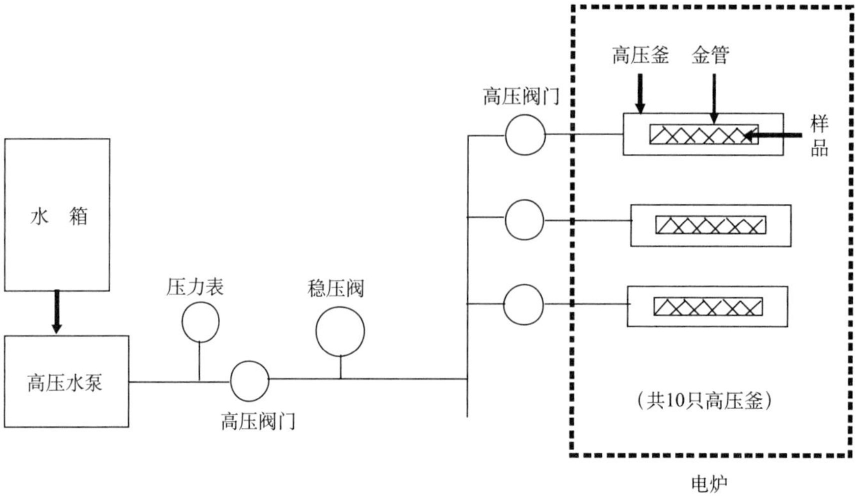

图 3.7　TSR 模拟实验原理示意图

保每个高压釜的压力维持相同。样品模拟反应结束后，将相应的高压釜取出，冷水淬火，冷却到室温，取出样品。实验温度误差小于 1℃，压力误差小于 5MPa，具有很好的可比性。

本实验采用的金管标准为：内径 4.2mm，长 50mm。350℃条件下有机质加入量为 50mg，去离子水 100mg，硫酸盐 100mg，实验时将所有装有样品的金管置于同一反应炉内，恒温 360℃，恒压 35MPa，保持 240 小时。450℃条件下有机质加入量为 10mg，去离子水 20mg，硫酸盐 20mg，同样将所有装有样品的金管置于同一反应炉内，恒温 450℃，恒压 35MPa，保持 240 小时。加入金管内的样品经过均匀混合，360℃与 450℃两个温度点的有机质、去离子水、矿物的比例为 1∶2∶2，保证了有足够的硫酸盐、足够的水将硫酸盐溶解。

2）气态产物组分分析

将从高压釜内取出的金管表面洗净，置于固定体积的真空系统中，在封闭条件下用针刺破，气态产物从金管中释放出来，该真空系统与 Agilent 公司生产的 6890N 型气相色谱仪直接相连，气体通过自动进样系统进入该色谱仪进行成分分析，采用外标法定量。色谱升温程序起始温度 40℃，恒温 6 分钟，再以 25℃/min 的速率升至 180℃，恒温 4 分钟。

3）单体碳同位素分析

单体碳同位素分析使用的仪器为 VG 公司生产的 ISOCHROM Ⅱ型气相色谱-碳同位素比值质谱仪，使用 PoraPlot Q 型毛细管柱（长 30m，内径 0.32mm），氦气作为载气。升温程序：起始温度 40℃，恒温 3 分钟，以 20℃/min 的升温速率升至 180℃，恒温 5 分钟。

3.3 模拟实验结果及地质分析

如前文所述，同一温度下，各个样品的反应条件相同，不同温度下压力相同，因此保证了实验结果的可比性。本节将通过分析模拟实验气态产物特征（表 3.5），对比同一反应系列内不同反应体系的产物，分析同一反应体系不同产物之间的关系等探讨 TSR 反应特征以及 TSR 反应对烃类降解的影响。

表 3.5　TSR 模拟实验各反应系列气态产物产率（单位：mg/g）

反应系列	H_2S	CO_2	CH_4	C_2H_6	C_3H_8	iC_4H_{10}	nC_4H_{10}	iC_5H_{12}	nC_5H_{12}
360℃反应系列									
高含硫原油＋去离子水	15.37	15.82	45.83	33.32	42.98	50.84	16.08	24.80	4.43
高含硫原油＋硫酸镁＋去离子水	143.33	35.96	40.35	27.64	29.16	6.81	15.11	5.39	5.66
高含硫原油＋石膏＋去离子水	12.50	50.08	27.77	20.28	26.21	12.20	13.56	8.76	4.26
高含硫原油＋石膏	15.57	36.40	28.26	18.94	21.30	5.89	8.91	3.38	2.12
固体沥青＋去离子水	11.90	17.55	21.93	17.84	19.05	4.79	10.01	3.60	4.01
固体沥青＋硫酸镁＋去离子水	73.56	70.87	37.61	34.15	20.91	1.40	6.64	0.74	1.17
固体沥青＋石膏＋去离子水	13.35	27.64	21.48	17.75	19.09	4.87	10.66	4.09	4.83
固体沥青＋石膏	10.81	6.61	23.55	19.07	19.39	4.11	9.17	3.00	3.48
Ⅲ型干酪根＋去离子水	19.47	56.06	12.00	7.62	4.94	0.99	1.03	0.24	0.06
Ⅲ型干酪根＋硫酸镁＋去离子水	71.58	62.59	15.24	1.32	0.02	0.01	0.01	0.01	0.01
高含硫煤	0.71	13.69	9.48	5.10	4.04	0.83	1.49	0.61	0.59
高含硫煤＋去离子水	3.59	37.29	14.91	6.87	4.54	0.80	1.31	0.42	0.31
Ⅱ型干酪根＋去离子水	17.02	37.84	21.23	13.54	10.23	2.45	3.95	1.66	1.06
Ⅱ型干酪根＋硫酸镁＋去离子水	83.84	62.11	15.48	0.44	0.00	0.00	0.00	0.00	0.01
Ⅱ型干酪根＋石膏＋去离子水	19.93	57.55	21.47	15.14	11.18	2.18	4.26	1.46	1.22
正十八烷＋硫酸镁＋去离子水	59.50	29.94	17.98	25.13	30.99	4.49	19.98	2.39	7.83
正己烷＋硫酸镁＋去离子水	2.52	1.31	4.04	21.34	27.65	0.47	4.12	0.38	0.72
450℃反应系列									
高含硫原油＋去离子水	10.44	77.61	202.02	116.66	45.99	3.72	0.44	0.01	0.04
高含硫原油＋硫酸镁＋去离子水	72.65	23.01	176.77	90.28	22.99	1.02	0.29	0.18	0.33
高含硫原油＋石膏＋去离子水	3.96	58.56	152.70	86.08	24.82	1.89	0.40	0.09	0.12
高含硫原油＋石膏	11.54	34.02	200.08	101.44	34.30	3.62	0.56	0.08	0.08
固体沥青＋去离子水	10.99	84.01	133.36	62.09	15.20	0.92	0.17	0.07	0.04
固体沥青＋硫酸镁＋去离子水	89.82	44.75	118.72	34.31	3.68	0.16	0.20	0.09	0.16
固体沥青＋石膏＋去离子水	13.42	80.64	136.57	69.15	21.06	1.40	0.14	0.02	0.02
固体沥青＋石膏	10.24	18.85	162.15	42.20	4.99	0.40	0.10	0.01	0.01

续表

反应系列	H_2S	CO_2	CH_4	C_2H_6	C_3H_8	iC_4H_{10}	nC_4H_{10}	iC_5H_{12}	nC_5H_{12}
Ⅲ型干酪根＋去离子水	32.70	114.07	78.82	19.41	3.37	0.16	0.03	0.09	0.03
Ⅲ型干酪根＋硫酸镁＋去离子水	113.86	69.46	50.17	2.84	0.05	0.08	0.11	0.08	0.04
高含硫煤	1.25	42.53	62.13	1.00	0.05	0.00	0.00	0.00	0.00
Ⅱ型干酪根＋去离子水	30.73	154.95	98.41	22.37	3.22	0.05	0.04	0.02	0.01
Ⅱ型干酪根＋硫酸镁＋去离子水	65.46	179.69	60.57	2.92	0.18	0.07	0.14	0.31	0.53
Ⅱ型干酪根＋石膏＋去离子水	24.51	125.72	86.49	22.30	3.54	0.17	0.02	0.02	0.02
正十八烷＋硫酸镁＋去离子水	62.98	21.84	250.39	215.55	49.93	2.78	0.81	0.11	0.12
正己烷＋硫酸镁＋去离子水	57.14	59.19	250.70	232.22	57.17	3.55	1.25	0.17	0.20

3.3.1　不同反应体系硫化氢产率分析

1）有机质裂解产生 H_2S

据表 3.5 及图 3.8、图 3.9 可知，有机质的裂解可以产生 H_2S，特别是高含硫原油、干酪根、固体沥青的裂解可以产生一定量的 H_2S，但是高含硫煤的裂解只能产生少量的硫

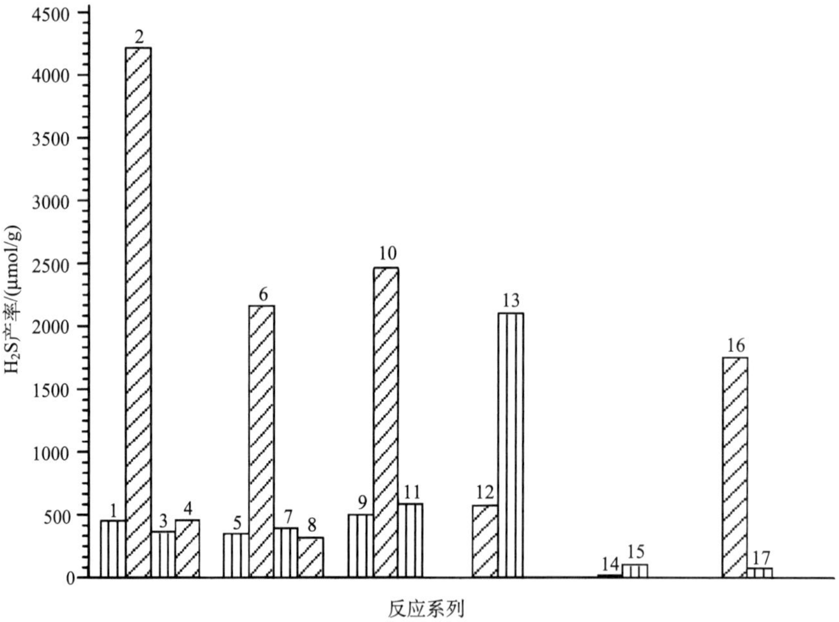

图 3.8　360℃条件下各反应系列 H_2S 产率

1. 原油＋水；2. 原油＋硫酸镁＋水；3. 原油＋石膏＋水；4. 原油＋石膏；5. 沥青＋水；6. 沥青＋硫酸镁＋水；7. 沥青＋石膏＋水；8. 沥青＋石膏；9. Ⅱ型干酪根＋水；10. Ⅱ型干酪根＋硫酸镁＋水；11. Ⅱ型干酪根＋石膏＋水；12. Ⅲ型干酪根＋水；13. Ⅲ型干酪根＋硫酸镁＋水；14. 煤；15. 煤＋水；16. 正十八烷＋硫酸镁＋水；17. 正己烷＋硫酸镁＋水

化氢。因为煤中含有铁离子、锰离子等过渡金属离子，这些过渡金属与硫化氢反应形成硫化物，从而导致高含硫煤的裂解产生的 H_2S 量很低，由此可以推测含有大量黏土矿物的烃源岩也难以在生成油气的过程中形成大量的 H_2S，而高含硫原油如果存储在含黏土矿物较少的碳酸盐岩储层中，那么高含硫原油的裂解可以产生一定量的 H_2S。

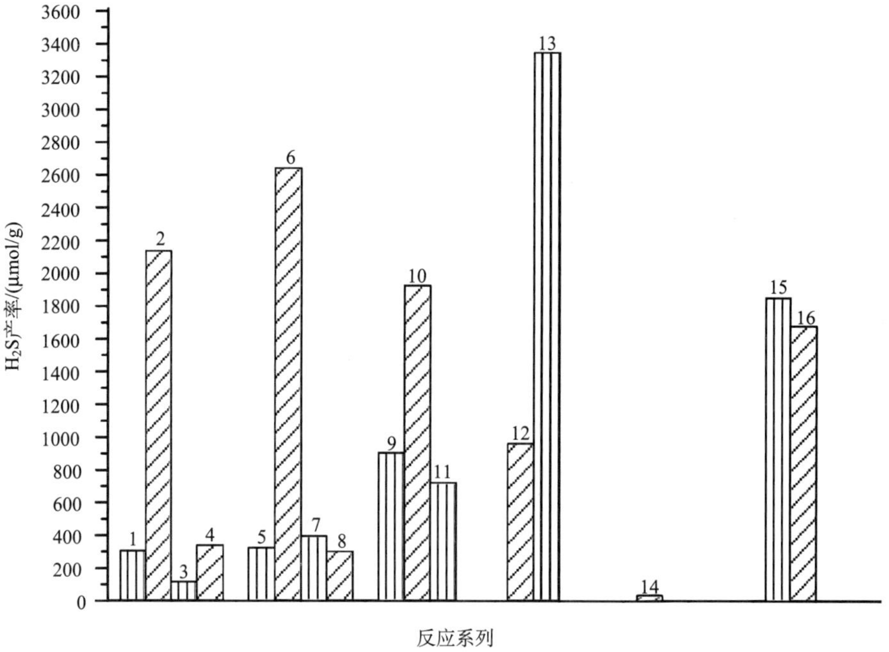

图 3.9 450℃条件下各反应系列 H_2S 产率

1. 原油＋水；2. 原油＋硫酸镁＋水；3. 原油＋石膏＋水；4. 原油＋石膏；5. 沥青＋水；6. 沥青＋硫酸镁＋水；7. 沥青＋石膏＋水；8. 沥青＋石膏；9. Ⅱ型干酪根＋水；10. Ⅱ型干酪根＋硫酸镁＋水；11. Ⅱ型干酪根＋石膏＋水；12. Ⅲ型干酪根＋水；13. Ⅲ型干酪根＋硫酸镁＋水；14. 煤；15. 煤＋水；16. 正十八烷＋硫酸镁＋水

从 360℃干煤裂解和煤＋水裂解的对比来看（表 3.5），水的加入使 H_2S 绝对产率增加了 4 倍，百分含量增加了 3 倍，因此水对 TSR 反应 H_2S 及烃类气体的产生起着重要作用。

2）TSR 反应产生 H_2S

360℃、35MPa 条件下，与有机质裂解相比，加入硫酸镁可以大幅度提高 H_2S 的产率，增加倍数由高到低排序为：高含硫原油（8.3 倍）→固体沥青（5.2 倍）→Ⅱ型干酪根（3.9 倍）→Ⅲ型干酪根（2.7 倍）。这样的排序正是这四类有机质生气潜力的排序，因为模拟实验中硫酸镁是过量的，因此 H_2S 的生成量就由有机质的生气潜力决定。而在地质条件下，如果硫酸根离子来源受到限制，决定因素就是硫酸根离子的来源，如果硫酸根离子不断得到补充，那么决定因素就是烃类性质。

硫酸镁的加入可以大幅度提高硫化氢的产率，但是石膏的加入并不能提高硫化氢产率，硫酸镁和石膏的区别在于前者的溶解度远远大于后者，因此原油裂解时所处的储层或者裂解后天然气所处的储层的硫酸根离子浓度是决定 TSR 能否发生的关键因素，一般硫酸根离子浓度与膏岩（特别是石膏结核或者膏岩夹层）有对应关系，因此高含硫天然中硫化氢含量的高低跟硫化氢生成阶段所在储层的膏岩分布有一定对应关系，但并不一定跟现今膏岩地层分布有关系，也不一定与膏岩的厚度分布有直接的关系。

3）360℃与 450℃条件下 H_2S 产率对比

从图 3.10 看，各个反应系列 450℃时 H_2S 产率与 360℃时 H_2S 产率相比并不是都增加的。高含硫原油系列，无论是有机质裂解生成 H_2S 的产率还是加入硫酸镁后发生 TSR 反应产生 H_2S 的产率都降低了，尤其是该反应系列 TSR 反应的 H_2S 产率减少了近一半。固体沥青反应系列，450℃时 H_2S 产率与 360℃时 H_2S 产率相比，加水裂解的 H_2S 产率稍有降低，而 TSR 反应的 H_2S 产率略有增加。Ⅱ型干酪根反应系列，450℃时 H_2S 产率与 360℃时 H_2S 产率相比，加水裂解的 H_2S 产率大幅增加，而 TSR 反应的 H_2S 产率略有降低。Ⅲ型干酪根反应系列，450℃时 H_2S 产率与 360℃时 H_2S 产率相比，无论是加水裂解还是 TSR 反应，其 H_2S 产率都有所增加。

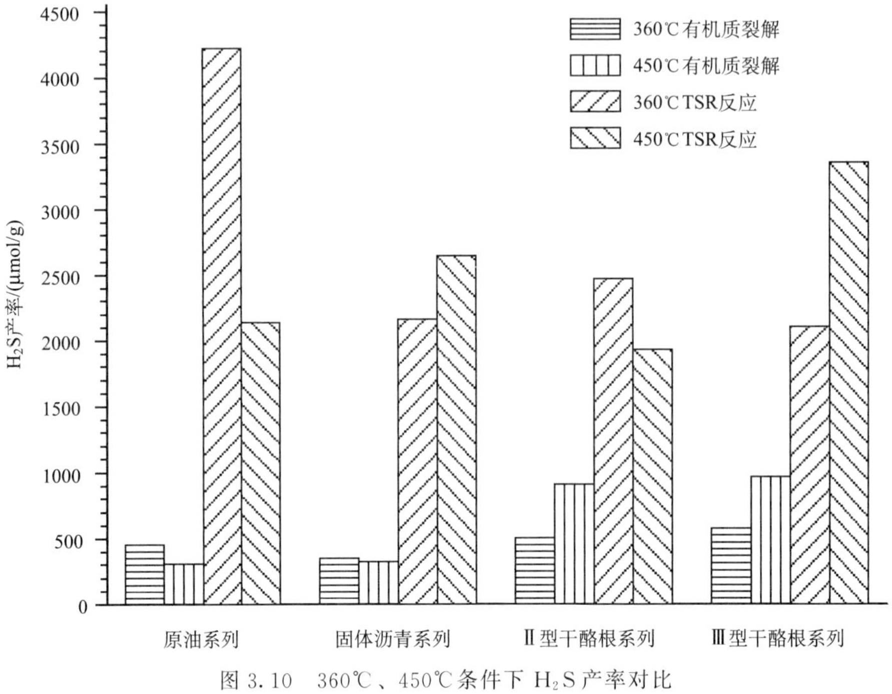

图 3.10　360℃、450℃条件下 H_2S 产率对比

450℃与 360℃温度条件下相比，各个反应系列的硫化氢产率没有统一的变化规律，这是由 H_2S 的性质决定的。硫化氢在高温下存在可逆反应 $H_2S \xrightarrow{\text{高温}} H_2 + S$，当温度高于 400℃，反应向右进行，导致硫化氢的分解。虽然温度的升高有利于 TSR 反应的进行，但是如果由于温度的增加，TSR 生成硫化氢产率的增加量大于分解增加量，则表现为硫化氢总产率的增加，如果生成硫化氢增加量小于分解增加量，则表现为硫化氢总

产率的减少。

但是油气存在的地质条件下，不可能有400℃以上的高温，硫化氢的分解反应是不存在的，因此450℃时硫化氢产率的变化规律不代表实际的地质情况。

3.3.2 TSR反应对CO_2产率的影响

图3.11是硫化氢产率与CO_2产率对比图，从中可知：TSR反应增加硫化氢产率的同时也增加二氧化碳产率，这也印证了TSR的化学反应表达式$MgSO_4$＋烃⟶H_2S＋$MgCO_3$＋烃气＋CO_2的正确性，说明了用CO_2-H_2S关系图可以判断是否发生了TSR。

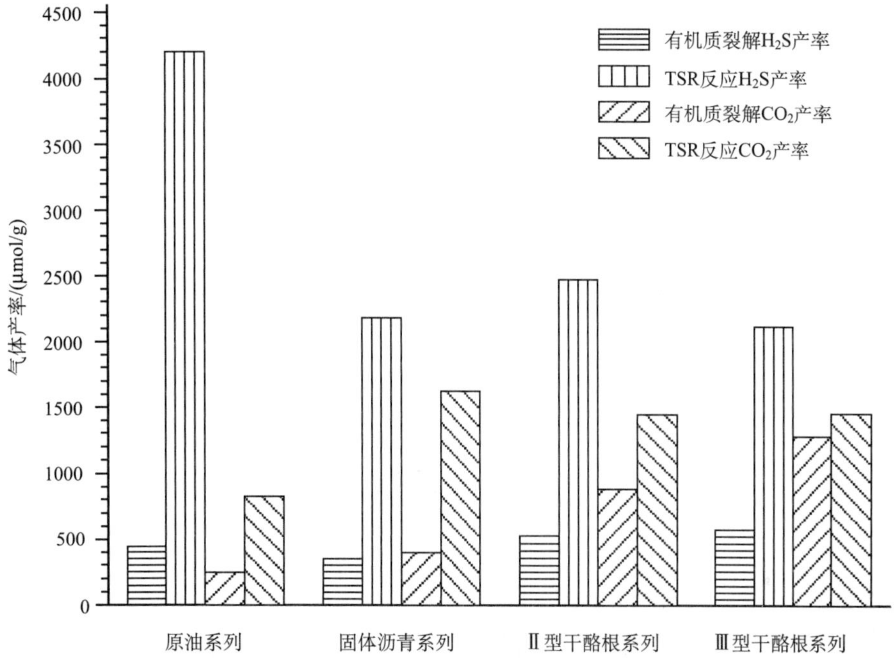

图3.11 H_2S产率与CO_2产率柱状图

3.3.3 TSR反应对气态烷烃产率的影响

从表3.6与表3.7可以看出有机质加入硫酸镁后发生了TSR反应，TSR反应首先消耗较重的气态烷烃，使烷烃气体明显变干，但不同有机质类型变干的程度不一样。即，从气态烷烃部分来看首先参与TSR的是较重的烃类，但由于没有检测液态烃部分的变化，因此从气态烃类的变化不能确定多长碳链的烃类最容易参与TSR，但根据前文据张同伟等的数据分析，认为TSR发生最剧烈的阶段应该为油气演化阶段的生凝析气阶段及湿气阶段。对比分析TSR反应对原油、干酪根和固体沥青烃气产率影响可知：除了固体沥青在360℃时发生TSR没有导致烃类气体减少外，其他条件下TSR会造成总烃气产率有较大幅度下降，减少范围大约为20％～70％，最高可达71％。

表 3.6 硫化氢产率与烷烃气体产率比值（360℃）

项目	H_2S /(μmol/g)	CH_4 /(μmol/g)	C_2H_6 /(μmol/g)	C_3H_8 /(μmol/g)	iC_4H_{10} /(μmol/g)	nC_4H_{10} /(μmol/g)	iC_5H_{12} /(μmol/g)	nC_5H_{12} /(μmol/g)	$C_1/C_{2\sim5}$	$C_{1\sim2}/C_{3\sim5}$	$C_{1\sim3}/C_{4\sim5}$
高含硫原油＋去离子水	451.9	2864.5	1110.7	976.7	876.6	277.3	344.5	61.5	0.8	1.6	3.2
高含硫原油＋硫酸镁＋去离子水	4215.5	2521.8	921.4	662.6	117.3	260.5	74.9	78.6	1.2	2.9	7.7
固体沥青＋去离子水	349.9	1370.4	594.8	432.9	82.6	172.6	50.0	55.7	1.0	2.5	6.6
固体沥青＋硫酸镁＋去离子水	2163.5	2350.9	1138.4	475.3	24.1	114.5	10.3	16.2	1.3	5.4	24.0
Ⅱ型干酪根＋去离子水	500.6	1327.0	451.3	232.4	42.2	68.1	23.0	14.7	1.6	4.7	13.6
Ⅱ型干酪根＋硫酸镁＋去离子水	2465.7	967.7	14.5	0.1	0.0	0.1	0.0	0.1	65.1	3080.3	4728.2
Ⅲ型干酪根＋去离子水	572.6	750.0	254.0	112.3	17.0	17.8	3.3	0.8	1.9	6.6	28.6
Ⅲ型干酪根＋硫酸镁＋去离子水	2105.2	952.6	44.0	0.4	0.1	0.2	0.1	0.1	21.2	1002.3	1726.4

表 3.7 TSR 反应对原油、固体沥青和干酪根烃气产率的影响

反应系列	C_2—C_5 /(mg/g)	总气态烃 /(mg/g)	C_1减少 /%	C_{2+}减少 /%	总烃气减少 /%
360℃反应系列					
高含硫原油＋去离子水	172.45	218.29	12.00	48.00	40.00
高含硫原油＋硫酸镁＋去离子水	89.76	130.11			
固体沥青＋去离子水	59.31	81.24	−72.00	−10.00	−26.00
固体沥青＋硫酸镁＋去离子水	65.01	102.62			
Ⅲ型干酪根＋去离子水	14.88	26.88	−0.27	90.73	38.00
Ⅲ型干酪根＋硫酸镁＋去离子水	1.38	16.62			
Ⅱ型干酪根＋去离子水	32.89	54.12	27.00	99.99	71.00
Ⅱ型干酪根＋硫酸镁＋去离子水	0.45	15.94			
450℃反应系列					
高含硫原油＋去离子水	166.85	368.87	13.00	31.00	21.00
高含硫原油＋硫酸镁＋去离子水	115.08	291.85			
固体沥青＋去离子水	78.49	211.85	11.00	51.00	26.00
固体沥青＋硫酸镁＋去离子水	38.60	157.31			
Ⅲ型干酪根＋去离子水	23.09	101.90	36.00	86.00	48.00
Ⅲ型干酪根＋硫酸镁＋去离子水	3.19	53.36			
Ⅱ型干酪根＋去离子水	25.71	124.12	38.00	84.00	48.00
Ⅱ型干酪根＋硫酸镁＋去离子水	4.15	64.72			

1）原油系列

从图 3.12 高含硫原油＋去离子水反应体系（原油裂解）与高含硫原油＋硫酸镁＋去离子水反应体系（TSR 反应）的对比可知，从气态烷烃产物来看在该反应系列中 TSR 反应首先消耗较重的气态烷烃，并且与其他气态烷烃相比异丁烷与异戊烷最容易参与 TSR 反应。虽然甲烷的产率有所降低，但其降低幅度较小。甲烷产率的降低存在两种可能：一是甲烷参与了 TSR 反应被消耗，二是由于较重烃类被消耗而导致甲烷产率减小。

假使甲烷是被 TSR 消耗掉的，现做以下推算：360℃时含硫原油裂解硫化氢产率为 451.92μmol/g，甲烷产率 2864.50μmol/g；加入硫酸镁后硫化氢产率 4215.51μmol/g，甲烷产率 2521.85μmol/g；甲烷产率减少量为 2864.50μmol/g－2521.85μmol/g＝342.65μmol/g，假设这些减少的甲烷是 TSR 反应造成的，那么根据反应表达式 $CaSO_4+CH_4 \longrightarrow CaCO_3+H_2S+H_2O$ 推算由甲烷造成的硫化氢产率增加应该为 342.65μmol/g；而硫化氢的产率增加量为 4215.51μmol/g－451.92μmol/g＝3763.59μmol/g，那么由其他烃类参与 TSR 反应造成的硫化氢增量为 3763.59μmol/g－342.65μmol/g＝3420.94μmol/g。甲烷参与 TSR 反应生成的硫化氢所占比例为（342.65/3763.59）×100％＝9.1％。

通过推算，假设甲烷产率的减少是完全由于 TSR 反应造成的，那么所生成的硫化氢也只占硫化氢总含量的 9.1％，而其他较重烃参与 TSR 反应形成的硫化氢则占 90.9％。也就是说，甲烷很难参与 TSR 反应，参与 TSR 反应形成硫化氢的主要是 C_{2+} 烃类。

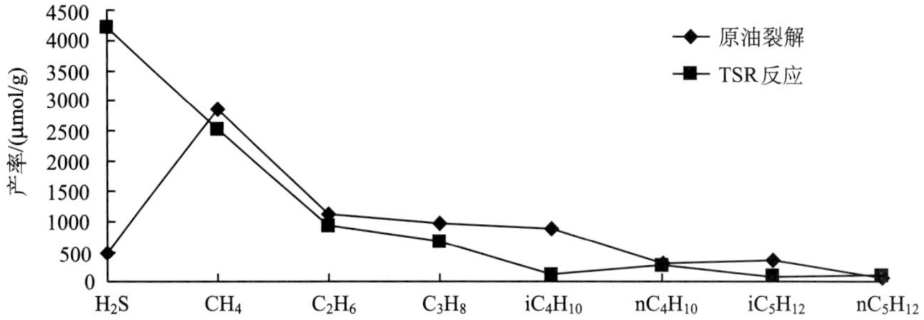

图 3.12 360℃原油裂解及参与 TSR 反应的 H_2S 及气态烃产率

2）固体沥青系列

固体沥青＋硫酸镁＋去离子水反应体系与固体沥青＋去离子水反应体系相比，硫酸镁的加入除了大大提高硫化氢的产率外，还提高了甲烷、乙烷以及丙烷的产率，而使丁烷和戊烷的产率降低（图 3.13），说明 SO_4^{2-} 与固体沥青降解生成的较重的烃类发生反应，而产生较轻的烃气，使气体产物组分变干。

3）Ⅱ型干酪根系列

从图 3.14 来看，TSR 反应几乎消耗了所有的 C_{2+} 气态烷烃组分，并且使甲烷产率

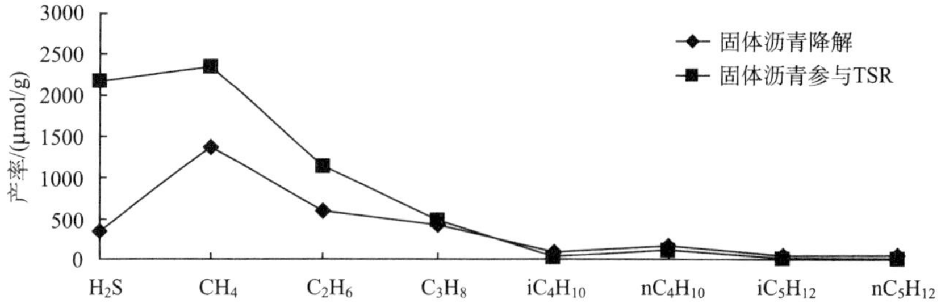

图 3.13　360℃固体沥青降解及参与 TSR 反应的 H_2S 及气态烃产率

也有所降低。与原油裂解的情况一样，Ⅱ型干酪根参与 TSR 反应导致甲烷产率的降低存在两种可能：一是甲烷参与了 TSR 反应被消耗，二是由于较重烃类被消耗而导致甲烷产率减小。

假使甲烷是被 TSR 消耗掉的，现做以下推算：360℃时Ⅱ型干酪根降解硫化氢产率为 500.60μmol/g，甲烷产率 1327.00μmol/g；加入硫酸镁后硫化氢产率 2465.75μmol/g，甲烷产率 967.74g；甲烷产率减少量为 1327.00μmol/g－967.74μmol/g＝359.26μmol/g，假设这些减少的甲烷是 TSR 反应造成的，那么根据反应表达式 $CaSO_4+CH_4 \longrightarrow CaCO_3+H_2S+H_2O$ 推算由甲烷造成的硫化氢产率增加应该为 359.26μmol/g；而硫化氢的产率增加量为 2465.75μmol/g－500.60μmol/g＝1879.69μmol/g，那么由其他烃类参与 TSR 反应造成的硫化氢增量为 1879.69μmol/g－359.26μmol/g＝1520.43μmol/g。甲烷 TSR 生成的硫化氢所占比例为（359.26/1879.69）×100％＝19.1％。

通过以上推算，即便假设甲烷产率的减少是完全由于 TSR 反应造成的，那么所生成的硫化氢也只占硫化氢总含量的 19.1％，而其他较重烃类参与 TSR 反应形成的硫化氢则占 80.9％，同样证明，甲烷很难参与 TSR 反应，参与 TSR 反应形成硫化氢的主要是 C_{2+} 烃类。

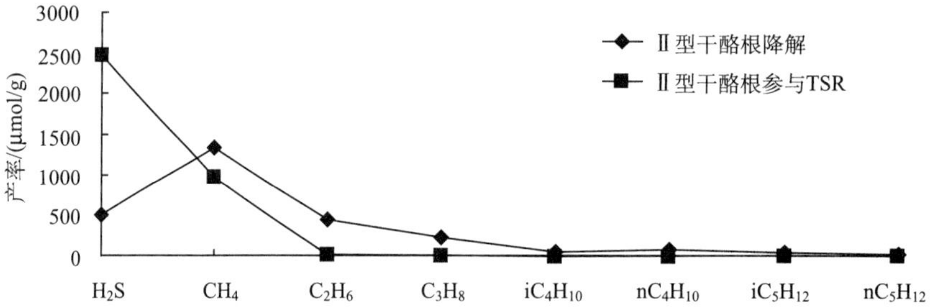

图 3.14　360℃Ⅱ型干酪根降解及参与 TSR 反应的 H_2S 及气态烃产率

4）Ⅲ型干酪根系列

Ⅲ型干酪根＋硫酸镁＋去离子水反应体系与Ⅲ型干酪根＋去离子水反应体系相比，硫酸镁的加入除了大大提高硫化氢的产率外，还提高了甲烷产率，而降低了乙烷、丙烷、丁烷及戊烷产率（图 3.15），说明 SO_4^{2-} 与Ⅲ型干酪根降解生成的较重的烃类发生反应，而产生甲烷，使气体产物组分变干。

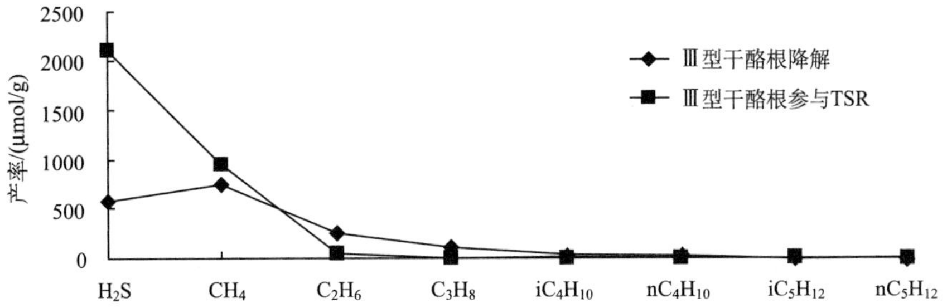

图 3.15　360℃ Ⅲ型干酪根降解及参与 TSR 反应的 H_2S 及气态烃产率

5）高含硫煤系列

从加水和不加水的裂解反应对比来看，水在裂解反应中起着重要作用，水的加入不但提高了硫化氢产率，也提高了甲烷、乙烷、丙烷的产率（图 3.16）。

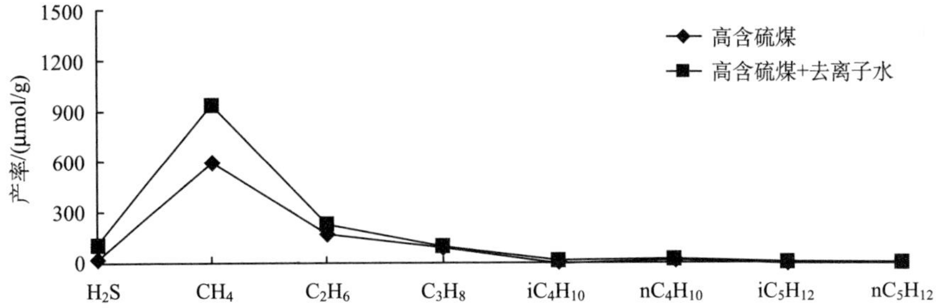

图 3.16　360℃高含硫煤干裂解与加水裂解的 H_2S 及气态烃产率

6）正构烷烃系列

从图 3.17 来看，360℃条件下正己烷参与 TSR 反应硫化氢产率以及气态烷烃产率都明显低于正十八烷。450℃与 360℃两种条件下产物对比发现，正己烷参与 TSR 反应的硫化氢产率、甲烷产率、乙烷产率、丙烷产率以及丁烷产率明显增加，只有戊烷产率有所减少；而正十八烷参与 TSR 反应的硫化氢产率、甲烷产率以及乙烷产率有些许提高，丙烷产率、丁烷产率以及戊烷产率有明显的减少。450℃条件下，对比正己烷与正十八烷的产物，发现二者硫化氢产率、甲烷产率、乙烷产率、丙烷产率基本一样，而正十八烷的丁烷及戊烷产率较高。

3.3.4　TSR 反应对单体烃碳同位素的影响

从表 3.8 分析，总体上 TSR 反应使甲烷、乙烷以及丙烷的同位素变重，而使二氧化碳的碳同位素变轻，下面具体分析。

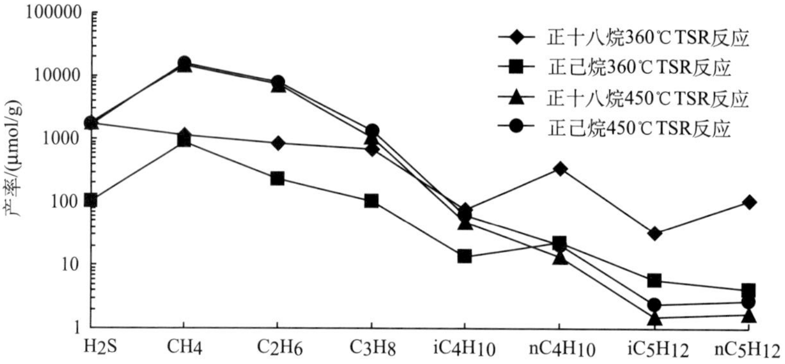

图 3.17 正构烷烃发生 TSR 反应 H_2S 及气态烃产率

表 3.8 各反应系列单体烃碳同位素（单位：‰）

反应系列	δC_1		δC_2		δC_3		δC_2－δC_1	
	360℃	450℃	360℃	450℃	360℃	450℃	360℃	450℃
高含硫原油＋去离子水	－46.9	－44.1	－37.1	－32.6	－36.4	－17.0	9.8	11.6
高含硫原油＋硫酸镁＋去离子水	－43.5	－42.8	－36.0	－32.5	－34.8	－21.6	7.5	10.3
高含硫原油＋石膏＋去离子水	－46.2	－44.9	－38.7	－34.8	－38.3	－18.2	7.5	10.1
高含硫原油＋石膏	－46.8	－42.6	－38.0	－31.4	－39.7	－17.1	8.8	11.2
固体沥青＋去离子水	－49.6	－45.0	－40.7	－33.6	－39.2	－17.2	8.9	11.4
固体沥青＋硫酸镁＋去离子水	－44.8	－43.0	－35.8	－30.3	－32.6	－9.0	9.1	12.7
固体沥青＋石膏＋去离子水	－48.7	－44.4	－40.1	－33.3	－39.8	－19.0	8.6	11.0
固体沥青＋石膏	－49.2	－42.4	－39.9	－27.0	－39.7	\	9.3	15.5
Ⅱ型干酪根＋去离子水	－39.5	－33.4	－29.8	－23.2	－29.0	\	9.6	10.2
Ⅱ型干酪根＋硫酸镁＋去离子水	－31.5	－30.4	\	－11.3	\	\	\	19.2
Ⅱ型干酪根＋石膏＋去离子水	－38.9	－32.4	－29.8	－22.9	－28.8	\	9.1	9.5
Ⅲ型干酪根＋去离子水	－34.7	－28.6	－24.8	－19.6	－24.6	\	9.9	8.9
Ⅲ型干酪根＋硫酸镁＋去离子水	－29.1	－28.0	\	－11.1	\	\	\	16.9
高含硫煤	－36.6	－26.7	－25.7	\	－25.4	\	10.8	\
高含硫煤＋去离子水	－33.0	\	－25.0	\	－26.3	\	8.0	\
正十八烷＋硫酸镁＋去离子水	－45.8	－47.1	－42.3	－32.3	－39.4	－18.8	3.6	14.7
正己烷＋硫酸镁＋去离子水	－49.7	－39.5	－41.6	－24.0	－36.4	－6.0	8.1	15.5

1）二氧化碳碳同位素

从图 3.18 可以看出，与有机质加水裂解相比，硫酸镁的加入明显使 CO_2 碳同位素变轻，说明 TSR 加大了碳同位素分馏；石膏的加入，特别是加入水后，CO_2 碳同位素变重，原因是石膏取自岩心，内含碳酸盐岩，因此存在有机成因的 CO_2 与无机成因的碳酸盐岩之间的碳同位素分馏，因此导致 CO_2 碳同位素变重。这也提醒我们，川东北高含硫天然气中 CO_2 碳同位素虽然很重（0‰左右），但并不说明这些 CO_2 不是 TSR 成因的，因为这是 TSR 成因的 CO_2 与储层碳酸盐岩碳同位素分馏的结果。

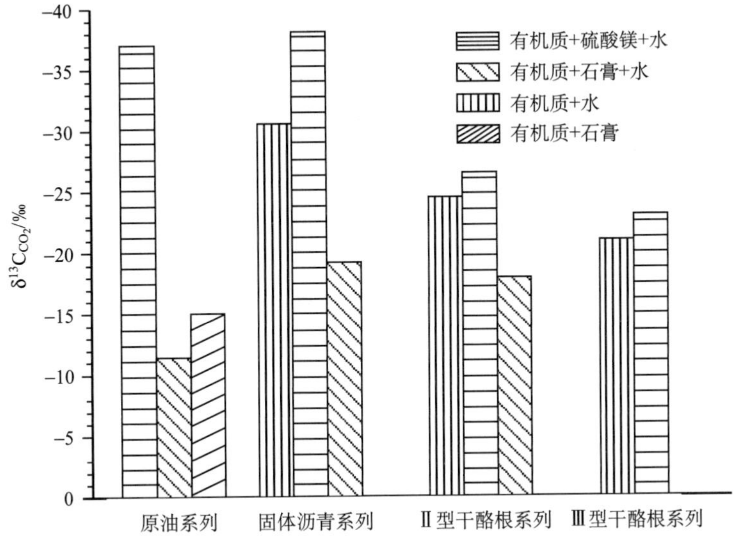

图 3.18　360℃各反应体系 CO_2 碳同位素

2）甲烷碳同位素

从图 3.19 及表 3.8 可知硫酸镁的加入明显导致甲烷碳同位素的变重，说明 TSR 反应加大了碳同位素的分馏。有机质＋石膏＋水反应体系与有机质＋水反应体系相比，甲烷碳同位素有所变重，说明有机质＋石膏＋水反应体系也有轻微的 TSR 反应进行，之所以从表 3.5、图 3.8 中来看 H_2S 产率没有增加，推测是因为石膏取自岩心，石膏内含有金属离子，导致生成的 H_2S 与金属离子反应生成金属硫化物，从而显示 H_2S 产率没有增加。有机质＋石膏反应体系与有机质＋水反应体系相比，甲烷同位素没有变重，因此推测在没有水作溶剂的条件下石膏很难与有机质发生反应。

3）乙烷碳同位素

从表 3.8 及图 3.20 来看，硫酸镁的加入使乙烷碳同位素变重，固体沥青系列中的固体沥青＋石膏＋水与固体沥青＋水相比，乙烷碳同位素也变重，体现了 TSR 反应加大碳同位素分馏的作用。但是高含硫原油系列中原油＋石膏＋水与原油＋水相比，乙烷碳同位素变轻；原油＋石膏与原油＋水相比乙烷碳同位素也变轻，对于变轻的原因目前尚不明确，有待进一步分析。

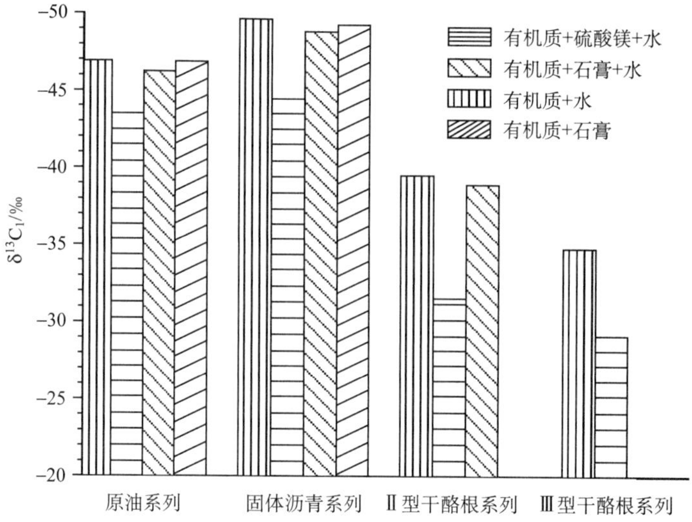

图 3.19　360℃各反应体系 CH_4 碳同位素

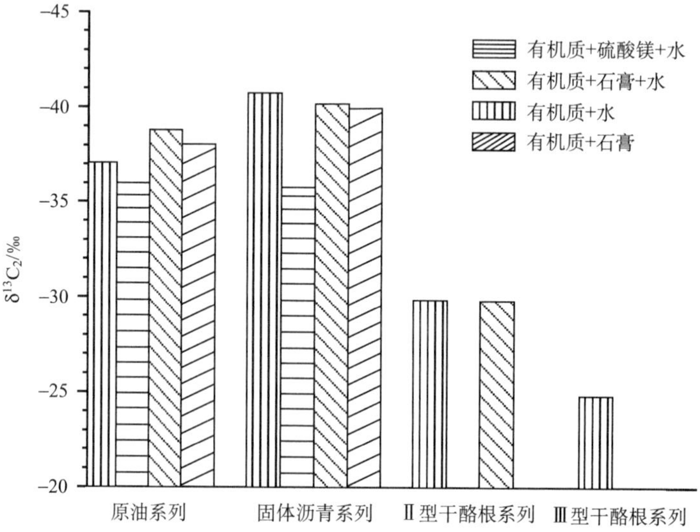

图 3.20　360℃各反应体系 C_2H_6 碳同位素

4）丙烷碳同位素

从表 3.8 及图 3.21 来看，硫酸镁的加入使丙烷碳同位素变重，体现了 TSR 反应加大碳同位素分馏的作用。但是高含硫原油系列中原油＋石膏＋水与原油＋水相比，丙烷碳同位素变轻；原油＋石膏与原油＋水相比丙烷碳同位素变轻程度更大，对于变轻的原因目前尚不明确。同样，固体沥青系列中的固体沥青＋石膏＋水与固体沥青＋水相比，丙烷碳同位素变轻，原油＋石膏与原油＋水相比丙烷碳同位素也变轻，变轻的机理同样尚不明确，有待进一步分析。

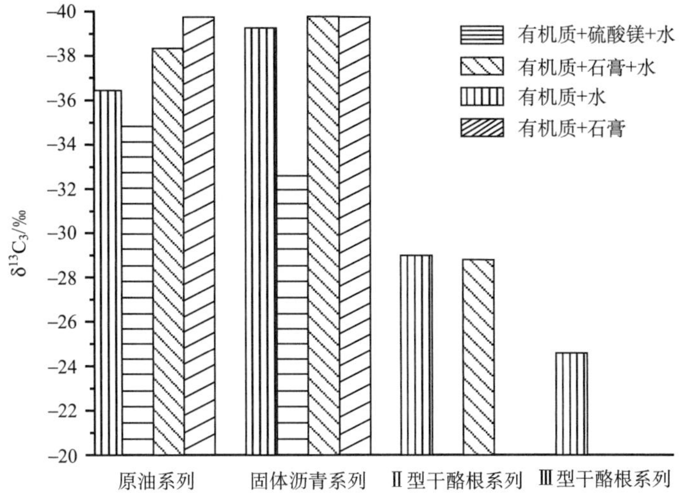

图 3.21　360℃各反应体系 C_3H_8 碳同位素

5）$\delta^{13}C_2-\delta^{13}C_1$

通过乙烷与甲烷碳同位素差值（$\delta^{13}C_2-\delta^{13}C_1$）对加入硫酸镁的反应体系进行分析，发现 450℃二者同位素差值比 360℃的大（表 3.8）。由于反应时间一样，因此 450℃时 TSR 进行的程度要比 360℃时进行的程度大，即随着 TSR 反应程度的增加 $\delta^{13}C_2-\delta^{13}C_1$ 值增大，也就是说 TSR 反应不但不会使甲烷、乙烷碳同位素倒转，反而会使已经倒转的碳同位素值趋向于正常。

本次研究统计了川东北高含硫天然气地区 45 口井的飞仙关组和长兴组的甲烷、乙烷碳同位素值和硫化氢含量，因为川东北地区长兴组和飞仙关组有相同的烃源岩和类似的储层沥青，可以认为该地区参与 TSR 的有机质是相同的，硫化氢含量的不同是 TSR 反应进行的程度不同造成的，即，硫化氢的含量代表了 TSR 反应程度。用硫化氢的百

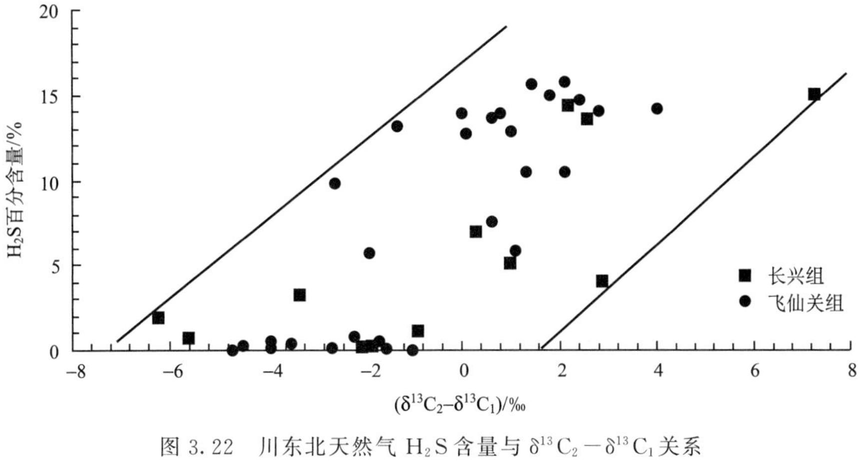

图 3.22　川东北天然气 H_2S 含量与 $\delta^{13}C_2-\delta^{13}C_1$ 关系

分含量与相伴生的乙烷与甲烷的碳同位素差值（$\delta^{13}C_2-\delta^{13}C_1$）为坐标作图 3.22。由图 3.22 可见，随着硫化氢含量的增加，（$\delta^{13}C_2-\delta^{13}C_1$）变大，与本文 TSR 模拟实验的碳同位素变化规律相符。由此也可以认识到，川东北地区天然气碳同位素的倒转不是 TSR 造成的，而是混源造成的。

3.3.5 反应残余物特征分析

1）高含硫原油系列色谱

从原油四个反应体系的反应残余物饱和烃色谱图（图 3.23—图 3.26）来看，高含硫原油＋水反应体系的残余物饱和烃色谱图的主峰碳为 C_{15}，高含硫原油＋石膏体系主

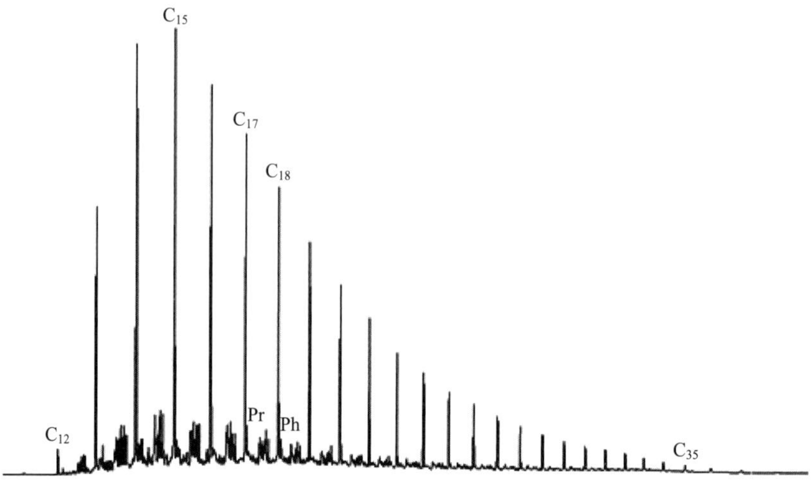

图 3.23 360℃原油＋水反应体系残余物饱和烃色谱

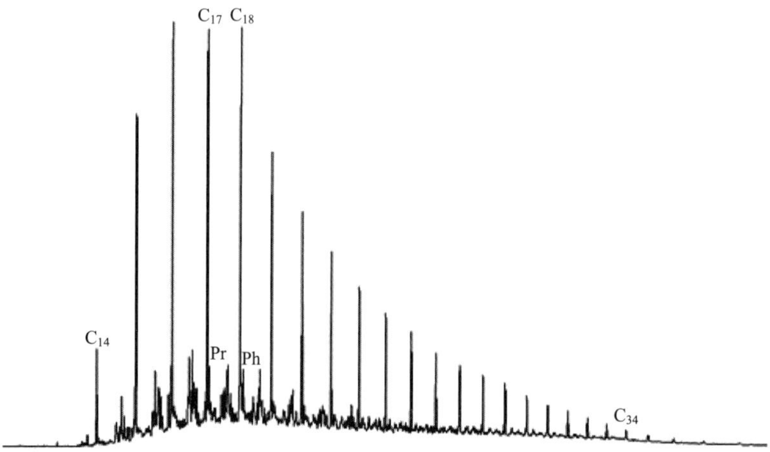

图 3.24 360℃原油＋石膏反应体系残余物饱和烃色谱

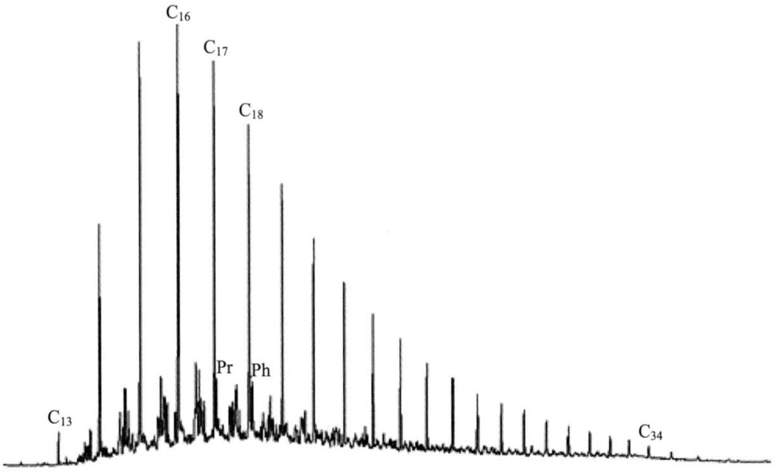

图 3.25　360℃原油＋石膏＋水反应体系残余物饱和烃色谱

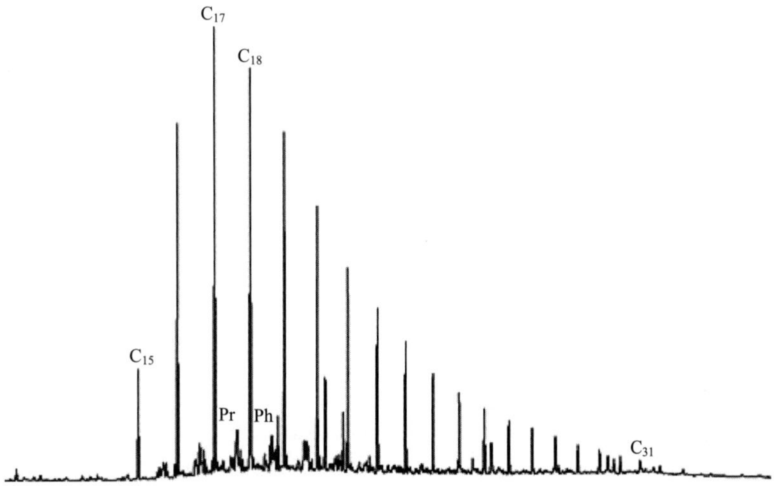

图 3.26　360℃原油＋硫酸镁＋水反应体系残余物饱和烃色谱

峰碳为 C_{16}、C_{17}、C_{18}，高含硫原油＋石膏＋水体系的主峰碳为 C_{16}，高含硫原油＋硫酸镁＋水体系的主峰碳为 C_{17}。根据前文的分析四个反应系列按照 TSR 反应进行程度由低到高排序为：高含硫原油＋水＜高含硫原油＋石膏＜高含硫原油＋石膏＋水＜高含硫原油＋硫酸镁＋水。即，随着 TSR 反应程度的增加，饱和烃色谱图的主峰碳向重烃方向迁移，也就是说首先参与 TSR 反应的是重烃里较轻的烃类。

2）固体沥青系列色谱

从固体沥青系列的四个反应体系反应残余物饱和烃色谱图（图 3.27—图 3.40）来看，随着 TSR 反应程度的增加，主峰碳向重烃方向迁移的程度比高含硫原油更大。固体沥青降解产生的重烃中的较轻烃类首先参与 TSR 反应。

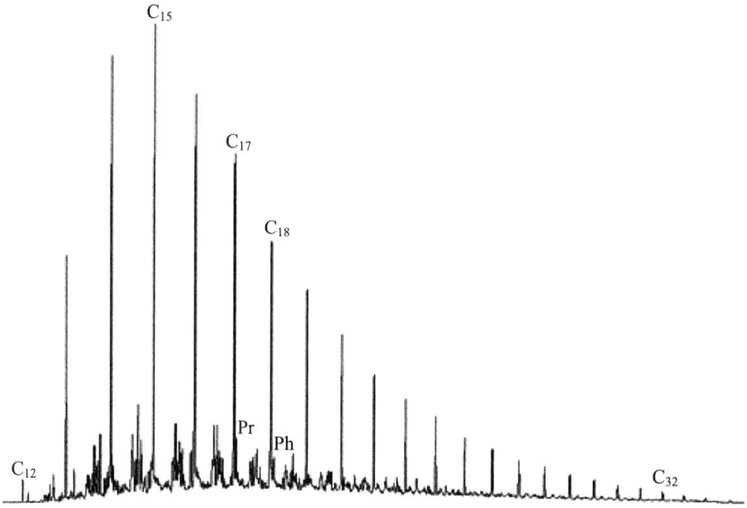

图 3.27 360℃固体沥青+水反应体系残余物饱和烃色谱

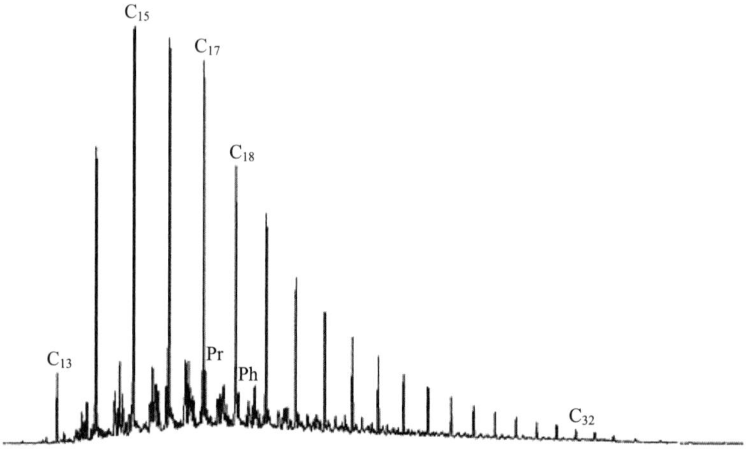

图 3.28 360℃固体沥青+石膏反应体系残余物饱和烃色谱

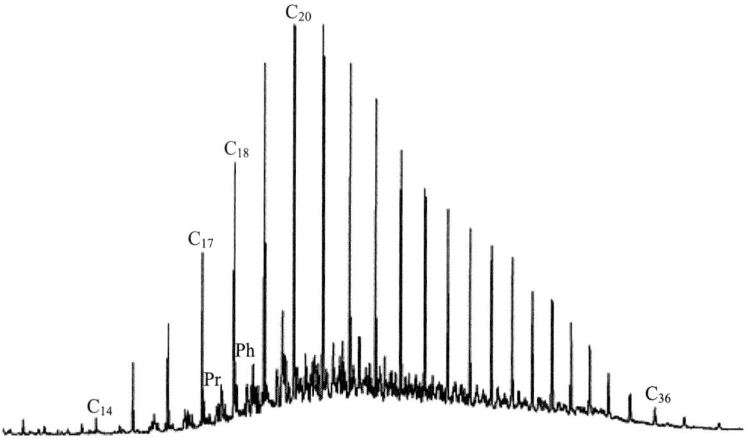

图 3.29 360℃固体沥青+石膏+水反应体系残余物饱和烃色谱

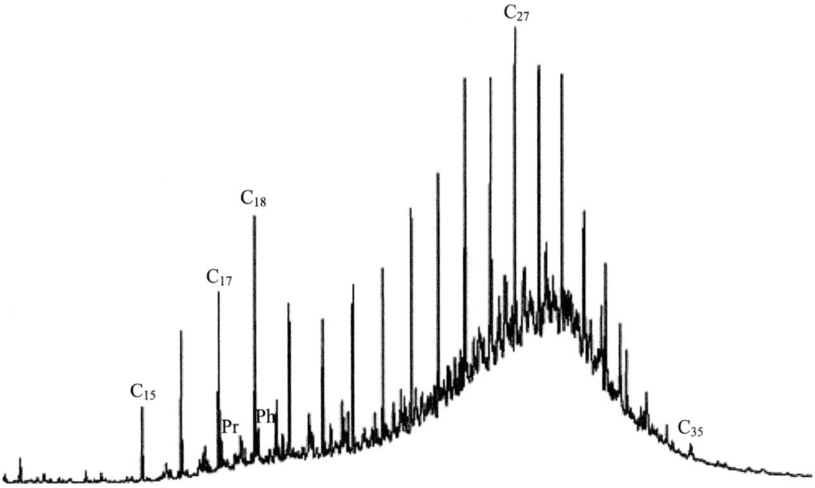

图 3.30 360℃固体沥青＋硫酸镁＋水反应体系残余物饱和烃色谱

3）Ⅱ型干酪根系列色谱

从Ⅱ型干酪根系列三个反应体系饱和烃色谱图（图 3.31—图 3.33）来看，同样随着 TSR 反应程度增加主峰碳向较重烃类方向迁移，即Ⅱ型干酪根生成的饱和烃中的较轻烃类首先参与 TSR 反应。

从反应残余物的饱和烃色谱来看，在 C_{11+} 的饱和烃系列内，碳数越少的烃类越容易参与 TSR 反应。根据前文分析，在气态烃 $C_{1\sim5}$，部分碳数越多的烃类越容易参与 TSR 反应。根据二者综合分析最容易参与 TSR 的烷烃碳数应该介于 C_6～C_{10}，由于模拟实验没有监测 C_6～C_{10} 部分的变化，因此最容易参与 TSR 的烃类无法具体到更小的范围。根据地质实际，C_6～C_{10} 含量最大的阶段应该是原油裂解为凝析气、湿气的阶段，这与前文所述的 TSR 的发生具有和 C_{2+} 烃类产生具有同步性的论述是一致的。

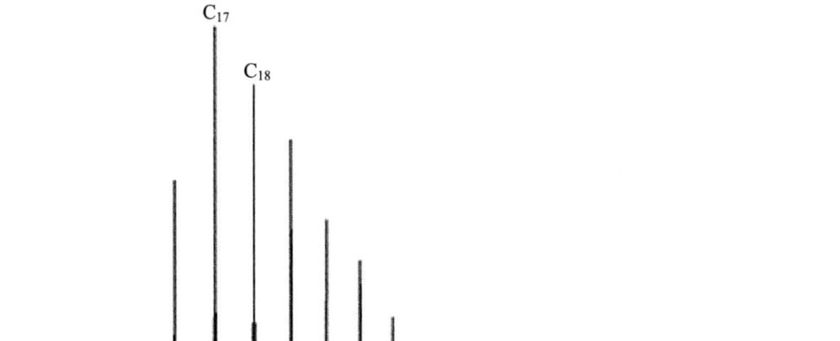

图 3.31 360℃Ⅱ型干酪根＋水反应体系残余物饱和烃色谱

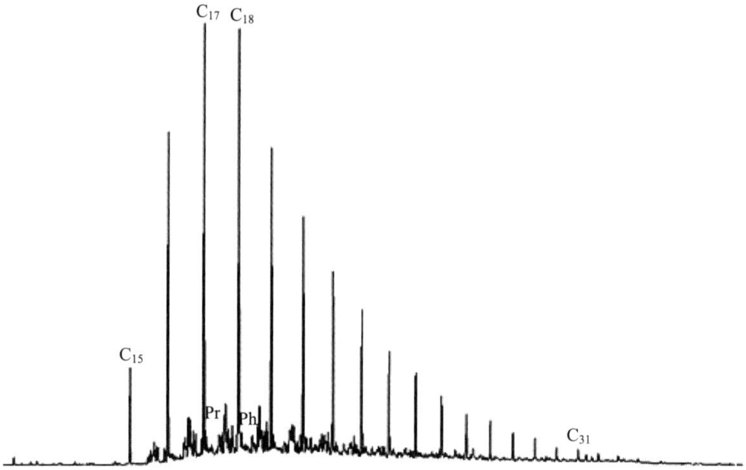

图 3.32　360℃Ⅱ型干酪根＋石膏＋水反应体系残余物饱和烃色谱

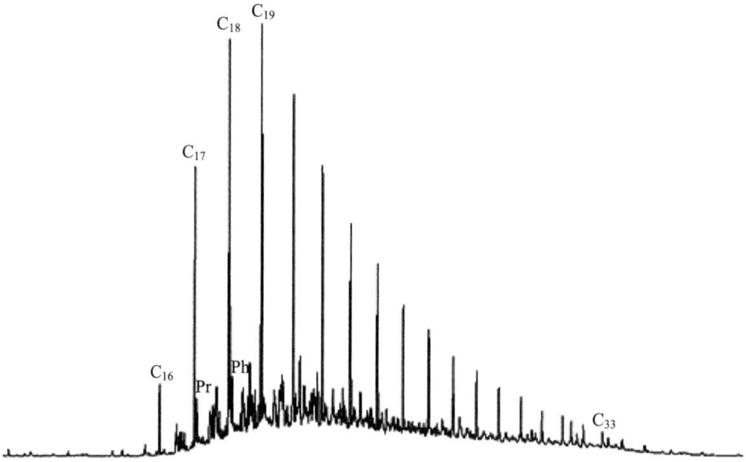

图 3.33　360℃Ⅱ型干酪根＋硫酸镁＋水反应体系残余物饱和烃色谱

3.4　硫化氢形成机理分析

如前文所述，自然界中硫化氢的形成机理复杂多样，下面将对几种主要的形成机理进行分析，以探讨不同成因类型的硫化氢对高含硫天然气藏形成的贡献。

3.4.1　硫化氢生物化学成因机理

自然界中由生物化学作用生成 H_2S 主要有生物体代谢-生化降解、微生物金属硫化物氧化作用和微生物硫酸盐还原作用三种不同的生化成因机理。

1）生物体代谢-生化降解机理

该类型是通过微生物同化还原作用和植物等的吸收作用形成含硫有机化合物（RSH），如含硫的维生素或蛋白质等，当生物体死亡之后，这些生物体内的含硫有机质经过水解、氧化、微生物降解等各种复杂的化学与生化作用，分解而产生H_2S（Иванов，1984；王新洲等，1987）。生物降解气形成过程中的腐败作用是在有机质形成之后，当环境发生变化而不利于同化作用进行时，就可能会发生含硫有机质的腐化分解，从而放出H_2S。生物降解H_2S气是同化作用和腐败作用生气的总和，以腐败作用产气为主。一般来说，由生物降解作用所形成的H_2S聚集，其规模和含量都不会很大，但分布很广，几乎遍及所有含硫有机质存在的地方。生物降解成因的H_2S主要集中分布于埋深较浅的地层与地表中。烃源岩沉积的还原环境不利于微生物作用下的腐败作用进行，从而限制了腐败作用H_2S气的形成，使大量含硫有机质被保存下来，在干酪根演化过程中形成含硫杂环有机质。

2）微生物金属硫化物氧化作用机理

金属硫化物处于氧化条件下时，游离氧、硫酸和某些硫酸盐都可以成为它的氧化剂（王新洲等，1987）：

$$2FeS_2 + 7O_2 + 2H_2O \longrightarrow 2FeSO_4 + 2H_2SO_4$$

$$MeS + H_2SO_4 \longrightarrow H_2S + MeSO_4 \quad (Me=Cu、Fe、Zn、Pb 等)$$

$$FeS_2 + Fe_2(SO_4)_3 \longrightarrow FeSO_4 + 2S$$

在硫化物的氧化和硫酸盐、H_2S、硫的形成过程中，细菌起着重大作用。但是这种反应在氧化条件下进行，主要分布在剥蚀区的风化带以及物源区的氧化带，因此形成的H_2S不能保存下来，但是H_2S氧化成的单质硫或者硫酸盐可以保存下来，为后期的微生物硫酸盐还原作用（BSR）及硫酸盐热化学还原（TSR）提供一定的硫物质来源。

3）微生物硫酸盐还原作用（BSR）机理

微生物硫酸盐还原作用是通过硫酸盐还原菌用各种有机质或烃类来还原硫酸盐，在异化作用下直接形成硫化氢，主要是硫酸盐还原菌通过对硫酸盐的异化还原代谢而实现（Amursky，1984；马秀贞等，1987；Zhabrev *et al.*，1988；冯颖等，2005；易正戟等，2006；苏冰琴、李亚新，2006）。其反应式为：$\Sigma CH + SO_4^{2-} \xrightarrow{BSR} H_2S + CO_3^{2-} + H_2O$。在这个作用过程中，硫酸盐还原菌（SRB）只将一小部分代谢的硫结合进细胞中，大部分硫被需氧生物所吸收来完成能量代谢过程。一些菌种的有机质分解产物可能会成为另一些菌种所需吸收的营养，这会使有机质被硫酸盐还原菌吸收转化效率提高，从而产生大量的硫化氢。

影响微生物硫酸盐还原作用的主要因素有体系中硫酸盐还原菌的菌属与数量、硫酸根离子浓度、pH、温度、氧化还原电位以及硫化物与重金属离子含量等。pH是影响SRB活力的主要因素，在过低的pH下，SRB必定难以生长和进行硫酸盐还原。SRB

一般不在 Ph<6.0 的条件下生长，SRB 生长最佳 pH 一般在中性范围内。当 pH 在 6.48～7.43 时，硫酸盐还原效果最好，且当 pH 为 6.6 时可以得到最大的硫酸盐还原率，体系中的 pH 范围为 6.0～8.0 时，硫酸盐还原是可行的。温度是影响厌氧 SO_4^{2-} 还原的主要环境参数。SRB 可分为中温菌和嗜热菌两类。至今所分离到的 SRB 菌属大多是中温性的，其最适温度一般在 30℃左右。SRB 在 28～38℃时生长最好，其临界高温值是 45℃，当温度高于 50℃时中温菌可在几分钟内被杀死。高温 SRB 的最佳生长温度为 54～70℃，最高值为 85℃。当温度在＋4℃～－40℃以至更低时，对这两种 SRB 菌属均产生抑制作用。SRB 属于严格厌氧菌，O_2 总是抑制 SRB 生长，任何 SRB 均不可以 O_2 作为电子受体生长。SRB 生长的氧化还原电位（Eh）必须低于－100mV，氧气（空气）以及氧化态化合物对 SRB 有着十分强烈的抑制作用。SO_4^{2-} 还原形成 H_2S 和 S^{2-}。硫化物，特别是 H_2S，对许多细菌的生长都有抑制作用。不同含硫化合物具有不同程度的毒性，其顺序如下：游离 H_2S>硫离子（S^{2-}）>亚硫酸盐（SO_3^{2-}）>硫代硫酸盐>硫酸盐（SO_4^{2-}）。研究表明：硫酸盐还原过程中产生的 H_2S 对 SRB 的毒性作用是直接、可逆的，即 H_2S 对 SRB 的抑制作用不是由于离子的不可利用性所引起的，且当硫化氢从受抑制的 SRB 菌种上离开后，其活性又恢复了。

从上述影响因素分析可知：只有在严格的厌氧环境中，地层介质条件具备硫酸盐还原茵的生长和繁殖条件，在有机质成熟早期阶段（地温在 30～70℃），在烃源岩中有机质的还原作用下，烃源岩或地层水中的硫酸盐才能被还原生成较多的 H_2S。

研究证实 BSR 主要发生在地层温度低于 80℃的有硫酸盐存在的环境中（Postgate，1984；Ehrlich，1990），虽然人工培养环境下硫酸盐还原菌的存活温度可以达到 110℃（Jùrgensen *et al.*，1992；Stetter *et al.*，1993；Elsgaard *et al.*，1994），但是在温度高于 80℃的地层中没有找到 BSR 发生的证据（H_2S 具有很低的硫同位素值）（Machel *et al.*，2000）。Kerr（1997）、Fisk 等（1998）以及 Stetter（1999）等根据人工实验结果将 BSR 温度上限定为 113℃，但通常将地质条件下地层温度 80℃定为 BSR 反应的温度上限。Berner（1990）研究表明在地表浅部还原环境下（地表之下几厘米至几米）BSR 反应速度与无机反应速度一样快，BSR 作用瞬间结束，但是在埋深较大的地层中，BSR 作用速度受硫源的控制，即受 SO_4^{2-} 扩散度的控制。

虽然 BSR 反应普遍存在，但是硫酸盐还原菌不能在太高的温度条件下存活，也不能在 H_2S 浓度很高的环境下存活，因此 BSR 反应不能形成高含硫天然气藏，但是 BSR 反应产生的少量的 H_2S 可以成为 TSR 反应的启动剂，可以使 TSR 反应更容易启动（Валитов，1986；Machel *et al.*，1995；Manzano *et al.*，1997；向廷生等，2004）。

微生物硫酸盐还原作用是硫化氢生物化学成因的主要作用类型，比有机质直接热降解能产生更多的 H_2S，并且由于这种异化还原作用是在厌氧环境中进行，故有利于所生成硫化氢的保存和聚集，但形成的硫化氢丰度一般不会超过 2%。生物成因 H_2S 硫同位素分馏高达 22‰，甚至达到 50‰以上，因此硫同位素组成较轻，$\delta^{34}S$ 一般小于 0‰。

3.4.2 硫酸盐热化学还原反应（TSR）机理

随着地温的增加，在生成硫化氢的反应中，起主导作用的因素已经不是细菌而是温度，包括沉积有机质中各种不稳定含硫有机化合物的热裂解和硫酸盐的热化学还原，这是天然气中 H_2S 的最主要成因与来源。热化学形成的硫化氢成因主要有含硫杂环有机物热降解、高温合成和硫酸盐热化学还原（TSR）。由于不同热化学成因的 H_2S 成因机理不同，反应的活化能亦不同，因此，不同成因的 H_2S 便出现在不同温度段内。其中热降解成因是指干酪根与石油中的含硫有机化合物在热力作用下，含硫杂环或基团断裂形成硫化氢，又称为裂解型硫化氢，由于含硫杂环有机物很难裂解，因此一般在高演化阶段形成。干酪根中硫含量一般为 0.2%～5.0%，主要以各种含硫官能团与 C、O 结合。而石油中硫的含量为 0.05%～8.00%，可以鉴定出的硫化物有近百种，如硫醇、硫醚、二硫化物和噻吩类。噻吩类常与苯环结合形成苯并噻吩、二苯并噻吩，非烃含量越高这类含硫化合物含量越高。当这些含硫有机化合物埋深到一定深度之后，随着演化程度的加深，可能由于 C—S 或 S—S 键发生断裂而生成 H_2S，如硫醇的热裂解能生成 H_2S：$RCH_2CH_2SH \longrightarrow RCH{=\!=}CH_2+H_2S$，有机质中的含硫量降低。这种方式形成的硫化氢在天然气中的浓度一般在 2%以下，即硫化氢浓度为 30000mg/m^3 以下，这种成因硫化氢往往保存在碳酸盐地层中，不在碳酸盐和硫酸盐地层组合中（Иванов，1984；戴金星，1985；王新洲等，1987），而砂岩储层中由于重金属离子含量较高，所生成的 S^{2-} 实际上是以金属硫化物而不是以硫化氢的形式存在。由于该成因类型的含硫天然气 H_2S 一般很低，因此研究的较少，但是该成因类型 H_2S 的形成与 TSR 都处于油气高演化阶段，因此一般对该成因类型的研究都是与 TSR 研究对比进行的（Worden *et al.*，2003；岳长涛等，2005；Zhang *et al.*，2007）。

硫酸盐热化学还原主要是指硫酸盐与有机物或烃类发生作用，将硫酸盐矿物还原生成 H_2S 和 CO_2，是沉积有机质在热动力条件下与硫酸盐发生的氧化还原反应，其中烃类作为还原剂将硫酸盐中+6 价硫还原为−2 价 S，S^{2-} 以 H_2S 或金属硫化物形式得以保存。由于 TSR 被认为是导致天然气中 H_2S 含量高于 10%的主要原因，TSR 研究已被进行了将近 50 年，研究内容涉及 TSR 反应机理、反应物、反应产物、反应温度以及控制因素等诸多方面。由于 TSR 反应机理比较复杂，涉及多种反应物、中间产物及最终产物，因此对 TSR 反应机理也存在多种解释。本项目对 TSR 反应可能的反应物、中间产物、最终产物以及各种可能的副反应进行了分析，结合我们的 TSR 模拟实验结果全面阐述 TSR 反应机理。

1）TSR 反应物硫酸根离子（SO_4^{2-}）的来源

有关有效参与 TSR 的硫酸根离子（SO_4^{2-}）来源现在有两种观点：一种认为与 TSR 发生反应的 SO_4^{2-} 主要来源于溶解的石膏。Heydari（1997）推测在 TSR 过程中固态硬石膏能够被还原，但是 Toland（1960）的实验显示，反应温度在 180～315℃时，固态硬石膏没有与气态烃发生反应。Kiyosu 和 Krouse（1990）研究发现即使在高达几百摄氏度的条件下，固态硫酸根和气态烃的反应速率也很小。另外一种观点认为只有溶解的 SO_4^{2-} 才能发生 TSR 反应，固态的硬石膏或者硫酸盐岩是难以发生反应的。通过我们的模拟实验证实地层水中的硫酸根离子才具有氧化性，才能被有机质还原成 S^{2-}。我们通过有机质加硫酸镁与石膏加水 TSR 模拟对比实验证实，硫酸镁的加入可以大幅度提高硫化氢的产率，但是石膏的加入并不能提高硫化氢产率，这是因为硫酸镁在20℃时其溶解度为54g/100g水，而石膏在相同条件下其溶解度仅为0.204g/100g水，前者的溶解度远远大于后者，因此原油裂解时所处的储层或者裂解后天然气所处储层的硫酸根离子浓度是决定TSR能否发生的关键因素之一。在地质条件下发生TSR反应的SO_4^{2-}主要来源于沉积海水蒸发浓缩（特别是四川盆地中下三叠统海相碳酸盐岩-蒸发岩地层中的高含硫酸根离子的卤水），而由石膏与硬石膏溶解产生的硫酸根离子对于TSR反应而言没有实质上的影响（除非地层水中的硫酸根离子被消耗，且恰好该地层中存在石膏，那么石膏才会被溶解），因此研究高含硫化氢天然气与储层卤水之间的相关性对于认识H_2S中硫的来源至关重要。事实上，尽管高含H_2S天然气区膏岩很发育，但是膏岩发育的地区天然气中不一定高含H_2S，即膏岩发育与TSR反应的发生具有一定的相关性，但并不是TSR反应发生的必要条件，只是二者可能都与海相蒸发台地相卤水有关。如果硫酸根离子来源受到限制，决定因素就是硫酸根离子的来源，如果硫酸根离子能得到不断补充，那么决定因素就是烃类性质与含量。

2）TSR反应物有机质的性质

参与TSR反应的有机物可能是地层中的干酪根、原油和天然气等，其中争论最多的是CH_4到底是反应物还是产物？CH_4是否参与TSR反应？区域实例研究表明：随地层埋深增大、地温增高，气体组分中H_2S含量增大、烷烃气含量降低、干燥系数增大，甲烷、乙烷、丙烷的碳同位素值变重。据此事实不同学者对于甲烷是产物还是反应物得出了不同的结论。Orr（1974）、Cai等（2002）和Worden等（1995）认为：正是由于甲烷参加了TSR反应才导致$\delta^{13}C$变重，因为TSR过程中发生了碳同位素分馏，^{12}C比^{13}C容易参与反应。一些气藏仅含CH_4、H_2S、CO_2，而无乙烷等相对大分子的烷烃气，也被认为是水溶CH_4与SO_4^{2-}发生了反应，其反应式为：SO_4^{2-}(液)$+CH_4$(液)$+H^+ \longrightarrow HCO_3^-$(液)$+H_2S$(气)$+H_2O$。Cai等（2004）认为甲烷比丙烷、乙烷更易与硫酸根反应，因为TSR反应被诱发后，由于甲烷的分压远大于其他烃类，于是水溶的甲烷浓度也比其他烃类高，导致甲烷与硫酸根间的反应快速进行。但是Anisimov（1978）及Machel等（1995）认为上述反应不太可能发生，因为甲烷很稳定基本上不参与TSR。由于甲烷化学性质比乙烷、丙烷等稳定，目前TSR区天然气干燥系数增大正好说明甲烷不是参与了反应而是重烃气体进行TSR反应的产物，也就是说TSR反应对烷烃气的分子具有选择性，大分子比小分子更易、更快地被氧化。随着TSR反应的进行，甲烷$\delta^{13}C$发生正偏移，反映混入了相对富^{13}C的甲烷，该类型甲烷是来自重烃参与TSR反应的产物。Krouse等（1988）、Rooney（1995）、Manzano等（1997）通过天然气碳同位素、轻烃碳同位素以及组分等推测，处于汽油馏分范围内的支链与直链烷烃最容易参与TSR反应，其次是汽油馏分范围内的环烷烃、芳烃。在这些反应物中，甲烷是最稳定的，最不可能参与TSR反应。反对者的依据是汽油馏分范围内的烃类极性很小，很难溶于水，无法与离子状态的SO_4^{2-}接触，因而无法反应。但是最近研究资料（陈晋阳等，2000；沈平平等，2001；吕秀阳等，2003；朱宪等，2007；傅秀娟等，2007）表明地层压力超过22MPa，温度高于100℃时，地层水处于近临界状态，近临界状态的水可以溶解有机质，且温度越高溶解能力越强，因此不存在汽油馏分范围内的烃类与 SO_4^{2-} 无法接触的问题，一些含油气盆地油水界面附近 H_2S 含量很高也说明了这个问题（Worden *et al.*，2006）。

本研究通过系列 TSR 模拟实验和热力学参数分析认为：从气态烷烃部分来看，碳链越长越容易参与 TSR 反应；TSR 的发生与 C_{2+} 气态烷烃的生成具有同步性，在凝析气、湿气阶段 TSR 反应最剧烈，CH_4 是 TSR 反应的产物，CH_4 参与反应需要更高的能量，几乎不能作为 TSR 反应物，一旦 C_{2+} 烃类被消耗完，TSR 反应就将停止。甚至还有一定量的液态烃、固态烃或者干酪根参与了 TSR 反应，首先参与 TSR 反应的是重烃中相对较轻的烃类，这就是说 TSR 反应在一定程度上促进了干酪根与原油的热降解。

3）水在 TSR 反应中的作用

在 TSR 反应中是否有水参与，或者说水是 TSR 反应的产物还是反应物，至今尚无明确的定论。有关水在 TSR 反应中的作用，虽然部分学者（Heydari，1997）推测固态硬石膏在无水条件下能够被还原，但是一些学者（Toland，1960；Kiyosu and Krouse，1990；岳长涛等，2005）的模拟实验证实即使在几百摄氏度条件下，无水条件下固态石膏也很难参与 TSR 反应。相反，成功的 TSR 模拟实验都是在有水存在的条件下实现的（Cross and Manning，2004；于林平等，2005；Zhang *et al.*，2007）。一些油气田的 TSR 反应主要发生在油水过渡带［例如，北海油田（Worden and Heasley，2000）、Nisku 油气田（Manzano *et al.*，1997）］，也说明水在 TSR 反应中起着重要作用，而另一些油气田 TSR 发生在整个储层内［例如 Black Creeek 气田（Heydari，1997）］。我国川东北高含硫天然气也遍布整个储层之内，我们认为这种现象也与古油藏的烃类是以水溶相存在于储层中有关。在 TSR 反应中水是只作为反应的介质还是作为反应物或者是反应的产物，依然存在很大的争议。Machel（1998）认为在 TSR 过程中释放的水量很小，在大多数情况下，这些水量可以忽略不计。Worden 等（1996，1998）通过对阿布扎比盆地 Khuff 组地层的流体包裹体与氧同位素的分析认为在 TSR 过程中有大量的水生成，生成的水将原始地层水稀释了 4～5 倍。大多数发生 TSR 反应的储层都是一个封闭的系统，如果有大量的水生成就会影响到 TSR 反应进程。我们认为原始地层水被稀释了主要不是由于 TSR 生成了水，而是由于地层水中的硫酸根离子、钙镁等金属离子被 TSR 反应及其与之有关的一系列反应消耗了，从而导致飞仙关组地层水中硫酸根离子相对较低（远低于标准海水），而不参与反应的碱金属（钾、钠）和卤族（Cl^-）则高于标准海水中的含量（表 3.9）。

表 3.9 四川盆地三叠系典型卤水与标准海水化学组成及特征表

化学组成	标准海水	T_1f^3-T_1f^2	T_1f^3-T_1f_2	T_2l^4	T_1j^{5-2}-T_2l^{1-2}
Ca/(mg/L)	410	22108	22249	3630	10880
Mg/(mg/L)	1310	7462	7079.73	3166	1260
Na/(mg/L)	10900	16936	14048	96789	100520
K/(mg/L)	390	985	953.66	53267	25960

续表

化学组成	标准海水	T_1f^3-T_1f^2	T_1f^3-T_1f_2	T_2l^4	T_1j^{5-2}-T_2l^{1-2}
Sr/(mg/L)	13			166	
Cl^-/(mg/L)	19700	58114.5	62346.8	210084	201970
SO_4^{2-}/(mg/L)	2740	121	129.41	1394	380
F/(mg/L)	1.4				
Br/(mg/L)	65			2533	165
I/(mg/L)	0.4			38	38
HCO_3^-/(mg/L)	152			1129	340
B/(mg/L)	5				1440
矿化度	35000	109400		377268	
nNa/nCl	0.84	0.44	0.34	0.70	0.76
Cl/Br				82.94	1224.06
nMg/nCl	0.10	0.19	0.17	0.02	0.01
$SO_4^{2-}\times10^2$/Cl	13.91	0.21	0.21	0.66	0.19

4）硫酸盐热化学还原反应的产物

最初在 TSR 作用下形成的 H_2S 溶解在地层水中，当其浓度超过它在水中的溶解度时，H_2S 才能以气相形式存在。H_2S 的产生和聚积受很多因素影响：首先是硫酸根的浓度，因为 H_2S 能与高浓度的 SO_4^{2-} 反应形成单质硫，一旦它们在系统中不能同时存在，就不能生成 H_2S。尽管单质硫又能与有机质反应形成H_2S（Worden *et al.*，1996），但这必然会在一定程度上消耗掉一定的 H_2S，使得硫以单质硫的形式存在于储层中（实际上发生 TSR 反应的地层常常伴生着硫磺），因此最终气态 H_2S 只能在 SO_4^{2-} 浓度相对较低地层中才得以存在（有关地层水 SO_4^{2-} 浓度有利于 TSR 反应的发生尚需进一步开展研究）。其次由于过渡金属（比如 Fe、Pb、Zn、Mn 等）特别容易与水中的微量 S^{2-} 生成难溶的金属硫化物（黄铁矿、铅锌矿、闪锌矿等），因此地层中重金属离子的含量对 H_2S 气体的保存与聚集有很大的限制，这也是碎屑岩储层 H_2S 含量很低的原因（戴金星，1985；Machel，1987；Dixon *et al.*，1989；Hutcheon and Abercrombie，1990；Hutcheon *et al.*，1995）。H_2S 或者 TSR 中间产物元素硫会与金属离子结合形成金属硫化物，地质实例研究已经证实，在发生 TSR 的地层中存在黄铁矿，黄铁矿的量与金属离子的量有关（Krouse *et al.*，1988；Worden *et al.*，2003）。有机质被氧化成+4 价的碳，主要以 CO_2或者各种碳酸盐岩（方解石、白云岩等）形式存在，以何种形式存在主要取决于地层水的 pH、地温、地层压力以及各种阴阳离子的相对浓度等。

5）硫酸盐热化学还原反应的温度

目前关于哪些有机质最容易参与 TSR 反应还存在争议，因此有关 TSR 反应对应的演化阶段（地温范围）也存在争议，还无法确定 TSR 反应主要发生在热催化生油阶段、热裂解生凝析气阶段还是深部高温生气阶段。由于不同学者分析角度不同，利用的地质背景不同，因此得出了不同的 TSR 反应起始温度（图 3.34）。由于不确定高含硫天然气形成时期对应的油气演化阶段，这也给高含硫天然气（特别是构造环境复杂地区的高含硫天然气）分布规律的预测造成很大的困难。尽管根据热力学参数计算，温度为 25℃时 TSR 就可以进行，但是 Tridinger 等（1985）、Machel（1998）认为没有有力证据证实实验温度低于 100 ℃可发生 TSR 反应。一些学者（Sassen，1988；Rooney，1995；Cai *et al.*，2004）认为最低反应温度为 120℃。Worden 等（1995，1998）认为只有当储层温度高于 140℃时才形成含硫天然气。Anisimov（1978）认为，自然环境中硫酸钙被还原后若要产生大量聚集的 H_2S，其反应温度要求高于 150℃。现在比较普遍的观点认为 TSR 反应发生的温度一般在 120～200℃范围（Toland，1960；Orr，1974；Krouse *et al.*，1988；Machel *et al.*，1995；Worden and Heasley，2000；Seewald，2003）。

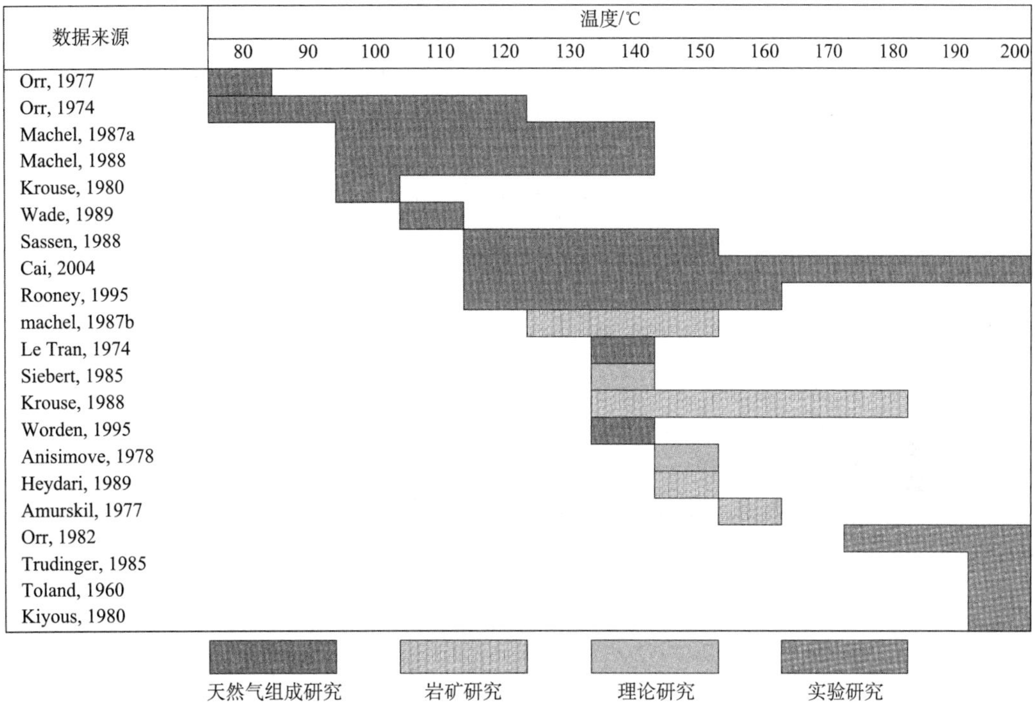

图 3.34　不同学者依据不同方法得出的 TSR 反应温度

由于不同盆地不同的地质环境、构造沉降速率、岩相、储层物理性质等都会影响 TSR 反应的起始温度，因此应该分析 TSR 反应进行时对应的油气演化阶段。笔者根据模拟实验结果，认为在有机质热裂解生凝析气阶段到深部高温生气阶段之间是 TSR 反应发生的主要阶段，具体对应其中哪个阶段应该根据具体盆地热史具体分析。

6）硫酸盐热化学还原反应的化学方程式

由于不同学者对于 TSR 反应发生的条件、参与反应的反应物以及生成物认识上的差异，给出的 TSR 反应方程式也各自不同，目前具有代表性的主要有以下四种形式，其明确给出了初始反应物及最终产物的反应机理：

（1）Orr（1974，1977，1990）指出，水中溶解的硫酸盐常与溶解的烃类共存，若温度很高，TSR 过程产生的 H_2S 能与含盐类岩系共存，其反应表达式：

$$CaSO_4 + CH_4 \longrightarrow CaCO_3 + H_2S + H_2O$$

$$SO_4^{2-} + CH_4 + 2H^+ \longrightarrow H_2S + CO_2 + 2H_2O$$

从反应式中可知参加 TSR 反应的反应物是 $CaSO_4$ 或硫酸根离子与甲烷，产物是 H_2S、H_2O、CO_2 和 $CaCO_3$。

（2）Anderson（1991）认为，富含金属硫酸盐的卤水与来自围岩的甲烷发生氧化还原反应，其反应表达式：

$$SO_4^{2-} + CH_4 \longrightarrow H_2S + CO_3^{2-} + H_2O$$

$$Me^{2+} + H_2S \longrightarrow 2H^+ + MeS \quad (Me = Cu、Fe、Zn、Pb 等)$$

参加 TSR 反应的反应物是溶解状态的 SO_4^{2-} 与甲烷，产物是 H_2S、H_2O、CO_3^{2-} 和副产物 MeS。

（3）戴金星（1985）认为 H_2S 是硫酸盐与烃类（ΣCH）或有机质（ΣC）发生高温还原反应的产物，其形成机理表示为

$$2C + CaSO_4 + H_2O \longrightarrow CaCO_3 + H_2S + CO_2$$

$$\Sigma CH + CaSO_4 \longrightarrow CaCO_3 + H_2S + CO_2$$

式中，ΣC 为生油岩中沉积有机质中的碳；（ΣCH）为烃类。

参加 TSR 反应的反应物是石膏（$CaSO_4$）、H_2O与各种地层中的有机质及其演化产物，产物是 H_2S、CO_2 和 $CaCO_3$。

（4）Worden 等（1996，2000）认为一系列烃类均可参与 TSR 反应，其表达式如下：

$$CaSO_4 + CH_4 \longrightarrow CaCO_3 + H_2S + H_2O$$

$$2CaSO_4 + C_2H_6 \longrightarrow 2CaCO_3 + H_2S + S + 2H_2O$$

$$3CaSO_4 + C_3H_8 \longrightarrow 3CaCO_3 + H_2S + 2S + 3H_2O$$

$$nCaSO_4 + C_nH_{2n+2} \longrightarrow nCaCO_3 + H_2S + (n-1)S + nH_2O$$

参加 TSR 反应的反应物是石膏（$CaSO_4$）与烷烃，产物是 H_2S、单质硫、H_2O 和 $CaCO_3$。

（5）Worden 等（1996）、Heydari（1997）、Cai 等（2003）等认为 TSR 反应存在中间产物（单质硫）及启动剂（H_2S）。

如，Worden 等（1996）认为其形成机理为

$$CaSO_4 + 3H_2S + CO_2 \longrightarrow CaCO_3 + 4S + 3H_2O$$

$$4S + CH_4 + 2H_2O \longrightarrow CO_2 + 4H_2S$$

Krouse 等（1988）认为其形成机理为

$$CaSO_4 \xrightarrow{\text{溶解}} Ca^{2+} + SO_4^{2-}$$

$$SO_4^{2-} + \text{烃类} \longrightarrow \text{固体沥青} + \text{较轻烃类} + H_2S + CaCO_3 + CO_2 + H_2O$$

上述用化学反应方程式表示的 TSR 反应过程，其共同特点是所有的有机碳原子都是直接被全部氧化成了＋4 价的无机碳（CO_2或者 CO_3^{2-}），以 $CaCO_3$或者 CO_2形式存在。实际地质过程中是碳数较多的烃首先被氧化成碳数较少的烃，而后进一步被氧化成碳数更少的烃，很少存在所有碳原子都被氧化成＋4 价碳的情况。

由于热化学还原成因 H_2S 的复杂性，因而与 TSR 反应有关的化学反应都是人们推测的，但从氧化还原反应的基本原理来看，在 TSR 反应过程中其反应物为烃类有机质（还原剂）和 S^{6+}（氧化剂），而产物可能是＋4 价的无机碳和（或）短链的低分子烃类，硫酸根中的硫可能被一步还原成 S^{2-}，也可能经历了 S^0 的中间产物，此外随着 TSR 反应的发生，可能还存在一系列有关的副反应。笔者根据 TSR 系列模拟实验结果，结合化学反应的基本原理及地质现象，提出以下 TSR 反应体系的化学方程式。

主体反应：　$C_nH_{2n+2} + nSO_4^{2-} \longrightarrow C_{n-1}H_{2n} + CO_2\uparrow + (n-1)H_2S\uparrow + S + H_2O + CO_3^{2-}$（其中 $n\geqslant 2$）

如果 $n=2$，则　$5C_2H_6 + 5SO_4^{2-} \doteq 4CH_4 + CO_2\uparrow + 4H_2S\uparrow + S + 5CO_3^{2-} + 3H_2O$

如果 $n=3$，则　$8C_3H_8 + 8SO_4^{2-} \doteq 7C_2H_6 + 2CO_2\uparrow + 7H_2S\uparrow + S + 8CO_3^{2-} + 4H_2O$

如果 $n=4$，则　$11C_4H_{10} + 11SO_4^{2-} \doteq 10C_3H_8 + 3CO_2\uparrow + 10H_2S\uparrow + S + 11CO_3^{2-} + 5H_2O$

依次类推。

次要反应：　$C_nH_{2n+2} + S + 2H_2O \longrightarrow C_{n-1}H_{2n} + CO_2 + H_2S$（其中 $n\geqslant 2$）

如果 $n=2$，则　$C_2H_6 + 3S + 2H_2O \doteq CH_4 + CO_2 + 3H_2S$

副反应：　$Me^{2+} + H_2S \doteq 2H^+ + MeS$　（Me＝Cu、Fe、Zn、Pb 等重金属离子）

$$Ca^{2+} + CO_2 + H_2O \doteq Ca(HCO_3)_2$$

$$2CaCO_3(\text{方解石或灰岩}) + Mg^{2+} + CO_3{}^{2+} \doteq CaMg(CO_3)_2(\text{白云石}) + Ca^{2+}$$

笔者 TSR 模拟实验结果揭示，加入 $MgSO_4$ 有利于 TSR 反应的进行，而加入 $CaSO_4$并不能明显地提高 H_2S 产率，这是由于硫酸镁比硫酸钙在水中的溶解度高得多，在地下情况下这可能也与地层水中包括镁离子等金属离子能与 TSR 产物中 CO_2、CO_3^{2-} 和 H_2S 发生一系列的副反应、消耗了 TSR 反应中的产物有关。对比钙、镁硫酸盐在水中的溶解度不难看出（$CaSO_4$在水中的溶解度不大，20℃时溶解度为 0.2667g，相当于 SO_4^{2-} 浓度为 1882.6mg/L；$MgSO_4$在水中易溶，20℃时溶解度为 36g），硫酸钙在水中的溶解度比硫酸镁低得多，根据化学平衡反应的基本原理，在恒温下，增加反应物的浓度或减少生成物的浓度，平衡向正反应方向移动，相反，减少反应物的浓度或增大生成物的浓度，平衡反应向逆反应方向移动，因此，加入硫酸镁有利于 TSR 反应发生。川东北中下三叠 T_2l 及 T_1j 的黑卤水为海源沉积型，发生 TSR 反应的 SO_4^{2-} 可能主要来源于地层水（标准海水中 SO_4^{2-} 浓度为 2740mg/L），特别是海相蒸发台地沉积相卤水中溶解的硫酸盐，有利于 TSR 反应的发生。

烃类 C_nH_{2n+2} 主要来源于古油藏中原油在高演化阶段热裂解生成的低分子量烷烃（轻烃）组分（C_nH_{2n+2}，$n\geqslant 2$），TSR 反应可能主要发生在高演化阶段（相当于凝析油-湿气阶段），该反应大大加快了烷烃组分向甲烷的转化，因此，在有 TSR 发生的天然气藏，其干燥系数明显偏大。不同碳数的烷烃与硫酸根反应的化学热力学计算（见表 3.11）表明碳数越高的轻烃发生 TSR 反应的自由能越小，反应越可能发生，即 TSR 反应对烃类具有先后选择顺序。同时单质硫也能与烃类发生 TSR 次要反应，导致储层中残留有单质硫。随着 TSR 反应的发生也可能导致硬石膏的溶解、单质硫和方解石的沉淀；白云岩储层不是 TSR 反应的结果，但 TSR 反应导致白云岩的溶解与再沉淀产生，并在很大程度上使白云岩再分布。TSR 反应的最终产物除了 H_2S，还包括与碳酸盐溶解交换了的 CO_2、方解石、白云岩、黄铁矿和单质硫等。由于 TSR 反应的发生消耗了地层卤水中 SO_4^{2-}，因此也可能发生部分硬石膏的溶解作用，但硬石膏的溶解只是发生 TSR 反应的副作用。

3.4.3 TSR 反应热力学与动力学理论分析

上述 TSR 反应是否能进行以及进行的速度，需要用化学反应热力学和动力学的有关原理来判断分析，我们根据有关物理化学的基本原理以及模拟实验结果初步探讨了 TSR 反应发生的热力学与动力学条件，进行了相关反应的物质平衡计算。

3.4.3.1 反应碳原子物质平衡分析

为了讨论 TSR 反应是否促进了重烃向气态烃、CO_2 以及碳酸盐的转化，该部分借助碳原子物质平衡来进行分析，主要方法是将进行 TSR 反应的体系与条件完全相同的没有进行 TSR 反应的体系进行碳原子产率的对比。

根据上节 TSR 反应的化学反应方程式，加入 $MgSO_4$ 的 TSR 反应有两个端元的化学表达式。一种情况是 Mg^{2+} 完全与 CO_3^{2-} 结合达到平衡：$MgSO_4$ + 烃 + $H_2O \longrightarrow$ 气态烷烃 + $MgCO_3 + H_2S + CO_2 + OH^-$；另一种情况是 Mg^{2+} 完全与 HCO_3^- 相结合达到平衡：$MgSO_4$ + 烃 + $H_2O \longrightarrow$ 气态烷烃 + $Mg(HCO_3)_2 + H_2S + CO_2 + OH^-$

气态烷烃对应的碳原子产率可以通过气相色谱测得的气态烷烃产率计算得到，CO_2 的碳原子产率也在气相色谱测气态组分时测得。无法检测到的碳原子产率是以 $MgCO_3$ 形式或 $Mg(HCO_3)_2$ 形式存在的部分，但是这部分可以通过 H_2S 产率来推算。根据物质平衡 $MgSO_4 \Leftrightarrow Mg(HCO_3)_2 \Leftrightarrow H_2S$ 以及 $MgSO_4 \Leftrightarrow MgCO_3 \Leftrightarrow H_2S$ 进行分析：如果生成 1 个 H_2S 分子，全部对应 $Mg(HCO_3)_2$，则对应两个碳原子；若全部对应 $MgCO_3$，则对应 1 个碳原子。也就说，H_2S 产率 < 4 价碳原子产率 < 2 倍 H_2S 产率。

进行以下定义：

烃类气体碳原子产率为，$\sum_{烃碳} = CH_4$ 产率 $+ C_2H_6$ 产率 $\times 2 + C_3H_8$ 产率 $\times 3 + iC_4H_{10}$ 产率 $\times 4 + nC_4H_{10}$ 产率 $\times 4 + iC_5H_{12}$ 产率 $\times 5 + nC_5H_{12}$ 产率 $\times 5$

总气态物质碳原子产率为，$\sum_{气碳} = CO_2$ 产率 $+ \sum_{烃碳} = CO_2$ 产率 $+ CH_4$ 产率 $+ C_2H_6$

产率×2＋C_3H_8产率×3＋iC_4H_{10}产率×4＋nC_4H_{10}产率×4＋iC_5H_{12}产率×5＋nC_5H_{12}产率×5

TSR 表达式右边所有的碳原子产率介于以下两值之间：

$\sum_{总碳}^{min}$＝H_2S产率增量＋$\sum_{气碳}$＝H_2S产率增量＋CO_2产率＋CH_4产率＋C_2H_6产率×2＋C_3H_8产率×3＋iC_4H_{10}产率×4＋nC_4H_{10}产率×4＋iC_5H_{12}产率×5＋nC_5H_{12}产率×5

$\sum_{总碳}^{max}$＝H_2S产率增量×2＋$\sum_{气碳}$＝H_2S产率增量×2＋CO_2产率＋CH_4产率＋C_2H_6产率×2＋C_3H_8产率×3＋iC_4H_{10}产率×4＋nC_4H_{10}产率×4＋iC_5H_{12}产率×5＋nC_5H_{12}产率×5

H_2S产率增量等于有机质＋硫酸镁＋去离子水与有机质＋去离子水反应体系硫化氢产率的差值。

根据以上定义将 360℃条件下有机质＋去离子水和有机质＋硫酸镁＋去离子水的各值列于表 3.10。

表 3.10　360℃ TSR 模拟实验碳原子产率（单位：μmol/g）

反应系列	H_2S	$\sum_{烃碳}$	$\sum_{气碳}$	$\sum_{总碳}^{min}$	$\sum_{总碳}^{max}$
原油＋水	451.9	14664.2	15023.6		
原油＋硫酸镁＋水	4215.5	8633.1	9450.4	13214.0	16977.6
固体沥青＋水	349.9	5413.8	5812.6		
固体沥青＋硫酸镁＋水	2163.5	6740.9	8351.5	10165.1	11978.7
Ⅱ型干酪根＋水	500.6	3558.0	4418.0		
Ⅱ型干酪根＋硫酸镁＋水	2465.7	998.2	2409.8	4375.0	6340.1
Ⅲ型干酪根＋水	572.6	1755.3	3029.5		
Ⅲ型干酪根＋硫酸镁＋水	2105.2	1044.8	2467.2	3999.7	5532.3

1）原油与固体沥青系列

原油加入硫酸镁发生 TSR 反应后的$\sum_{烃碳}$值为 8633.1，而原油不加硫酸镁纯热裂解的$\sum_{烃碳}$值为 14664.2，二者差值为 6031.1，6031.1/14664.2＝41.1%。即 TSR 反应使气态烃类中 41.1%的碳被氧化成 4 价的碳，这些碳原子以碳酸盐或者CO_2的形式存在。

原油 TSR 反应产物的$\sum_{气烃}$值为 9450.4，发生 TSR 前该值为 15023.6，二者差值为 5573.2，5573.2/15023.6＝37.1%。即有 37.1%的碳原子从气态形式转化成了碳酸盐的形式。

原油 TSR 反应产物的$\sum_{总碳}^{min}$比没有发生 TSR 的$\sum_{气烃}$值小，而$\sum_{总碳}^{max}$值比没有发生 TSR 的$\sum_{气烃}$值大（图 3.35），因此推测 TSR 反应将少量非气态烃（液态烃、固态烃）转化成了气态烃、二氧化碳以及碳酸盐中的碳。即有一定量的液态烃或者固态烃参与了 TSR 反应，也就是说 TSR 反应在一定程度上促进了原油的降解。

从固体沥青的发生 TSR 和不发生 TSR 产物碳原子变化对比来看（图 3.36），TSR

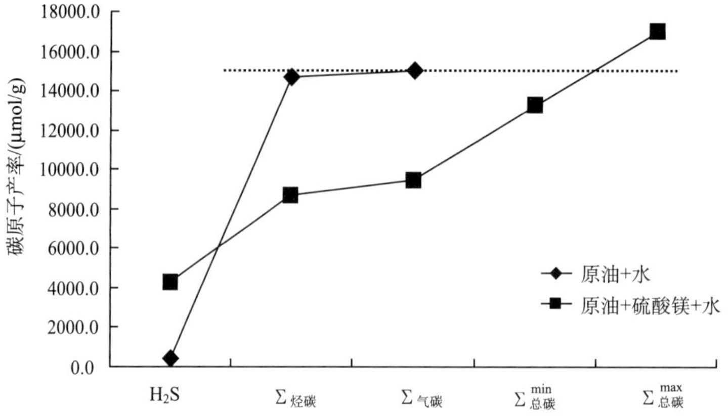

图 3.35　原油 TSR 碳原子产率

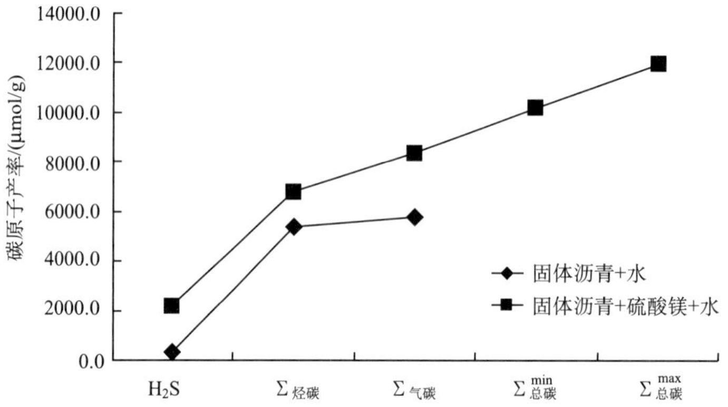

图 3.36　固体沥青 TSR 碳原子产率

反应明显地促进了固体沥青中非气态烃部分向气态烃、CO_2以及碳酸盐的转化。

2）Ⅱ型干酪根系列

Ⅱ型干酪根 TSR 反应后的$\Sigma_{烃碳}$值为 998.2，而不发生 TSR 的$\Sigma_{烃碳}$值为 3558.0，二者差值为 2559.8，2559.8/3558.0=71.9%。即 TSR 反应使气态烃类中 71.9%的碳被氧化成 4 价的碳，这些碳原子以碳酸盐或者CO_2的形式存在。Ⅱ型干酪根 TSR 反应产物的$\Sigma_{气烃}$值为 2409.8，发生 TSR 前该值为 4418.0，二者差值为 2008.2，2008.2/4418.0=45.5%。即有 45.5%的碳原子从气态形式转化成了碳酸盐的形式。

与原油类似，TSR 反应产物的$\Sigma_{总碳}^{min}$比没有发生 TSR 的$\Sigma_{气烃}$值小，而$\Sigma_{总碳}^{max}$值比没有发生 TSR 的$\Sigma_{气烃}$值大（图 3.37），因此推测 TSR 反应促进了非气态烃（液态烃、固态烃）或者干酪根转化为气态烃、二氧化碳以及碳酸盐中的碳。即有一定量的液态烃、固态烃或者干酪根参与了 TSR 反应，也就是说 TSR 反应在一定程度上促进了干酪根的降解。并且Ⅱ型干酪根也以生油为主，因此，两个系列之间或许有某种内在联系，有待进一步深入研究。

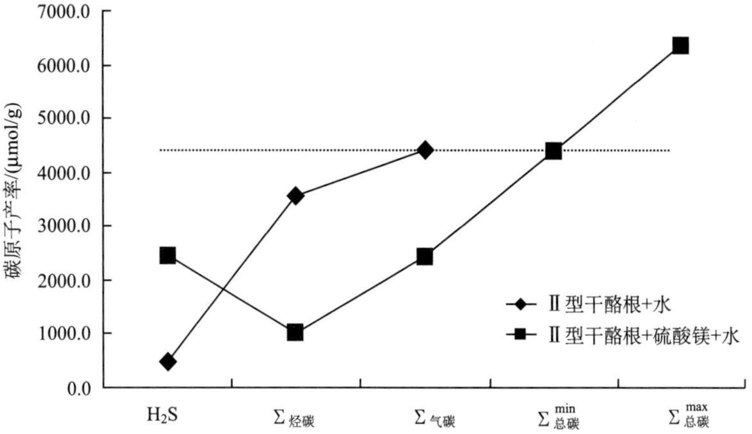

图 3.37　Ⅱ型干酪根 TSR 碳原子产率

3）Ⅲ型干酪根系列

Ⅲ型干酪根 TSR 反应后的$\Sigma_{烃碳}$值为 1044.8，而不发生 TSR 的$\Sigma_{烃碳}$值为 1755.3，二者差值为 710.5，710.5/1755.3=40.4%。即 TSR 反应使气态烃类中 40.4%的碳被氧化成 4 价的碳，这些碳原子以碳酸盐或者 CO_2的形式存在。Ⅲ型干酪根 TSR 反应产物的$\Sigma_{气烃}$值为 2467.2，发生 TSR 前该值为 3029.5，二者差值为 562.3，562.3/3029.5=18.6%。即有 18.6%的碳原子从气态形式转化成了碳酸盐的形式。

从图 3.38 来看，Ⅲ型干酪根 TSR 后$\Sigma^{min}_{总碳}$值大于没发生 TSR 时$\Sigma_{烃碳}$值，据此推测 TSR 反应促进了液态烃、重烃或者干酪根向气态烃、CO_2以及碳酸盐转化。

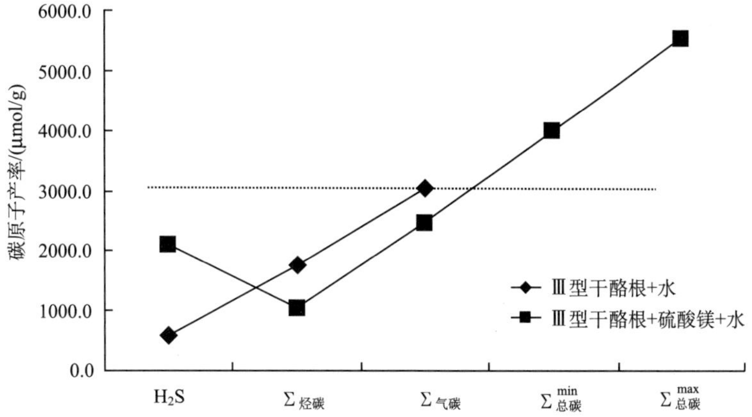

图 3.38　Ⅲ型干酪根 TSR 碳原子产率

通过该部分的分析可以认识到不但气态烃参与 TSR 反应，非气态烃也参与 TSR 反应，这与前文的分析结论是一致的，即在可检测的气态烃范围内碳链越长的烷烃越容易参与 TSR 反应。这样就会出现以下矛盾：对同一种甲烷同系物来说，温度越高越容易发生 TSR 反应，同时也认为长链烃类更容易参与 TSR，但是温度越高天然气越干，重烃组分越少，温度和重烃成消长关系，那么就存在一个温度区间，在该温度区间内以某一特定链长的烃类为主，TSR 反应速率最快。温度低于这个区间 TSR 反应缓慢；温度超过这个区间之后气体变干，TSR 速率变慢或者停止，天然气中硫化氢产量将达到最大值。这也与前文通过张同伟等的数据分析得出的结论一致。

3.4.3.2　TSR 反应动力学分析

根据模拟实验以及热力学分析认为最容易发生 TSR 反应的烷烃为 $C_{6\sim10}$ 之间的烷烃。但是正己烷与正十八烷的模拟实验结果（图 3.17）显示，虽然 450℃时两个反应体系反应产物几乎相同，但是 360℃时正己烷与正十八烷相比，只发生了较小程度的 TSR 反应，似乎与热力学理论有矛盾之处。控制化学反应的除了热力学参数，还有动力学参数。根据化学动力学理论，从原反应体系到产物的中间阶段存在一个过渡状态（图 3.39），这个过渡状态和原系统的能量差就是活化能 E，如果热能 RT 不大于 E，反应就不能进行，如果热能超过活化能 E，则反应就能进行。化学反应过程中会有活性中间体，从活性中间体到最终产物的反应一般需要的能量较低。正己烷是稳定的化合物，正己烷从稳定态转化为过渡态需要很高的能量，而在正十八烷裂解过程中产生的 6 个碳的正碳离子、碳自由基或者其他活性中间体，参与 TSR 反应则需要较低的能量，更容易反应。重烃裂解过程中的活性中间体更容易参与 TSR 反应，而一旦形成了稳定的烃类就需要较高的能量来启动反应，因此 TSR 反应是在重烃裂解为轻烃的同时发生的。

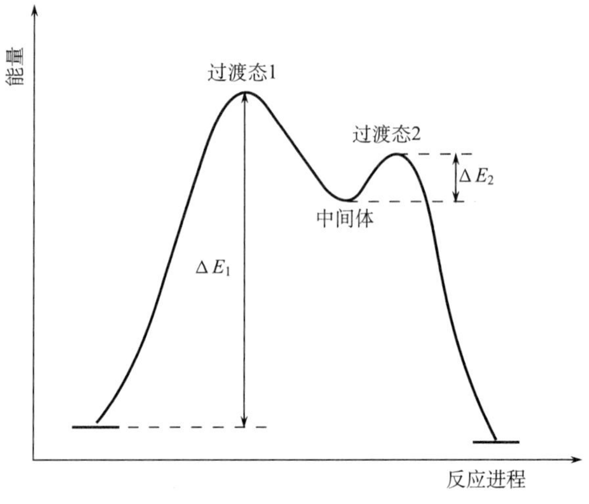

图 3.39　活化能、中间体即过渡态示意图

3.4.3.3　TSR 反应热力学分析

经过 30 多年的研究人们对 TSR 反应的存在已经没有太多的疑问，但是 TSR 反应是一个复杂的过程，不但参与反应的烃类种类繁多，而且中间产物以及最终产物种类也比较多，并且不同产物所占比例难以确定，因此对 TSR 反应过程多年来一直是推测的，

反应的化学表达式也各式各样。Orr（1974，1977，1990）、Goldhaber 和 Kaplan（1980）、戴金星（1985）、Mache 等（1995）相继提出了一些表达式（表 3.11），这些表达式给出了反应物和产物直观的表达，但是不能用来进行热力学计算。Worden 等（1996，2000）提出了比较量化的化学表达式（表 3.11），该系列 TSR 反应表达式描述了 TSR 反应的反应物和产物，能较好的说明长链烃比短链烃更容易发生 TSR 反应，但是表达式中显示无论长链还是短链烃其氧化产物都是二氧化碳或者碳酸盐，而实际的模拟实验结果或者地质事实应该是在一定的温阶范围内长链烃发生 TSR 的同时裂解成短链烃，然后达到反应平衡；一旦达到平衡后，如果温度不进一步升高，短链烃就很难进一步发生 TSR 反应；如果温度继续升高，达到一定温度后，则短链烃继续参与 TSR 反应并裂解成更短链的烃，到达新的平衡。这样如果温度逐渐升高 TSR 反应则逐渐进行，如果温度幕式升高则 TSR 反应幕式进行，最后长链烃裂解成两个极端产物：干气和 CO_2。

上述过程可以表 3.11 编号为 9～13 的化学表达式来概括。虽然这种表达式也不能精确的反映 TSR 这种复杂的有机-无机反应，但是从它们的自由能的计算结果来看（表 3.11），长链烃参与 TSR 反应形成短链烃比全部氧化成＋4 价的碳需要的能量低，反应更容易进行。从热力学数据来看，甲烷参与 TSR 反应要比 C_{2+} 气态烷烃参与 TSR 需要更高的能量，因此更难进行。从热力学数据可以推测在相同的温度下，链越长的烷烃越容易发生 TSR 反应，同一种烷烃温度越高越容易发生 TSR 反应；同时温度越高，长链烷烃越容易裂解成短链烷烃。这样就存在一个最佳的温度范围，在这个温度范围内 TSR 反应最为剧烈。

从模拟实验看，最容易参与 TSR 反应的烃类为 $C_{6\sim10}$ 烷烃，$C_{6\sim10}$ 烷烃参与反应对应着大量的气态烷烃的产生，TSR 是伴随 C_{2+} 气态烷烃的产生而进行的，TSR 发生最剧烈的阶段就是 C_{2+} 气态烷烃含量最大阶段。如果将油气的生成分为 5 个连续的阶段：生物化学生气阶段、生物热催化过渡带生气阶段、热催化生油阶段、热裂解生凝析气阶段、深部高温生气阶段，那么模拟实验中对应的 C_{2+} 气态烷烃含量最大阶段应该是热裂解生凝析气阶段。在这个阶段烃类反应的性质可以分为液态烃热裂解和液态烃热焦化两种作用：液态烃热裂解是指在高温下脂肪族结构破裂为较小分子，变为甲烷及其同系物，并使液态烃所含芳香烃浓缩集中；液态烃热焦化是指在高温下贫氢液态烃产生缩合反应，形成固态残渣，使液态烃中脂肪族增加而杂原子减少，由于杂原子含量不同而释放不同量的硫化氢、氮气、二氧化碳、烃类等气体，因此这个阶段一方面 TSR 伴随着液态烃热裂解而产生硫化氢，另一方面液态烃热焦化导致有机硫以硫化氢的形式裂解出来。

根据前人认识，在生油晚期，地质温度超过 120℃时后，液态烃就开始不断裂解，湿气指数增加，开始阶段以原油伴生气的形式存在，随着温度增加，湿气越来越多，原油越来越少，160℃左右时正常原油裂解为轻烃，195℃左右时石油裂解成凝析气且 C_{2+} 气态烃达到极大值，然后热裂解使 C—C 链断裂，生成大量甲烷，湿气指数骤减。这也就是说 TSR 反应在 120℃（$R^{o}\approx1.0\%$）时已经开始，但温度较低，因此反应速率很慢；在 160℃时，TSR 反应已经比较剧烈，开始产生大量硫化氢，在 195℃（$R^{o}\approx1.6\%$）左右时达到高峰，而后反应速率下降，硫化氢产量增加速度也急剧下降，但是

表 3.11 TSR 反应表达式及其吉布斯自由能

反应体系	编号	ΔrGm/(kJ/mol)									
		25℃	50℃	75℃	100℃	125℃	150℃	175℃	200℃	225℃	250℃
Orr、Goldhaber 等的反应表达式											
$4CH_2+3SO_4^{2-}+2H_2O \longrightarrow 4CO_2+3H_2S+6OH^-$	1										
戴金星等提出的表达式											
$2C+CaSO_4+H_2O \longrightarrow CaCO_3+H_2S+CO_2$	2										
$\Sigma CH+CaSO_4 \longrightarrow CaCO_3+H_2S+H_2O$	3										
Machel 提出的表达式											
烃$+CaSO_4 \longrightarrow$烃+固体沥青$+CaCO_3+H_2S+H_2O$	4										
Worden 等的化学表达式											
$C_4H_{10}+4CaSO_4 \longrightarrow 4CaCO_3+H_2S+3S+4H_2O$	5	−193.4	−198.7	−204.1	−209.5	−214.9	−220.3	−225.7	−231.1	−236.5	−241.9
$C_3H_8+3CaSO_4 \longrightarrow 3CaCO_3+H_2S+2S+3H_2O$	6	−142.3	−146.5	−150.7	−154.9	−159.1	−163.3	−167.5	−171.6	−175.8	−180.0
$C_2H_6+2CaSO_4 \longrightarrow 2CaCO_3+H_2S+S+2H_2O$	7	−89.6	−92.7	−95.7	−98.7	−101.7	−104.7	−107.7	−110.8	−113.8	−116.8
$CH_4+CaSO_4 \longrightarrow CaCO_3+H_2S+H_2O$	8	−26.3	−28.2	−30.0	−31.9	−33.7	−35.6	−37.4	−39.3	−41.1	−43.0
笔者的反应体系表达式											
较重烃类$+CaSO_4 \longrightarrow CaCO_3+$较轻烃类+固体沥青$+H_2S+S+H_2O+CO_2$	9										
$11C_4H_{10}+11CaSO_4 \longrightarrow 11CaCO_3+10C_3H_8+10H_2S+S+5H_2O+3CO_2$	10	−633.4	−688.9	−744.4	−799.9	−855.4	−910.9	−966.4	−1021.9	−1077.4	−1132.9
$8C_3H_8+8CaSO_4 \longrightarrow 8CaCO_3+7C_2H_6+7H_2S+S+4H_2O+2CO_2$	11	−464.2	−502.0	−539.8	−577.6	−615.3	−653.1	−690.9	−728.7	−766.5	−804.2
$5C_2H_6+5CaSO_4 \longrightarrow 5CaCO_3+4CH_4+4H_2S+S+3H_2O+CO_2$	12	−319.4	−339.8	−360.2	−380.6	−401.0	−421.4	−441.8	−462.2	−482.6	−503.0
$CH_4+CaSO_4 \longrightarrow CaCO_3+H_2S+H_2O$	13	−26.3	−28.2	−30.0	−31.9	−33.7	−35.6	−37.4	−39.3	−41.1	−43.0

随着温度增加 C_{2+} 气态烃裂解仍在继续，当湿气裂解为干气后，由于甲烷很难参与TSR反应，因此硫化氢含量几乎不再增加，从而表现为干气伴生硫化氢。由于不同类型烃源岩生成的原油性质不同以及地质演化阶段的升温速率不同，C_{2+} 气态烷烃形成的起始温度和湿气指数最大的峰值温度不同，TSR发生的阶段对应的温度范围也就不同，但硫化氢的形成与 C_{2+} 气态烷烃的形成具有同步性的变化趋势不会有太大的改变。

参考文献

陈晋阳，郑海飞，曾贻善. 2000. 高压——现代科学的一门新技术. 科技导报，(6)：13～15

戴金星. 1985. 中国含硫化氢的天然气分布特征、分类及其成因探讨. 沉积学报，3 (4)：109～120

冯颖，康勇，孔琦等. 2005. 硫酸盐还原的温度效应及 Fe^0 的强化作用. 水处理技术，31 (7)：27～31

傅家谟，秦匡宗. 1995. 干酪根地球化学. 广州：广东科技出版社. 1～301

傅秀娟，孙志道，刘菊，夏静，罗凯. 2007. 花场近临界油气藏流体相态和开采特征. 石油学报，28 (6)：96～99

耿新华，耿安松，熊永强，刘金钟，张海祖，赵青芳. 2005. 海相碳酸盐岩烃源岩热解动力学研究：气液态产物演化特征. 科学通报，51 (5)：582～588

刘金钟，唐永春. 1998. 用干酪根生烃动力学方法预测甲烷生成量之一例. 科学通报，43 (11)：1987～1991

吕秀阳，詹晓力，夏文莉. 2003. 豆腐渣资源在近临界水中的分解动力学实验研究. 农业工程学报，19 (3)：209～211

马秀贞，印明善，王大珍. 1987. 我国盐湖沉积物中的硫酸盐还原细菌及其地球化学作用. 沉积学报，5 (2)：57～61

沈平平，郑希潭，李实，罗凯，孙文悦. 2001. 近临界流体异常的反凝析相变. 石油勘探与开发，28 (1)：72～74

苏冰琴，李亚新. 2006. 硫酸盐生物还原的影响因素. 水处理技术，32 (5)：5～7

田辉，王招明，2006. 原油裂解成气动力学模拟及其意义. 科学通报，51 (15)：1821～1827

王新洲，李丽，刘守义. 1987. 天然气中硫化氢的成因与预测. 石油与天然气地质，8 (1)：67～76

向廷生，万家云，蔡春芳. 2004. 硫酸盐还原菌对原油的降解作用和硫化氢的生成. 天然气地球科学，15 (2)：171～173

熊永强，耿安松，王云鹏. 2001. 干酪根二次生烃动力学模拟实验研究. 中国科学D辑，31：315～320

熊永强，张海祖，耿安松. 2004. 热演化过程中干酪根碳同位素组成的变化. 石油实验地质，26 (5)：484～488

易正戟，谭凯旋，澹爱丽等. 2006. 硫酸盐还原菌及其在工业和矿山废水治理中的应用. 云南师范大学学报，26 (3)：39～45

于林平，潘长春，刘金钟等. 2005. 氧化作用对气态烃组成和碳同位素组成的影响. 地球化学，34 (3)：269～276

岳长涛，李术元，丁康乐等. 2003. 甲烷和固态硫酸钙的热化学还原反应模拟实验初步研究. 地球化学，32 (6)：601～605

岳长涛，李术元，丁康乐等. 2005. 影响天然气保存的TSR反应体系模拟实验研究. 中国科学，35 (1)：48～53

张海祖，耿安松，熊永强. 2006. 天然气生烃动力学模拟及其地质应用. 天然气工业，26 (2)：19～22

张海祖，熊永强，刘金钟，廖玉宏，耿安松. 2004. 十八烷的裂解动力学研究（Ⅰ）：气态烃组分及其碳同位素演化特征. 地质学报，79 (4)：569～574

朱宪，胡治国，程洪斌. 2007. 近临界水中生物质固体废弃物水解制备氨基酸及水解液脱色研究. 环境科学学报，27 (8)：1305～1310

Amursky G I. 1984. 苏联天然气中的有用组分. 刘方槐译. 第十一届世界石油会议报告文集. 北京：石油工业出版社. 1～81

Anderson G M. 1991. Organic maturation and ore precipitation in Southeast Missouri. Econ Geol，86 (5)：909～926

Anisimov L A. 1978. Conditions of abiogenic reduction of sulfate in oil-and-gas bearing basin. Geokhimiya，11：1692～1702

Berner R A. 1990. Biogeochemical cycles of carbon and sulfur and their effect on atmospheric oxygen over phanerozoic time. Palaeogeography, Palaeoclimatology, Palaeoecology, 75 (1-2): 97～122

Cai C F, Worden R H, Bottrell S H *et al*. 2003. Thermochemical sulphate reduction and the generation of hydrogen sulphide and thiols (mercaptans) in Triassic carbonate reservoirs from the Sichuan Basin, China. Chemical Geology, 202: 39～57

Cai C F, Worden R H, Wang Q H. 2002. Chemical and isotopic evidence for secondary alteration of natural gases in the Hetianhe Field, Bachu Uplift of the Tarim Basin. Organic Geochemistry, 43: 1415～1427

Cai C F, Xie Z Y, Worden R H *et al*. 2004. Methane-dominated thermochemical sulphate reduction in the Triassic Feixianguan Formation East Sichuan Basin, China: Towards prediction of fatal H_2S concentrations. Marine and Petroleum Geology, 21: 1265～1279

Cross M M, Manning D A C. 2004. Thermochemical sulphate reduction (TSR): experimental determination of reaction kinetics and implications of the observed reaction rates for petroleum reservoirs. Organic Geochemistry, 35: 393～404

Dixon S A, Summers D M, Surdan R C. 1989. Diagensis and preservation of porosity in Norphlet Formation (Upper Jurassic), southern Alabama. AAPG Bulletin, 73: 707～728

Ehrlich H L. 1990. Geomicrobiology. Marcel Dekker, New York. 1～137

Elsgaard L, Isaksen M F, Jùrgensen B B. 1994. Microbial sulfate reduction in deep-sea sediments at the Guayamas Basin hydrothermal vent area: influence of temperature and substrates. Geochimica. Cosmochimica. Acta, 58: 3335～3343

Fisk M R, Giovanni S J, Thorseth I H. 1998. Alteration of volcanic glass: textural evidence of microbial activity. Science, 281: 978～980

Goldhaber M B, Kaplan I R. 1980. Mechanisms of sulfur incorporation and isotope fractionation during early diagenesis in sediments of the gulf of California. Marine Chemistry, 9 (2): 95～143

Heydari E. 1997. The role of burial diagenesis in hydrocarbon destruction and H_2S accumulation: Upper Jurassic Smackover Formation, Black Creek Field, Mississippi. AAPG Bulletin, 81 (1): 26～45

Hill R H, Tang Y C, Kaplan I R. 2003. Insights into oil creaking based on laboratory experiments. Organic Geochemistry, 34 (12): 1651～1672

Horsfield B, Schenk H J, Mills N. 1992. Closed-system programmed-temperature Pyrolysis for simulating the conversion of oil to gas in a deep petroleum reservoir. Organic Geochemistry, 19 (1-3): 191～204

Hutcheon I, Abercrombie H. 1990. Carbon dioxidein clastic rocks and silicate hydrolysis. Geology, 18: 541～544

Hutcheon I, Abercrombie H *et al*. 1995. Geochemical transformations of sedimentary sulfur: controls of the origin and distribution of elemental sulfur, H_2S and CO_2 in Paleozoic reservoirs of western Canada. ACS Symposium Series, 612: 426～438

Jùrgensen B B, Isaksen M F, Jannasch H W. 1992. Bacterial sulfate reduction above 100℃ in deep sea hydrothermal vent sediments. Science, 258: 1756～1757

Kerr R A. 1997. Life goes to extremes in the deep earth and elsewhere? Science, 276: 703～704

Kiyosu Y, Krouse H R. 1990. The role of organic acid in the abiogenic reduction of sulfate and the sulfur isotope effect. Geochem J, 24: 21～27

Krouse H R, Viau C A, Eliuk L S. 1988. Chemical and isotopic evidence of thermochemical sulfate reduction by light hydrocarbon gases in deep carbonate reservoirs. Nature, 333: 415～419

Machel H G. 1987. Saddle dolomite as a by-product of chemical compaction and thermochemical sulfate reduction. Geology, 15: 936～940

Machel H G. 1998. Gas souring by thermochemical sulfate reduction at 140℃: Discussion. AAPG Bulletin, 82 (10): 1870～1873

Machel H G, Cavell P A *et al*. 2000. Tectonically induced fluid flow in Devonian carbonate aquifers of the western canada sedimentary basin. Journal of Geochemical Exploration, 69-70: 213～217

Machel H G, Krouse H R, Sassen R. 1995. Products and distinguishing criteria of bacterial and thermochemical sulfate reduction. Applied Geochemistry, 10: 373～389

Manzano B K, Fowler M G, Machal H G. 1997. The influence of thermochemical sulfate reduction on hydrocarbon composition in Nisku reservoir, Brazeau area, Alberta, Canada. Organic Geochemistry, 27: 507～521

Orr W L. 1974. Changes in sulfur content and isotopic ratios of sulfur during petroleum maturation-Study of Big Horn Basin Palaeozoic oils. AAPG, 50: 2295～2318

Orr W L. 1977. Geologic and geochemical controls on the distribution of hydrogen sulfide in natural gas. In: Campos R, Goni J (eds). Advances in Organic Geochemistry. Oxford: Pergamon Press. 571～597

Orr W L. 1990. Sinninghe Damst J S. Geochemistry of sulfur in petroleum systems. In: Orr W L, White C M (eds). 1990. Geochemistry of Sulfur in Fossil Fuels. Washington D. C. : American Chemical Society

PostgateJ R. 1984. The Sulfate Reducing Bacteria. Cambridge: Cambridge University Press

Rooney M A. 1995. Carbon isotopic ratios of light hydrocarbons as indicators of thermochemical sulfate reduction. In: Grimalt J O (ed). Organic Geochemistry: Applications to Energy, Climate, Environment and Human History. San Sewbastian: AIGOA

Sassen R. 1988. Geochemical and carbon isotopic studies of crude oil destruction, bitumen precipitation, and sulfate reduction in the deep Smackover Formation. Organic Geochemistry, 12: 351～361

Sassen R, Chinn E W, Mccabe C. 1988. Recent hydrocarbon alteration, sulfate reduction and formation of element sulfur metal sulfides in salt dome cap rock. Chemical Geology, 74: 57～66

Schenk H J, Di Primio R, Horsfield B. 1997. The conversion of oil into gas in petroleum reservoirs, Part I: Comparative kinetic investigation of gas generation from crude oils of lacustrine, marine and fluviodeltaic origin by programmed-temperature closed-system pyrolysis. Organic Geochemistry, 26 (7-8): 467～481

Seewald J S. 2003. Organic-inorganic interaction in petroleum producing sedimentary basins. Nature, 426: 327～333

Stetter K O. 1999. Extremophiles and their adaptation to hot environments. FEBS Lett, 452: 22～24

Stetter K O, Huber R, Bloèchl E *et al*. 1993. Hyperthermophilic archaea are thriving in deep North Sea and Alaskan oil reservoirs. Nature, 365: 743～745

Tang Y C, Perry J K, Jenden P D. 2000. Mathematical modeling of stable carbon isotope ratios in natural gases. Geochimica et Cosmochimica Acta, 64: 2673～2687

Toland W G. 1960. Oxidation of organic compounds with aqueous sulfate. Journal of American Chemical Society, 82: 1911～1916

Tridinger P A, Chambers L A, Smith J W. 1985. Low temperature sulfate reduction: biological versus abiological. Canadian Journal Earth Science, 22: 1910～1918

Ungerer P, Pelet R. 1987. Extrapolation of the kinetics of oil and gas formation from laboratory experiments to sedimentary basins. Nature, 327: 52～54

Worden R H, Heasley E C. 2000. Effects of petroleum emplacement on cementation in carbonate reservoirs. Bulletin de la Societe Geologique de France, 171: 607～620

Worden R H, Manning D A C, Bottrel S H I. 2006. Multiple generations of high salinity formation water in the Triassic Sherwood Sandstone: Wytch Farm oilfield, onshore UK. Applied Geochemistry, 21 (3): 455～475

Worden R H, Smalley P C, Barclay S A. 2003. H_2S and diagenetic pyrite in North Sea sandstones: due to TSR or organic sulphur compound cracking? Journal of Geochemical Exploration, 78-79: 487～491

Worden R H, Smalley P C, Oxtoby N H. 1995. Gas souring by thermochemical sulfate reduction at 140℃. AAPG Bulletin, 79 (6): 854～863

Worden R H, Smalley P C, Oxtoby N H. 1996. The effects of thermochemical sulfate reduction upon formation water salinity andoxygenisotopes in Carbonate reservoirs. Geochimica et Cosmochimica Acta, 60: 3925～3931

Worden R H, Smalley P C, Oxtoby N H. 1998. Gas souring by thermochemical sulphate reduction at 140℃: reply

(2). Association of American of Petroleum Geologists Bulletin，82：1874～1875

Zhabrev I P *et al*. 1988. Prediction of hydrogen sulphide distribution in natural gases. Proceedings of the 10th World Petroleum Congress，16 (2)：1～7

Zhang T W，Geoffrey S，Ellis W K S *et al*. 2007. Effect of hydrocarbon type on thermochemical sulfate reduction. Organic Geochemistry，38：897～910

Валитов Н В. 1986. 硫矿化在阿斯特拉罕气田硫化氢形成过程中的作用. 李朝觐译. Советская геологня，93～99

Иванов А К. 1984. 天然气中的硫化氢. 李濂清译. 地质地球化学，(4)：2～10

第四章　沉积盆地中含硫物质形成及分布

含油气盆地海相地层及地层水中出现的含硫物质类型多样，有硫酸盐（如石膏）、金属硫化物（如黄铁矿）、硫化氢、有机硫（如硫醇、噻吩类）、自然硫等，它们以不同相态、不同类型赋存于震旦系至中三叠统海相层系中，直接或间接地涉及油气形成和成藏，是天然气中硫化氢来源的物质基础。本章以四川盆地为例，论述海相地层及其地层水中含硫物质的形成与分布特征，揭示四川盆地含硫天然气的成因类型及成藏机理。

4.1　含硫物质的赋存状态及硫酸盐岩层分布

沉积层系中不同赋存状态的含硫物质是天然气中硫化氢来源的物质基础。在沉积体中，含硫物质可分为以固体矿物为主要形式的固态含硫物质和以溶解状态为主要形式的流体含硫物质（图 4.1）。固体形式含硫物质按与油气地质中生储盖成藏要素的关系，分为在烃源岩中、储集层中和盖层中存在的含硫物质，它们在天然气中硫化氢的形成和保存中起着不同的作用。流体形式存在的含硫物质，除溶解的硫酸盐外，主要是以气态形式存在的硫化氢和溶解状态的有机硫化物，它们与天然气中硫化氢之间具有直接生成关系。在四川盆地海相层系中发育石膏、黄铁矿、H_2S、有机硫和单质硫等多种类型的含硫物质。

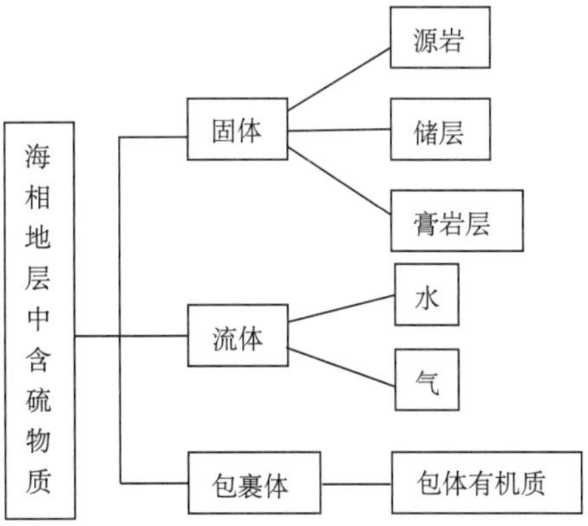

图 4.1　海相层系中含硫物质的赋存状态类型

四川盆地硫酸盐岩主要有石膏和天青石。其中，石膏层与油气成藏密切相关。盆地膏盐岩层主要分布在中下寒武统和中下三叠统海相层系，属蒸发潮坪相沉积。中下寒武统膏盐层主要分布在龙王庙组和高台组（或清虚洞组和覃家庙组）中，由于盆地内目前钻遇寒武系的探井较少，该套膏盐岩的分布特征还有待进一步深入研究。金之钧等（2006）的资料显示，四川盆地中下寒武统膏盐岩厚度一般为5～70m，最厚处位于重庆-江津一带（大于70m），川东南泸州-黔西北习水一线不发育；而冉隆辉等（2008）资料显示，寒武系膏盐岩在川南地区较为发育，临 7 井龙王庙组钻遇膏盐岩厚度达 690.5m（未完，厚度有构造挤压加厚因素），且向西北侧膏（盐）岩厚度呈半环带状减薄，窝深 1 井和宫深 1 井分别钻遇膏盐岩 24m 和 33m；至川中龙女寺、高石梯、安平店，川西南自流井、老龙坝和威远一带厚度锐减，变化趋势明显。中国石化江汉分公司的资料显示，中寒武统覃家庙组膏盐岩在湘鄂西西北部十分发育，建深1井钻遇288m膏盐岩。

中、下三叠统雷口坡组—飞仙关组膏盐岩盖层在四川盆地分布广泛，其中又以川西南、川东北及川中地区较为发育，膏盐岩累计厚度达100～600m（图4.2），但在印支期泸州古隆起和开江古隆起的局部地区发育程度较差，膏盐厚度小于50m（金之钧等，2006）。在川东北地区，中下三叠统膏盐岩主要分布于下三叠统嘉陵江组二段—中三叠统雷口坡组二段，其中又以嘉陵江组四段在区域上分布最为稳定，厚度最大。通南巴地区中三叠统雷口坡组膏盐岩主要发育在雷一段至雷三段，雷四段由于受印支运动末期的抬升，遭受不同程度的剥蚀，该套膏盐岩具有层数多、单层厚度薄的特点，如涪阳坝构造川涪82井地层厚度仅516m，共发育膏盐层39层，单层厚度0.5～6.0m，膏岩累计厚度达66m，占地层厚度的12.8%；嘉陵江组膏盐岩层分布稳定、连续性好、厚度较大，川涪82井嘉陵江组厚1096m，共发育膏盐层71层，膏盐岩单层厚度0.5～26.5m，累计膏盐岩厚度达300.5m，占到地层总厚度的27.4%；飞仙关组膏盐岩仅见于飞四段，在横向上厚度变化较大（表4.1）。

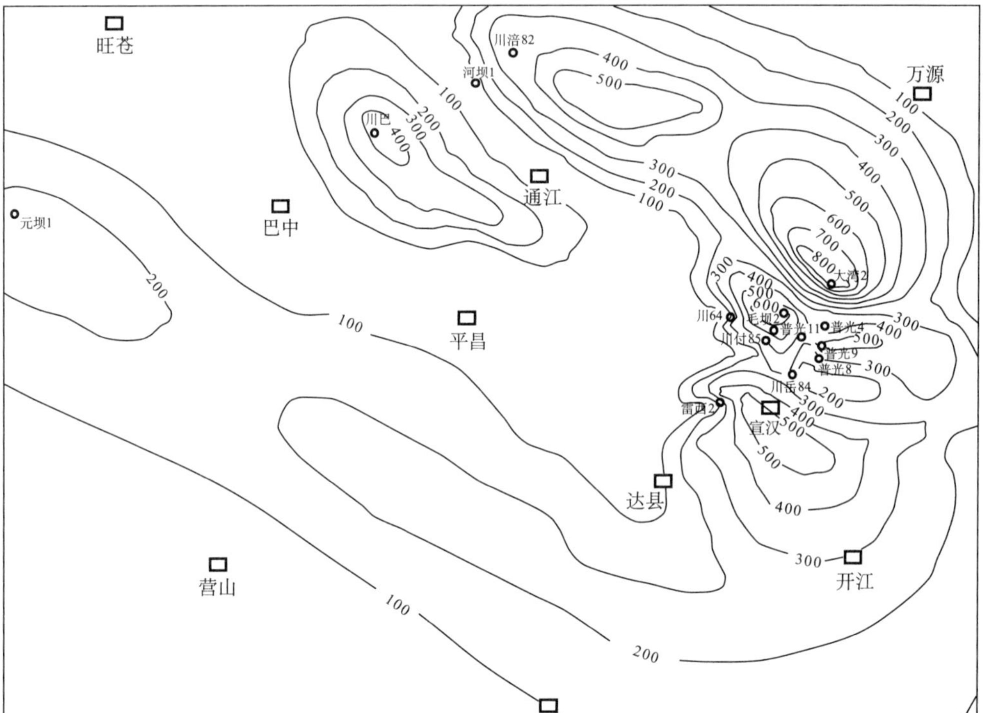

图4.2　川东北地区中下三叠统膏盐岩分布图（单位：m）

表 4.1　通南巴地区三叠系膏盐岩分布统计表

地层		川巴 88 井			川涪 82 井			河坝 1 井		
组	段	地层厚度/m	膏盐岩厚度/m	比例/%	地层厚度/m	膏盐岩厚度/m	比例/%	地层厚度/m	膏盐岩厚度/m	比例/%
雷口坡组 (T_2l)	T_2l^4	137	19	13.9	7			35		
	T_2l^3	270	46	17	261.5	4	1.5	268	23	8.6
	T_2l^2	282	68	24.1	185.5	35.5	19.1	148	63	42.6
	T_2l^1	113	47.5	42.0	62	26.5	42.7	64	30	46.9
嘉陵江组 (T_1j)	T_1j^5	83	83	100	121	62.5	51.7	38	21	55.3
	T_1j^4	85	56	65.9	182	148	81.3	73	36	49.3
	T_1j^3	171	3	1.8	185	9	4.9	176	8	4.5
	T_1j^2	176	93.5	53.1	188	81	43.1	169	81	47.9
	T_1j^1	>15			420			267		
飞仙关组 (T_1f)	T_1f^4				78.5	11	14.0	79	22.5	28.5

宣汉-达县地区雷口坡组缺失雷四段，在该区西南部甚至缺失雷三段及雷四段。雷口坡组各层段主要为灰岩、白云岩与硬石膏层呈多旋回的频繁互层，具有层数多、单层厚度小，纵向上连续性差、横向变化大的特点。对普光气田普光 1—普光 9（除普光 7 井外）共 8 口井的统计结果表明，普光地区雷口坡组膏盐岩厚度以普光 3 井最薄（仅 28m），占地层厚度的 10.4%，以普光 9 井最厚（124m），占到地层厚度的 30.3%，雷口坡组膏盐岩平均厚度为 88.78m。嘉陵江组膏盐岩主要发育在嘉四段、嘉二段和嘉五段，以嘉四段最为发育，且具有纵向厚度大、横向连续性好的特点。嘉陵江组膏盐岩在普光地区累计厚度达 88～383m，平均 224.24m；在双石庙、雷西一带厚度较大，累计厚度在 250m 以上，双石 1 井达 541m；东岳庙一带厚度相对较薄。此外，飞仙关组飞三段（T_1f^3）上部和飞四段（T_1f^4）也发育含膏层，特别是川东地区飞四段（T_1f^4）沉积环境以蒸发潮坪相为主，具有含膏层发育的基础，如普光 6 井中，T_1f^4 视厚度 44.00m，主要为致密的泥晶-微晶灰岩，夹 2 层薄层灰白色石膏岩，总厚度 3.0m；清溪 1 井中，T_1f^4 视厚度 51.38m，主要为致密的泥晶-微晶灰岩，石膏层累计厚度 3.0m。

鄂西渝东地区膏盐岩主要发育在嘉陵江组嘉四段、嘉五段及嘉二段。其中嘉四段膏盐岩主要分布于上部，厚度 48.0～96.0m，占该段地层厚度的 54.0%～86.5%，层位稳定，厚度变化小，是本区膏盐岩最发育的层位；嘉五段膏盐岩主要发育于嘉五段上部，单层厚度 7.5～19.0m，厚度变化不大；嘉二段膏盐岩与白云岩构成 3 个沉积韵律，厚度 11.5～51.0m，横向分布稳定，也是该区膏盐岩发育的重要层位（金之钧等，2006）。嘉陵江组膏盐岩厚度大，分布稳定，为鄂西渝东地区海相上组合天然气的聚集成藏起到了很好的封盖作用，对建南气田建 63、建 43 等 7 口井嘉陵江组膏盐层厚度统计结果表明，嘉陵江组膏盐累计厚度介于 116.0～193.5m，平均厚度达 149m。此外，中三叠统巴东组也有少量膏盐岩发育，但分布零星，具有纵向连续性差、横向变化大的特点。

已有的油气勘探实践表明，四川盆地中下三叠统膏盐岩分布范围与已发现的油气田分布范围相吻合，这一方面说明膏盐岩作为区域盖层的重要性，另一方面，在没有膏盐盖层分布的地区，海相天然气中硫化氢的含量普遍偏低，也从侧面反映出膏盐的溶解可对卤水中的硫酸根离子进行补充，为 TSR 反应提供了部分硫源。丰富的硫源供给是川东北地区高含硫天然气发育的一个重要因素。

另外，以 $SrSO_4$ 为主要成分的天青石矿床在川东地区下三叠统嘉陵江组嘉二、四段的灰岩-白云岩-天青石膏质藻层纹白云岩-石膏岩（或灰岩）韵律层中较为发育，现已发现铜梁玉峡、合川干沟等多个锶矿床，在川东南中寒武统膏盐层中天青石含量达15%（徐兴国等，1994）。王吉平等（2000）对华蓥山背斜嘉陵江组天青石矿床的研究表明，天青石矿石有层状、条带状和巨晶等三种类型，根据天青石矿石的野外产状、接触关系、包裹体成分、包裹体盐度和稀土元素含量特征等分析，认为华蓥山地区的天青石矿石属于两个不同的成因类型：层状矿石和条带状矿石中的暗色条带天青石是沉积形成的，而巨晶矿石和条带状矿石中的白色条带天青石属于热卤水成因。

4.2 烃源及其含硫物质

根据有机质的形成、成气时机及其对成藏贡献可以将海相层系烃源划分为原始烃源（传统烃源岩）、再生烃源、化学烃源三种类型。一般来说，天然气的烃源可分为 6 种类型：聚集型不溶有机质，分散型不溶有机质，分散型可溶有机质，聚集型可溶有机质，改造型可溶有机质和有机酸盐（刘文汇等，2005，2007）。其中聚集型（煤和油页岩）和分散型不溶有机质（Ⅰ型、Ⅱ型和Ⅲ型干酪根）是传统意义上的烃源岩，干酪根晚期生烃理论就是在此基础上建立起来的。近年来，许多学者逐渐认识到早期形成的古油藏和源内分散可溶有机质是高—过成熟阶段成气的重要母质（刘文汇等，2010c）其中古油藏中的原油等聚集型可溶有机质热裂解是天然气形成的一种重要的再生烃源，主要表现为早期形成的油藏经历深埋裂解后再聚集、调整形成现今天然气藏（刘文汇等，2010a；秦建中等，2010）因此，就海相盆地烃源而言，除传统的原始沉积有机质形成的烃源岩外，包括古油藏、分散沥青等可溶有机质构成的再生烃源是油气的重要来源，并且后者对 TSR 形成硫化氢起更重要作用。

4.2.1 四川盆地及其周缘海相优质烃源岩的时空分布

中上扬子海相层系烃源岩的发育，前人做了大量工作（马永生等，2002；蔡立国，2003；蔡勋育等，2005；秦建中等，2007b；梁狄刚等，2008，2009；刘文汇等，2010a，b，c；刘全有等，2012）。我们采用等间距、系统、连续测定的有机碳含量纵向分布特征，结合区域地质及前人有关烃源岩评价研究资料，重点刻画了该区残余有机碳含量≥2%的海相优质烃源岩的空间展布特征。四川盆地中主要存在 4 套海相优质烃源岩：下寒武统、下志留统、下二叠统、上二叠统。其中后三者对普光气田的早期油藏和现今天然气藏的形成都有不同程度的贡献。

4.2.1.1　下志留统优质烃源岩的空间展布特征

如图 4.3 所示，在上扬子地区，上奥陶统五峰组—下志留统龙马溪组优质烃源岩沿着川中古隆起周围广泛发育，且岩性比较稳定，均为黑、灰黑色页岩，呈纹层状、薄层状，富含笔石和黄铁矿，在扬子区大范围内可以进行对比，反映了晚奥陶世五峰期—早志留世龙马溪期初期地壳活动比较平静，海洋环境属于滞留、安静，底部水体处于缺氧状态。在川东北及其周缘地区，优质烃源岩发育中心主要分布在鄂西渝东区石柱-黔江和巫溪等台内拗陷区，明显受川中古隆起及盆地周缘古陆的综合控制。从烃源岩厚度平面展布特征来看，优质烃源岩主体沿宜宾-泸州-黔江-巫溪呈 SW-NE 方向展布，厚度变化在 20～80m 范围内，最厚达 150m 左右，其主要发育中心在江南古陆前缘拗陷带。建南气田等川东地区以石炭系、二叠系产层为主的大中型天然气田就产在该中心及其周缘。从图 4.3 可以看出，宣汉-达县地区志留系优质烃源岩厚度为几米至二十余米，向

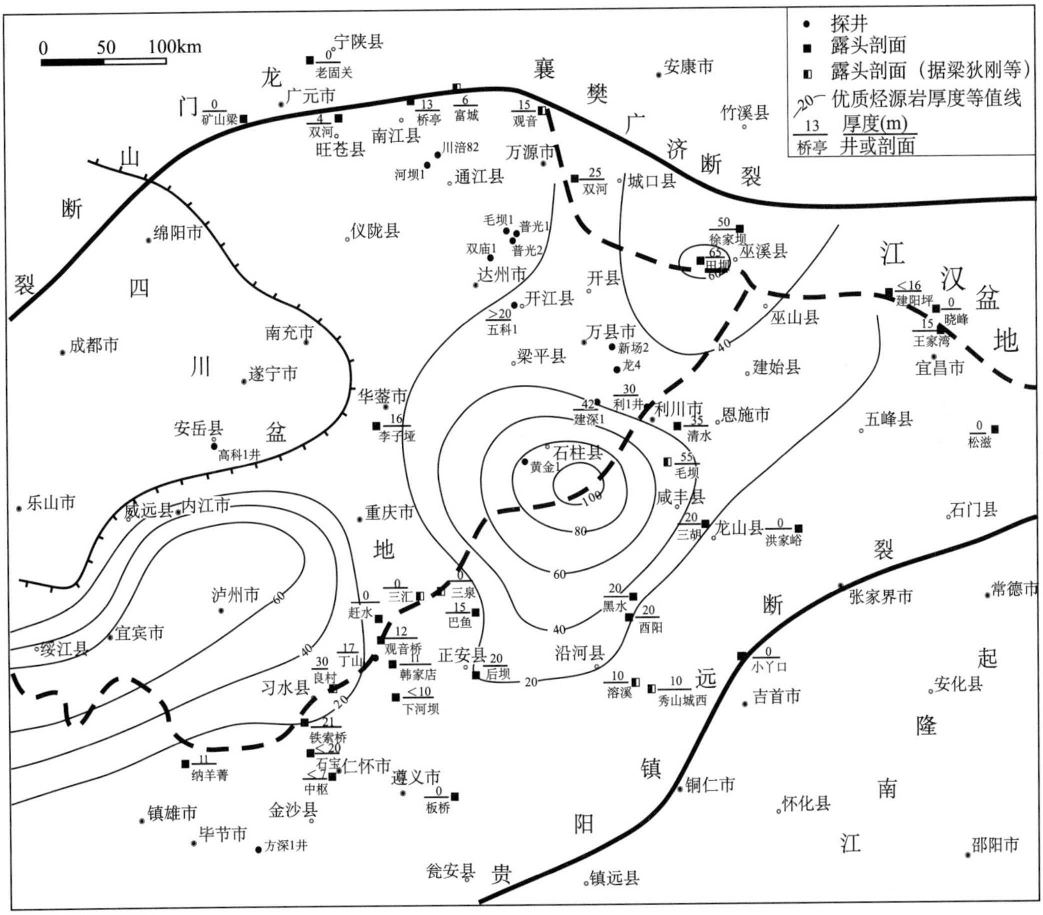

图 4.3　上扬子地区下志留统优质烃源岩等厚图

通南巴地区逐渐变薄，至川西广元地区完全缺失，可能受加里东期川中隆起和川西天井山隆起所致。

4.2.1.2 二叠系优质烃源岩的空间展布特征

上扬子地区二叠系烃源岩发育情况较为复杂，这主要是由于二叠纪海平面和古地理环境多变，使得沉积环境在纵、横向不稳定，表现为沉积相变化较大，造成有机质聚集和保存条件变化频繁，难以形成与下古生界一样的扬子地区广泛展布的烃源岩层。因此，本次研究中将二叠系烃源岩研究范围集中在四川盆地，并在几个典型钻井和露头剖面的二叠系烃源岩评价研究基础上，结合前人沉积相研究成果，重点绘制了上二叠统龙潭组（P_2l）和大隆组（P_2d）优质烃源岩（TOC≥2%）空间展布图，如图4.4、图4.5。

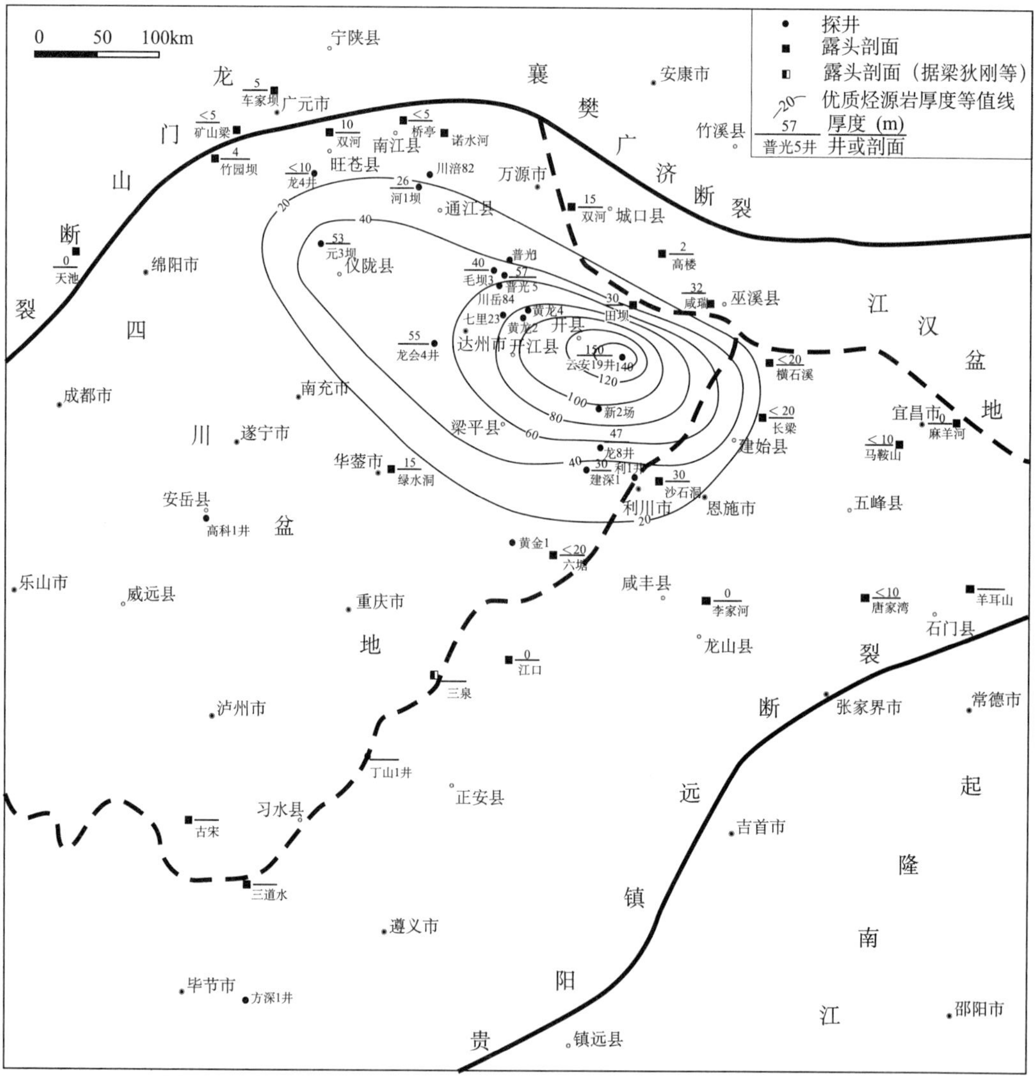

图4.4 上扬子地区龙潭组优质烃源岩等厚图

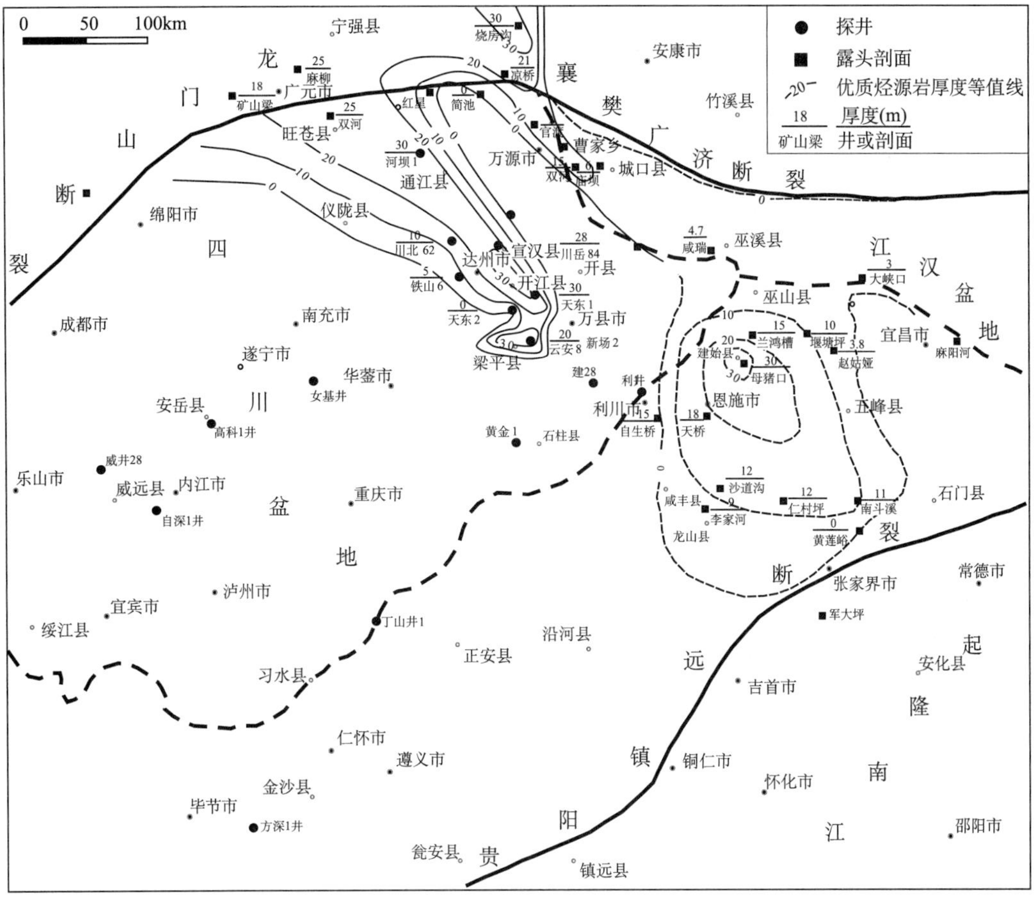

图 4.5　上扬子地区大隆组优质烃源岩等厚图

1）龙潭组（P_2l）

该组总体为一套煤系地层，通常在中下部发育单层厚度几厘米至数米的煤层。然而，通过本次多个钻孔和剖面的对比发现（图 4.4、图 4.6），煤层时空分布还是有一定的规律性，在时间上，主要形成于龙潭期/吴家坪期初期，在纵向上，主要分布在龙潭组/吴家坪组底部或下部；在横向上，主要沿盆地边缘邻近物源区展布，形成海陆过渡相，可开采煤层则集中在南充-华蓥山及其以南地区，包括泥岩部分总厚度达 80m 以上，开县-万县一带龙潭组底部也有 2～4m 厚的煤层，加上部泥岩厚度可达 120～150m。

值得关注的是，根据龙 4 井、河坝 1 井、普光 5 井、川岳 84 井、龙会 4 井以及南江、通江地区露头剖面的观察对比（如图 4.6 所示），由这些钻井和剖面圈定的区域内龙潭组并不含煤，页岩段一般产有两层（如川岳 84），其中上一层向东可以延伸至开县-万县一带，主要为黑色、灰黑色泥页岩为主间夹深灰色泥灰岩或者与深灰色泥灰岩互层，有机质丰度高，类型为偏腐泥型（Ⅱ$_1$），是一套海相优质烃源岩，其厚度在普

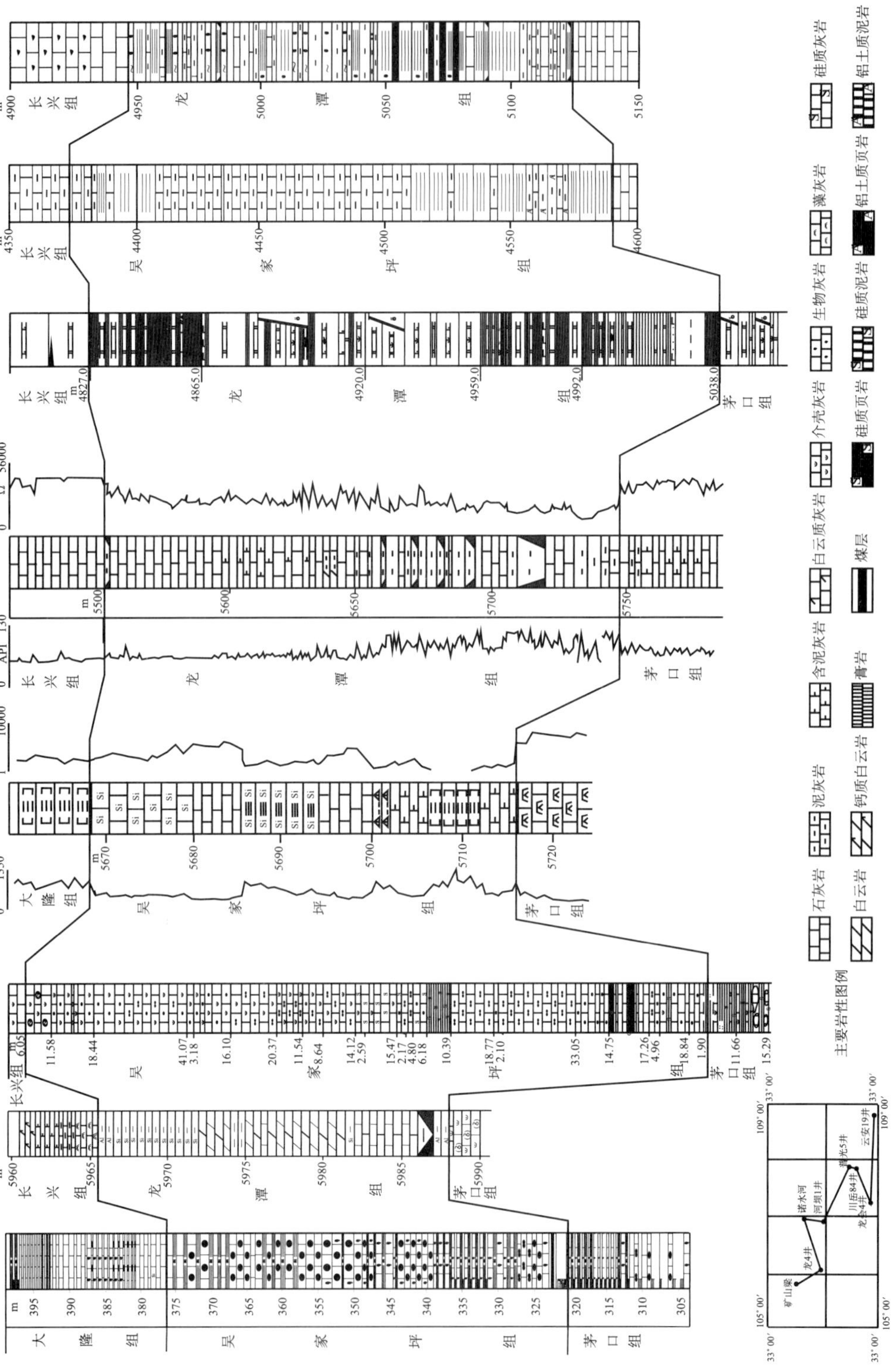

图 4.6　广元-通江-达县-开县地区龙潭组横向对比图

光地区为 40～60m（普光 5 井），向西逐渐变薄，至通南巴地区（河坝 1 井）为 20m 左右，旺苍双河剖面仅有 2.5m 厚。初步沉积环境分析认为在龙潭期/吴家坪期初期，即成煤期时该地区正处于局限滞留静水环境，可能是早二叠世末的东吴运动下形成的广旺深水盆地的雏形，受海西期开始形成的南北向开江-梁平一带水下隆起（即石炭系缺失带）对来自东南海水侵入的阻隔，加之南侧川中隆起、西侧龙门山古陆和北东侧大巴山古陆的共同封隔，使得该地区成为一个早期的潟湖环境（龙潭/吴家坪初期即海侵初期）和晚期的海湾环境（龙潭/吴家坪中晚期大规模海侵到来后）。

2）大隆组（P_2d）

晚二叠世后期，海侵规模达到了最高潮，除川西南外，以长兴组为代表的浅海碳酸盐岩广泛分布，且沿龙门山、大巴山和江南古陆前缘还有半深海相的硅泥质沉积，即大隆组（四川油气区石油地质志编写组，1989）。近年来，随着四川盆地二叠系、三叠系沉积相研究的深入，对大隆组有了新的认识，提出开江-梁平海槽区飞仙关组底部高自然伽马、低电阻层段是由含放射虫、腕足类、有孔虫等晚二叠世生物化石的硅质岩、硅质灰岩、硅质泥岩组成的，应划分为上二叠统大隆组（王一刚等，2006），从而将富含有机质的大隆组硅质页岩相空间展布扩展到海相天然气富集带——川东北宣汉-达县地区，引起了广泛注意。

从图 4.5、图 4.7 可以看出，大隆组优质烃源岩相比其他层位优质烃源岩分布比较有限，主要分布于广元-达县、镇巴-城口以及建始-龙山三个地区，呈条带状展布。在广元-达县地区，岩性为含菊石、硅质放射虫的硅质泥页岩间夹硅质灰岩，横向西起广元矿山梁经旺苍双河、龙 4 井（59.2m，含碳酸盐岩层）、通南坝区块河坝 1 井、达县-宣汉区块川岳 84 井至云安 8 井，其分布长约 350km，宽度 100km 以上，呈一个相对狭窄的北西-南东向长条深水拗陷区展布，厚度为 20～30m，向南北两侧逐渐变薄，并相变为现今主要勘探目的层之一——长兴组台地边缘礁滩，如普光气田的长兴组生物礁。此区大隆组优质烃源岩尽管在空间分布上呈条带状，不显规模，但与其下伏数十米厚的龙潭组优质烃源岩共同构成了上二叠统规模大、邻近油气藏的烃源岩层位，对普光气田等川东北大中型天然气田的形成具有重要意义。

大隆组优质烃源岩在大巴山前缘拗陷带即镇巴-城口地区呈北西-南东向分布，在镇巴北部烧房沟一带最厚达 30m，向南逐渐变薄，至城口双河一带厚 15m 左右。在江南古陆前缘即建始、恩施地区，大隆组发育最厚，达 60m 以上，向南至龙山一带变薄至 20m 左右。

4.2.2 川东北古油藏及分散可溶有机质

在川东北地区，古油藏裂解气对本地区普光气田等现今大中型气田的重要贡献是普遍认可的。古油藏也是有机质在深埋条件下还原硫酸盐形成大量硫化氢的主要物质基础之一。对本项目研究而言，详细了解古油藏的形成演化及时空分布特点具有重要意义。

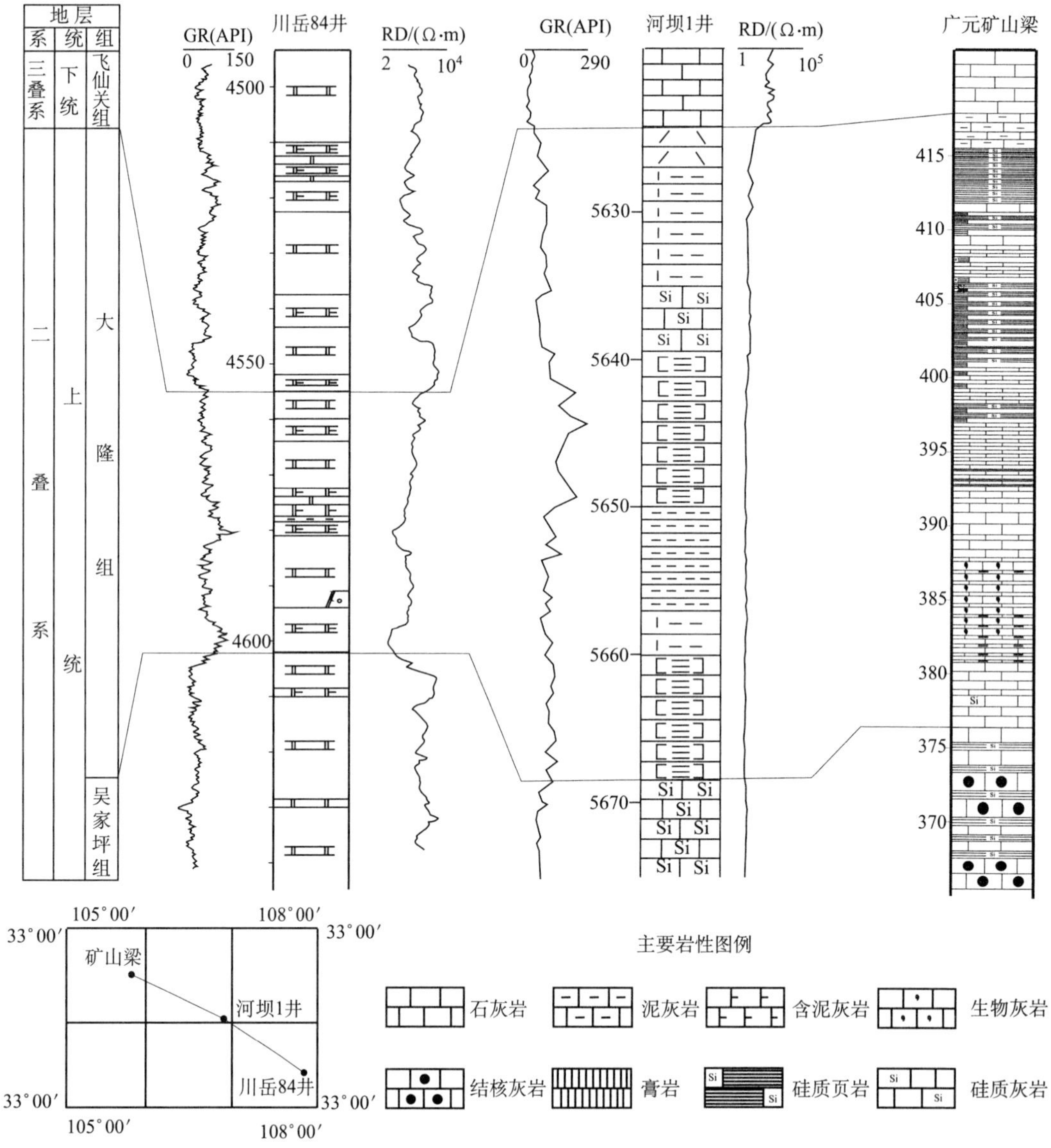

图 4.7　达县-通江-广元地区大隆组横向对比图

4.2.2.1　固体沥青分布

川东北普光、罗家寨等气田上二叠统长兴组和下三叠统飞仙关组海相碳酸盐岩礁滩相储层中普遍存在着固体沥青（谢增业等，2005b；秦建中等，2007a）。通过岩心岩屑薄片观察，录井资料及公开发表的文献，统计了川东北地区飞仙关组与长兴组储层沥青在各井的厚度及沥青含量（表 4.2、表 4.3）。飞仙关组固体沥青主要呈环边状附于鲕粒白云岩、残余鲕粒白云岩晶间溶孔，各种溶蚀孔壁中，固体沥青分布普遍，普光、毛坝气田的飞仙关组储层沥青含量及厚度明显高于罗家寨、渡口河、铁山坡等气田。长兴组固体沥青主要在普光气田各井及毛坝3井中可见，多呈团块状充填于各种溶蚀孔洞和生物礁格架孔中。

表 4.2　川东北飞仙关组储层沥青统计（据谢增业等，2005b）

井号或气田	沥青层（有效储层）厚度/m	沥青平均面孔含量/%	沥青平均质量含量/%
普光2井	150.0	5.8	2.9
普光4井	42.0	4.6	2.3
普光6井	139.0	5.2	2.7
普光9井	125.0	7.8	
毛坝3井	92.6	3.0	1.6
铁山坡	46.5	1.0	0.5
坡3井	46.5		0.1
罗家1井	29.7	0.7	0.4
罗家2井	72.4	1.7	08
罗家5井	/	2.5	1.2
罗家6井	25.6	0.7	0.4
罗家7井	12.9	/	/
罗家8井	85.1	/	/
渡口河	32.6	0.5	/
七里北1井	55.0	4.5	2.2
金珠坪	32.5	/	/
鹰1井			0.1

表 4.3　川东北长兴组储层沥青统计

井号或气田	沥青层（有效储层）厚度/m	沥青平均面孔含量/%	沥青平均质量含量/%
普光4井	165.0	6.3	3.2
普光6井	68.0	7.0	3.6
普光5井	169.0	/	/
毛坝3井	110.0	5.0	2.5
普光9	145.0	/	/
盘龙洞长兴	119.8	/	/
平均	129.5	6.1	3.1

石炭系黄龙组储层是川东北地区另一个储层沥青广泛发育的层位，沥青多呈断续薄膜状沿孔分布或充填于微裂缝中（王一刚等，1996），储层沥青主要分布在开江-梁平-重庆印支期古隆起中部古构造高部位及同期的重庆-大竹鼻状隆起区，以及该中部古隆起区西侧达县-广安地区（图4.8），古隆起东侧的开县-云阳地区储层沥青少见。石炭系残余有机碳含量基本小于0.1%，但在古隆起顶部区域，有机碳含量较高，可达到

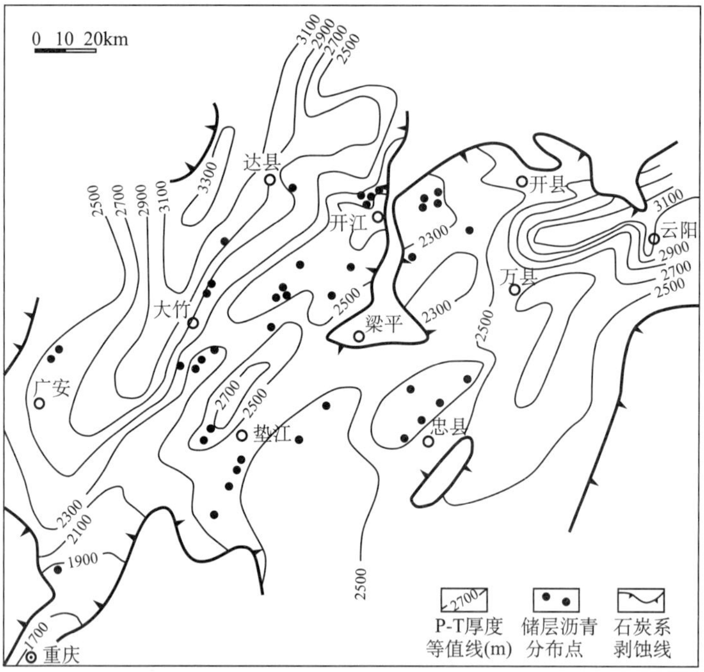

图 4.8 川东北地区晚三叠世前石炭系顶面古起伏状况及储层沥青分布（据王一刚等，1996）

0.45%（王兰生等，1997），这可能主要与古隆起顶部富含储层沥青有关。

4.2.2.2 古油藏分布及规模

根据储层沥青分布、含量丰度（沥青含量大于 0.2%），并结合沉积相、储层分布及古构造，圈定了飞仙关组、长兴组及石炭系古油藏分布范围（图 4.9）。飞仙关组古油藏分布广泛，包含现今普光、罗家寨、渡口河、铁山坡等气田区域，面积在 1800km^2 左右。长兴组古油藏分布范围较飞仙关组要小得多，主要包含现今的普光及毛坝气田区域，面积约 300km^2，从长兴组沉积相来看（图 4.9），罗家寨、渡口河、铁山坡等气田大多不发育生物礁体，应该不存在古油藏。石炭系古油藏在川东北地区主要分布在开江-梁平印支期古隆起的顶部（图 4.9）约 5000km^2 的范围内。此外在川东重庆、石柱地区也有石炭系古油藏的存在。

通过计算，飞仙关组古油藏储层固体沥青储量规模在 50 亿 t 左右，长兴组储层沥青储量在 30 亿 t 左右。已有研究表明，川东北飞仙关组古油藏应为轻质油藏，长兴组古油藏为重质油（稠油）藏（秦建中等，2007a），轻质油最终裂解烃气产率约 530kg/t 原油，固体沥青产率约 365kg/t 原油。重质油裂解烃气产率约 390kg/t 原油，固体沥青产率约 450kg/t 原油。按此可反算出飞仙关组古油藏储量规模在 130 亿 t 左右，长兴组古油藏储量在 60 亿 t 左右。石炭系古油藏虽然储层厚度不大，沥青充填度不高，但分布面积广，可以预测古油藏仍有一定的规模。显然，对于本地区硫酸盐还原生成大量硫化氢而言，可以提供充足的有机质来源。

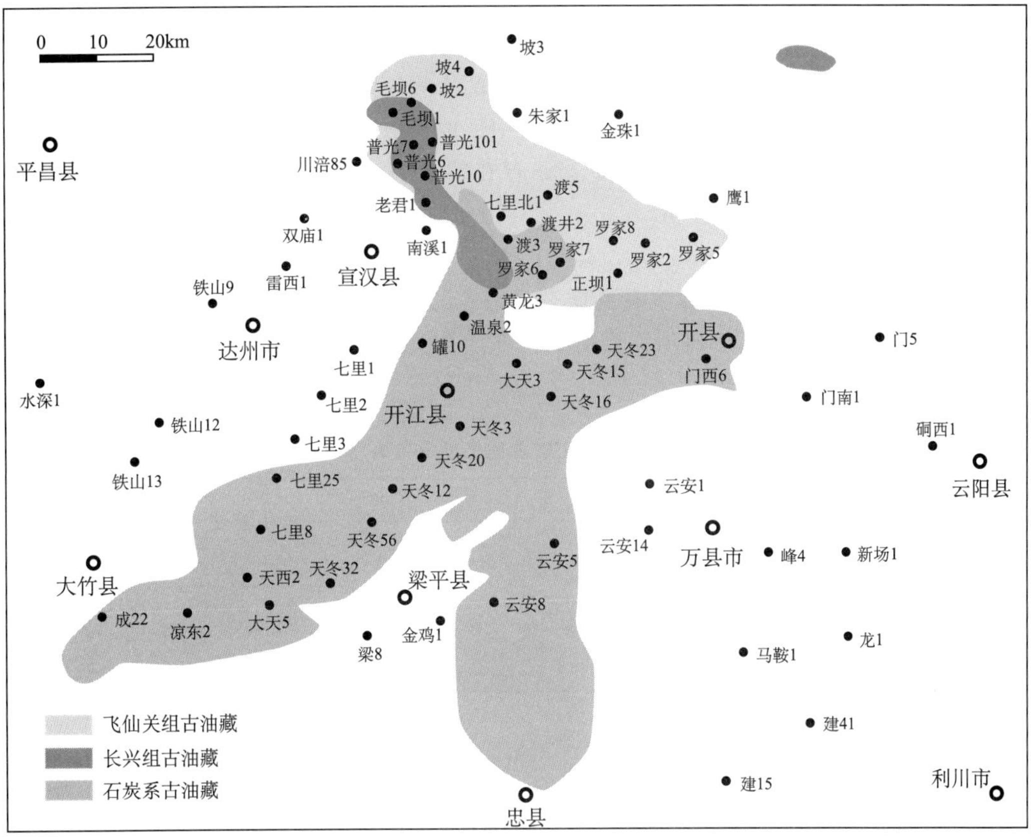

图 4.9　川东北地区石炭系、二叠系、三叠系古油藏分布图

4.2.2.3　分散可溶有机质

天然气的来源具有多种途径，分散可溶有机质是叠合盆地天然气的重要来源之一(刘文汇等，2005，2007)。分散可溶有机质是指地质体中以分散形式存在的可溶有机质，烃源岩中的残余原生-同生沥青，聚集型可溶有机质油藏在经历各种地质作用后形成的后生储层固体沥青、热液变质沥青、表生浅层氧化沥青等，都属于分散可溶有机质范畴。在地质条件下，干酪根和聚集可溶有机质（原油）以及分散可溶有机质在不同地质演化阶段发挥着不同的作用。在演化初期干酪根无疑是生气的主体，随着热演化的加强，可溶有机质成为主要气源。

李明诚（2004）通过对聚集量进行模拟，得到石油的生聚率一般为5%～10%，而天然气的生聚率一般为0.5%～1%，有90%以上的烃类在运移过程中已分散、滞留或者散失。由于烃源岩存在有效排烃的问题，生成的油将有很大一部分不能排出而残留在烃源岩内形成源内分散可溶有机质，在有机岩石学照片下，可见到大量固体沥青呈分散状散布于烃源岩中或充填裂缝。此次统计了南方海相 P_2l-P_2d、O_3w-S_1l 和ϵ_1n 三套优质烃源层中现今残余固体沥青占 TOC 的百分比含量（表 4.4），P_2泥岩烃源岩固体沥青占有机质含量平均约为12.6%，O_3w-S_1l烃源岩固体沥青占有机质含量平均约为9.79%，ϵ_1n优质烃源岩固体沥青占有机质含量平均约为10.6%（表4.4），这些固体沥青应是烃源岩中分散可溶有机质裂解生气后的产物。排出的油并不能完全的聚集形成工业油藏，将有很大一部分滞留在运移通道中形成分散可溶有机质，如在广元上寺剖面可看到从寒武系-三叠系的灰岩层系中普遍存在的晶洞油和裂缝油苗。其中，选取寒武系裂缝中低成熟固体沥青脉（$R^o=0.51\%$）进行了生烃潜力模拟实验，结果表明在模拟温度为550℃（$R^o=4.27\%$）时，其总产烃率可达到368.4kg/t C_{org}。这说明分散形式分布于储层下部地层中的可溶有机质在条件合适时完全可以再次生烃，成为有效气源。由于沥青等分散可溶有机质比干酪根生气阶段更晚，更有利于天然气的聚集保存，因而对现今气藏具有重要贡献。

表4.4 四川盆地及周缘优质烃源岩中固体沥青占有机质百分比综合统计表

烃源岩层位	固体沥青占总有机质比例/%	TOC/%	V_{R^o}/%
二叠系煤	0 (3)	/	2.08～2.58 (3)
二叠系泥页岩	8.7～17.5/12.6 (7)	1.14～11.18/4.62	1.64～4.58 (5)
奥陶-志留系泥页岩	1.2～21.5/9.79 (15)	0.76～8.72/2.78	2.03～5.2 (8)
寒武系泥页岩	1.1～28.4/10.6 (11)	0.65～6.34/3.04	3.2～5.7 (4)

注：括号内为平均值。

4.2.3 烃源中不同类型硫的分布

下寒武统牛蹄塘组（ϵ_1n）、上奥陶统五峰组（O_3w）—下志留统龙马溪组（S_1l）、二叠系均发育有富有机质的烃源岩，其中含有不同程度的含硫物质，如有机硫、单质硫和黄铁矿等，它们对硫化氢形成和高含硫天然气成藏究竟有何影响一直是一个关注点。因此，本项目对川东北地区上述三套源岩中含硫物质类型、赋存状态和分布特征进行了深入研究。

4.2.3.1 总硫分布特征

总硫分析数据表明，川东北地区各类烃源岩中普遍含有一定量的硫，而且不同时代和岩性烃源岩的总硫含量也不尽相同。ϵ_1n页岩的总硫含量为0.011%～1.827%，平均0.823%。O_3w页岩总硫含量为0.006%～1.455%，平均0.514%。S_1l页岩的总硫含量为0.002%～0.167%，平均为0.054%。二叠系源岩中，下二叠统梁山组（P_1l）煤、页岩的总硫含量分别为9.079%和10.840%，按照我国煤炭含硫量划分标准（>3%为高硫煤），下二叠统梁山组煤属于特高硫煤；下二叠统栖霞组（P_1q）、茅口组（P_1m）和上二叠统吴家坪组（P_2w）碳质页岩也有较高的总硫含量，最高达到2.179%，平均为1.145%；P_1q灰岩的总硫含量为0.002%～0.843%，平均为0.239%；P_1m灰岩的总硫含量为0.044%～0.773%，平均为0.332%；P_2w泥灰岩的总硫含量为0.119%。

总体上，川东北地区二叠系源岩有较高的总硫含量，其次$Є_1n$和O_3w页岩、二叠系灰岩的总硫含量也相对较高。总硫的分析数据表明，在川东北地区各类烃源岩中存在多种赋存形式的含硫物质。

1）飞仙关组、长兴组

下三叠统飞仙关组与上二叠统长兴组烃源岩岩性主要为灰岩、泥质灰岩或泥灰岩，有机质丰度低。其总硫含量变化在0.01%～0.97%，平均0.19%；超过80%的样品总硫含量在0.3%以下（图4.10）。

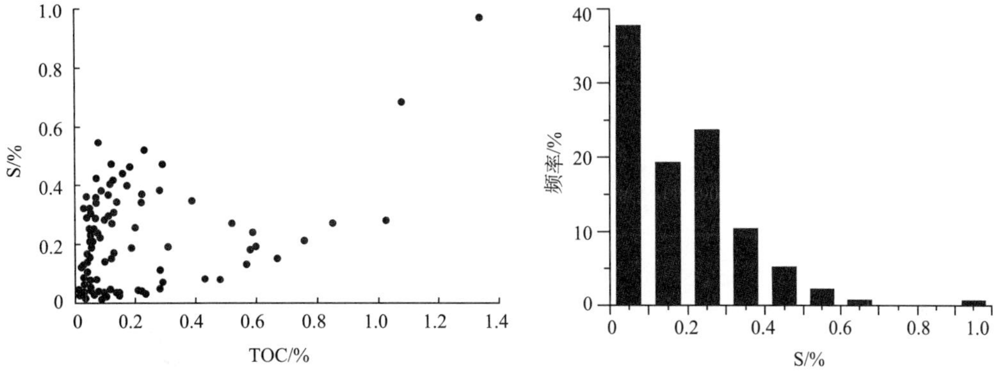

图4.10　中上扬子二叠系长兴组与三叠系飞仙关组烃源岩全硫含量分布特征

2）大隆组

上二叠统大隆组烃源岩主要发育在川东北、鄂西一带，岩性以硅质岩、硅质页岩、硅质灰岩为主。48个硅质岩、泥页岩样品总硫含量变化相对较大，分布在0.09%～5.39%，平均1.12%；9个灰岩烃源岩总硫含量明显较硅质岩和泥页岩要低，分布在0.04%～0.21%，平均仅0.11%。大隆组烃源岩约60%的样品总硫含量分布在0～0.5%。大隆组烃源岩总硫含量与TOC之间表现出明显的正相关性，TOC含量大于2.0%的样品总硫含量多在1.0%以上（图4.11）。

3）龙潭组

龙潭组（包括吴家坪组）烃源岩以泥页岩为主，部分剖面煤层发育，泥质烃源岩TOC丰度高，多大于2.0%，灰岩样品TOC普遍较低，总硫与TOC也表现出一定的正相关性。各剖面龙潭组119个泥页岩样品总硫含量变化大，分布在0.04%～10.45%，平均2.15%；68个灰岩烃源岩总硫含量明显较硅质岩和泥页岩要低，分布在0.018%～4.99%，平均0.51%。龙潭组烃源岩总硫含量分布相对分散，约45%的样品分布在0～0.5%，约25%的样品在0.5%～1.5%之间（图4.12）。

（1）龙潭组烃源岩全硫含量纵向变化

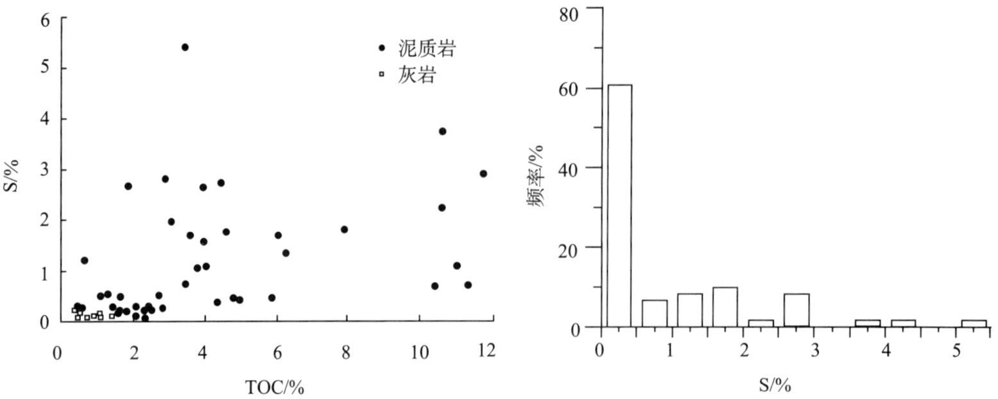

图 4.11　中上扬子二叠系大隆组烃源岩全硫含量分布特征

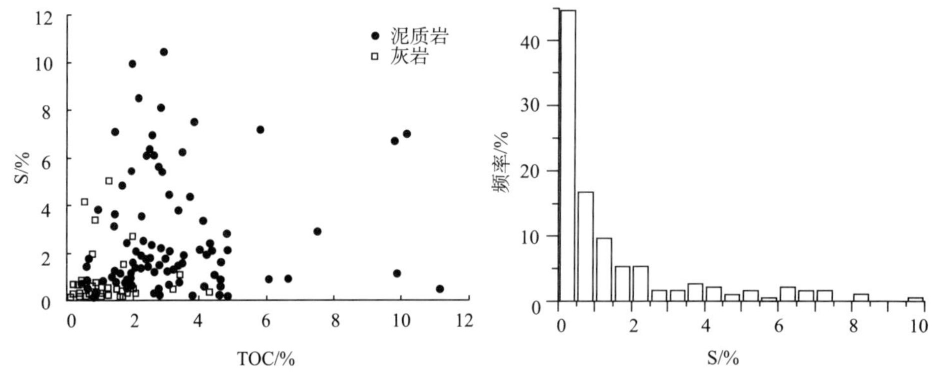

图 4.12　中上扬子二叠系龙潭组烃源岩全硫含量分布特征

中上扬子区龙潭组烃源岩全硫含量在纵向上具有较明显的变化规律（图 4.13），普光 5 井、毛坝 3 井、华蓥 10-6（浅井）等大多数剖面，硫含量随井深的增加而增高，即龙潭组下段烃源岩硫含量要明显高于中上段，这种趋势与 TOC 在纵向上的变化趋势具有一致性。

（2）龙潭组烃源岩全硫含量横向变化

龙潭组烃源岩全硫含量在横向上具有强烈的不均一性（图 4.14），川东北达州地区普光 5 井、毛坝 3 井龙潭组烃源岩全硫含量均值分别为 0.39％、0.35％。通南巴河坝 1 井和元坝 3 井略高，均值分别为 0.84％，0.51％。盆地边缘的南江桥亭、城口木瓜、石柱六塘剖面硫含量均值很低，分别为 0.27％、0.15％和 0.12％。

川中华蓥山地区浅 8-3、10-3、10-6 等井岩心样品分析表明，该地区龙潭组烃源岩（不包括煤）硫含量高，多在 1.0％以上，最高可达 10％；3 口浅井平均含量分别为 1.57％、1.14％和 2.34％。川东南丁山 1 井、南川三泉龙潭组烃源岩硫含量也高，平均值分别为 2.26％和 3.98％，而鄂西利川地区龙 8 井龙潭组烃源岩硫含量平均也高达 2.33％。总体上来说，川中、川东南和鄂西利川地区，龙潭组烃源岩硫含量极高；在川东北地区，龙潭组烃源岩硫含量较高；而盆地边缘城口、南江、绵竹和石柱等地区龙潭

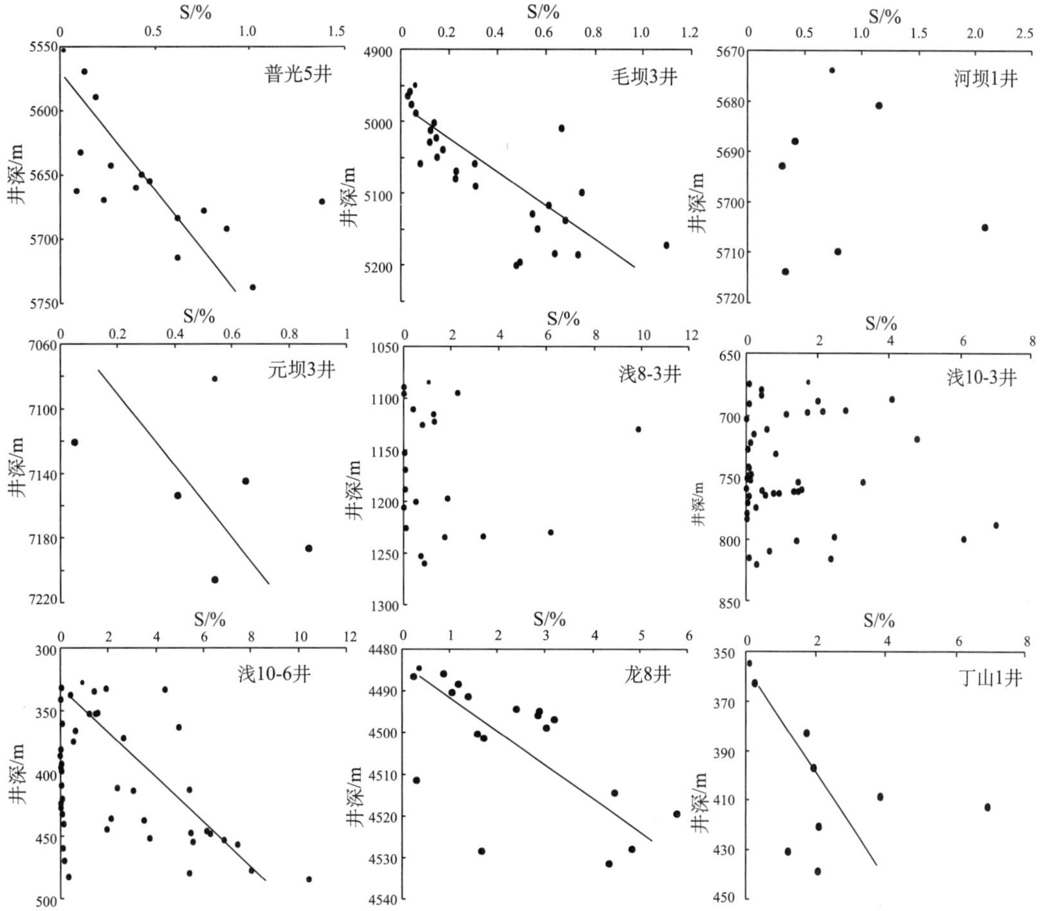

图 4.13　中上扬子区各剖面龙潭组烃源岩硫含量随深度变化关系

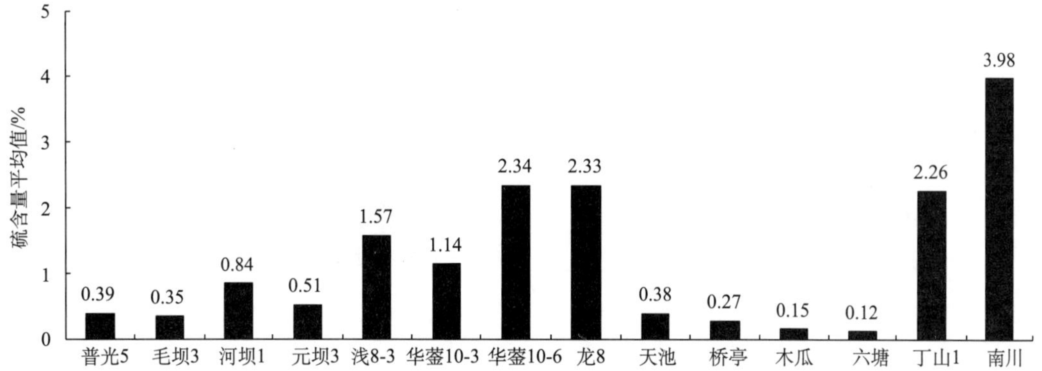

图 4.14　中上扬子区龙潭组烃源岩全硫含量横向分布

组烃源岩硫含量低。

4）栖霞组、茅口组

下二叠统栖霞组、茅口组烃源岩以灰岩为主，少量泥页岩，各剖面的111个灰岩总硫含量分布在0.02%～4.67%，平均仅0.26%；而22个泥页岩类样品，分布在0.01%～2.8%，平均高达0.56%，明显高于灰岩。下二叠统烃源岩总硫含量分布十分集中，约85%的样品分布在0～0.5%之间（图4.15）。

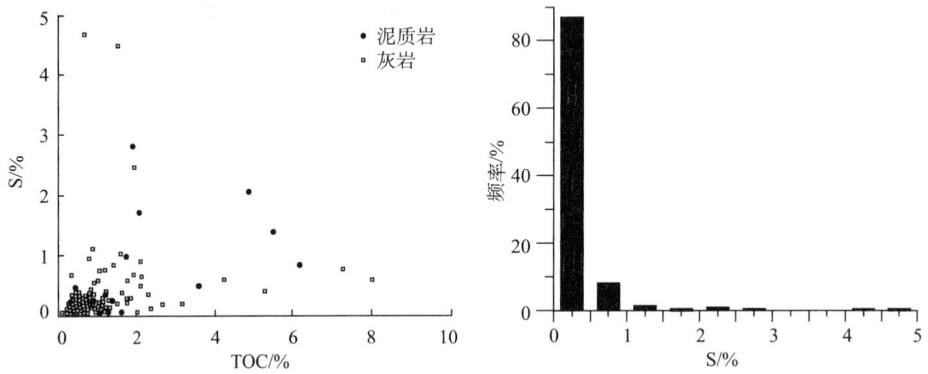

图4.15 中上扬子区下二叠统烃源岩全硫含量分布特征

5）下志留统龙马溪组

龙马溪组（包括上奥陶统五峰组）烃源岩以泥岩、页岩、碳质页岩及硅质岩为主，各剖面的236个烃源岩样品总硫分布在0.002%～8.66%，但绝大多数样品在4.0%以下，平均0.75%。龙马溪组烃源岩总硫含量也相对分散，含量小于0.5%的样品约占42%；0.5%～1.0%和1.0%～1.5%区间的分别约25%和17%（图4.16）。

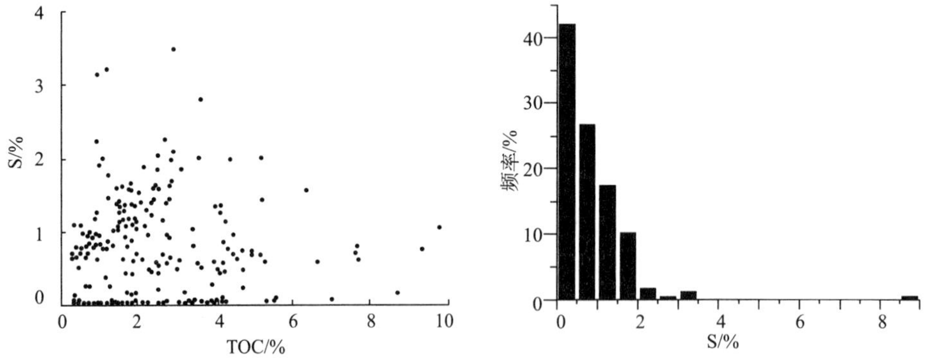

图4.16 中上扬子区五峰-龙马溪组烃源岩全硫含量分布特征

6）下寒武统牛蹄塘组

牛蹄塘组烃源岩以泥岩、页岩和硅质岩为主，各剖面的194个烃源岩样品总硫含量在0.01%～7.57%，平均0.96%。牛蹄塘组烃源岩硫含量相对集中，含量小于0.5%的样品约占53%；0.5%～1.5%区间的约25%（图4.17）。总硫含量与TOC之间存在一定的相关性，总硫含量大于2.0%的样品TOC基本也在2.0%以上。

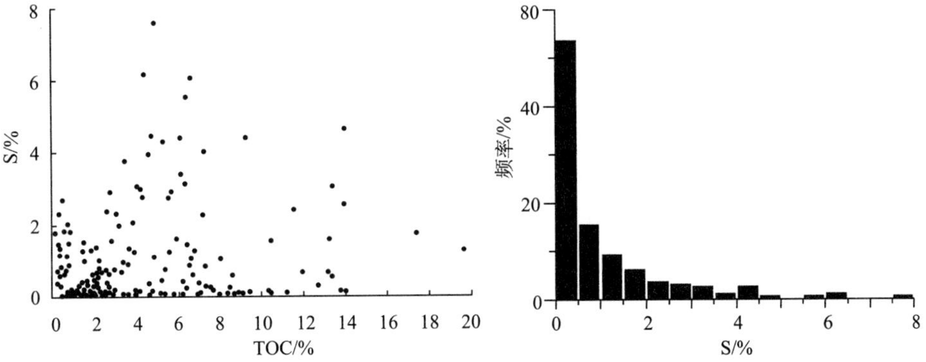

图4.17　中上扬子区牛蹄塘组烃源岩全硫含量分布特征

7）海相与陆相烃源岩总硫含量对比

在中上扬子地区，除发育海相层系烃源岩外，中上三叠统—侏罗系还普遍发育须家河组（T_3x）、自流井组（J_1z）、千佛崖组（J_2q）湖相、沼泽相等陆相含煤的泥质岩烃源岩，有机质丰度高。上述陆相层系的197个泥质岩烃源岩，硫含量在0.004%～1.87%，平均仅0.13%，且分布十分集中，含量小于0.2%的样品约占85%（图4.18）。可见中上扬子区古生界海相层系无论是泥质岩烃源岩还是灰岩烃源岩总硫含量要远高于该区的陆相层系烃源岩。

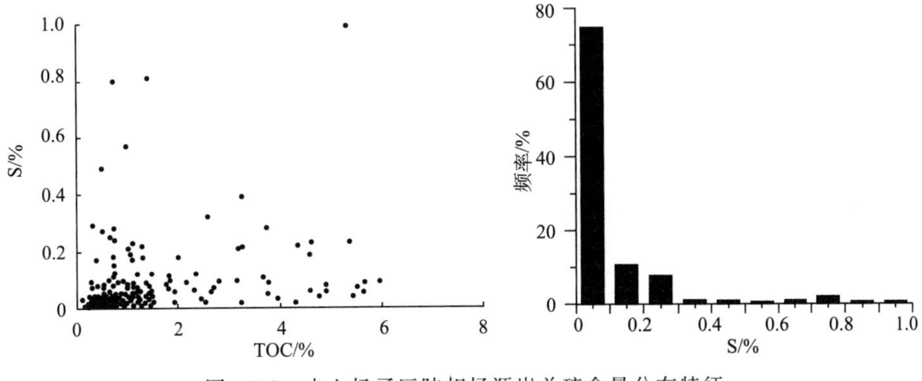

图4.18　中上扬子区陆相烃源岩总硫含量分布特征

4.2.3.2　有机含硫化合物分布特征

1）干酪根中有机硫元素含量

根据元素分析，统计了川东北及邻区不同层位烃源岩干酪根中的有机硫元素百分含量（表 4.5）。上二叠统大隆组（P_2d）烃源岩在万源官渡-白果剖面硫含量分布范围在 5.33%～11.22%，平均 8.55%；广元下寺剖面分布范围 5.27%～7.55%，平均 6.42%；河坝 1 井一个源岩样品的硫含量为 13.64%。龙潭组烃源岩在普光 5 井、毛坝 3 井处硫含量分布范围 1.31%～19.77%，平均 6.88%。茅口组烃源岩在普光 5、毛坝 3 井处硫含量分布范围为 1.14%～15.43%，平均 8.42%。志留系龙马溪组在城口明通井剖面的两个样品硫含量平均仅 0.11%，而习水良村的一个样品为 11.99%，南江桥亭的一个样品则高达 18.55%。下寒武统牛蹄塘组（$€_1n$，郭家坝组）烃源岩在丁山 1 井处的两个样品硫含量平均 15.83%，贵州麻江地区的一个样品为 14.71%。总的来说，烃源岩干酪根中有机硫元素含量基本在 20%以下。

表 4.5　烃源岩干酪根硫元素百分含量统计

烃源岩层位	井位或剖面	硫分布范围/%	均值/%	统计样品数
大隆组	万源官渡-白果	5.33～11.22	8.55	8
	广元下寺	5.27～7.55	6.42	3
	河坝 1 井	13.64	13.64	1
龙潭组	普光 5、毛坝 3 井	1.31～19.77	6.88	17
茅口组	普光 5、毛坝 3 井	1.14～15.43	8.42	5
龙马溪组	城口明通井	0.10～0.12	0.11	2
	南江桥亭	18.55	/	1
	习水良村	11.99	/	1
牛蹄塘组	丁山 1 井	14.58～17.08	15.83	2
	贵州麻江	14.71	/	1

2）有机含硫化合物

为了解川东北地区烃源岩中有机含硫化合物的分布状况，本次研究利用色质联用仪对该区烃源岩样品芳烃馏分进行了 GC-MS 分析。图 4.19 为研究样品芳烃总离子流图，可以看出研究样品中普遍检测出了比较丰富的二苯并噻吩及苯并萘并噻吩系列有机含硫化合物。图 4.20 为研究样品二苯并噻吩系列化合物质量色谱图，可以看出，川东北地区各类烃源岩普遍含有比较丰富的二苯并噻吩-四甲基二苯并噻吩系列化合物，并且该类化合物在二叠系样品中有极高的丰度（表 4.6）。不同源岩样品二苯并噻吩系列化合物的分布形式略有差异，其中二叠系样品均以甲基二苯并噻吩和二甲基二苯并噻吩相对丰度最高为特征，二苯并噻吩的相对丰度较低（除梁山组 NS-07-42 样品外），三、四甲

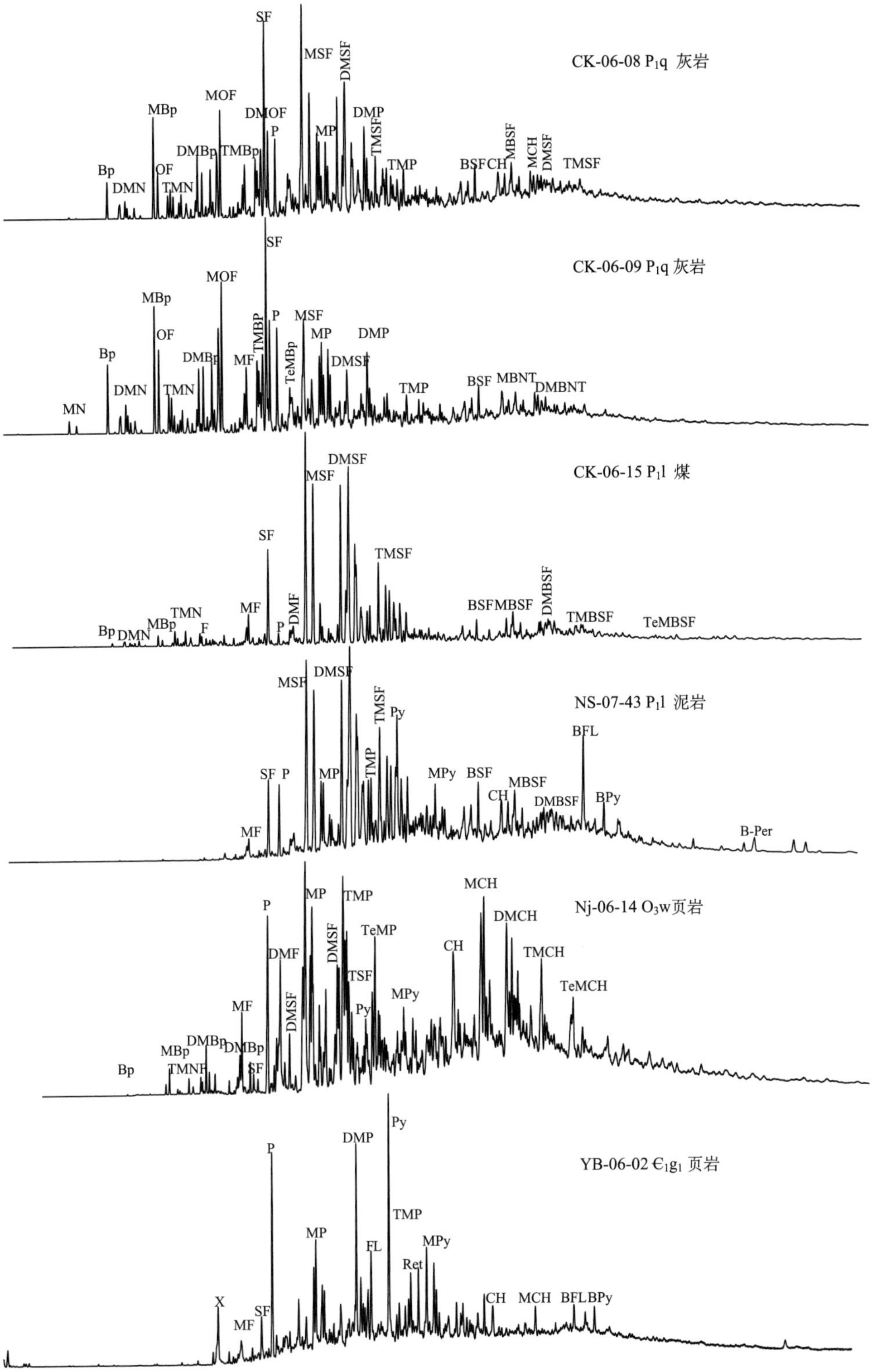

图 4.19　川东北地区烃源岩样品芳烃总离子流图

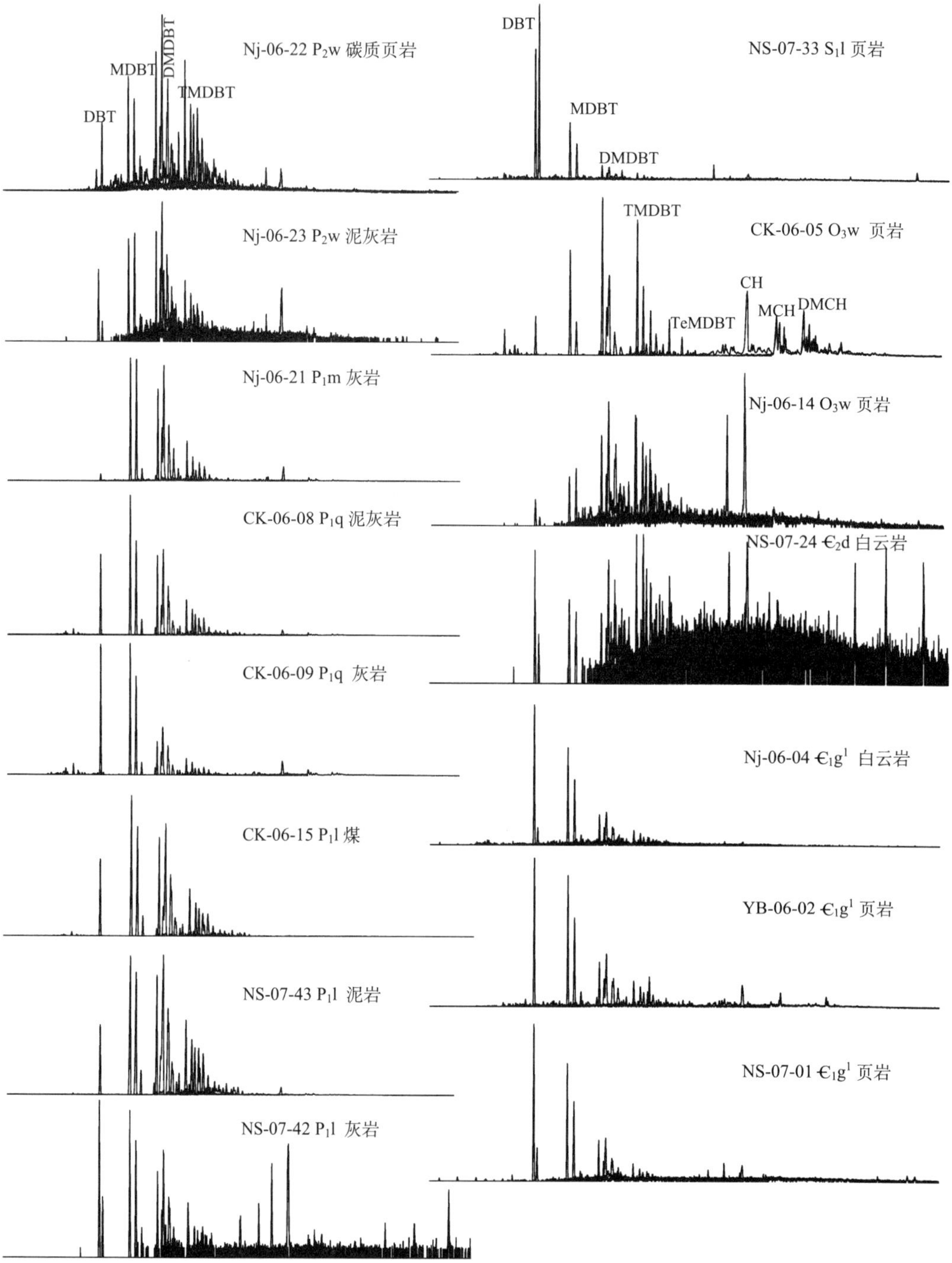

图 4.20 烃源岩样品二苯并噻吩系列化合物质量色谱图

基二苯并噻吩的丰度依次降低；志留系页岩样品则以二苯并噻吩丰度最高，其他系列化合物的相对丰度则随着甲基取代基的增加而依次降低；奥陶系样品以二甲基二苯并噻吩和三甲基二苯并噻吩的丰度最高为特征；寒武系样品中除陡坡寺组白云岩外，其他样品也呈现出二苯并噻吩系列随着甲基取代基的增加其相对丰度逐渐下降的特点。此外在二叠系栖霞组泥灰岩、灰岩和梁山组灰岩、煤及泥岩中均检测到丰度较高的苯并萘并噻吩系列化合物，一般随着甲基取代基的增加其丰度逐渐降低，呈现 BNT＞MBNT＞DMBNT＞TMBNT＞TeMBNT 的变化趋势。

图 4.21 为研究样品三芴系列化合物相对含量关系图，可以看出研究样品整体分布在靠近硫芴（二苯并噻吩）的还原环境区内，大多数样品中硫芴（二苯并噻吩）的相对含量大于 70％，反映出川东北地区各类烃源岩、特别是二叠系源岩有机质的形成环境为富硫还原环境。

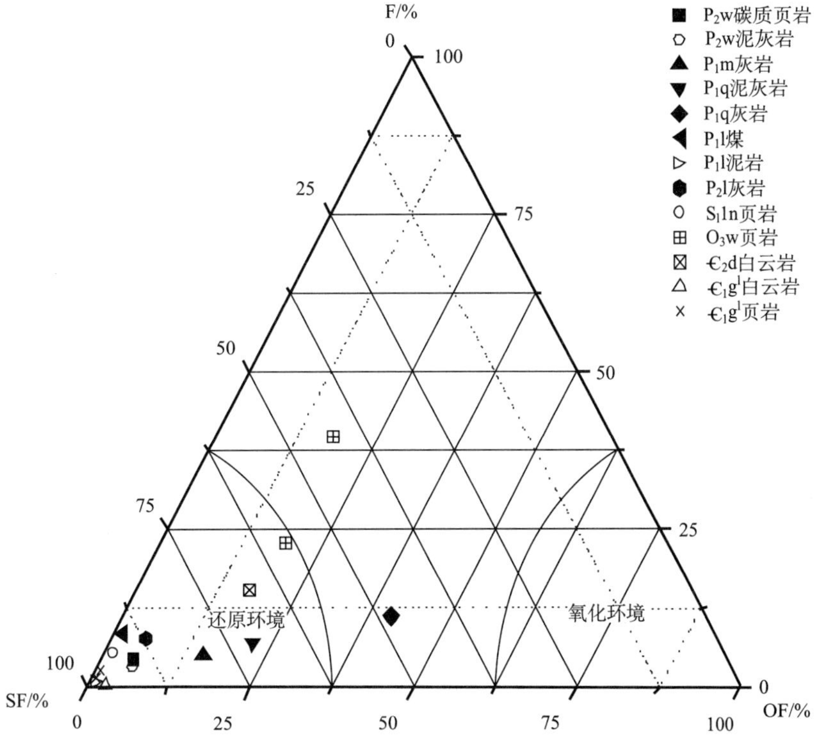

图 4.21　烃源岩样品 F、OF 和 SF 相对含量三角图

表 4.6　川东北地区烃源岩样品有机硫化物相对丰度

样品名称	层位	岩性	相对含量			BTs	BNTs
			OF/％	F/％	SF/％		
Nj-06-22	P_2w	碳质页岩	5.0	4.5	90.5	—	—
Nj-06-23	P_2w	泥灰岩	5.3	3.5	91.2	＋＋	—
Nj-06-21	P_1m	灰岩	15.4	5.1	79.5	＋	＋＋

续表

样品名称	层位	岩性	相对含量			BTs	BNTs
			OF/%	F/%	SF/%		
CK-06-08	P_1q	泥灰岩	21.8	6.9	71.3	+++	++++
CK-06-09	P_1q	灰岩	41.0	11.0	48.0	+++	++++
CK-06-15	P_1l	煤	1.4	8.5	90.1	++++	++++
NS-07-43	P_1l	泥岩	0.3	1.1	98.6	++++	++++
NS-07-42	P_1l	灰岩	5.3	7.7	87	+	—
NS-07-33	S_1l	页岩	1.1	5.6	93.3	++	—
CK-06-05	O_3w	页岩	18.1	39.6	42.3	+++	—
Nj-06-14	O_3w	页岩	19.3	22.7	58.0	+	—
NS-07-24	$€_2d$	白云岩	17.3	15.4	67.3	+	—
Nj-06-04	$€_1g^1$	白云岩	2.7	0.3	97.0	++	—
YB-06-02	$€_1g^1$	页岩	0.5	1.8	97.7	++	—
NS-07-01	$€_1g^1$	页岩	0.7	3.1	96.2	++	—

注：BTs. 二苯并噻吩系列；BNTs. 苯并萘并噻吩系列；+号越多表示在总离子流图中丰度越高；—号表示在总离子流图中含量很低或没有检出。

4.2.3.3 烃源岩中单质硫分布特征

1）源岩中单质硫含量

研究表明，沉积有机质中的硫主要是以有机硫化物的形式存在于烃源岩中。但通过对川东北地区野外剖面烃源岩样品的有机物抽提后，发现在大部分样品的有机抽提物中都有黄色或淡黄色的单质硫析出，其中在$€_1g$、O_3w、S_1l页岩、下二叠统梁山组煤岩和泥岩、下二叠统栖霞组灰岩和茅口组碳质页岩等样品的有机抽提物中，单质硫明显呈针状结晶析出。

由于有机物抽提是一个物理过程，其进行过程中不会发生促使单质硫形成的化学反应，而且研究样品的宏观和微观观察及能谱分析等未发现有单质硫的存在，说明这些在有机抽提物中结晶析出的单质硫是在源岩沉积演化过程中形成并呈分散状态赋存在烃源岩中，而且有机抽提物中结晶析出的单质硫占有较大比重。

表 4.7 为所获得的单质硫定量分析数据，图 4.22 则显示了不同样品中单质硫含量的分布状况。可以看出，研究样品单质硫含量分布在 0.91×10^{-6}～375.88×10^{-6}，平均 71.97×10^{-6}，不同时代和岩性的源岩样品单质硫含量差异较大，其中部分样品中有较高的单质硫含量，并明显高于氯仿沥青“A”含量，其最高丰度可达到 375.88×10^{-6}，高于氯仿沥青“A”含量近 9 倍。

表 4.7　川东北地区烃源岩样品单质硫含量及同位素分析数据

样品	层位	岩性	TOC /%	总硫 /%	沥青“A” $/10^{-6}$	总烃 $/10^{-6}$	单质硫 $/10^{-6}$	$\delta^{34}S$ /CDT‰
Nj-06-04	$€_1g^1$	白云岩	1.78	0.789	11.64	3.21	28.80	—
YB-06-02	$€_1g^1$	页岩	4.25	1.225	39.33	14.99	375.88	+6.4
CK-06-17	$€_1g^1$	页岩	1.67	1.827	12.37	7.05	15.83	+4.0
NS-07-01	$€_1g^1$	页岩	2.33	0.628	10.30	5.89	40.71	−7.6
WC-07-11	$€_1g^1$	页岩	2.56	0.011	14.17	5.34	26.50	+1.8
NS-07-27	O_2b	灰岩	0.04	0.321	13.53	3.29	—	−4.8
Nj-06-16	O_3w	页岩	1.61	0.657	21.72	11.37	15.64	+2.1
CK-06-05	O_3w	页岩	2.67	0.891	433.21	331.60	201.25	−7.2
WC-07-22	O_3w	页岩	0.57	1.455	10.35	4.62	4.17	+2.1
NS-07-33	S_1l	页岩	3.31	0.167	15.09	10.97	60.70	−4.9
WC-07-27	P_1l	煤	54.59	10.84	163.50	118.61	117.09	−18.0
NS-07-43	P_1l	泥岩	1.94	0.342	23.31	13.44	17.92	−22.3
Nj-06-19-1	P_1q	灰岩	1.26	0.267	29.95	16.49	9.60	−4.4
WC-07-32	P_1q	灰岩	0.35	0.031	12.42	1.32	0.91	—
Nj-06-20	P_1m	碳质页岩	6.54	2.179	31.66	20.51	92.57	−20.6

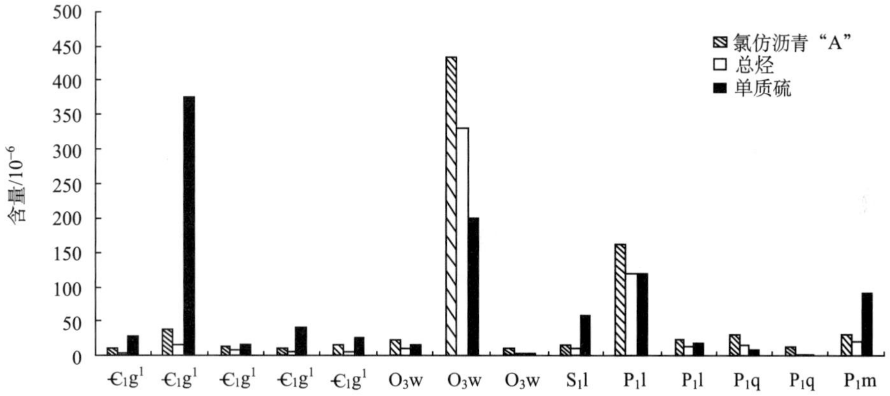

图 4.22　烃源岩样品中的单质硫含量分布

从图 4.23 还可以看出，研究样品的单质硫含量与有机碳含量之间存在很好的对应关系，即凡是有机碳含量高的源岩样品其单质硫的分布也比较丰富，说明该区源岩中的单质硫主要发育在富碳沉积的层段中，二者之间具有成因联系。

2）烃源岩中单质硫硫同位素组成

本次研究利用高温氧化分析方法，对烃源岩中的单质硫硫同位素组成进行了测试，

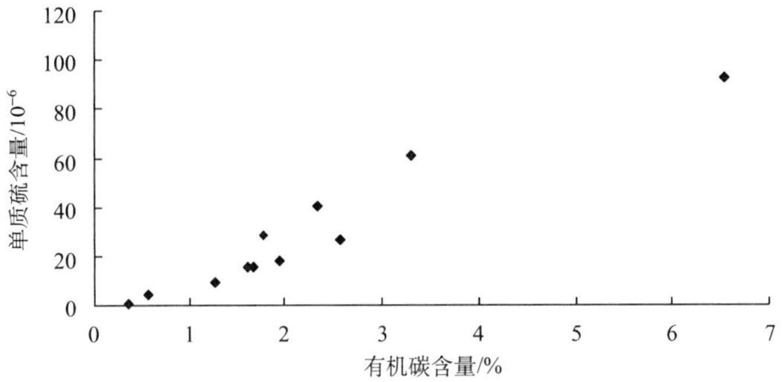

图 4.23 烃源岩样品中单质硫含量与有机碳含量关系

分析数据见表 4.7。可以看出，川东北地区源岩中单质硫的 $\delta^{34}S$ 为 $-22.3‰\sim+6.4‰$，具有比较宽的硫同位素组成分布范围。在所获得的数据中，有 8 个样品的硫同位素组成具负值，为 $-22.3‰\sim-4.4‰$，5 个样品具正值，为 $+1.8‰\sim+6.4‰$，总体表现出轻的硫同位素组成特征。

在硫酸盐与烃类的热化学还原反应中，单质硫能够以反应产物的形式出现（Orr，1977；Worden and Smalley，1996；Machel，2001），其可能的反应方程式为：

$$2CaSO_4 + C_2H_6 \longrightarrow 2CaCO_3 + H_2S + S + 2H_2O$$

$$3CaSO_4 + C_3H_8 \longrightarrow 3CaCO_3 + H_2S + 2S + 3H_2O$$

$$nCaSO_4 + C_nH_{n+2} \longrightarrow nCaCO_3 + H_2S + (n-1)S + nH_2O$$

但矿物组成分析表明，川东北地区各类烃源岩中普遍缺乏石膏类硫酸盐，不具备发生 TSR 反应的物质基础，同时 TSR 反应所形成的单质硫的硫同位素组成接近石膏类硫酸盐，一般具有重的硫同位素组成，因此该区源岩中大量存在的单质硫不可能是 TSR 反应的产物，而是通过其他途径形成并保存的。

自然界中的单质硫主要由 H_2S 发生氧化而形成，氧化过程硫元素价态的转变会导致硫同位素发生分馏，但这种分馏的程度一般较小（±5‰），使得单质硫的硫同位素组成主要表现为继承 H_2S 的硫同位素组成，因而 H_2S 氧化形成的单质硫的硫同位素组成则主要取决于 H_2S 的成因。

硫酸盐微生物还原反应（BSR）的机理在于生活在厌氧环境中的细菌微生物，在其新陈代谢过程中能够与硫酸盐发生还原作用，同时发生有机化合物的氧化作用，即细菌利用硫酸盐中的氧去氧化有机质或元素氢，为自己提供生命活动所需要的能量，同时将硫酸盐还原成 H_2S 并释放到环境中。由此可见，BSR 反应所需要的条件应该包括缺氧的还原环境、丰富的硫酸盐还原细菌、充足的有机质及硫酸盐浓度。烃源岩有机地球化学研究表明，该区烃源岩普遍在沉积初期经历了比较强烈的生物降解作用，说明期间的细菌微生物活动十分发育，同时生物标志物特征也反映出该区有机质的沉积环境为富硫还原环境，硫酸盐供给充足，而且从烃源岩中单质硫含量与有机碳含量之间的对应关系来看，硫酸盐还原细菌生命活动所必需的能量来源——有机质的供给同样十分丰富。因此，川东北地区各时代烃源岩在沉积初期或成岩早期具备了发生硫酸盐微生物还原反应

(BSR) 的物质和环境条件，能够发生 BSR 反应并形成大量的 H_2S 气体，而当环境条件发生改变，这些 H_2S 气体会因氧化作用而消耗，同时转化形成单质硫或与地层中的金属离子形成金属硫化物。

研究表明，川东北地区各时代烃源岩普遍含有比较丰富的单质硫，并以八硫环和六硫环的稳定态形式存在，其硫同位素组成普遍较轻，最轻达到－22.3‰，显示出硫酸盐微生物还原反应（BSR）的成因特征，是由 BSR 反应生成的 H_2S 气体经氧化作用而形成。飞仙关组储层中单质硫晶体则具有重的硫同位素组成，其 $\delta^{34}S$ 为＋4.5‰～＋24.6‰，平均值为＋13.6‰，明显反映出了硫酸盐热化学还原反应（TSR）的成因特征。

4.2.3.4　烃源岩中黄铁矿、石膏分布

1）烃源岩中黄铁矿和石膏含量

利用 X 射线衍射分析技术对川东北及邻近地区不同时代各种岩性烃源岩样品进行了矿物组成分析，重点查明烃源岩中含硫矿物的分布情况。从 X 射线衍射分析数据来看（表 4.8），该区岩石样品的矿物成分主要有碎屑矿物（石英、斜长石和钾长石）、碳酸盐矿物（白云石和方解石）、黏土矿物（伊利石、高岭石、蒙脱石和绿泥石）和重矿物（菱铁矿、赤铁矿和黄铁矿），而不同时代的烃源岩有不同的矿物组合形式，含硫矿物的含量差异明显。

表 4.8　川东北地区烃源岩样品矿物组成分析数据

样品产地	层位	岩性	矿物组分/%								
			黏土岩（石膏）	石英	钾长石	斜长石	方解石	白云石	菱铁矿	赤铁矿	黄铁矿
南皋	$€_1$	碳质页岩	10	56	4	1	3	1	10		5
南皋	$€_1$	黑色泥岩	4	47	4.5	19	22	2	0.5		1
南江	$€_1g$	黑色泥岩	7	83		3	4	1	0.5		1.5
城口	$€_1q$	碳质页岩	8	74	1	11	0.5	1	1		3.5
旺苍	O_2b	灰岩	0	2.6	0	1.9	94.3	0	0	0	1.2
南江	O_3w	页岩	0.5	5			93	0.5			1
城口	O_3w	黑色页岩	22	66	1	5	2.5	0.5	0.5		2.5
城口	S_1l	黑色页岩	5	86		5	0.5		0.5		3
城口	S_1l	黑色页岩	15	75		4		2			4
南川	P_1l	灰岩	0	0	1.2	0	84.9	12.2	0	0.7	1
城口	P_1q	泥灰岩	2	7.7	0	1.9	87.2	0	0	0	1.2
南江	P_1q	灰岩	0	1.1	0	0	97.7	0	0	0	1.2
城口	P_1q	灰岩	0	0	0	1.1	97.7	0.2	0	0	1
旺苍	P_1q	灰岩	0	0	0	0	98.6	0	0	0	1.4
南江	P_1q	黑色页岩	8	53	1		22.5	13	0.5		2
南江	P_1m	碳质页岩	7.6（1）	43.8	8.6	2	32	5.5	0.5	0	0

续表

样品产地	层位	岩性	矿物组分/%								
			黏土岩（石膏）	石英	钾长石	斜长石	方解石	白云石	菱铁矿	赤铁矿	黄铁矿
南川	P_1m	灰岩	0	6.1	0	1	88.8	2.7	0	0	1.4
旺苍	P_1m	灰岩	0	0.9	0	0.8	97	0	0	0	1.3
南江	P_2w	泥灰岩	0.1（0.1）	57.7	0	1.5	39.5	0.2	0.2	0.3	0.5
浅井	P_2l	黑色页岩	60	18.5	1	0.7	1	0.8			12
广元	P_2d	黑色泥岩	3	61.5			30	4	0.5		1

X射线衍射分析数据表明，寒武系烃源岩中黄铁矿含量1%～5%不等，上奥陶统—下志留统烃源岩中黄铁矿含量在1%～4%之间。寒武系与志留系烃源岩中不含石膏。二叠系烃源岩普遍含一定数量的黄铁矿和石膏等含硫矿物（图4.24）。下二叠统梁山组（P_1l）灰岩含有少量黄铁矿，栖霞组（P_1q）灰岩样品中均含有黄铁矿，茅口组（P_1m）灰岩含有约1.4%的黄铁矿，泥灰岩含有0.2%的石膏，碳质页岩中含有0.2%的石膏。上二叠统泥岩和泥灰岩含较丰富的黄铁矿和少量石膏，重庆南川龙潭组泥岩黄铁矿含量最高，可达12%，毛坝3井上二叠龙潭组泥岩和华蓥山地区龙潭组煤在肉眼下可观察到黄铁矿颗粒呈分散状分布于岩石中。能谱照片下可观察到南川龙潭组泥岩和河坝1井大隆组泥岩中呈板条状的石膏及粒状黄铁矿分布。

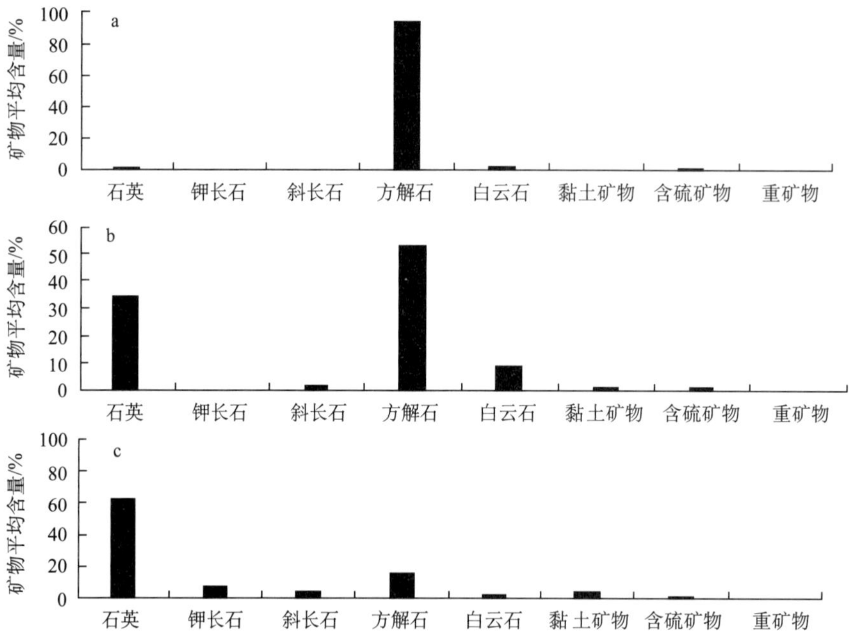

图4.24　二叠系烃源岩样品矿物组成特征

2）烃源岩中黄铁矿硫同位素特征

黄铁矿是 H_2S 与铁离子反应形成或者元素硫与铁离子反应形成，无论哪种形成过程其硫同位素都反映其形成机制，TSR 反应产物或者中间产物形成的黄铁矿硫同位素与储层中的石膏硫同位素具有可比性，而细菌作用形成的黄铁矿硫同位素明显为负值（Trudinger and Chambers，1973）。表 4.9 显示，川东北地区不同层位源岩中黄铁矿硫同位素为负值，是细菌作用所形成。

表 4.9　川东北地区部分井不同层位烃源岩黄铁矿硫同位素

井号	层位	深度/m	$\delta^{34}S$/‰	样品特征
渡 3 井	T_1f	4290.00	−2.1	细粒灰岩上的黄铁矿
毛坝 3	P_2l	5186.52	−14.0	黑色泥岩中黄铁矿晶体
河坝 1 井	P_2l	5638.21	−28.6	黑色泥岩中黄铁矿晶体
普光 5 井	P_1q	5957.00	−9.2	深灰色灰岩中的黄铁矿
普光 5 井	S_2h	6076.60	−28.7	深灰色灰岩中的黄铁矿

4.3　储层中的含硫物质分布及地化特征

目前发现的含硫化氢气藏储层的性质绝大多数是白云岩储层（朱光有等，2007），我国高含硫化氢天然气主要分布的渤海湾盆地赵兰庄气田、罗家气田等陆相气田和四川盆地渡口河、罗家寨、铁山坡、中坝、威远和卧龙河、普光等海相气田储层均分布在富含硫酸盐矿物（石膏）的层系中（陈安定等，2009）。国内已知硫化氢丰度最高的华北赵兰庄气田主要含油气层系为古近系孔店组和沙河街组四段，二者为一套厚逾千米的硫酸盐、碳酸盐和砂泥岩互层盐湖建造，其中膏盐厚度超过 400m。济阳拗陷罗家气田储集层为沙河街组四段，是一套由石膏岩、泥膏岩、白云岩、泥灰岩、油页岩和砂砾岩组成的储集层，其中泥膏岩、白云岩、泥灰岩、油页岩为罗家气田的主力源岩。四川盆地含硫化氢天然气分布地层有三叠系飞仙关组，二叠系长兴组、嘉陵江组和雷口坡组，石炭系和震旦系。高含硫化氢气藏的储层夹于富含石膏、硬石膏的碳酸盐岩地层中。含硫化氢较低的鄂尔多斯盆地靖边气田（平均值低于 0.1%）同样发育石膏沉积。气田的主要储集层下奥陶统马家沟组五段总体属于蒸发潮坪相环境，尤其下奥陶统马五 1 至马五 4 层，是在下奥陶统马五 5 层海进基础上的海退沉积，岩性以白云岩为主，夹泥质白云岩、白云质膏岩及薄层凝灰岩。石膏层分布在下奥陶统马五段，位于主力气层之下，最大厚度 29m，平均厚 6.8m，气层中常见石膏假晶铸模孔的去膏化白云岩（陈安定等，2009）。上述特征表明，含膏盐岩及白云岩组合与含硫化氢油气储集密切相关。膏盐岩属于蒸发性矿物，极易水解，除了对后生成岩及孔隙演变产生影响外，在晚成岩作用阶段同样对流体组分产生影响（江兴福等，2002）。另外，白云岩储层地层水中镁离子含量要比灰岩丰富，对 TSR 反应的催化作用也较明显，这两个因素决定了硫化氢天然气多形成于白云岩储层。

4.3.1　碳酸盐岩储层中含硫物质及其地球化学特征

根据大量井下岩心岩屑样品观察及前人资料收集，在四川盆地各时代的碳酸盐岩储层中已发现黄铁矿、单质硫、石膏等多种形态的含硫物质。

目前在部分公开发表的文献中可见四川盆地川东北飞仙关组、长兴组碳酸盐岩储层中存在单质硫和储层石膏的报道（王一刚等，2002；王兰生等，2004；朱光有等，2006b）。罗家寨与铁山坡等高含硫气田飞仙关组储层中见有淡黄色的硫磺晶体，主要分布于储层中膏盐层面上，部分呈大晶族状（朱光有等，2005a）；在坡1井飞仙关组鲕粒白云岩储层下的膏质泥晶白云岩中部分被方解石交代的石膏、硬石膏结核中见含有硫磺（王一刚等，2002）。但在普光、毛坝气田的飞仙关组储层岩心中较少发现单质硫的存在，仅在处理毛坝3井嘉陵江组岩屑样品（3376m）时观察到微量的单质硫呈黄色、微粒状，与白云岩生长在一起（图4.25）。

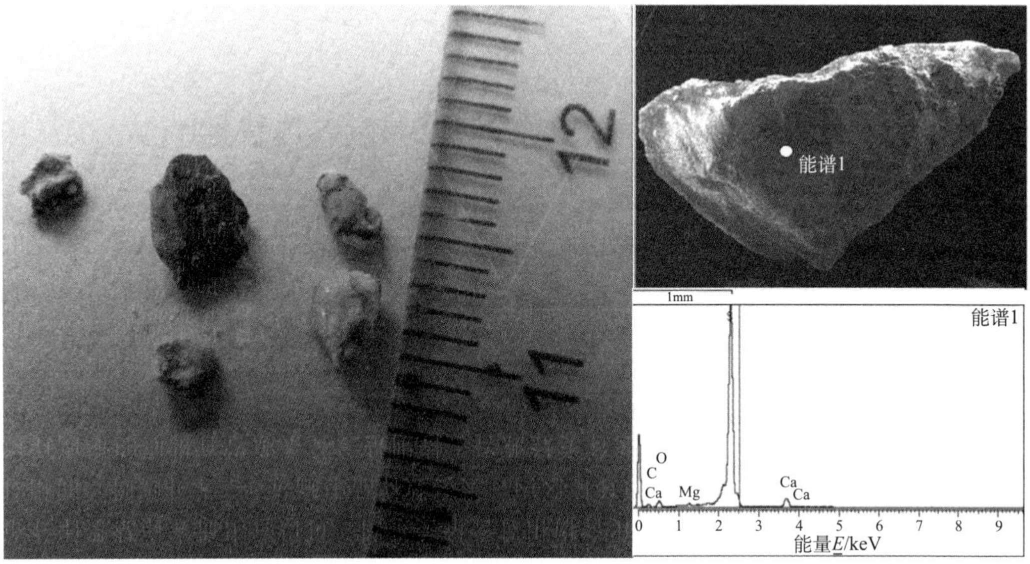

图4.25　毛坝3井嘉陵江组岩屑样品中的硫磺晶体

膏岩是海相地层中最为常见的含硫物质形式，在四川盆地川东北地区，膏盐岩主要分布在三叠系雷口坡组、嘉陵江组和飞仙关组四段（T_1f^4），作为盖层出现，储集岩中分布并不广泛。飞一至飞三段（T_1f^{1-3}）高含硫气藏主力储集岩段中石膏主要以膏质泥晶白云岩夹层的形式存在；罗家寨等气田飞二段至飞三段比较致密的岩心裂缝中可见一些硬石膏，大多呈脉状或斑点状分布（谢增业等，2008）；气藏储层之下的泥晶白云岩中常见分散分布的结核状、斑晶状石膏、硬石膏或它们的假像，有时形成雏鸡状或肠状构造，在一些孔隙不发育的致密的鲕粒白云岩中早期充填在粒间的石膏、硬石膏发育（王一刚等，2002）。普光5、毛坝3等岩心岩石薄片和全岩X射线衍射分析表明，飞一至飞三段（T_1f^{1-3}）以及长兴组溶孔鲕粒白云岩或生物骨架白云岩等孔隙发育的优质储集岩中石膏含量很少，但能见到一些膏模孔及石膏或硬石膏的方解石假晶（王一刚等，2002）。

川东北飞仙关组-长兴组真正的碳酸盐岩优质储集岩中单质硫和石膏的分布并不普遍，而黄铁矿则是较为常见的含硫化合物。普光2、普光5、普光8和毛坝3等井长兴组和飞仙关组储层岩心肉眼下可观察到多种产状的黄铁矿存在，多呈细脉状、团块状、浸染状或星点状分布；显微薄片观察可见黄铁矿微晶呈粒状分布于各种孔缝类型的白云岩中，或与碳沥青共生，或沿缝合线较富集。在川东南丁山1井震旦系灯影组（Z_2dn）白云岩储层和志留系石牛栏组灰岩中见大量黄铁矿，灯影组黄铁矿含量在0.30%～2.57%，平均0.99%；石牛栏组在1.25%～7.00%，平均3.40%（刘树根等，2006）。

表4.10为四川盆地不同时代的储层及烃源岩中含硫物质的硫同位素分布特征。川东北飞仙关组与长兴组储层中单质硫（硫磺）的硫同位素分布很宽，$\delta^{34}S$基本在+5.0‰以上，最高+24.6‰（朱光有等，2005b）；而储层中的黄铁矿硫同位素，除渡3井飞仙关组一个样品值偏负（−2.1‰）以外，其他均为正值，分布在+6.8‰～+20.7‰。威远气田威117井震旦系白云岩储层中黄铁矿$\delta^{34}S$值则相对集中，分布在+12.6‰～+15.1‰。四川盆地各地区不同时代烃源岩中的黄铁矿硫同位素则明显偏负，除红岩龙潭组煤和丁山1井寒武系牛蹄塘组页岩少数几个样品中黄铁矿的值为正值外，其他皆为负值，平均值为−9.1‰，广元长江沟大隆组泥岩中黄铁矿$\delta^{34}S$值最轻可达−29.8‰。

表4.10 四川盆地不同时代储层及烃源岩中含硫物质硫同位素特征

样品类型	井号/剖面	层位	深度/m	岩性特征	$\delta^{34}S$/‰
储层中硫磺	金珠1井[a]	$T_1f^{3\text{-}1}$	2914.26	膏岩层面上的硫磺晶体	+4.5
	罗家5井[a]	$T_1f^{3\text{-}1}$	2939.00	黑色灰岩上的大块硫磺晶体	+14.1
	七里52井[a]	$T_1f^{3\text{-}1}$	3941.89	膏岩间的大块硫磺晶体	+24.6
	朱家1井[a]	$T_1f^{3\text{-}1}$	5648.91	膏岩层面上的斑状硫磺晶体	+5.6
	坡1井[b]	$T_1f^{3\text{-}1}$	/	斑状硫磺晶体	+19.1
储层中黄铁矿	毛坝3井	T_1f	3881.89	泥晶白云岩中黄铁矿	+20.7
	毛坝3井	T_1f	3886.00	泥晶白云岩中黄铁矿	+15.9
	七里52井[a]	$T_1f^{3\text{-}1}$	3794.98	钙质白云岩中黄铁矿	+20.2
	渡4井[b]	$T_1f^{3\text{-}1}$	/	储层中的黄铁矿晶体	+20.2
	坡1井[b]	$T_1f^{3\text{-}1}$	/	储层中的黄铁矿晶体	+18.7
	渡3井[a]	T_1f	4290.00	细粒灰岩中黄铁矿	−2.1
	普光8井	P_2ch	5512.10	溶孔白云岩脉状黄铁矿	+6.8
	威117井[a]	Z_2d	3010.09	隐藻白云岩中黄铁矿晶体	+14.0
	威117井[a]	Z_2d	3135.80	隐藻白云岩中黄铁矿晶体	+14.9
	威117井[a]	Z_2d	3286.20	隐藻白云岩中黄铁矿晶体	+15.1
	威117井[a]	Z_2d	3471.57	隐藻白云岩中黄铁矿晶体	+12.6
	威117井[a]	Z_2d	3478.30	隐藻白云岩中黄铁矿晶体	+12.7
	威117井[a]	Z_2d	3625.00	隐藻白云岩中黄铁矿晶体	+13.9

续表

样品类型	井号/剖面	层位	深度/m	岩性特征	$\delta^{34}S$/‰
烃源岩中黄铁矿	广元长江沟	P_2d	地表	黑色硅质泥岩中黄铁矿	−25.7
	广元长江沟	P_2d	地表	黑色硅质泥岩中黄铁矿	−29.8
	凯里渔洞	P_2l	地表	煤中黄铁矿	−5.3
	红岩李家沟煤矿	P_2l	地表	煤中黄铁矿	+6.4
	红岩李家沟煤矿	P_2l	地表	煤中黄铁矿	+10.8
	红岩丁家煤矿	P_2l	地表	煤中黄铁矿	+5.0
	毛坝3井	P_2l	5186.52	黑色泥岩中黄铁矿	−14.0
	河坝1井	P_2d	5638.21	黑色泥岩中黄铁矿	−28.6
	普光5井	P_1m	5883.79	深灰色灰岩中黄铁矿	−10.7
	普光5井	P_1q	5957.00	深灰色灰岩中黄铁矿	−9.2
	普光5井	S_2h	6076.60	深灰色灰岩中黄铁矿	−28.7
	渡4井[a]	S	5225.00	细粒灰岩中黄铁矿	−0.6
	七里14井[a]	S	4615.10	细粒灰岩中黄铁矿	−16.0
	习水良村	S_1l	地表	黑色页岩中黄铁矿	−15.2
	南江桥亭	S_1l	地表	黑色页岩中黄铁矿	−2.6
	华蓥山	S_1l	地表	薄层状黑色页岩中黄铁矿	−6.5
	丁山1井	O_3j	1526.10	泥灰岩中黄铁矿	−10.6
	丁山1井	$€_1n$	3487.50	黑色泥岩中黄铁矿	+18.9
	通江诺水河	$€_1q$	地表	黑色页岩中黄铁矿	−9.9

a. 引自朱光有等，2005a；b. 引自王一刚等，2002。

硫元素具有多种价态，当同位素交换平衡时，硫的价态越高，含硫化合物越富集^{34}S；温度越低时，分馏系数越大；高温时分馏系数趋于一致（刘英俊等，1986）。特别是TSR成因的硫化氢，硫同位素的最大分馏一般不会大于22‰，硫酸盐相对于H_2S富集^{34}S；高温形成的H_2S比低温形成的H_2S更富集^{34}S（朱光有等，2006a）。川东北与威远含硫化氢天然气田储层中单质硫与黄铁矿硫同位素相对于各时代的烃源岩中黄铁矿来说明显要重，应具有不同的成因来源。通常认为硫酸盐的热化学还原成因生成的硫化物具有重的硫同位素组成，与同源硫酸盐的硫同位素分馏小，相应硫化物的硫同位素组成常略小于或等于同源硫酸盐的值，且$\delta^{34}S$一般为正值，但反应程度不同，形成的硫化物$\delta^{34}S$也不同。川东北和威远气田储层中黄铁矿主要为硫酸盐热化学反应的产物，镜下观察明显具有后期生成特征，是由TSR形成的硫化氢与地层中的铁离子相结合而形成的，为次生成因，其硫来自于TSR反应形成的H_2S（朱光有等，2006b）。由于热化学反应不完全程度的不同，造成各井储层中形成的黄铁矿$\delta^{34}S$值分布范围较大。

烃源岩中的黄铁矿主要形成于沉积早期的低温还原环境，由细菌还原形成，属于生物成因（BSR），因而具有较轻的硫同位素值（表4.10）。烃源岩中黄铁矿$\delta^{34}S$值的较大差异可能与烃源岩形成时的沉积环境有关，如毛坝3井龙潭组黑色泥岩中黄铁矿$\delta^{34}S$

值相对于河坝 1 井大隆组黑色泥岩就明显偏重（分别为－14.0‰、－28.6‰）。毛坝 3 井黄铁矿可能是在半封闭滞留海相环境下生成的，在半封闭环境硫酸盐的还原速度比硫酸盐供给速度要快（$K_1/K_2=1.025$），如果金属离子供给有限，即对 H_2S 是封闭系统，由于 S^{32}—O 链首先断裂，最初形成的 H_2S 具最低的 $\delta^{34}S$ 值，随硫酸盐不断被还原，硫化氢逐渐富集 ^{34}S，导致由其形成的黄铁矿硫同位素组成偏重。在开放环境由于硫酸盐得到补充，使硫酸盐的 $\delta^{34}S$ 基本保持不变，产生的硫化物 $\delta^{34}S$ 也相对稳定，保持偏轻特征，如河坝 1 井大隆组泥岩中黄铁矿。

4.3.2　储层固体沥青中含硫物质

4.3.2.1　储层固体沥青分布

四川盆地各气田海相碳酸盐岩储层中广泛发育储层固体沥青，其主要分布层位有川东北地区的飞仙关组-长兴组礁滩相白云岩、川东地区石炭系黄龙组白云岩、以及川南地区的震旦系灯影组藻白云岩等储层。这些储层固体沥青基本为古油藏遭受破坏后形成的产物（谢增业等，2005b；秦建中等，2007a）。

川东北地区飞仙关组固体沥青主要呈环边状附于鲕粒白云岩、残余鲕粒白云岩的各种类型储层孔壁上，或者呈小球体状局部充填于储层各种孔隙；而长兴组生物礁白云岩储层中固体沥青则多呈不规则团块状充填各种孔隙的大部分空间（秦建中等，2007a）。普光、毛坝气田的飞仙关组储层沥青含量及厚度明显要高于罗家寨、渡口河、铁山坡等气田（表 4.11）。长兴组固体沥青主要在普光及毛坝气田中可见，多呈团块状充填于各种溶蚀孔洞和生物礁格架孔中。

表 4.11　川东北飞仙关-长兴组碳酸盐储层沥青含量统计

井位/气田	层位	含沥青层厚/m	沥青平均面积含量/%	井位/气田	层位	含沥青层厚/m	沥青平均面积含量/%
普光 2 井	T_1f	150	5.8	罗家 8 井	T_1f	85	
普光 4 井	T_1f	42	4.6	渡口河*	T_1f	33	0.54
普光 6 井	T_1f	139	5.2	七里北 1 井*	T_1f	55	4.5
普光 9 井	T_1f	125	7.8	金珠坪	T_1f	33	
毛坝 3 井	T_1f	93	3	鹰 1 井	P_2ch		0.1
铁山坡*	T_1f	46	1.0	普光 4 井	P_2ch	165	6.27
罗家 1 井	T_1f	30	0.74	普光 6 井	P_2ch	68	7.02
罗家 2 井*	T_1f	72	1.66	普光 5 井	P_2ch	169	
罗家 5 井*	T_1f		2.5	毛坝 3 井	P_2ch	110	5
罗家 6 井	T_1f	26	0.72	普光 9	P_2ch	145	
罗家 7 井	T_1f	13		盘龙洞	P_2ch	120	

*引自谢增业等，2005b。

石炭系黄龙组白云岩储层是四川盆地另一套富含储层固体沥青的层位，储层沥青主要分布在开江-梁平-重庆印支期古隆起中部古构造高带及同期的重庆-大竹鼻状隆起区，以及该中部古隆起区西侧达县-广安地区，古隆起东侧的开县-云阳地区储层沥青少见（图 4.26）。固体沥青多呈断续薄膜状沿孔分布或充填于微裂缝中（王一刚等，1996），石炭系黄龙组白云岩残余有机碳含量基本小于 0.1%，但在古隆起顶部区域，有机碳含量较高，可达到 0.45%，这可能主要与古隆起顶部富含储层沥青有关。

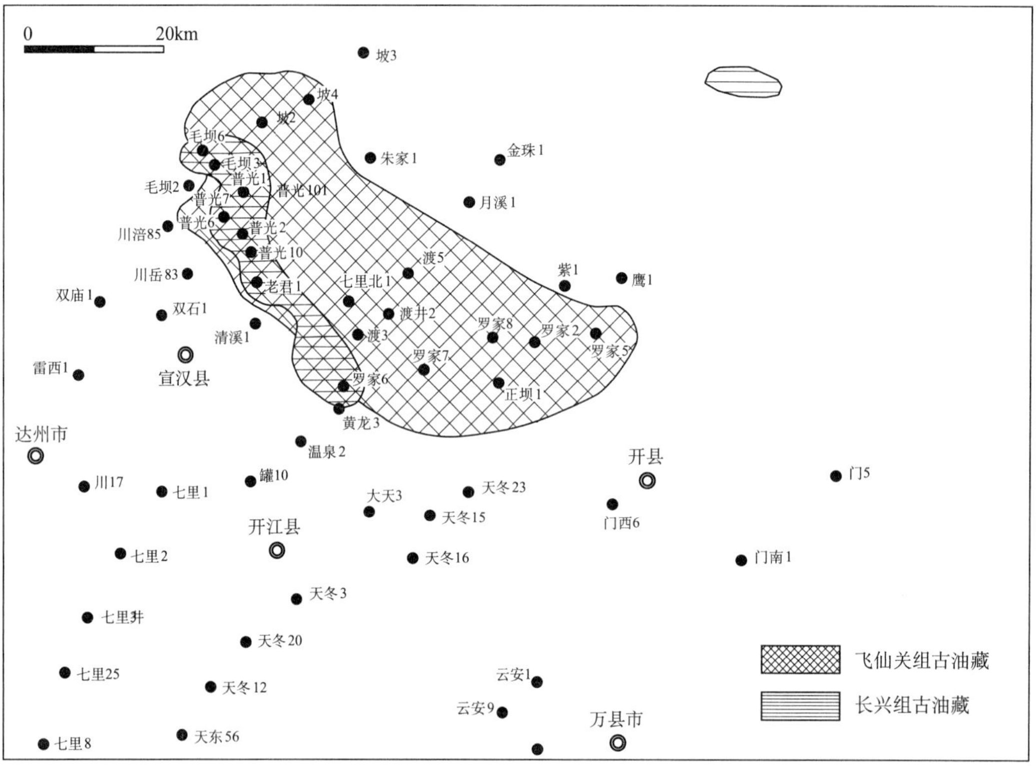

图 4.26　川东地区飞仙关组-长兴组古油藏分布图

四川盆地川南地区震旦系—下古生界的碳酸盐岩储层中同样富含储层固体沥青（黄籍中、冉隆辉，1989；宋文海，1996）。固体沥青分布主要受乐山-龙女寺古隆起的影响，灯影组沥青从拗陷带、斜坡带到古隆起含量逐渐升高（汪泽成等，2002），在隆起带，震旦系灯影组普遍含沥青，以震旦系顶沥青含量最高（图 4.27）。拗陷带的窝深 1 井沥青平均含量为 0.41%；斜坡带的自深 1 井平均含量为 1.13%，威 117 井为 0.93%；在古隆起核部沥青平均含量以女基井最高，为 8.12%，安平 1 井为 2.40%，高科 1 井为 5.41%，资 2 井为 5.29%。威远地区沥青层厚平均 38m，资阳地区平均厚约 23m（刘树根等，2006）。川东南丁山 1 井灯影组藻屑白云岩储层中固体沥青面积含量在 0.2%～5.0%，平均 1.9%，含沥青储层厚度约 160m（付小东等，2008）。

川南地区寒武系储层沥青分布从拗陷带、斜坡带到古隆起也呈逐渐增加趋势，高科 1 井为 2.5%，合 12 井为 2.0%～3.5%（平均为 1.95%），丁山 1 井为 1.0%，安平 1

井为 3.1%；奥陶系储层沥青含量安平 1 井 4.0%，合 12 井 3.0%，丁山 1 井少见沥青（刘树根等，2006）。

四川盆地三叠系飞仙关组、二叠系长兴组、石炭系黄龙组以及震旦系灯影组碳酸盐岩储层中的固体沥青大多为古油藏裂解后的残余物（王一刚等，1996；张林等，2005；谢增业等，2005b；马永生等，2005；秦建中等，2007a）。根据储层沥青含量及分布可大致推算各时代古油藏的分布范围（图 4.9），结合不同性质原油裂解形成固体沥青的模式，可利用固体沥青储量反推古油藏原油储量规模。通过计算，川东北地区普光、罗家寨、渡口河等高含硫气田群飞仙关组古油藏储层固体沥青储量约 50 亿 t，古油藏估计原油储量约 130 亿 t；长兴组储层沥青储量约 30 亿 t，古油藏储量约 60 亿 t。川南地区威远气田震旦系固体沥青储量约 9.7 亿 t，古油藏估计原油储量 17 亿 t（刘树根等，2006）。

自然界中硫化氢可以通过不同的途径形成，如微生物硫酸盐还原（BSR）、有机含硫化合物的热裂解、硫酸盐热化学还原（TSR）和火山喷发等，但是由生物成因（BSR）和有机含硫化合物热裂解形成的硫化氢浓度一般不会超过 3.0%，大多小于 0.5%。目前大多数学者认为四川盆地川东北地区高含硫化氢天然气田群及威远气田中 H_2S 气体是硫酸盐热化学还原作用（TSR）形成（王一刚等，2002；朱光有等，2006a；张水昌等，2006；刘德汉等，2006）。TSR 是在热动力驱动下，烃类（尤其是液态烃）与硫酸根离子发生化学反应，将硫酸根离子还原生成 H_2S、CO_2 等酸性气体的过程，因此早期储量巨大的古油藏是储层中发生大规模 TSR 反应形成高含硫天然气藏必备的物质基础。

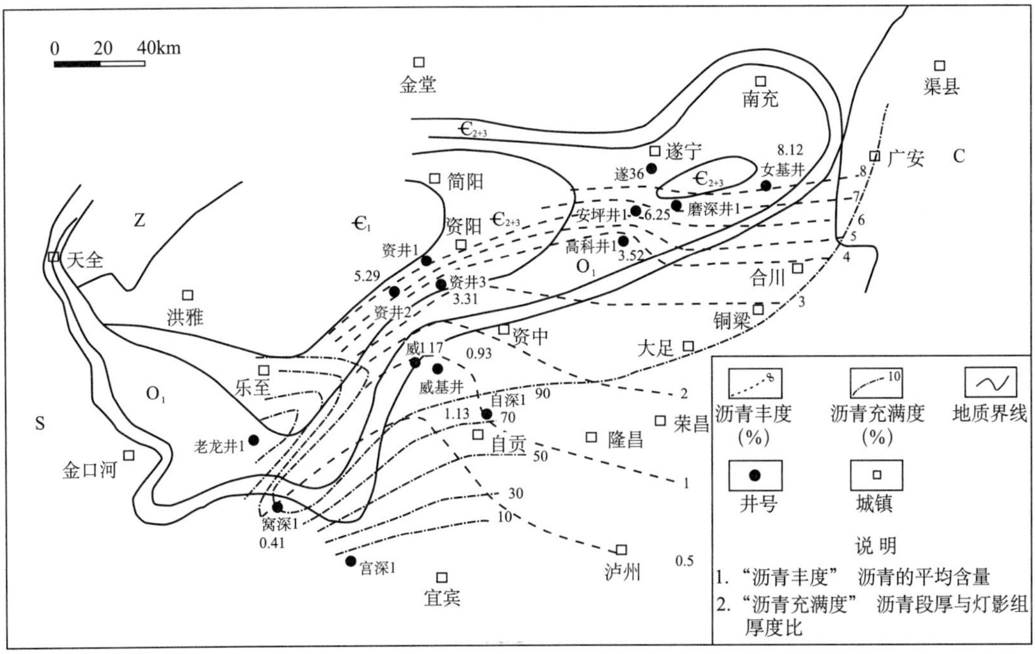

图 4.27　乐山-龙女寺古隆起灯影组沥青平均分布等值线图（据汪泽成等，2002；刘树根等，2006）

4.3.2.2 储层固体沥青中的硫含量与同位素特征

川东北地区普光气田等飞仙关组与长兴组储层固体沥青元素分析表明其具有贫氢富硫的特征（表4.12），硫元素含量1.5%～26.4%，且大多在10%以上，平均为15.9%；硫/碳（S/C）分布在0.09～0.74，平均值为0.28。川东北盘龙洞生物礁储层中暗色沥青中硫元素含量则更高，平均达42.1%，最高可达88.8%，而其周围纯碳酸盐岩S含量比较低仅在1.05%～1.98%（李晓燕等，2009）。川东北须家河组固体沥青中硫元素含量仅为1%～2%，S/C值为0.005～0.01（蔡勋育等，2006）；广元长江沟寒武系地层中脉状固体沥青硫元素含量为5.39%～6.15%，都远低于川东北高含硫气田群飞仙关组与长兴组固体沥青。四川盆地各时代烃源岩干酪根中有机硫元素含量为0.10%～18.55%，且大多低于10%，平均值为8.3%；S/C值分布在0.01～0.12，平均0.05（表4.13）。

表4.12 川东北地区飞仙关组储层固体沥青元素组成及同位素特征

井号	层位	深度/m	C/%	S/%	H/%	S/C	H/C	$\delta^{13}C$/‰	$\delta^{34}S$/‰
毛坝3[a]	T_1f^1	4376～4384	59.62	11.99	0.91	0.20	0.02	−27.78	10.13
普光2[a]	T_1f^1	5094～5104	17.72	1.54	0.55	0.09	0.03	−25.85	
坡2[b]	T_1f^{3-1}	4059.4	51.10	10.90	2.04	0.21	0.04	−29.41	
坡2[b]	T_1f^{3-1}	4058.5	60.80	17.10	2.32	0.28	0.04	−29.37	
坡2[b]	T_1f^{3-1}	4034.9	65.48	17.60	2.33	0.27	0.04	−29.04	
坡2[b]	T_1f^{3-1}	4050.2	55.70	16.80	2.24	0.30	0.04	−29.30	
渡1[b]	T_1f^{3-1}	4313	51.00	26.40	2.85	0.52	0.06	−28.84	15.30
渡3[b]	T_1f^{3-1}	4300.9	48.30	12.45	2.09	0.26	0.04	−27.04	13.10
渡3[b]	T_1f^{3-1}	4310	57.60	13.20	2.21	0.23	0.04	−28.69	
渡3[b]	T_1f^{3-1}	4280	65.60	13.40	3.69	0.20	0.06	−27.46	
七里北1[b]	T_1f^{3-1}	4048.5	68.90	15.10	2.26	0.22	0.03	−29.22	
七里北1[b]	T_1f^{3-1}	4050.2	52.50	10.50	3.57	0.20	0.07	−29.28	
黄西2[b]	T_1f^{3-1}	3977.6	75.90	14.50	2.50	0.19	0.03	−29.26	
黄西2[b]	T_1f^{3-1}	3938.9	65.00	24.90	5.03	0.38	0.08	−28.94	
黄西2[b]	T_1f^{3-1}	3775.2	55.00	26.30	3.17	0.48	0.06	−28.52	
罗家1[b]	T_1f^{3-1}	3486.5	73.90	14.90	2.60	0.20	0.04	−29.03	
罗家1[b]	T_1f^{3-1}	3484.1	75.90	15.10	2.35	0.20	0.03	−29.27	
罗家1[b]	T_1f^{3-1}	3477.7	76.41	14.50	3.73	0.19	0.05	−28.41	
罗家1[b]	T_1f^{3-1}	3494	76.53	15.30	5.07	0.20	0.07	−28.72	
罗家1[b]	T_1f^{3-1}	3525	73.32	13.70	2.50	0.19	0.03	−28.66	
罗家1[b]	T_1f^{3-1}	3473.3	45.10	22.05	2.57	0.49	0.06	−28.42	
罗家2[b]	T_1f^{3-1}	3297.2	33.10	24.45	1.17	0.74	0.04	−28.30	16.70
罗家9[b]	T_1f^{3-1}	3155	66.10	22.3	2.73	0.34	0.04	−28.93	
铁山5[b]	T_1f^{3-1}	2874	74.82		4.57		0.06	−28.62	
铁山5[b]	T_1f^{3-1}	2876	74.25		5.91		0.08	−28.64	

a. 据钟荣春，2007修改；b. 据王铜山等，2008修改。

表 4.13 四川盆地及周缘各时代烃源岩干酪根元素组成

剖 面	岩 性	时代	C/%	H/%	O/%	S/%	N/%	H/C	S/C
万源官渡	薄层黑色硅质岩	P_2d	71.05	3.20	9.09	10.22	1.85	0.54	0.05
	纹层状黑色页岩	P_2d	69.66	3.10	19.45	5.33	1.72	0.53	0.03
万源梨树	黑色页岩	P_2d	73.78	3.56	10.18	6.90	2.04	0.58	0.04
	黑色页岩	P_2d	72.68	3.50	11.41	6.58	1.82	0.58	0.03
	黑色页岩	P_2d	64.12	3.34	10.69	10.75	2.05	0.63	0.06
	黑色碳质页岩	P_2w	50.08	3.13	18.70	11.22	0.69	0.75	0.08
万源白果	黑色页岩	P_2d	73.06	4.19	7.87	8.46	2.18	0.67	0.04
	灰黑色页岩	P_2w	60.23	3.49	25.48	8.90	0.49	0.70	0.06
河坝1井	黑色含硅钙质泥岩	P_2d	70.38	1.70	5.77	13.64	2.12	0.29	0.07
广元长江沟	黑色泥岩	P_2d	80.20	4.50	7.73	5.27	2.51	0.67	0.02
	黑色泥岩	P_2d	76.51	5.24	6.86	7.55	2.30	0.82	0.04
	黑色泥岩	P_2d	73.65	5.17	5.79	6.44	2.54	0.84	0.03
	碳质页岩	P_2w	76.58	5.54	8.41		2.60	0.87	
重庆南川	灰色泥岩	P_2l	70.18	2.41	10.06	9.28	1.50	0.41	0.05
普光5井	深灰色泥灰岩	P_2l	75.76	1.90	8.88	5.09	1.90	0.30	0.03
	深灰色泥灰岩	P_2l	62.59	2.62	17.05	12.22	1.58	0.50	0.07
	深灰色灰岩	P_2l	73.32	1.99	8.30	2.88	1.81	0.33	0.01
	黑色泥岩	P_2l	76.40	1.37	8.12	6.66	1.90	0.22	0.03
	碳质泥岩	P_2l	79.11	1.65	8.82	2.99	1.88	0.25	0.01
毛坝3井	深灰色灰岩	P_2l	74.56	1.99	11.26	3.33	1.49	0.32	0.02
	泥质灰岩	P_2l	68.92	2.44	7.70	13.66	1.49	0.42	0.07
	黑色碳质泥岩	P_2l	59.33	1.86	6.90	8.56	1.97	0.38	0.05
	黑色碳质泥岩	P_2l	73.40	2.04	6.25	8.56	2.18	0.33	0.04
	黑色碳质泥岩	P_2l	73.57	2.44	8.71	7.53	3.16	0.40	0.04
	灰黑色碳质泥岩	P_2l	85.05	2.24	4.68	4.59	2.38	0.32	0.02
城口明通井	黑色页岩	S_1l	69.41	2.80	11.46	0.12	2.66	9.78	0.00
	黑色硅质岩	O_3w	74.38	3.08	10.00	0.10	2.58	7.78	0.00
南江桥亭	黑色泥岩	S_1l	56.88	1.97	7.07	18.55	1.80	0.42	0.12
习水良村	黑色泥岩	S_1l	65.39	2.42	10.23	11.99	2.26	0.44	0.07
城口龙田	黑色碳质页岩	$€_1s$	66.00	2.38	11.20	14.04	1.82	0.43	0.08
丁山1井	灰黑色碳质泥岩	$€_1n$	56.05	1.86	13.42	14.58	2.26	0.40	0.10
	黑色泥岩	$€_1n$	54.16	1.34	6.30	17.08	1.58	0.30	0.12
贵州麻江	黑色泥岩	$€_1n$	62.34	2.37	8.52	14.71	1.97	0.46	0.09

飞仙关组与长兴组储层沥青中有机硫元素同位素分布在+9.76‰～+16.70‰，平均+13.00‰（朱扬明等，2008）。而四川盆地各时代烃源岩中单质硫 $\delta^{34}S$ 值分布在－20.60‰～+6.40‰，平均－5.6‰；黄铁矿 $\delta^{34}S$ 平均为－9.10‰；川东北普光5井、河坝1井等二叠系泥质烃源岩干酪根中有机硫同位素则分布在－23.56‰～+2.89‰，平均－12.00‰。川东北各高含硫气田飞仙关组与长兴组储层沥青比其他层位储层沥青和各时代烃源岩的干酪根明显富集有机硫，且其硫同位素特征差异明显：烃源岩中各种含硫物质中的硫同位素值明显偏负，而储层沥青中硫同位素值则都为正，与储层中石膏、黄铁矿以及天然气中的 H_2S 气体等含硫物质的硫同位素特征相近。因而储层沥青中富含的硫主要不应该是从烃源岩中继承而来，而是在TSR反应过程中硫酸根离子（硫酸盐）中的高价态硫不断被还原，形成的低价硫一部分形成 H_2S 气体，另一部分与沥青结合导致沥青中硫含量增加。

4.3.3　碳酸盐岩储层包裹体中含硫物质

在四川盆地东北部飞仙关组碳酸盐岩储层中，发育有沥青包裹体、气液包裹体、气相包裹体和液相包裹体等多种类型的流体包裹体（谢增业等，2006；刘德汉等，2006；陶士振等，2006）。利用显微激光拉曼分析普光5井长兴组溶孔白云岩储层中气液两相包裹体中气相的组分，发现其中富含 H_2S（图4.28）。谢增业等利用激光拉曼光谱法半定量的分析了川东北地区渡口河、罗家寨与铁山坡等气田飞仙关组碳酸盐储层中各种类型的单个包裹体的组分特征，也在部分包裹体中发现有含硫物质 H_2S 的存在（表4.14），其中坡4井单个包裹体中 H_2S 含量最高达到16.63%。刘德汉等（2006）在飞仙关储层的自生石膏中发现一种非常特殊的双球状不混溶流体包裹体，利用激光拉曼测定其中有元素硫（单质硫）的存在。

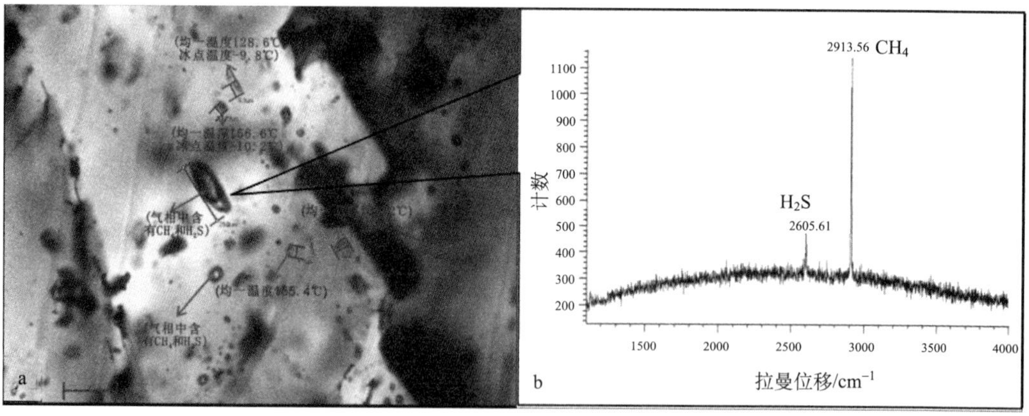

图4.28　普光5井长兴组白云岩储层包裹体中富含 H_2S

a. 镜下包裹体照片；b. 包裹体中气相组分激光拉曼谱图

表 4.14　川东北地区飞仙关组储层单个包裹体主要组分含量（%）（谢增业等，2006）

井号	C_4H_6	C_2H_2	CO	CO_2	N_2	C_3H_8	CH_4	C_2H_6	C_2H_4	C_6H_6	H_2O	H_2S
渡 1	0.77	1.35		12.45		0.75	49.57			1		
渡 2		4.37		65.48		1.24		4.51	6.05	3.21		
渡 5						0.04	0.04	0.05			98.16	
渡 5	1.23			7.48		0.51	5.57				98.16	
渡 5	0.14					0.16	0.21				89.81	0.33
渡 5						14.33	6.57	13	8.89	4.52		
渡 5	1.19			1.81	1.41	1.44	67.32	4.98	7.11			
罗家 1	2.27	10.41		14.72		5.99	6.31	6.97				
罗家 1		4.43		54.69		22.19	12.83	5.85				
罗家 2	0.21	0.177				0.14	0.11		0.215		99.15	
罗家 2			5.73			0.81	0.7	0.4126			92.34	
罗家 6	0.26		2.67			0.35	0.8	0.3439			86.05	
罗家 6		7.95				8.31	5.72	11.187				
罗家 6	0.54		0.86		0.66		2.45				91.57	0.32
罗家 6	0.07		0.12	0.24	0.1		8.47	0.08		0.26	89.08	0.98
罗家 5	15.88	3.944				12.03	41.36	0				
罗家 5	11.56					5.97	36.23	5.2448				
坡 2 井	1.26	2.39	3.37		3.2	4.22	75.4	2.79	2.63			
坡 2 井	0.12		0.09	0.33	0.1	5.07	91.46	1.25	1.22			0.1
坡 2 井		0.08					1.07				90.78	
坡 2 井	0.17	0.33					8.75				82.88	
坡 3 井						0.142	0.1164				90.84	
坡 3 井	0.0866						0.73	0.1551			99.03	
坡 4 井						1.19	57.5	2.7				16.63
七里北 1	3.07					3.8	80	1.56		1.73		2.17

4.4　地层水中含硫物质分析

地层水是油气层边部、底部、层间和层内的各种边水、底水、层间水及束缚水的总称，而通常情况下，地层水主要是指沉积盆地中的深层水，包括原生水、同生水、成岩水、下渗大气降水和下渗海水等，不包括地表水和浅层地下水（孙向阳，2001）。

地层水存在于任何一个油气藏的流体系统中，它以不同的形式与油气共存于岩石孔隙空间中，构成复杂的地质流体。地层水不仅是油气运移的驱动力，而且还是油气运移、聚集的载体，其形成及运动规律与油气的形成、运聚乃至油气藏的形成、保存和破坏有着十分密切的联系。而且由于其与油气构成的这一复杂地质流体在与围岩长期的接触过程中，将发生一系列的水-岩反应和地球化学变化，不仅改变了原有地层水的面貌，如富集重金属、SO_4^{2-}等，而且通过溶蚀作用或矿物沉淀等可以改造储集层及其流体性质，同时在地下合适的温度压力条件下流体体系中可发生有机质还原硫酸盐生成 H_2S 的热化学反应。

在结合前人研究成果的基础上，对 12 个川东北地区部分高含硫天然气田（藏）的地层水样品进行了无机化学组成、有机化学组成、以及水溶气的地球化学分析，重点研究该区地层水中的含硫物质组成与分布。

4.4.1　地层水中的主要无机组成

前人研究表明（贾霍甫、徐思煌，2005；徐振平、梅廉夫，2006），川东北地区二叠系—三叠系海相地层中地层水的无机化学组成以盐类离子为主，主要有 Na^+、Ca^{2+}、Mg^{2+}、Cl^-、SO_4^{2-} 和 HCO_3^-。其中，Na^+ 和 Cl^- 具有较高的离子浓度，其含量分别为 5.28～52.1g/L 和 13.7～95.6g/L，在各类盐类离子中占明显优势（表 4.15）。

在川东北地区地层水的无机化学组成中，含硫物质主要以 SO_4^{2-} 形态存在，其中三

表 4.15　川东北地区二叠系—三叠系地层水化学组成及特征参数（据贾霍甫、徐思煌，2005）

样品	层位	离子浓度/（g/L）							rNa^+/rCl^-	矿化度/（g/L）	水型	地区
		Na^+	Ca^{2+}	Mg^{2+}	Cl^-	SO_4^{2-}	HCO_3^-	I^-				
川 27	T	10.15	1.12	0.13	13.75	4.02	1.10	0.02	0.74	29.82	Na_2SO_4	通南巴
川涪 82	T	5.28	6.50	0.42	23.02	0.41	0.08	0.00	0.23	34.65	Na_2SO_4	
		28.21	1.17	0.15	39.15	7.31	1.40	0.00	0.72	76.62	Na_2SO_4	
川岳 83	T	18.04	0.16	0.02	26.35	0.40	1.03	0.00	0.68	47.21	$CaCl_2$	达县-宣汉
川 25	T	52.19	5.39	0.45	95.64	4.21	0.20	0.02	0.55	170.26	$CaCl_2$	
川付 85	P	7.46	0.01	0.00	14.94	0.12	0.00	0.00	0.50	22.62	$CaCl_2$	
双石 1	P	14.02	0.04	0.01	18.65	0.15	0.00	0.00	0.75	35.52	$CaCl_2$	
海水（平均）		11.04	0.42	1.32	19.32	2.69	0.15	0.0001		35.00		

叠系海相地层水的 SO_4^{2-} 浓度普遍相对较高，最高可达到 7.31g/L，明显高于正常海水的 SO_4^{2-} 浓度（2.69g/L），而二叠系地层水的 SO_4^{2-} 浓度则较低，一般小于 0.2g/L（表4.15），说明三叠系地层水具有比较丰富的硫酸盐物源和 SO_4^{2-} 的补给，这与该区广泛分布的中下三叠统的膏盐层密切相关。

4.4.2 地层水中的有机组成

地层水中的有机物主要呈微量形式存在，最主要的有机化合物包括有机酸、酚及其同系物、烷烃、芳烃等，并且与油气成藏和保存有密切关系（黄福堂、张维芹，1993；李贤庆等，2001，2003；李贤庆、侯读杰，2002；潘文蕾等，2003）。

利用有机相与水相不相溶原理，我们对川东北地区 12 个地层水样品中的有机物进行了萃取。具体方法为取地层水若干毫升置于梨形分液漏斗中，加入乙醚有机溶剂，剧烈震荡后静置，待有机相与水相分层后分离出有机相，水相再按此方法重复提取两次，合并所萃取的有机相，蒸发除去有机溶剂，即获得地层水中的有机物。对地层水中的有机物进行了 GC-MS 分析，分析结果见表 4.16。

表 4.16 川东北地区地层水中有机物分布

样品	层位	深度/m	有机酸	烷烃	芳烃
草 14	T_1f^3	2173	—	—	—
天东 5-1	T_1f	3570	—	丰富	丰富
峰 15	T_1f	3771～3893	—	—	—
普光 9	T_1f^3	5739.0～5852.3	乙酸、丙酸	—	—
黄龙 8	P_2ch	3593	—	—	—
天东 53	P_2ch	4442	—	—	—
普光 8	P_2ch	5614～5625.5	—	—	—
卧 70	C	4254	正十二烷酸	高碳数烷烃	菲
七里 53	C	4779～4806	—	—	—
天东 21	C	5012	—	丰富	—
月东 1	C	5171	乙酸	—	—
蒲西 3	C	—	—	—	—

从表 4.16 来看，在研究的川东北地区地层水样品中，只在部分三叠系飞仙关组和石炭系样品中检测到比较常见的有机物，如有机酸、正构烷烃及芳烃化合物等，而二叠系长兴组地层水样品中未检测出上述常见的有机化合物。

GC-MS 分析表明，天东 5-1 井和天东 21 井地层水中含有比较丰富的烃类有机物。天东 5-1 井样品的层位为飞仙关组，深度为 3570m，地层水中含有比较丰富的正构烷烃和芳烃化合物（图 4.29）。正构烷烃的碳数分布范围为 nC_{12}—nC_{25}，主峰碳为 nC_{21}，其中 nC_{21}、nC_{20} 和 nC_{19} 具有较高的丰度，而其他正构烷烃则丰度较低；异构烷烃只有姥鲛烷和植烷，具姥鲛烷优势，其 Pr/Ph 比值为 1.78（图 4.30），反映了一种比较氧化的形成环境。天东 5-1 井地层水中的芳烃主要有菲、蒽、荧蒽和芘，它们都属于高碳数多

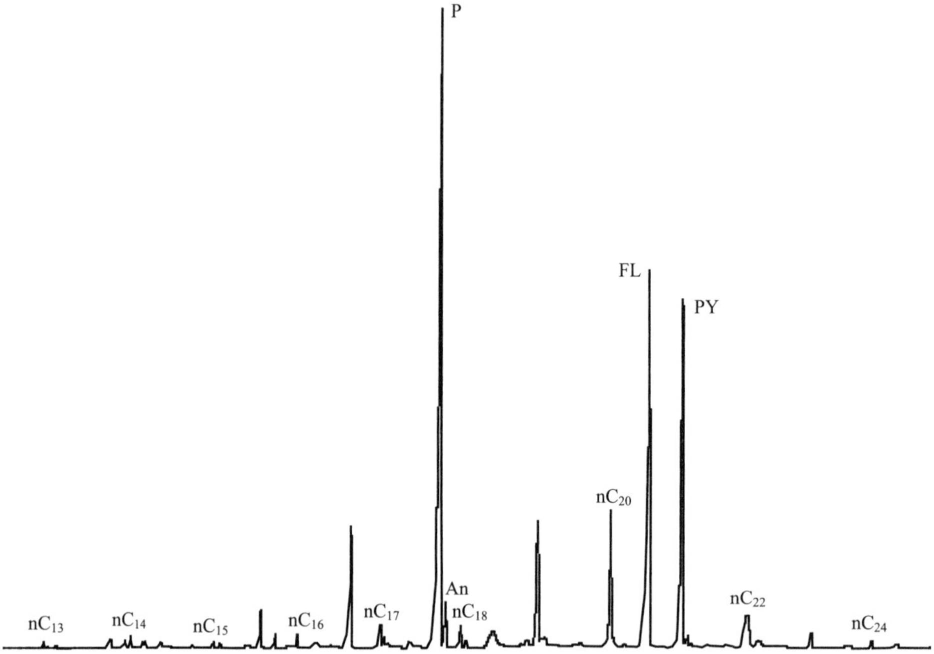

图 4.29　天东 5-1 井地层水 GC-MS 总离子流图

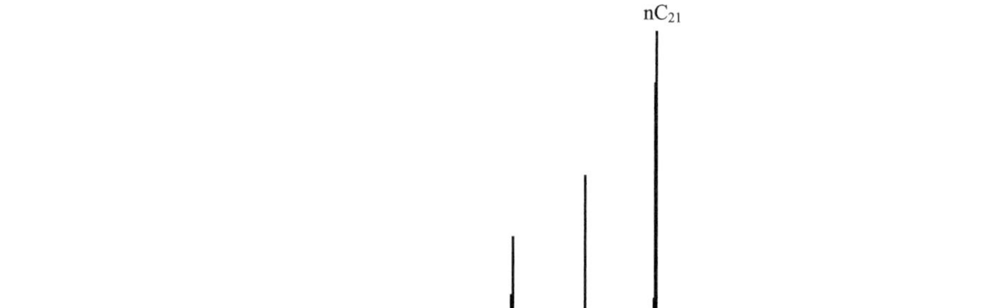

图 4.30　天东 5-1 井地层水正构烷烃质量色谱图

环芳烃化合物，其中菲有很高的含量，反映了烃类的热演化程度比较高，而荧蒽和芘则代表了高等植物的贡献。从总离子流谱图上可以看出，菲、荧蒽和芘都有很高的丰度，明显高于正构烷烃。芳烃化合物的丰度大于正构烷烃，一方面说明高等植物的贡献比重较大，另外也可能与芳烃化合物在水中的溶解度大于正构烷烃有关，因为烃类化合物在水中的溶解度是明显不同的，一般为芳烃＞环烷烃＞直链烷烃。

天东 21 井样品的层位为石炭系，深度为 5012m，地层水中的有机物主要为正构烷烃（图 4.31），其碳数分布范围为 nC_{15}—nC_{26}，主峰碳为 nC_{20}，其中 nC_{20}、nC_{19} 和 nC_{21} 具有较高的丰度，而其他正构烷烃则丰度较低；异构烷烃也只有姥鲛烷和植烷，但具微弱的植烷优势，其 Pr/Ph 为 0.83（图 4.32），反映了弱还原的形成环境。天东 21 井地

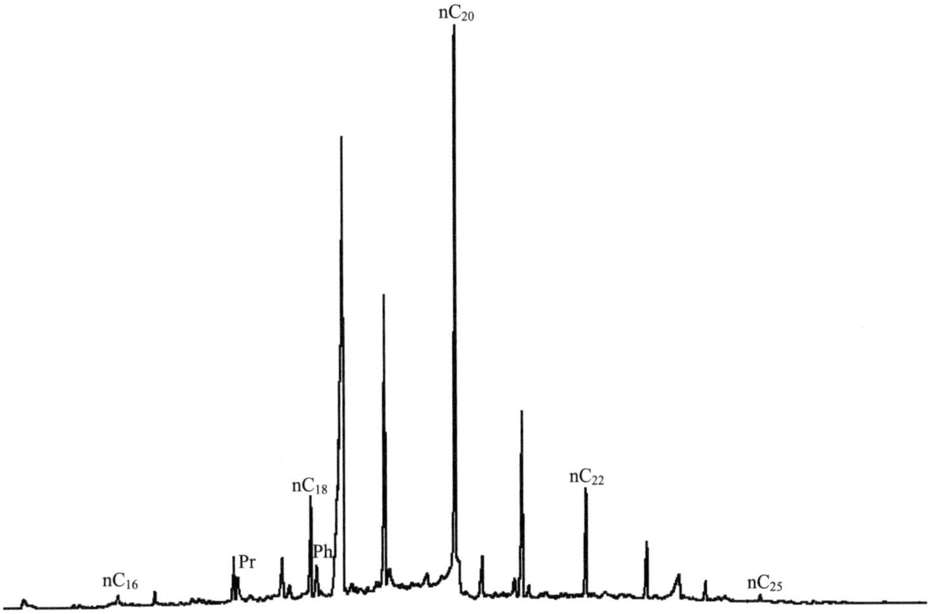

图 4.31　天东 21 井地层水 GC-MS 总离子流图

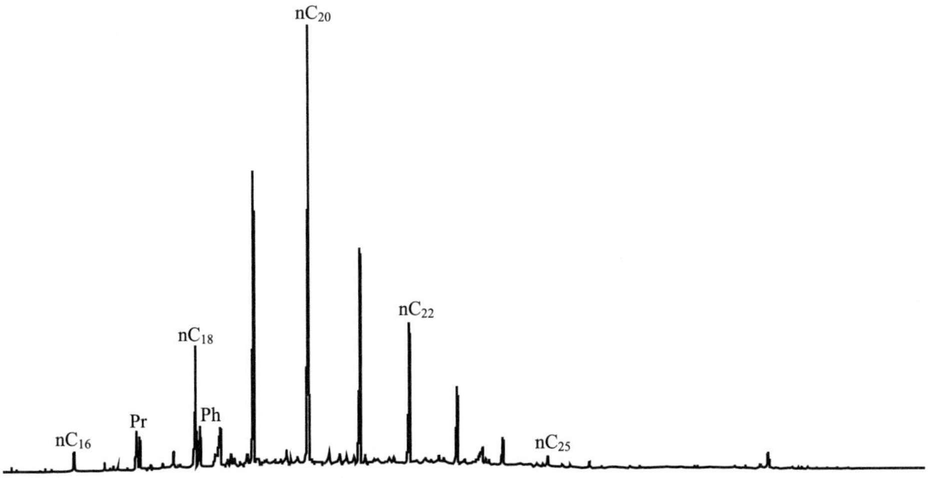

图 4.32　天东 21 井地层水正构烷烃质量色谱图

层水中未检测出芳烃化合物。

天东5-1井和天东21井地层水中液态烃类化合物的检出，说明该区可能有保存较好的古油藏，为地层水提供了丰富的液态烃类化合物的来源，其中深部古油藏与腐泥型母质有关，而相对浅部的古油藏可能与腐殖型母质有关，且演化程度较高。同时，也反映出天东区天然气藏的运聚和保存条件较好。

低碳有机酸具有多种成因（陈传平等，1995），而且是地层水中比较常见的有机物，但本次研究仅在普光9井和月东1井检测出了一定量的乙酸，此外普光9井地层水中还检测出丙酸，而且是分布在埋藏深度大于5000m的地层水中，这与有机酸的一般分布规律有所不同，即随着埋藏深度的增加有机酸的含量应呈递减趋势（蔡春芳等，1997；李贤庆、侯读杰，2002），特别是在深层由于高温环境会使有机酸发生脱羧作用而损耗。川东北地区深层地层水的有机酸应有其特殊的形成和保存机制，而且它们的存在对深层储层次生孔隙的形成和发育亦是有利因素。

研究表明，川东北地区石炭系—三叠系海相地层水的有机化学组成主要为有机酸、正构烷烃和菲、蒽、荧蒽、芘等高碳数多环芳烃化合物，未检测出比较常见噻吩类的有机含硫化合物。此外，仅在普光9井（5739m）地层水样品中检测出了呈八硫环形式存在的单质硫，该井天然气的H_2S含量高达14%，大大高于其他地层水样品所对应天然气藏的H_2S含量，因而这种单质硫的存在可能与天然气中的高含量H_2S有成因联系。

4.4.3　水溶气地球化学

水溶气是指在一定地质条件下溶解在地下水中的天然气（杨远聪等，1993；陈朝书、李钜源，2004）。由于含油气盆地存在大量的地层水，而作为油气运移的载体，只有在地层水中油气的溶解和吸收量达到饱和后它们才能以游离状态富集成藏（庞雄奇等，1993；武晓春等，2003）。因此，水溶气与天然气运移成藏有密切关系，包括硫化氢的运聚和消耗等，并对天然气的地球化学特征产生影响（张晓宝等，2002；秦胜飞等，2006）。研究表明，四川盆地中深层储集层中含有大量的地层水，而且异常高压带分布普遍，部分探井气水界面以下的地层水中仍溶解有大量的烃类和H_2S、CO_2、N_2等非烃气体，它们影响着盆地内天然气藏的形成及流体特征（杨远聪等，1993；王兰生等，1997）。

本次研究在已获得的地层水样品基础上，通过真空脱气共获得水溶性天然气样品12个，分别对它们进行了气体组分分析和H_2S的硫同位素组成分析，表4.17为研究样品的基本地质情况和地球化学分析数据。

4.4.3.1　水溶气组分特征

分析结果表明（表4.17），在川东北地区水溶气的化学组成中，烃类气体主要以CH_4为主，此外含有少量C_2H_6，而C_3H_8以上重烃含量很低或检测不到；非烃气体主要以N_2、H_2S和CO_2为主，此外含有少量的O_2及很微量的He、Ar稀有气体。

表 4.17　川东北地区地层水中水溶气的化学组成及地球化学参数

井号	层位	深度/m	样品	H_2S/%	CH_4/%	C_2H_6/%	C_3H_8/%	C_4H_{10}%	CO_2/%	N_2/%	O_2/%	C_1/C_{1+}	$\delta^{34}S_{CDT}$/‰	类型
草 14	T_1f^3	2173	水溶气	0.01	19.94	0.35	1.19	0.10	0.63	66.18	10.16	0.924		氮气型
			天然气	0.00	97.67	0.37	0.10	0.00	0.15	1.60	0.077	0.995		
天东 5-1	T_1f	3570	水溶气	56.06	11.45	1.60	0.03	0.01	13.14	17.35	0.00	0.875	+23.1	酸性气型
			天然气	5.79	90.27	0.19	0.02	0.00	2.44	1.16	0.12	0.998	+22.5	
峰 15	T_1f	3771～3893	水溶气	42.38	51.59	1.26	0.00	0.00	3.89	0.74	0.00	0.976	+25.7	甲烷+酸性气型
			天然气	5.69	92.23	0.05	0.00	0.00	1.58	0.43	0.009	0.999	+24.3	
普光 9	T_1f^3	5739.0～5852.3	水溶气	4.23	0.05	0.12	0.01	0.00	1.09	93.32	0.04	0.278	+8.9	氮气型
			天然气	14.03	76.28	0.41	0.02	0.00	8.66	0.50	0.025	0.994	+8.6	
黄龙 8	P_2ch	3593	水溶气	13.46	35.39	0.42	0.00	0.00	26.58	23.09	0.76	0.988	+12.6	甲烷+酸性气型
			天然气	0.55	96.29	0.16	0.01	0.00	2.49	0.48	0.0054	0.998	+13.1	
天东 53	P_2ch	4442	水溶气	1.46	46.94	0.30	0.06	0.01	18.61	32.10	0.15	0.992		甲烷+氮气型
普光 8	P_2ch	5614～5625.5	水溶气	3.17	0.19	0.08	0.01	0.00	8.19	82.80	4.54	0.679	+13.5	氮气型
			天然气	6.89	82.12	0.019	0.00	0.00	9.48	1.44	0.030	0.999	+9.9	
卧 70	C	4254	水溶气	0.15	13.06	0.09	0.01	0.00	2.94	76.93	5.91	0.992		氮气型
七里 53	C	4779～4806	水溶气	7.32	71.80	0.31	0.00	0.00	18.78	1.42	0.31	0.996	+10.0	甲烷型
天东 21	C	5012	水溶气	49.85	15.98	1.43	0.00	0.00	29.59	2.88	0.04	0.918	+13.2	酸性气型
			天然气	5.00	86.13	0.084	0.00	0.00	8.21	0.49	0.074	0.999	+18.2	
月东 1	C	5171	水溶气	0.48	74.74	0.36	0.01	0.00	19.88	4.21	0.18	0.995	+13.8	甲烷型
			天然气	0.03	96.85	0.34	0.03	0.00	1.67	0.96	0.094	0.996		
蒲西 3	C	—	水溶气	7.00	44.73	0.38	0.00	0.02	41.01	6.40	0.35	0.991	+9.9	甲烷+酸性气型

从图 4.33 可以看出，川东北不同地区和层位的水溶气的主要气体组成存在较大差异。其中，CH_4 含量变化在 0.05%～74.74%，平均为 32.17%；N_2 含量变化在 0.74%～93.32%之间，平均为 33.96；H_2S 含量变化在 0.01%～56.06%之间，平均为 15.46%；CO_2 含量变化在 0.63%～41.01%之间，平均为 15.36%。

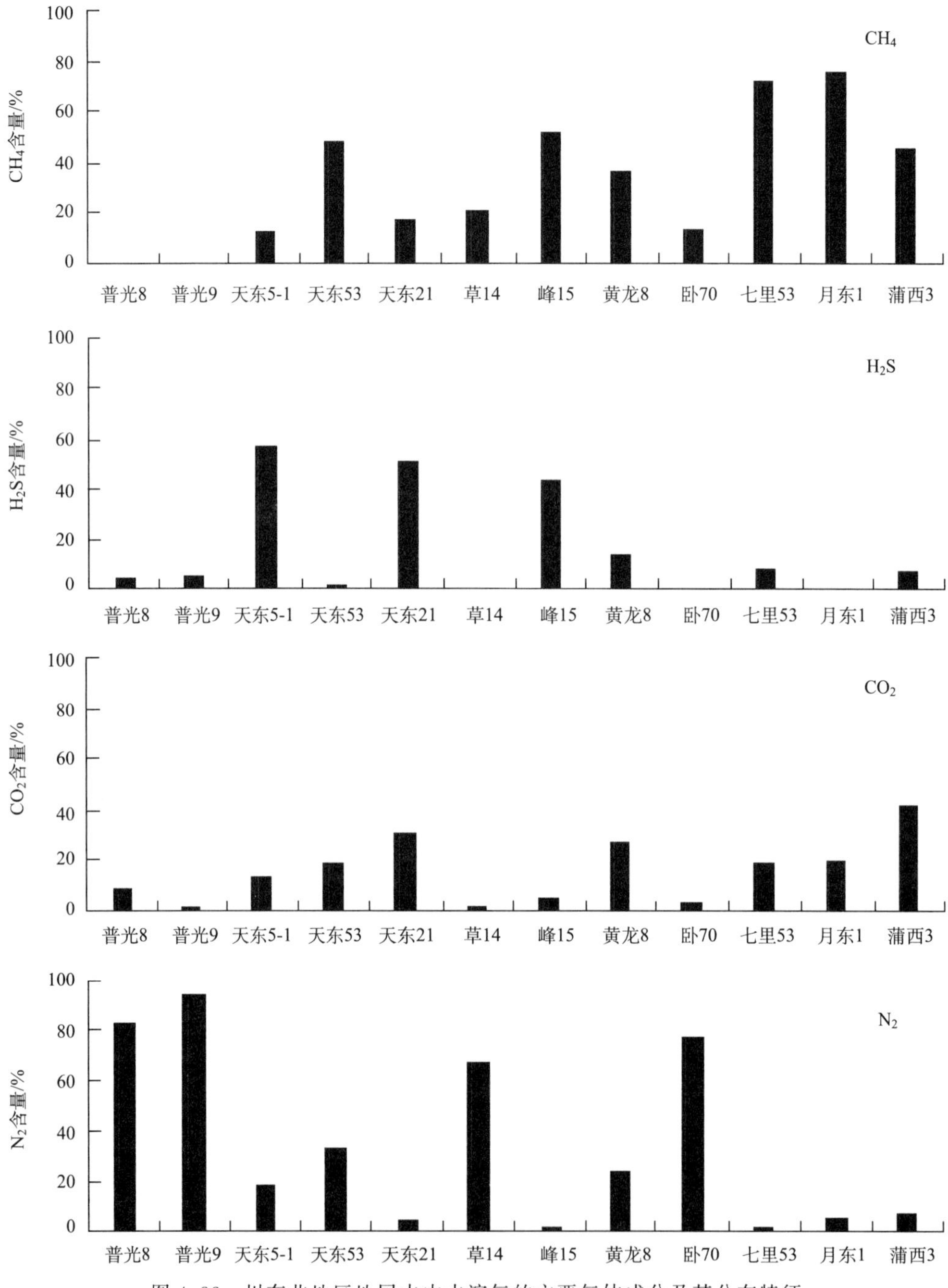

图 4.33　川东北地区地层水中水溶气的主要气体成分及其分布特征

目前，对于水溶气一般是按照组分体积含量超过 50%进行分类，然后再按照组分体积含量超过 25%进行定型（张子枢，1995）。按照这一划分原则，可将川东北地区的水溶气划分为五种类型：

（1）氮气型：属于此类型的有草 14、普光 8、普光 9 和卧 70 井水溶气，它们的气体组成中氮气占绝对优势，含量为 66.18%～93.32%，特别是普光 8、普光 9 井水溶气具有非常高的氮气含量。

（2）甲烷型：属于此类型的有七里 53 和月东 1 井水溶气，其甲烷含量分别为 71.80%和 74.74%。

（3）酸性气型：属于此类型的有天东 5-1 和天东 21 井水溶气，其气体组成中 H_2S 有比较高的含量，分别达到 56.06%和 49.85%，CO_2 含量分别为 13.14%和 29.59%，二者约占到水溶气总体积含量的 70%左右。

（4）甲烷＋酸性气型：属于此类型的有峰 15、黄龙 8 和蒲西 3 井水溶气，其气体组成中 CH_4、CO_2 和 H_2S 三者含量之和分别占水溶气总体积含量的 97.86%、75.43%和 92.74%。

（5）甲烷＋氮气型：天东 53 井水溶气属于此类型，其 CH_4 和 N_2 含量分别为 49.94%和 32.10%，占到水溶气总体积含量的 82.04%。

由此可见，川东北地区地层水中的水溶气存在多种类型。

含油气盆地中水溶气的组成具有一定的时空变化规律。在横向上一般表现为从盆地边缘向盆地拗陷内部，水溶气中氮气组分体积含量逐渐减少，而甲烷组分体积含量不断增加，如在西西伯利亚盆地，由盆地边缘向盆地中央，水溶气中甲烷组分体积含量逐渐增加，盆地边缘的水溶气类型为氮气型，而在盆地中央则演变为甲烷型；在纵向上一般则随着含水层时代由新变老，水溶气中甲烷组分体积含量逐渐减小，而氮气组分体积含量则逐渐增加（张子枢，1995）。但从川东北地区地层水中水溶气的化学组成来看，其组分变化并未遵循上述水溶气的时空变化规律，而是呈现比较复杂的变化形式。由此反映出川东北不同地区和时代地层中控制天然气溶解及脱溶的各种因素可能存在较大差异，从而造成该区存在复杂多变的水溶气化学组成及类型。

研究表明，天然气在地层水中的溶解性能与其化学组成、地层水所处环境的温度、压力及矿化度因素有关（郝石生、张振英，1993；张子枢，1995；付晓泰等，1997）。一般情况下，天然气在地层水中的溶解度表现为非烃气体大于烃类气体，其中 H_2S 和 CO_2 气体最易溶于水，而烃类气体则随着碳数的增加其溶解度变小，在相同的环境条件下，天然气各组分的溶解度顺序为 $H_2S > CO_2 > N_2 > C_1 > C_2 > C_3 > C_4$，并且随着环境温度和压力的增加其总的趋势是溶解性能加强，而高的矿化度不利于天然气的溶解。因此，当天然气的来源及组成不同，其相应的水溶气化学组成将会有所差异，而当天然气的来源及组成相同或相近，但所处环境及矿化度不同，其对应的水溶气同样会出现不同的化学组成特征。

图 4.34 为川东北地区同产层水溶气与天然气化学组成对比图，从中可以看出该区同产层的水溶气与天然气在化学组成上存在明显差异，天然气均以烃类气体 CH_4 为主，而在水溶气的化学组成中酸性气体 H_2S、CO_2 及 N_2 含量显著增高，并在部分样品中出

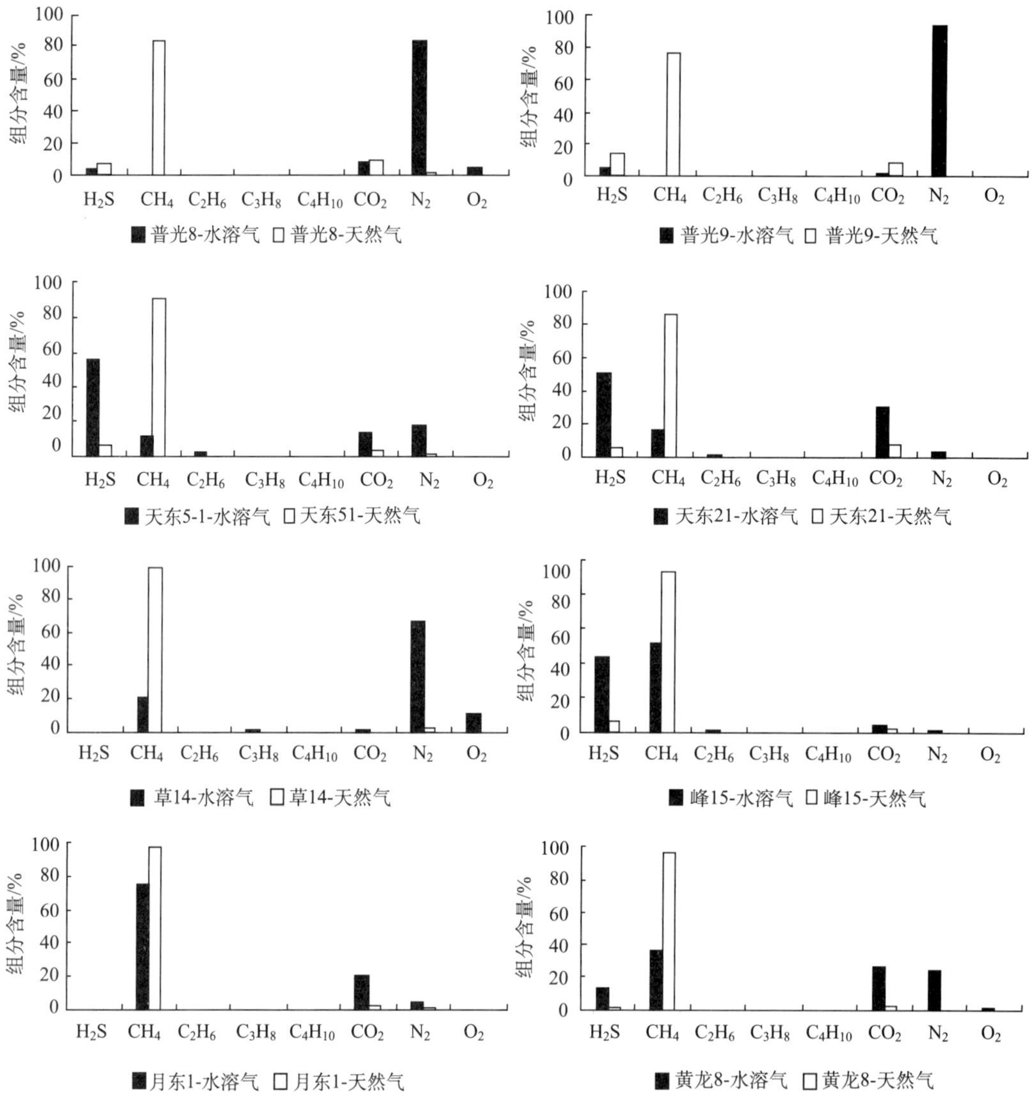

图 4.34　川东北地区同产层水溶气与天然气化学组成对比

现酸性气等非烃气体含量远大于烃类气体 CH_4 含量的分布特征。分析数据表明，川东北地区水溶气与天然气的重烃含量都很低，但相对而言，水溶气中的重烃含量要普遍高于天然气，其中 C_2H_6 含量最高达到 1.60%，反映在干湿程度上即水溶气的干燥系数要普遍略低于天然气（表 4.17）。

对比同产层水溶气与天然气中的 H_2S 含量分布，可以看出部分水溶气样品中的 H_2S 含量要明显高于天然气，特别是天东 5-1 井和天东 21 井，虽然产层分别为三叠系飞仙关组和石炭系，但其水溶气的 H_2S 含量分别高达 56.06%和 49.85%，而天然气的 H_2S 含量只有 5.79%和 5.00%，虽然只是相对含量的比较，但仍能反映出该区水溶气中赋存有大量 H_2S 气体。造成这种分布的原因可能有：①该区存在异常高压，使得大

量 H_2S 气体以水溶相存在，并降低了气藏中的 H_2S 浓度；②该区具有丰富 H_2S 来源，并且得以在地层水中富集。峰 15 井也有相似分布形式。与其相反，普光气田普光 8 井和普光 9 井天然气的 H_2S 含量分别为 6.89％和 14.03％，而水溶气的 H_2S 含量分别为 3.17％和 4.23％，明显低于气藏中的 H_2S 含量，可能反映出该区处于压力低点，大量的 H_2S 气体主要以游离相形式存在并在气藏中聚集，同时也可能反映出该区 H_2S 气体的补给已不甚充足，目前气藏中的 H_2S 含量可能已达到高点。

从气田分布位置来看，天东气田位于万县-长寿地区，属于开阔台地相，地层中不太发育硫酸盐沉积，而普光气田位于宣汉-达县地区，属于蒸发台地相，地层中广泛发育硫酸盐沉积，具备发生硫酸盐热化学还原反应（TSR）的雄厚物质基础，并为 H_2S 的形成提供了丰富的硫源，两个地区天然气的 H_2S 含量表现出与硫酸盐发育程度相吻合的分布态势，但水溶气却出现截然相反的分布形式，而且差异巨大，其产生的原因需要进行更深入的研究。

水溶气地球化学分析表明，川东北地区地层水中普遍含有比较丰富的 H_2S，其相对含量可高达 56.06％，平均达到 15.46％，说明地层水中的主要含硫物质是溶解态的 H_2S，并且其含量随分布区域的不同出现很大差异。其中，天东区块地层水存在高含 H_2S 的水溶气，可能预示着该区有形成高含 H_2S 水溶性气藏或形成更高 H_2S 含量的高含硫天然气藏的可能性，应在勘探开发中予以充分重视。

4.4.3.2　水溶气中 H_2S 的硫同位素组成特征

利用气态硫的硫同位素直接分析方法，对川东北地区水溶气中 H_2S 的硫同位素组成进行了分析。研究表明（表 4.17），该区水溶气中 H_2S 的硫同位素组成为 8.9‰～25.7‰，平均值为 14.46‰，具有比较宽的分布范围。

在研究样品中，三叠系飞仙关组水溶气中 H_2S 的硫同位素组成具有很宽的分布范围，其 $\delta^{34}S$ 为＋8.9‰～＋25.7‰，平均值为＋19.03‰，二叠系长兴组水溶气中 H_2S 的 $\delta^{34}S$ 分别为＋12.6‰和＋13.5‰，平均值为＋13.05‰，石炭系水溶气中 H_2S 的 $\delta^{34}S$ 为＋9.9‰～＋13.8‰，平均值为＋12.33‰。如图 4.35 所示，从研究样品来看，川东北地区水溶气中 H_2S 的硫同位素组成总体上具有三叠系飞仙关组＞二叠系长兴组＞石炭系的分布特征。

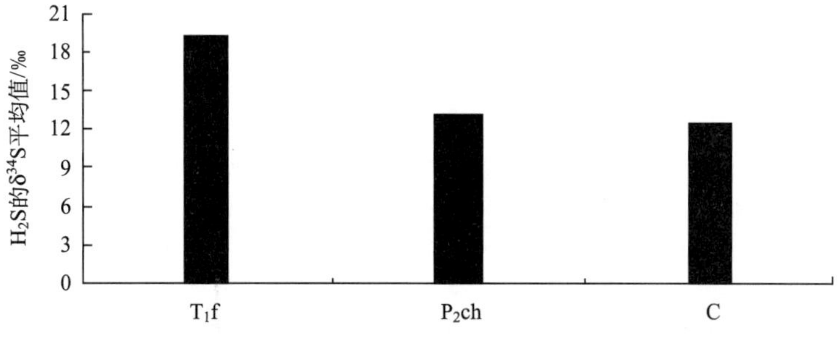

图 4.35　川东北地区不同层位水溶气中 H_2S 的硫同位素均值组成

图 4.36 表明，川东北不同地区和层位的水溶气和天然气中 H_2S 的硫同位素组成具有相同变化趋势及分布区间。对于相同产层的水溶气和天然气而言，它们的 H_2S 硫同位素组成同样表现出非常好的一致性，特别是在普光 9 井、天东 5-1 井和黄龙 8 井中，二者的硫同位素组成基本一致，差值仅为 0.1‰～0.6‰，充分反映出同产层水溶气和天然气中 H_2S 气体的同源性，同时说明在水溶气的脱溶过程中硫同位素的分馏比较微弱。

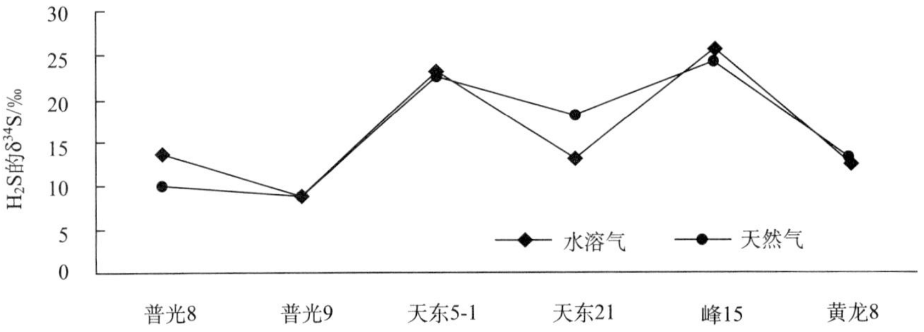

图 4.36　川东北地区不同层位水溶气与天然气 H_2S 的硫同位素组成对比

与前人的研究相比（沈平、王兰生，1997），本次研究的川东北地区水溶气及天然气中的 H_2S 具有更宽的硫同位素分布范围，最重可达到＋25.1‰，与该区石膏的硫同位素组成比较接近，后者的 $\delta^{34}S$ 多数分布在＋22‰～＋23‰（朱光有等，2005b）。整体而言，川东北地区同产层水溶气和天然气中 H_2S 的硫同位素组成表现出很好的一致性，说明它们具有相同的成因特征。

参考文献

蔡春芳，梅博文，马亭等. 1997. 塔里木盆地有机酸来源、分布及对成岩作用的影响. 沉积学报，15（3）：103～109

蔡立国. 2003. 中国南方海相油气勘探主要研究方向. 石油实验地质，25（6）：634～637

蔡立国，饶丹，潘文蕾. 2005. 川东北地区普光气田成藏模式研究. 石油实验地质，27（5）：462～467

蔡勋育，马永生，李国雄. 2005. 普光气田下三叠统飞仙关组储层特征. 石油天然气学报（江汉石油学院学报），27（1）：43～45

蔡勋育，朱扬明，黄仁春. 2006. 普光气田沥青地球化学特征及成因. 石油与天然气地质，27（3）：340～346

陈安定，李剑锋，代金友. 2009. 论硫化氢生成的地质条件. 海相油气地质，14（4）：24～34

陈朝书，李钜源. 2004. 深层高过成熟有效气源岩——水溶气作为有效气源探讨. 石油知识，（1）：32～32

陈传平，梅博文，易绍金等. 1995. 地层水中低分子量有机酸成因分析. 石油学报，16（4）：48～54

付小东，秦建中，腾格尔. 2008. 四川盆地东南部海相层系优质烃源层评价——以丁山 1 井为例. 石油实验地质，30（6）：621～628

付晓泰，卢双舫，王振平，曲佳燕. 1997. 天然气组分的溶解特征及其意义. 地球化学，26（3）：60～66

郝石生，张振英. 1993. 天然气在地层水中的溶解度变化特征及地质意义. 石油学报，14（2）：12～21

黄福堂，张维芹. 1993. 松辽盆地北部地层水中"指纹"化合物的分布特征及其与油气的关系. 石油实验地质，15（3）：281～289

黄籍中，冉隆辉. 1989. 四川盆地震旦系灯影灰岩黑色沥青与油气勘探. 石油学报，10（1）：27～36

贾霍甫，徐思煌. 2005. 川东北地区二叠—侏罗系地层水化学特征及其与油气聚集的关系. 重庆科技学院学报，7（2）：12～15

江兴福，徐人芬，黄建章. 2002. 川东地区飞仙关组气藏硫化氢分布特征. 天然气工业，22（2）：24～27
金之钧，龙胜祥，周雁等. 2006. 中国南方膏盐岩分布特征. 石油天然气地质，27（5）：571～583
李明诚. 2004. 油气运移基础理论与油气勘探. 地球科学，29（4）：379～383
李贤庆，侯读杰. 2002. 鄂尔多斯中部气田下古生界水化学特征及天然气藏富集区判识. 天然气工业，22（4）：10～14
李贤庆，侯读杰，柳常青，张爱云. 2001. 鄂尔多斯盆地中部气田奥陶系地层水与水溶气的地球化学特征. 断块油气田，8（3）：1～5
李贤庆，侯读杰，张爱云，柳常青，唐友军. 2003. 毛细管等速电泳法在油田水地球化学研究中的应用. 地质科技情报，22（2）：63～67
李小燕，王琪，张瑞. 2009. 川东北地区上二叠统盘龙洞生物礁储层特征及其主控因素分析. 天然气地球科学，209（1）：63～69
梁狄刚，郭彤楼，边立曾. 2009. 中国南方海相生烃成藏研究的若干新进展（三）南方四套区域性海相烃源岩的沉积相及发育的控制因素. 海相油气地质，14（2）：1～19
梁狄刚，郭彤楼，陈建平等. 2008. 中国南方海相生烃成藏研究的若干新进展（一）南方四套区域性海相烃源岩的分布. 海相油气地质，13（2）：1～16
刘德汉，肖贤明，熊永强等. 2006. 四川东部飞仙关组鲕滩气藏储层含自然硫不混溶包裹体及硫化氢成因研究. 中国科学 D 辑，36（6）：520～532
刘全有，金之钧，高波等. 2012. 四川盆地二叠系烃源岩类型与生烃潜力. 石油与天然气地质，33（1）：10～18
刘树根，单钰铭，黄思静等. 2006. 塔河油田碳酸盐岩储层声学参数特征及变化规律. 石油与天然气地质，27（3）：399～405
刘文汇，陈孟晋，关平，郑建京，金强等. 2007. 天然气成藏过程的三元地球化学示踪体系. 中国科学 D 辑，37（7）：908～915
刘文汇，秦建中，腾格尔，饶丹，张美珍. 2010a. 海相层系成烃成藏地球化学技术进展. 石油实验地质，32（6）：553～559
刘文汇，腾格尔，高波等. 2010b. 四川盆地大中型天然气田（藏）中 H_2S 形成及富集机制. 石油勘探与开发，37（5）：513～522
刘文汇，王杰，腾格尔，张殿伟，饶丹，陶成. 2010c. 中国南方海相层系天然气烃源新认识及其示踪体系. 石油与天然气地质，31（6）：819～825
刘文汇，张殿伟，高波，郑建京，王晓锋. 2005. 天然气来源的多种途径及其意义. 石油与天然气地质，26（4）：393～401
刘英俊. 1986. 元素地球化学. 北京：科学出版社. 72～168
刘英俊，孙承辕，沙鹏. 1986. 浙江绍兴-龙泉隆起带中金矿床的成矿地球化学研究. 地球化学，（1）：10～20
马永生，傅强，郭彤楼等. 2005. 川东北地区普光气田长兴-飞仙关气藏成藏模式与成藏过程. 石油实验地质，27（5）：456～460
马永生，郭彤楼，付孝悦等. 2002. 中国南方海相石油地质特征及勘探潜力. 海相油气地质，7（3）：19～27
潘文蕾，梁舒，刘光祥，吕俊祥. 2003. 地层水中微量有机质分析及应用——以川东、川东北区油气保存条件研究为例. 石油实验地质，25（11）：590～594
庞雄奇，苑学军，陈章明等. 1993. 可靠性研究在油气田勘探中的应用——地震层速度资料用于含油气层厚度定量解释的可信度分析. 石油学报，14（3）：45～52
秦建中，付小东，刘效曾. 2007a. 四川盆地东北部气田海相碳酸盐岩储层固体沥青研究. 地质学报，81（8）：1065～1071
秦建中，刘宝泉，郑伦举，张渠. 2007b. 海相碳酸盐岩排烃下限值研究. 石油实验地质，29（4）：391～396
秦建中，申宝剑，付小东，陶国亮，腾格尔. 2010. 中国南方海相优质烃源岩超显微有机岩石学与生排烃潜力. 石油与天然气地质，31（6）：826～837
秦胜飞，赵靖舟，李梅等. 2006. 水溶天然气运移地球化学示踪——以塔里木盆地和田河气田为例. 地学前缘，

13 (5)：524～532
冉隆辉，谢姚祥，戴弹申. 2008. 四川盆地东南部寒武系含气前景新认识. 天然气工业，28 (5)：1～9
沈平，王兰生. 1997. 天然气中硫化氢硫同位素组成及沉积地球化学相. 沉积学报，15 (2)：216～219
四川油气区石油地质志编写组. 1989. 石油地质志（第十卷）. 北京：石油工业出版社
宋文海. 1996. 乐山-龙女寺古隆起大中型气田成藏条件研究. 天然气工业，16（增刊）：13～26
孙向阳. 2001. 沉积盆地中地层水化学特征及其地质意义. 天然气勘探与开发，24 (4)：47～53
陶士振，邹才能，张宝民等. 2006. 川东北飞仙关鲕滩气藏储层流体包裹体与成藏特征. 矿物岩石地球化学通报，25 (1)：42～48
汪泽成，赵文智，彭红雨. 2002. 四川盆地复合含油气系统特征. 石油勘探与开发，29 (2)：26～28
王吉平，胡墨田，周建民，朱敬宾，邓小林. 2000. 论华蓥山地区天青石矿石的两种成因. 地质学报，74 (4)：325～332
王兰生，荀学敏，刘国瑜等. 1997. 四川盆地天然气的有机地球化学特征及其成因. 沉积学报，15 (2)：49～53
王兰生，李宗银，沈平，陈盛吉，张鉴，谢邦华. 2004. 四川盆地东部大中型气藏成烃条件分析. 天然气地球科学，15 (6)：567～572
王铜山，耿安松，孙永革等. 2008. 川东北飞仙关组储层固体沥青地球化学特征及其气源指示意义. 沉积学报，26 (2)：340～348
王一刚，窦立荣，文应初等. 2002. 四川盆地东北部三叠系飞仙关组高含硫气藏成因研究. 地球化学，31 (6)：517～524
王一刚，刘志坚，文应初. 1996. 川东石炭系储层有机包裹体、储层沥青与烃类运聚关系. 沉积学报，14 (4)：76～83
王一刚，文应初，洪海涛，夏茂龙，宋蜀筠. 2006. 四川盆地开江-梁平海槽内发现大隆组. 天然气工业，26 (9)：32～37
武晓春，庞雄奇，于兴河等. 2003. 水溶气资源富集的主控因素及其评价方法探讨. 天然气地球科学，14 (5)：416～421
谢增业，李志生，黄志兴等. 2008. 川东北不同含硫物质硫同位素组成及其成因探讨. 地球化学，37 (2)：187～194
谢增业，单秀琴，李剑等. 2006. 川东北飞仙关组包裹体特征及其在天然气成藏研究中的应用. 矿物岩石地球化学通报，25 (1)：49～54
谢增业，田世澄，单秀琴，杨威，李剑. 2005a. 川东北飞仙关组鲕滩天然气富集成藏特征及勘探前景. 石油勘探与开发，32 (2)：31～34
谢增业，田世澄，魏国齐等. 2005b. 川东北飞仙关组储层沥青与古油藏研究. 天然气地球科学，16 (3)：283～285
徐兴国. 1994. 四川东部晚二叠世煤田成煤环境及聚煤规律探讨. 四川地质学报，14 (1)：37～43
徐兴国，廖光宇等. 1994. 川东地区锶矿床地质特征及成因探讨. 化工地质，16 (1)：29～39
徐振平，梅廉夫. 2006. 川东北地区不同构造带地层水化学特征与油气保存的关系. 海相油气地质，11 (4)：29～33
杨远聪，李绍基，朱江. 1993. 水溶气——四川盆地新的天然气资源. 西南石油学院学报，15 (1)：16～23
张林，魏国齐，吴世祥等. 2005. 四川盆地震旦系—下古生界沥青产烃潜力及分布特征. 石油实验地质 27 (3)：276～279
张水昌，朱光有，梁英波. 2006. 四川盆地普光大型气田 H_2S 及优质储层形成机理探讨——读马永生教授的“四川盆地普光大型气田的发现与勘探启示”有感. 地质论评，52 (2)：230～235
张晓宝，徐永昌，刘文汇等. 2002. 吐哈盆地水溶气组分与同位素特征形成机理及意义探讨. 沉积学报，20 (4)：705～710
张子枢. 1995. 水溶气浅论. 天然气地球科学，6 (5)：29～34
钟荣春. 2007. 川东储层沥青地球化学特征及成因. 浙江大学博士学位论文
朱光有，张水昌，梁英波. 2005a. 川东北飞仙关组 H_2S 的分布与古环境的关系研究. 石油勘探与开发，32 (4)：34～39
朱光有，张水昌，梁英波等. 2005b. 川东北地区飞仙关组高含 H_2S 天然气 TSR 成因的同位素证据. 中国科学 D 辑，

35 (11): 1037～1046

朱光有，张水昌，梁英波. 2006a. 四川盆地威远气田硫化氢的成因及其证据. 科学通报，51 (23): 2780～2787

朱光有，张水昌，梁英波等. 2006b. 四川盆地高含 H_2S 天然气的分布与 TSR 成因证据. 地质学报，80 (8): 1208～1218

朱光有，张水昌，梁英波，李其荣. 2006c. 四川盆地威远气田硫化氢的成因及其证据. 科学通报，51 (23): 2780～2788

朱光有，张水昌，梁英波，马永生，戴金星，周国源. 2006d. TSR 对深部碳酸盐岩储层的溶蚀改造——四川盆地深部碳酸盐岩优质储层形成的重要方式. 岩石学报，22 (8): 2182～2194

朱光有，张水昌，梁英波. 2007. 中国海相碳酸盐岩气藏硫化氢形成的控制因素和分布预测. 科学通报，52 (S1): 115～125

朱扬明，王积宝，郝芳. 2008. 川东宣汉地区天然气地球化学特征及成因. 地质科学，43 (3)，518～532

Machel H G. 2001. Bacterial and themochemical sulfate reduction in diagenetic settings-old and new insights. Sediment Geology，140: 143～175

Orr W. 1977. Geologic and geochemical controls on the distribution of hydrogen sulfide in natural gas. In: Campos R，Goni J (eds). Advances in Organic Geochemisty. Enadisma，Madrid，Spain. 571～597

Trudinger P A，Chambers L A. 1973. Reversibility of bacterial sulfate redaction and its relevance to isotope fractionation. Geochimica et Cosmochimica Acta，37 (7): 1775～1778

Worden R H，Smalley P C. 1996. H_2S-producing reactions in deep carbonate gas reservoirs: Khuff formation，Abu Dhabi. Chemical Geochemistry，133: 157～171

第五章 含硫天然气地球化学及成因判识

硫化氢是天然气中的一种常见组分，其含量变化范围较宽。世界上现已发现数百个具有工业价值的含硫化氢气田。我国含硫天然气分布广泛，现已在四川盆地、渤海湾盆地、鄂尔多斯盆地和塔里木盆地发现了含硫天然气（戴金星，1985；戴金星等，2004）。本章以我国的四川盆地为主，论述含硫天然气的地球化学特征，并结合硫化氢气体形成和成藏特征，利用地球化学示踪体系进行成因判识。

作为我国重要的含油气盆地，四川盆地含油气层系众多，天然气资源非常丰富，气藏分布于克拉通下组合（震旦系—志留系）、克拉通上组合（泥盆系—中三叠统）和前陆层系（上三叠统—侏罗系）三大沉积体系中。其中，震旦系—中下三叠统海相层系天然气普遍含硫化氢。近年来，随着川东北地区渡口河、罗家寨、铁山坡及普光气田高硫天然气的发现及整体探明，含硫天然气的成因机理和分布规律的研究日益引起人们的重视。本研究在对川东北及其邻区的共51个天然气样品进行系统的地球化学测试分析基础上，结合前人的资料及成果，对四川盆地含硫天然气的地球化学特征、成因类型与气源进行探讨和分析。

5.1 含硫天然气地球化学基本特征

除了 H_2S 气藏外，含硫天然气藏天然气组分仍以烃类气体为主，非烃组分多为 CO_2、N_2 和稀有气体等，因此，鉴于地质条件下含硫天然气藏仍以烃类气体为主的特征，在论述高 H_2S 天然气的过程中，必须结合烃类气体的地球化学特征，以便于讨论 H_2S 的形成、聚集、保存和空间分布情况。

5.1.1 天然气化学组成

四川盆地目前发现的天然气藏如图 5.1 所示，天然气藏分布既有陆相层系，也有海相层系。海相层系天然气普遍含硫化氢，其中又以川东北地区天然气中硫化氢的含量较为丰富。该区天然气组分以烃类气体为主，占气体总体积的 50.78%～99.41%，平均含量 80.99%；其中 CH_4 含量介于 50.01%～98.79%，平均 80.66%，重烃含量较低，平均仅占 0.32%；干燥系数（$C_1/C_{1\sim5}$）介于 0.9848～0.9998，平均 0.9957，为典型的干气（表 5.1）。天然气中非烃气体以 H_2S、CO_2 和 N_2 为主。CO_2 含量介于 0.03%～32.26%，平均 8.43%；N_2 含量普遍偏低，介于 0.09%～9.27%，平均 1.51%。H_2S 含量变化范围较宽，介于 0～15.73%，平均 8.55%。

川东地区天然气中 CH_4 含量介于 87.15%～98.36%，平均 94.83%；重烃含量占 0.05%～1.59%，平均 0.44%。非烃气体 CO_2 含量为 0.15%～8.86%，平均 2.22%；

N_2含量介于0.51%～4.65%，平均1.08%；H_2S含量变化相对较低，介于0～5.79%，平均1.35%。干燥系数介于0.9832～0.9995，为典型的干气（表5.1）。其中，建南气田天然气中CH_4含量为87.15%～98.12%，平均94.09%；重烃含量普遍较低，为0.19%～1.24%，平均为0.39%；非烃气体主要为CO_2、N_2和H_2S，CO_2为0.77%～8.86%，N_2为0.51%～4.65%，H_2S为0.0006%～3.21%；He含量为0.0063%～0.0947%，均小于0.3%，排除深部气体的混入（Krooss *et al.*，1995）。据Amursky等（1984）含硫天然气划分标准，川东地区石炭系及部分三叠系天然气属于低含—含硫化氢型气藏，川东北绝大多数中下三叠统气藏应属于高含硫化氢气藏范畴。

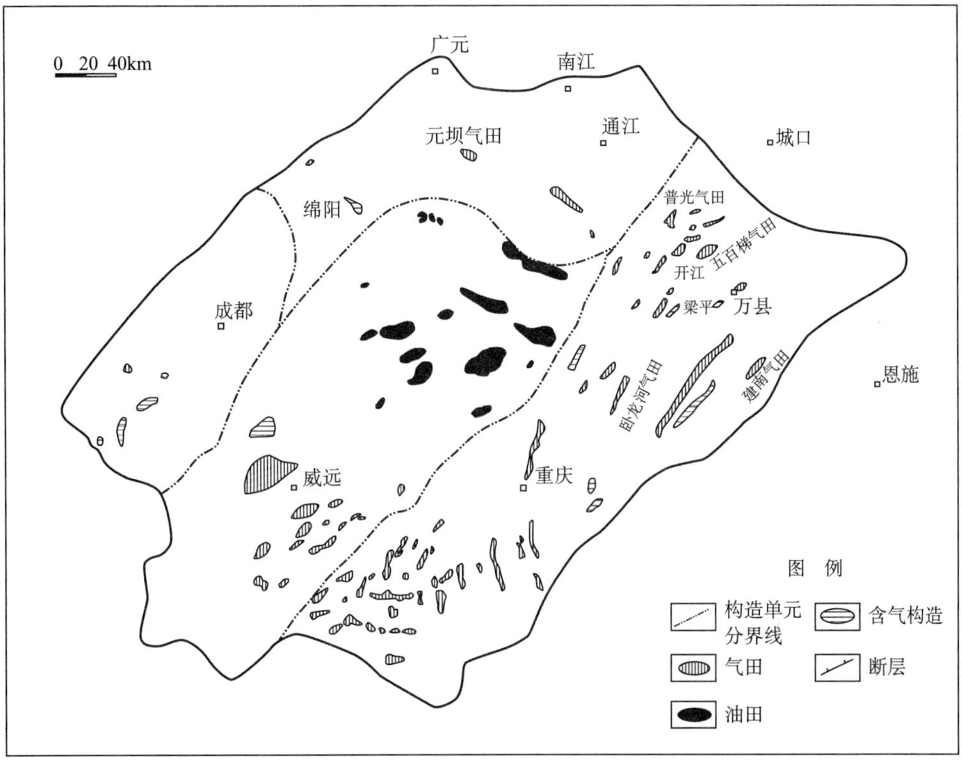

图5.1　四川盆地天然气藏分布图

除川东北和川东地区以外，四川盆地含硫天然气在川中磨溪气田、川南威远气田和川西中坝气田等也见分布。其中，磨溪气田雷一气藏CH_4含量很高，多数在95%以上；重烃含量很低，天然气干燥系数介于0.9600～0.9984，为典型的干气；天然气中CO_2和N_2含量较低，平均含量分别为0.36%和1.34%，H_2S含量介于0.83%～1.80%（戴金星等，2003），为含—中含硫化氢气藏。威远气田主力产层震旦系天然气CH_4含量介于85.07%～86.8%，平均86.08%；重烃含量为0.07%～0.17%，平均0.13%，干燥系数介于0.9980～0.9992，为典型的干气；天然气中N_2含量介于6.26%～8.33%，平均含量7.47%，CO_2含量介于4.40%～5.07%，平均4.70%；H_2S含量介于0.95%～1.32%，平均1.20%，为中含硫化氢气藏。中坝气田须家河组和雷口坡组天

表 5.1 四川盆地海相层系天然气的组分特征

地区	气田（藏）	区块/井位	产层	组分/%						干燥系数	备注
				CH_4	C_2H_6	C_3H_8	CO_2	N_2	H_2S	$C_1/C_{1\sim5}$	
川东北	普光气田	普光区块	T_1f	76.24～78.83* / 77.09 (7)	0.02～0.41 / 0.29 (7)	0～0.02 / 0.01 (2)	8.3～9.83 / 8.68 (7)	0.09～0.9 / 0.48	7.56～14.43 / 12.90 (7)	0.9943～0.9998 / 0.9961 (7)	自测
			P_2ch	72.67～83.34 / 77.77 (4)	0.02～0.26 / 0.08 (4)	—	2.93～11.54 / 8.78 (4)	1.05～2.01 / 1.41 (4)	6.89～14.94 / 11.23 (4)	0.9969～0.9998 / 0.9990 (3)	
		毛坝区块	T_1f	67.31～75.17 / 72.11 (3)	0.37～0.43 / 0.40 (3)	0.01 (3)	7.67～16.31 / 10.81 (3)	0.87～3.15 / 1.77 (3)	12.73～14.96 / 13.96 (3)	0.9941～0.9944 / 0.9943 (3)	
			P_2ch	93.4	0.15	0.002	1.5	0.66	4.01	0.9984	
		大湾区块	T_1f	50.01～74.95 / 66.13 (3)	0.03～0.45 / 0.29 (3)	0～0.33 / 0.12 (3)	8.86～32.26 / 17.05 (3)	0.89～3.36 / 1.83 (3)	13.18～15.73 / 14.32 (3)	0.9848～0.9996 / 0.9927 (3)	
			P_2ch	66.68	0.41	0.06	11.7	3.21	15.03	0.9929	
		清溪场	T_1f^{3-4}	98.52	0.3	—	0.029	1.01	0.01	0.9969	
	元坝	元坝1，元坝1侧1	T_1f	75.65～87.3 / 81.48 (2)	0.07～0.2 / 0.14 (2)	0.03～0.04 / 0.03 (2)	5.93～14.05 / 9.99 (2)	0.38～9.27 / 4.83 (2)	0.09～5.48 / 2.78 (2)	0.9972～0.9986 / 0.9979 (2)	
			P_2ch	50.06	0.4	0.34	32.1	3.11	13.49	0.9847	
	通南坝	马1井	T_3x	98.79	0.6	0.02	0.2	0.32	0.006	0.9937	
	五百梯	天东21	C	86.13	0.084	—	8.21	0.49	5.00	0.9990	
	砂罐坪	罐19	C	96.43	0.3	0.05	1.48	1.37	0.23	0.9964	
	檀木场	七里28	C	95.88	0.26	0.03	1.53	1.94	0.24	0.9970	
	铁山	铁山4	C	97.46	0.19	0.01	0.87	0.69	0.77	0.9980	
	雷音铺	雷12	C_2	96.53	0.69	0.15	0.41	2.02	0.15	0.9914	
	黄龙场	黄龙8	P_2ch	96.29	0.16	0.01	2.49	0.48	0.55	0.9982	
	温泉	温泉11	C	96.05	0.35	0.04	1.28	2.21	0	0.9960	

川东	建南	建南 10	T_1f^3	96.19	0.19	—	2.66	0.64	0.25	0.9980	自测
		建 31	T_1j^1	98.12	0.23	0.03	0.77	0.76	—	0.9974	
		建 44-1	P_2ch	87.15	0.2	0.022	8.86	0.51	3.21	0.9975	
		建平 1	T_1f^3	96.07	0.2	0.028	2.54	0.75	0.35	0.9976	
		建平 2	P_2ch	94.42	0.2	0.025	4.05	0.61	0.65	0.9976	
		建 43	P_2ch	90.98	0.21	0.021	6.43	0.61	1.71	0.9975	
		建 68	T_1f^3	97.15	0.18	0.024	1.66	0.71	0.23	0.9979	
		建 32-1	C	92.63	1.24	0.336	1.00	4.65	0.0006	0.9832	
	高峰场	峰 15	T_1f	92.23	0.05	0	1.58	0.43	5.69	0.9995	
	龙门	天东 5-1	T_1f	90.27	0.19	0.02	2.44	1.16	5.79	0.9977	
	沙坪场	月东 1	C	96.85	0.34	0.03	1.67	0.96	0.03	0.9962	
	卧龙河	卧 11	T_2j^5	93.3	0.75	0.34	0.42	1.11	3.63	0.9857	
	双龙	双 15	P_2ch	97.77	0.43	0.15	0.86	0.64	0	0.9936	
	铜锣峡	铜 12	P_2ch	98.36	0.34	0.04	0.19	0.92	0	0.9962	
	黄草峡	草 14	T_1f^3	97.67	0.37	0.1	0.15	1.6	0	0.9952	
		草 5	T_1j^1	98.15	0.39	0	0.2	1.14	0	0.9960	
川中	广安	广安 2	T_3x^6	88.21	6.72	2.96	0.31	0.55	0	0.8901	
	充西	西 20	T_2l^4	87.11	6	3.3	0.31	1.26	0	0.8899	
	磨溪	M137	T_2l^1	96.51	0.16	0	0.44	1.65	1.09	0.9983	
		磨 1 井等	T_2l^1	93.03～97.66 / 96.05 (13)	0.03～2.20 / 0.42 (13)	0～1.33 / 0.52 (13)	0.09～1.27 / 0.36 (10)	1.01～2.02 / 1.34 (12)	0.83～1.80 / 1.37 (9)	0.9600～0.9984 / 0.9893 (13)	
川南	威远	威浅 1	$T_1j_1{}^4$	96.77	0.39			0.54	0.38	0.9960	戴金星等，2003
		威 7	P	94.17	0.31	0.02	1.82	3.09	0.48	0.9965	
		威 2 等	Z_2dy	85.07～86.8 / 86.08 (8)	0.07～0.17 / 0.13 (8)		4.40～5.07 / 4.70 (8)	6.26～8.33 / 7.47 (8)	0.95～1.32 / 1.20 (8)	0.9980～0.9992 / 0.9986 (8)	
		威 28	Pt	67.03	0.21	0.03	1.23	26.7	0.01	0.9964	
川西	中坝		T_3x^2	90.3	5.94	1.67	0.46		0	0.9138	朱光有等，2006
			T_2l	86.7	1.66	0.52	4.52		6.69	0.9711	

* 分子为含量范围；分母为平均值；括号中为样品数。

然气组分特征存在较大差异，须家河组天然气重烃含量相对较高，属湿气范畴，且不含H_2S；雷口坡组天然气重烃含量很低，为典型的干气，且硫化氢含量高达6.69%，属于高含硫化氢气藏范畴，揭示该气田两个气藏属于不同的含油气系统，成气机理存在较大差异。

5.1.2　组分地球化学及其分布

图5.2为四川盆地含硫天然气CH_4与H_2S含量关系图。由图可见，含硫天然气中CH_4含量与H_2S含量之间存在较好的负相关关系，随着H_2S含量的增大，CH_4含量减小。H_2S与CO_2含量之间的关系则较为复杂（图5.3），对于H_2S含量大于5%的高含硫天然气而言，H_2S含量与CO_2含量之间存在较好的正相关关系，揭示二者之间存在着一定的成因联系，即在TSR过程中会形成一定量的CO_2和H_2S，导致CH_4相对含量减小；而对于低（微）含硫天然气而言，H_2S和CO_2含量之间没有明显的相关关系，揭示低含硫天然气和高含硫天然气中H_2S具有不同的成因机制。从宏观分布特征上，H_2S组分含量超过5%的天然气藏主要分布在川东北地区，又以普光地区最为典型；H_2S组分含量介于0.1%～5%的主要分布于川南地区、川中地区、鄂西渝东的建南地区，属于含H_2S天然气藏类型；而H_2S组分含量低于0.1%的天然气在川南、川西等地区也有分布。从分布特征上来看，川东北地区天然气H_2S组分含量变化最大，从高含硫到不含硫均有，川东、川南和鄂西渝东地区主要以低含硫天然气为主，而川西地区天然气藏以不含硫或微含硫天然气为特征。

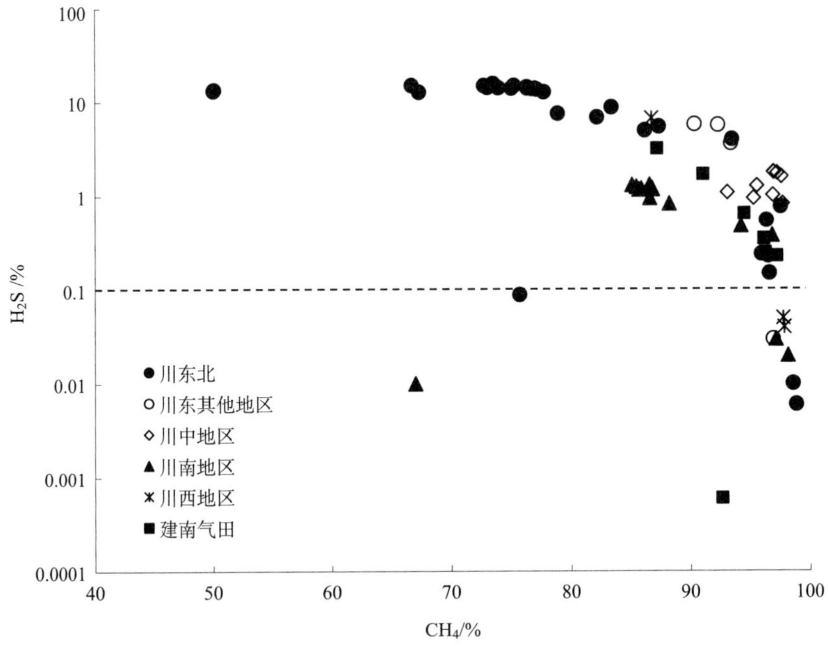

图5.2　四川盆地含硫天然气CH_4与H_2S含量关系图

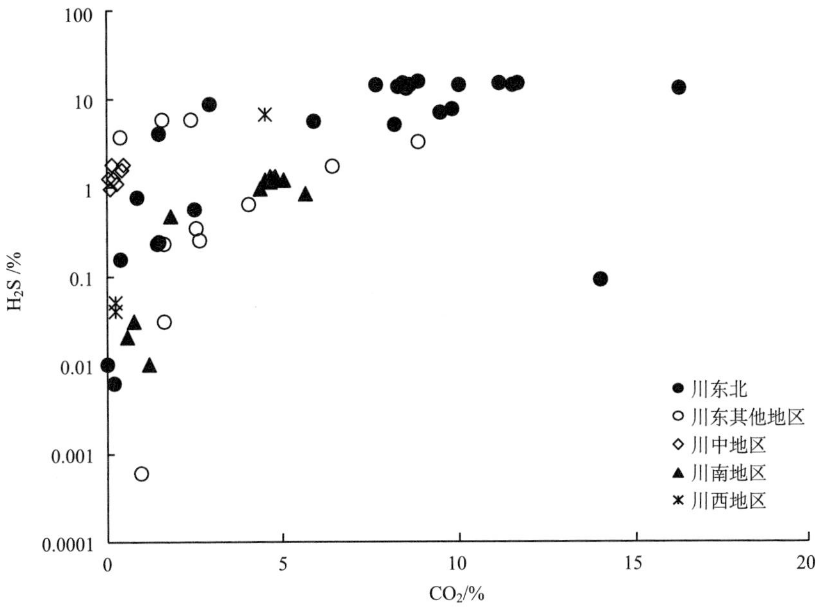

图 5.3　四川盆地含硫天然气 CO_2 与 H_2S 关系图

四川盆地含硫化氢天然气的分布不仅在横向上而且在纵向上都表现出很强的非均质性。盆地含硫化氢天然气产层较多，富含硫化氢产层主要集中于中下三叠统飞仙关组、嘉陵江组和雷口坡组，石炭系、寒武系和震旦系硫化氢含量较低，二叠系除部分钻井长兴组硫化氢含量较高外，其余普遍含量较低（图 5.4）。从区域分布特征来看，高硫化氢天然气主要分布于二叠系长兴组，三叠系飞仙关组、雷口坡组、嘉陵江组等层位。而震旦系、寒武系、石炭系等层系天然气藏均以低硫化氢或不含硫化氢天然气藏为主。这一特征是否与四川盆地广泛分布的三叠系膏盐岩有关？

飞仙关组是四川盆地高含硫化氢天然气的主要储层。对川东北及其邻区 46 个飞仙关组天然气组分的测试和统计分析表明，硫化氢含量介于 0～17.06%，平均 9.30%，其中 H_2S 含量小于 0.5%的占 20%，含量介于 0.5%～2.0%的占 7%，含量介于 5%～10%之间的占 17%，含量介于 10%～20%的占 57%（图 5.5）。其中又以川东北地区普光、罗家寨、渡口河、铁山坡地区硫化氢的含量为最高，平均含量均在 12%以上。硫化氢的分布明显地受储层沉积相带的控制。飞仙关组高含硫天然气藏集中分布在开江-梁平陆架东北缘富含硫酸盐沉积的川东北碳酸盐岩蒸发台地相区，而在缺少石膏、硬石膏沉积的万县-长寿碳酸盐岩开阔台地相区硫化氢的含量较低（图 5.6），揭示含硫化氢气藏中硫化氢含量的高低与气藏分布区硫酸盐岩的分布具有一定的成因联系（王一刚等，2002）。然而，从川东北地区硫化氢含量与膏岩厚度及分布特征来看，两者之间并没有很好的匹配关系，换言之，在膏岩厚度高的地区硫化氢含量并不一定很高，而在部分膏岩不太发育的地区，硫化氢亦具有较高的含量，表明硫化氢的分布受控因素比较复杂。

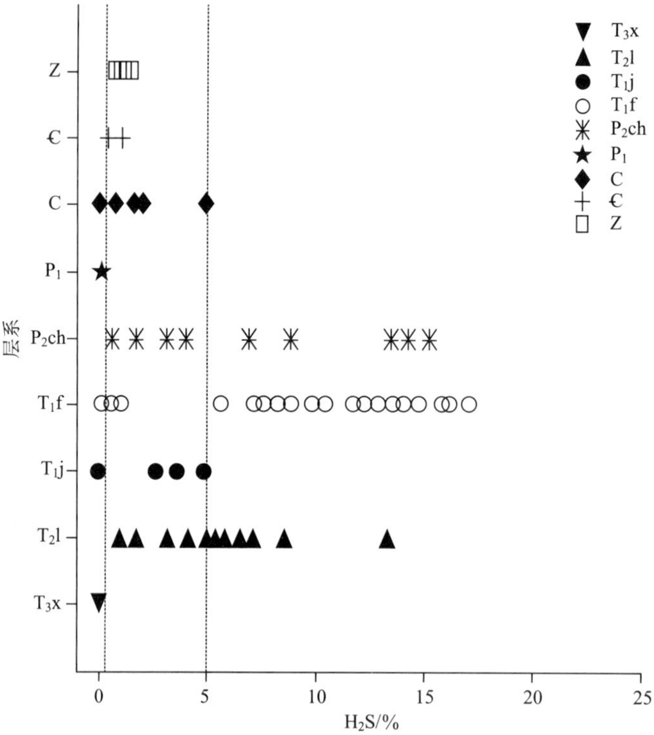

图 5.4　四川盆地海相层系硫化氢的纵向分布特征

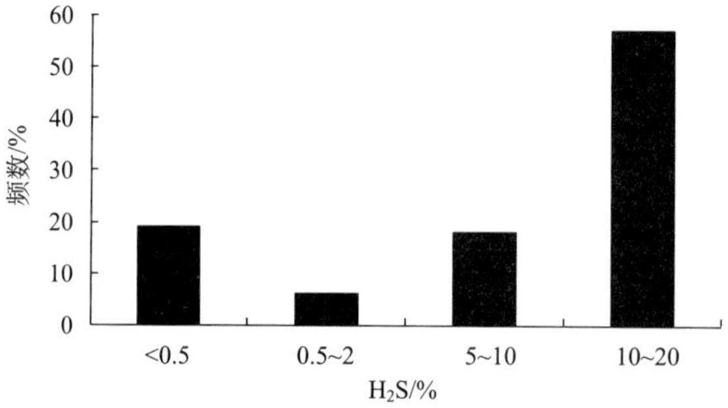

图 5.5　四川盆地飞仙关组硫化氢含量分布特征

嘉陵江组天然气中硫化氢含量的变化范围较大，其中又以卧龙河气田硫化氢的含量较高。对卧龙河气田 14 个嘉陵江组天然气样品的测试分析和统计显示，硫化氢含量介于 0～31.95%，平均 6.70%。从纵向上看，嘉陵江组各段硫化氢的含量也存在着较大的差异性。嘉一、嘉二段天然气硫化氢的含量很低，全部在 1%以下，此次分析中，黄草峡气田草 5 井和建南气田建 31 井嘉一段天然气均未检测到硫化氢；嘉三—嘉五天然气中硫化氢的含量较高，特别是嘉四、嘉五段。其中，卧龙河气田卧 63 井嘉五段天然气硫化氢含量高达 31.95%（491.49g/m^3）（朱光有等，2004）。

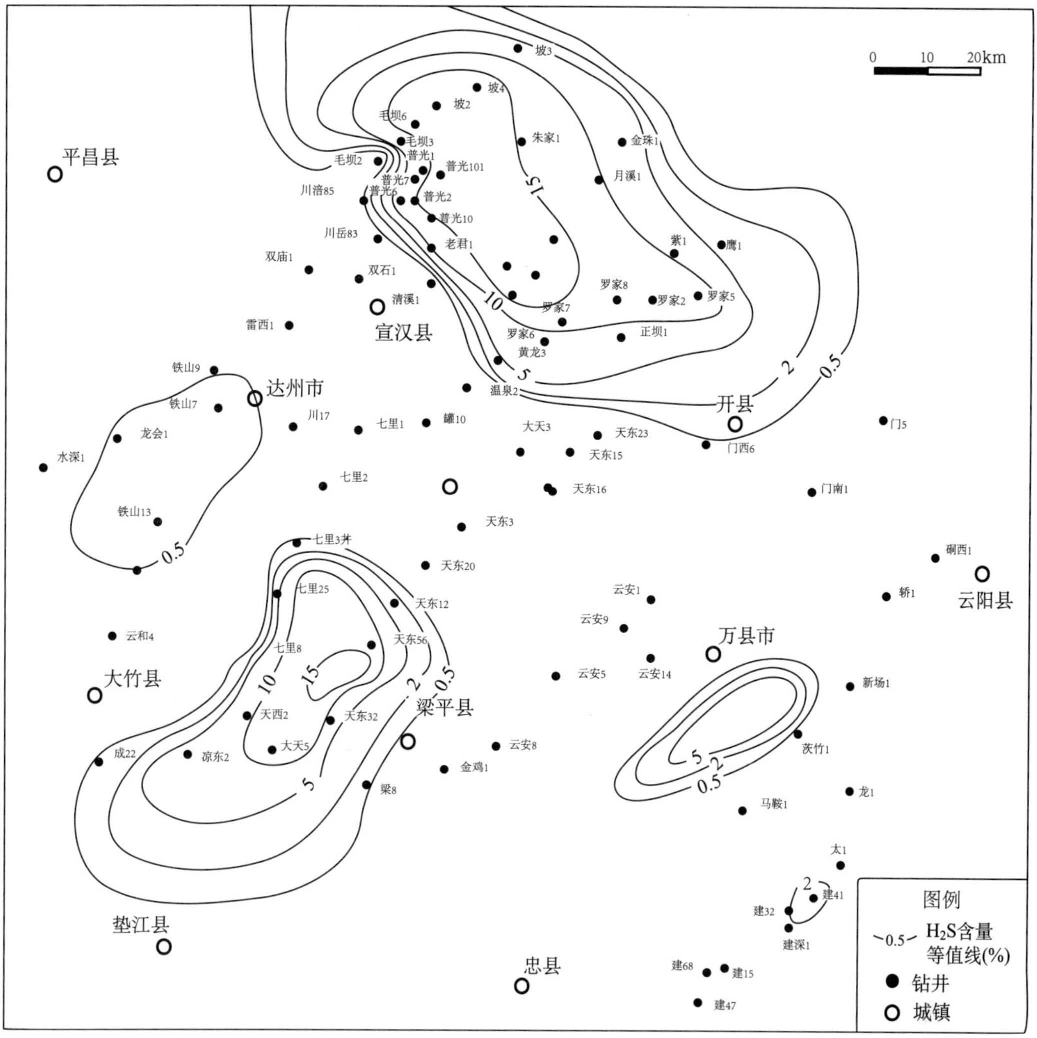

图 5.6　川东北飞仙关组硫化氢的空间分布特征

雷口坡组产层主要见于川中磨溪气田和川西北中坝气田，其中，磨溪气田 13 个雷口坡组雷一段天然气样品硫化氢含量介于 0～1.8%，平均值达 0.95%，属于低含硫天然气气藏范畴（戴金星等，2003）；而中坝气田雷三段气藏硫化氢含量介于 4.90%～8.34%，平均为 6.52%，属于高含硫天然气藏（朱光有等，2004）。

石炭系产层天然气中硫化氢的含量普遍偏低（图 5.4），主要原因是该储层为一套潮坪沉积的白云岩为主的沉积建造，多遭受剥蚀，目前残留厚度普遍小于 50m，加之膏岩夹层不发育，不具备硫化氢大量生成的物质基础。此外，石炭系黄龙组储层底部和顶部分别与志留系、下二叠统碎屑岩层系接触，碎屑岩中富含 Fe^{2+} 等金属离子，容易与硫化氢反应生成金属硫化物而使得硫化氢被消耗，这也是石炭系储层天然气中硫化氢含量普遍较低的一个重要原因。

二叠系长兴组储层天然气中硫化氢的含量变化较大。此次研究中测试的川东北 6 个长兴组天然气样品，除黄龙场黄龙 8 井硫化氢含量较低外（为 0.55%），普光 8 井、元坝 1 井等其余 5 个样品的硫化氢含量较高，介于 6.89%～15.03%，属于高硫天然气的范畴；川东地区建南气田建平 2、建 43 以及卧龙河卧 20 等井长兴组硫化氢的含量较低，介于 0.18%～1.71%，平均 0.98%，属于低—中含硫天然气范畴。

5.2 含硫天然气同位素地球化学

在地质演化过程中，各种化学元素及其同位素进行着化合、分异、迁移活动，而各种类型的活动，在各元素的同位素组成上均有所记录，通过分析元素的同位素组成及其变化，就能够得出各种化学元素所经历的地质过程和原始状态信息。对于天然气地球化学来说，碳、氢、氧、氮、硫以及部分稀有气体同位素组合已经被广泛应用于气源判识、油气成藏过程解剖研究之中。

5.2.1 碳同位素

天然气的甲烷及其同系物的碳同位素组成是划分天然气成因类型、判识其来源的重要标志。$\delta^{13}C_2$主要反映母质碳同位素的继承效应，而$\delta^{13}C_1$则受生气母质类型和成熟度的共同影响。一般将$\delta^{13}C_2$小于－28‰（或－29‰）作为油型气（腐泥型）的一个重要判识指标（张士亚、郜建军，1988；徐永昌等，1994）。而对于油型气而言，正常原油伴生气的$\delta^{13}C_1$值为－48‰～－40‰，凝析油伴生气的$\delta^{13}C_1$值为－40‰～－36‰，高温裂解气的$\delta^{13}C_1$值大于－36‰（徐永昌等，1994）。由表 5.2 可见，川东北和川东地区各层位天然气的乙烷碳同位素值（$\delta^{13}C_2$）分布范围较宽，介于－41.8‰～－28.1‰；川中磨溪气田、川南威远气田及川西北海相层系天然气的$\delta^{13}C_2$也均小于－28‰，呈现出油型气的典型特征，而与川西坳陷来源于腐殖型母质的煤型气（$\delta^{13}C_2$＞－28‰）存在明显差异（图 5.7）。$\delta^{13}C_1$介于－37.0‰～－25.8‰，表明天然气成熟度高，普遍处于过成熟阶段，这与天然气的组分普遍偏干相一致。而天然气稳定碳同位素的这种地球化学特征与天然气组分中 H_2S 的含量也有一定的相关性。四川盆地含 H_2S 的天然气均属于海相油型气，而川西陆相地层天然气均不含 H_2S。在海相油型气中，微含硫天然气，如威远等，图中 A 区天然气碳同位素组成则呈正序排列，而高含硫天然气主体分布在 B 区，甲、乙烷稳定碳同位素呈倒转特征。这一特征在图 5.8 中尤为明显。

对于母质类型相同的天然气而言，天然气烃类气体碳同位素组成由 C—C 键断裂过程的动力学分馏效应控制，而不受同位素平衡效应的影响。从理论上来说，对于具有单一来源的天然气，其烃类气体组分的$\delta^{13}C_n$与 $1/n$ 之间呈线性关系（Chung，1988）。在地质条件下，由于成气地质营力较为复杂，$\delta^{13}C_n$与 $1/n$ 之间多表现出准线性关系。因此，$\delta^{13}C_n$与 $1/n$ 之间的关系可提供气体是单一营力作用成气还是多源复合、多阶连续

表 5.2　川东北和川东地区含硫天然气的碳、氢同位素组成与硫化氢组分特征

地区	气田(藏)	井号	井段/m	层位	$\delta^{13}C_{PDB}$/‰				δD/‰		H_2S/%
					CH_4	C_2H_6	C_3H_8	CO_2	CH_4	C_2H_6	
川东北	普光	普光 7	5571.7～5590	T_1f	−30.8			−2.0	−114		13.85
		普光 7	5484.7～5546.7	T_1f	−31.1			−1.1	−115		12.79
		普光 7 侧 1	5421.4～5464.2	T_1f	−30.7			−1.7	−120		7.56
		普光 8	5614.2～5625.5	P_2ch	−30.9			−1.5	−119		6.89
		普光 9	5739.0～5852.3	T_1f	−30.9			−1.8	−115		14.03
		普光 9	5915.8～5993	T_1f	−31.1			−1.9	−114		13.65
		普光 9	6110.0～6130.0	P_2ch	−30.9			−2.6	−124		14.29
		普光 9	6151.0～6175.0	P_2ch	−30.9			−1.7	−122		14.94
		普光 10	6080～6190	T_1f	−30.8	−36.5		−3.0			13.96
		普光 101	5775.7～5786.4	T_1f	−27.8			−3.7	−114		14.43
		大湾 1	5029.0～5130.0	T_1f	−32.5			−6.7	−120		15.73
		大湾 1	5153.0～5279.0	T_1f	−30.0			−0.4	−117		13.18
		大湾 1	5320.0～5382	P_2ch	−31.3			−0.9	−111		15.03
		大湾 2	4804.4～4900	T_1f	−28.9			−7.4	−123		14.06
		毛坝 1	4729～4925	P_2ch	−30.8	−32.7		−7.3			4.01
		毛坝 4	4049.6～4102.0	T_1f^1	−31.2			−3.1	−117		12.73
		毛坝 6	3857.8～3970.0	T_1f	−31.9			−8.2	−126		14.2
		毛坝 6	4744.9～4841.0	T_1f	−32.1			−7.7	−121		14.96
		老君 1	6181～6191	P_2ch	−30.2			−2.4			8.81
		清溪 1	4285	T_1f	−27.0				−128		0.01
		双庙 1	3568～3580	T_2j	−31.6	−30.8	−26.4	−17.8			—
	元坝	元坝 1	6787.0～6799.0	T_1f	−28.7			−2.9	−111		0.089
		元坝 1	7081.0～7150.0	P_2ch	−30.2			−0.3	−116		13.49
		元坝 1 侧 1	7330.7～7367.6	T_1f	−30	−32.3		−2.6			5.48
	通南巴	马 1	3045～3064	T_3x	−30.4	−31.4		−6.8			0.006
	五百梯	天东 21	5012	C	−32.1	−28.1		−2.7	−117		5.00
	砂罐坪	罐 19	4420～4388	C	−31.9	−38.2		−4.9	−118		0.23
	檀木场	七里 28	5046	C	−32.0	−37.4		−3.6	−123		0.24
	铁山	铁山 4	4002～4035	C	−30.8			−8.0	−116		0.77
	雷音铺	雷 12	3747～3772	C_2	−34.6	−38.5		−4.2	−131	−122	0.15
	黄龙	黄龙 8	3593	P_2ch	−31.1	−32.8		−3.6	−127		0.55
	温泉	温泉 11		C	−32.5	−38.8		−5.7	−112		0

续表

地区	气田（藏）	井号	井段/m	层位	$\delta^{13}C_{PDB}$/‰				δD/‰		H_2S/%
					CH_4	C_2H_6	C_3H_8	CO_2	CH_4	C_2H_6	
川东	高峰场	峰 15	3771～3893	T_1f	−29.4	−32.1		−6.0	−122		5.69
	龙门	天东 5-1	3570	T_1f	−33.0	−32.1		−6.0	−114		5.79
	沙坪场	月东 1	5171	C	−33.0	−36.6		−4.3	−108	−118	0.03
	卧龙河	卧 11	1517	T_2j	−33.0	−29.4	−25.3	−7.3	−114		0.63
	双龙	双 15	4076	P_2ch	−31.3				−118	−88	0
	黄草峡	草 14	2173	T_1f	−32.1				−140		0
	黄草峡	草 5	2489	T_2jl	−25.8	−34.3		−2.4	−138	−124	0
	铜锣峡	铜 12	2750	P_2ch	−32.7	−32.8		−2.8	−118		0
	建南	建南 10	2927～2941	T_1f	−32.9	−37.4	−36.8	−3.6	−105		0.25
	建南	建 31		T_2j	−33.5	−35.4	−27.6	−6.1	−117		—
	建南	建 44-1	3146.9～3600	P_2ch	−33.0	−36.3		−3.0	−119		3.21
	建南	建平 1	3618～4617	T_1f	−32.0	−35.5		−3.2	−107		0.35
	建南	建平 2	3846～4604.25	P_2ch	−32.0	−37.6		−2.9	−97		0.65
	建南	建 43	3456～3483	P_2ch	−32.4	−38.6		−3.3	−107		1.71
	建南	建 68	3805～3867	T_1f	−30.9			−7.1	−105		0.23
	建南	建 32-1	3732～3744	C	−37.0	−41.8	−38.2	−5.6	−126	−161	0.0006

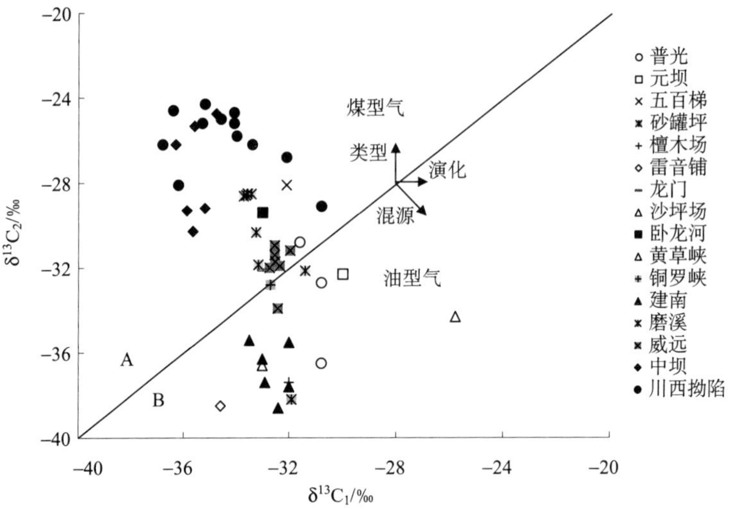

图 5.7　四川盆地天然气 $\delta^{13}C_1$ 与 $\delta^{13}C_2$ 关系图

成气等信息。图 5.8 为川东北和川东地区天然气系列碳同位素（$\delta^{13}C_1$～$\delta^{13}C_3$）组成与碳原子倒数（$1/n$，n=1,2,3,4）关系图。由图可见，川东北和川东地区天然气碳同位素分布曲线普遍呈现明显的两段模式，揭示该区天然气的甲烷与乙烷和丙烷存在不同的

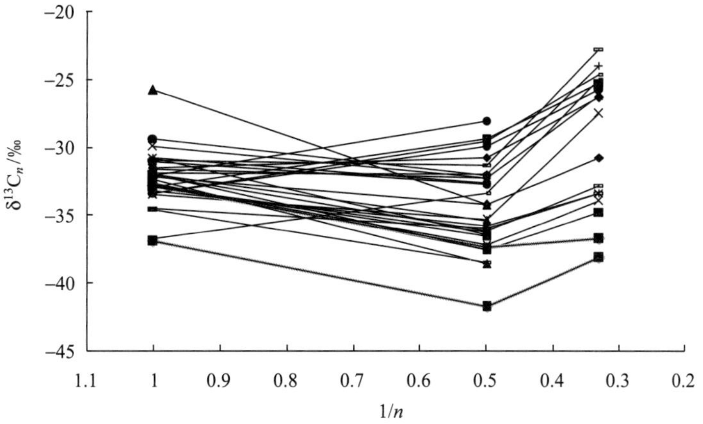

图 5.8 川东北和川东地区海相层系天然气烃类组分 $1/n$ 与 $\delta^{13}C_n$ 关系图

来源，显示了该区天然气具有多期充注、多源复合的特征。

已有的研究表明，对于单一来源的有机成因烷烃气而言，甲烷及其同系物的碳同位素呈正序排列，即具有 $\delta^{13}C_1<\delta^{13}C_2<\delta^{13}C_3$ 的显著特征，而自然界中有机烷烃碳同位素发生倒转的现象也比较常见，戴金星等（1990）将其归结为五个方面：①有机烷烃气和无机烷烃气相混合；②煤成气和油型气的混合；③“同型不同源”气或“同源不同期”气的混合；④烷烃气某一或某些组分被细菌氧化导致该剩余组分的碳同位素变重；⑤地温增高。从表 5.2 和图 5.7 可以看出，尽管四川盆地海相层系天然气为典型的油型气，但根据天然气甲烷系列碳同位素特征又可明显分为两组：一组为单一热力（或来源）作用下形成的烃类气体，甲烷及其同系物碳同位素呈正序排列，这与我国其他盆地典型热成因油型气相一致（图 5.7 中 A 区）；另一组气体甲烷及其同系物碳同位素呈明显的反序排列（图 5.7 中 B 区）。关于四川盆地海相天然气烷烃碳同位素倒转，主要存在两方面的原因：一是四川盆地在漫长的地质演化过程中，发育了下寒武统、下志留统、下二叠统和上二叠统等多套优质烃源岩，目前普遍处于高过成熟演化阶段，在地质过程中曾发生多期生排烃过程，而且源岩早期演化过程中生成的可溶有机质（分散可溶有机质和古油藏）在后期的演化过程中也可裂解成气，现在聚集成藏的天然气为多种气源混合所致；二是受到 TSR 的影响，使得天然气中的重烃被消耗而生成了具较重碳同位素的甲烷，导致烷烃气碳同位素变化不符合线性关系。

二氧化碳的碳同位素（$\delta^{13}C_{CO_2}$）是一种鉴别其成因的重要指标，前人已对此进行了较多的研究。一般认为，无机成因的 $\delta^{13}C_{CO_2}$ 主要分布在－8‰～＋7‰，而有机成因的 $\delta^{13}C_{CO_2}$ 主要分布在－39.14‰～－10‰（戴金星等，1992）。对川东北及川东地区天然气二氧化碳碳同位素的测试分析表明（表 5.2，图 5.9），该区天然气 $\delta^{13}C_{CO_2}$ 普遍偏重，除普光气田双庙 1 井、毛坝 6 井、黄草峡气田草 30 井天然气的 $\delta^{13}C_{CO_2}$ 相对较轻，分别达到－17.8‰、－8.2‰和－12.9‰，显示为有机成因外，其他样品的 CO_2 均显示无机成因特征。前人的研究表明，天然气中的 CO_2 可能有五种成因：有机质的热演化（Tissot and Welte，1984；Dai *et al.*，1996；Zhang *et al.*，2008）、地幔脱气（Poreda *et al.*, 1986；Xu *et al.*, 1995, 1998)、地壳中碳酸盐岩的高温分解（变质反应或岩浆升温过程）(Dai *et al.*, 1996；Zhang *et al.*, 2008)、硫酸盐细菌还原作用（BSR）(Machel *et al.*, 1995；Machel, 2001）以及硫酸盐热化学还原作用（TSR）(Cai *et al.*, 2003；朱光有等，2006a；Mougin *et al.*, 2007)。由于四川盆地为典型克拉通盆地，且古生界烃源岩热演化程度普遍很高，故四川盆地天然气中 CO_2 不存在地幔脱气和细菌硫酸盐还原作用。天然气的 $\delta^{13}C_{CO_2}$ 值普遍大于 −8.0‰，揭示有机质热演化形成的有机成因 CO_2 贡献有限。结合该区天然气甲烷系列碳同位素及稀有气体氦、氩同位素特征分析（Xu *et al.*, 1995)，该地区也没有幔源无机成因气的混入。从前面对四川盆地海相天然气的组分特征分析可以看出，川东北及其邻区海相地层天然气中 CO_2 含量变化较大，从 0.01% 到 32.26% 不等。当 CO_2 与 H_2S 含量均大于 5.0% 时，CO_2 与 H_2S 之间具有较好的正相关关系（图 5.3)。当 CO_2 含量小于 5% 时，CO_2 的 $\delta^{13}C$ 值随 CO_2 含量的增加而增加，这与塔里木盆地台盆区碳酸盐岩热解成因的 CO_2 气体的变化趋势相似（图 5.9)，但是当 CO_2 含量大于 5.0% 时，CO_2 的 $\delta^{13}C$ 值与 CO_2 含量之间无明显的线性关系，如普光气田、天东 21 井，大湾 2 井和毛坝 3 井，而这些气田或气藏均具有较高的 H_2S，一般大于 5.0%，这说明川东北地区 CO_2 的成因比较复杂，主要存在两种来源，即碳酸盐岩的高温分解和 TSR 作用。川东地区 CO_2 成因与塔里木盆地台盆区相似，主要源自碳酸盐岩的高温分解。

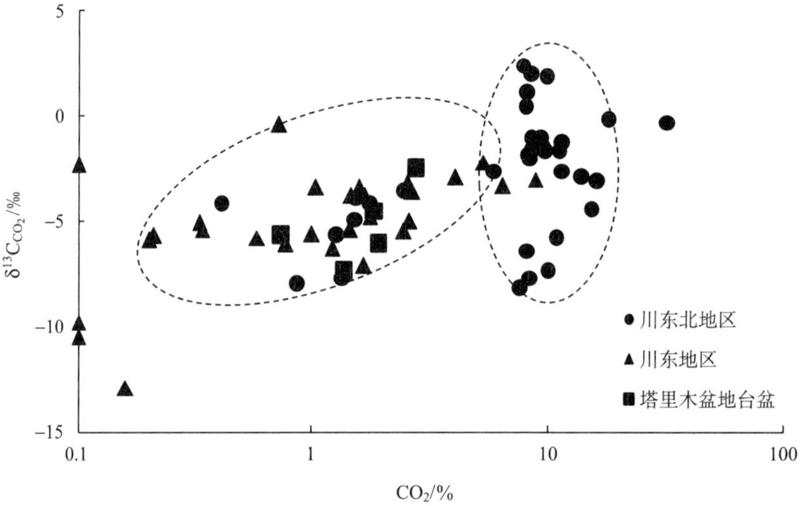

图 5.9 川东北及川东地区天然气 CO_2 与 $\delta^{13}C_{CO_2}$ 关系图

5.2.2 氢同位素

虽然烷烃气氢同位素（δD）组成在天然气地球化学研究中运用不如碳同位素广泛，但其蕴涵的一些信息具有特定意义，当烷烃气氢同位素与碳同位素综合应用时，可作为天然气地球化学研究中一项重要指标。淡水环境高 H，盐水环境富 D，并以 δD_1 =

$-190‰\sim-170‰$为界划分海相和陆相形成的甲烷。沈平等（1991）研究表明，当 δD_1 小于$-190‰$，天然气母质沉积环境为陆相；当 δD_1 大于$-190‰$，母质沉积环境为海相。王晓锋等（2005）对塔里木盆地天然气碳、氢同位素特征的研究表明，库车坳陷源自三叠-侏罗系烃源岩的煤型气 δD_1 普遍小于$-170‰$，而台盆区源自寒武-奥陶系烃源岩的油型气 δD_1 普遍大于$-170‰$。刘全有等（2007）对塔里木盆地天然气氢同位素研究认为，甲烷氢同位素组成不仅受沉积环境影响，而且热成熟度也能引起氢同位素变重；重烃氢同位素组成主要受热成熟度影响。

由于川东北地区天然气较干，乙烷和丙烷含量很低，无法测试其氢同位素。26 个样品测试结果显示，川东北天然气甲烷氢同位素（δD_1）介于 $-131‰\sim-111‰$，平均值为$-119‰$。鄂西渝东的建南气田 8 个天然气样品的 δD_1 为$-126‰\sim-97‰$，平均值$-110‰$。川东其他地区（卧龙河气田等）的 8 个天然气样品 δD_1 为$-140‰\sim-108‰$，平均值$-121.5‰$。可见，川东地区天然气 δD_1 均大于$-140‰$，天然气母质沉积环境为海相（图 5.10）。川东地区 42 个天然气样品仅雷音铺雷 12 井等 5 个天然气样品测得乙烷氢同位素（δD_2），该值变化范围较宽，介于 $-161‰\sim-88‰$之间，平均$-123‰$。甲、乙烷氢同位素发生倒转的绝大多数样品，其碳同位素也发生了倒转（表 5.2），揭示川东北及其邻区天然气具有多源复合的显著特征。

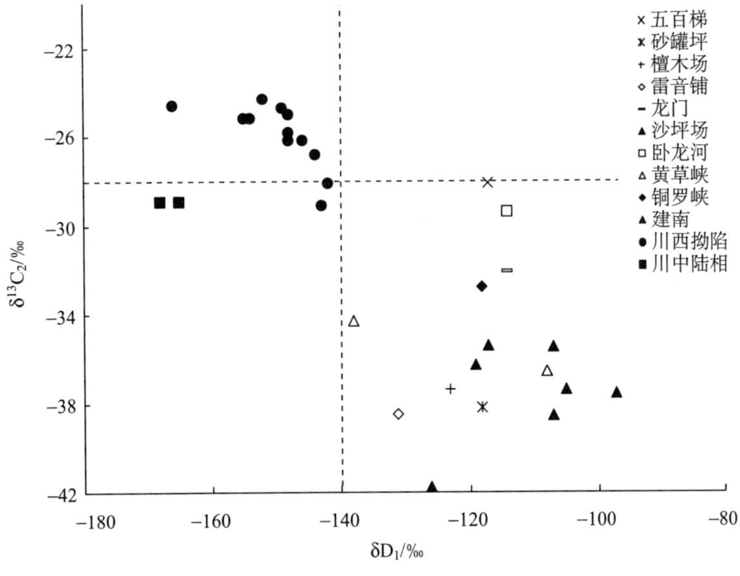

图 5.10　四川盆地天然气 δD_1 与 $\delta^{13}C_2$ 关系图

与川东北及其邻区海相层系天然气不同，川西拗陷和川中地区三叠-侏罗系 14 个天然气样品的 δD_1 为 $-168‰\sim-142‰$，平均值$-152‰$（表 5.2，图 5.10）。该区天然气的甲、乙烷碳、氢同位素均呈现正序排列。可见，川东北及其邻区海相天然气的甲烷氢同位素组成和川西地区陆相天然气具有明显的差别，以 δD_1 等于$-140‰$为界可以将上述两种类型的天然气截然分开，揭示两种天然气形成于不同的沉积环境。

5.2.3 硫同位素

同位素交换反应以及改变硫价态的各种单向化学反应，都会造成天然气中硫同位素的分馏。通过利用气态硫同位素直接分析新方法对四川盆地海相层系70多个天然气样品硫同位素进行了系统测试分析，这一新方法的使用，使测试数据具有更高的准确性。统计结果表明，四川盆地硫化氢硫同位素的分布范围较宽，$\delta^{34}S$介于+4.9‰～+31.0‰（表5.3，图5.11），平均+15.06‰；主频区间为+10‰～+15‰（图5.11）。其中下二叠统硫化氢的硫同位素较重，3个下二叠统自流井组天然气样品硫化氢硫同位素值介于+24.8‰～+29.1‰，平均值为+27.2‰；其次为嘉陵江组，硫同位素范围介于+22.0‰～+31.0‰，平均值为+25.8‰。雷口坡组硫化氢硫同位素介于+4.9‰～+17.7‰，平均值为+12.0‰。飞仙关组硫同位素变化范围很宽，介于+5.8‰～+27.8‰，平均值为+12.0‰，除普光气田大湾1井、高峰场气田峰15井和龙门气田天东5-1井天然气硫同位素较重（$\delta^{34}S$>+22‰）外，其余天然气硫化氢硫同位素分布比较集中。上二叠统除元坝1井外，天然气硫化氢硫同位素普遍较低，平均值为+12.9‰；石炭系硫化氢硫同位素较轻，且分布比较集中，7个含硫天然气$\delta^{34}S$介于+5.8‰～+18.2‰，平均值为+10.3‰。震旦系硫化氢硫同位素也集中分布，介于+11.5‰～+16.9‰，平均值为+14.3‰。

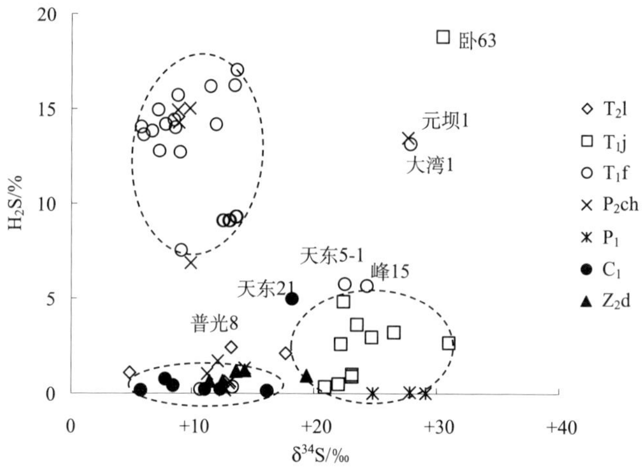

图5.11　四川盆地硫化氢$\delta^{34}S$与H_2S关系图

对于川东北地区海相层系天然气而言，含硫天然气样品的硫化氢硫同位素的分布范围较宽，$\delta^{34}S$介于+5.8‰～+27.8‰之间（表5.3），平均+11.7‰；主频区间在+5‰～+15‰之间。其中，22个下三叠统飞仙关组天然气样品中，除大湾1井飞一段的$\delta^{34}S$偏重（达+27.8‰）外，其他样品的$\delta^{34}S$分布范围比较集中，介于+5.8‰～+13.7‰之间，平均+10.2‰；7个上二叠统长兴组天然气样品中，除元坝1井天然气的

表 5.3　四川盆地含硫天然气中硫化氢的硫同位素组成特征

地区	气田（藏）	层位	H_2S 范围/%	H_2S 平均值/%	H_2S 样品数	$\delta^{34}S$ 范围/‰	$\delta^{34}S$ 平均值/‰	$\delta^{34}S$ 样品数
川东北	普光	T_1f	7.56～15.73	13.43	12	+5.8～+27.8	+9.4	12
		P_2ch	6.89～15.03	12.79	4	+8.8～+9.9	+9.4	4
	元坝	T_1f	0.09～5.48	2.78	2			
		P_2ch	13.49		1	+27.6		1
	罗家寨*	T_1f	9.12～9.32	9.19	6	+12.6～+13.7	+13.1	6
	渡口河*	T_1f	16.2～17.06	16.63	2	+11.5～+13.7	+12.6	2
	铁山坡*	T_1f	14.19		1	+12.0		1
	七里北	T_1f	16.25		1	+13.5		1
	黄龙场	P_2ch	0.55～1.04	0.80	2	+11.3～+13.1	+12.2	2
	五百梯	C	5.0		1	+18.2		1
	砂罐坪	C	0.23		1	+11.1		1
	檀木场	C	0.24		1	+12.4		1
	铁山	C	0.77		1	+7.8		1
	雷音铺	C	0.15		1	+16.2		1
川东	建南	T_1f	0.23～0.35	0.28	3	+10.7～+13.4	+12.1	2
		P_2ch	0.65～3.21	1.86	3	+12.2～+13.2	+12.7	2
		C	0.006		1			
	高峰场	T_1f	5.69		1	+24.3		1
	龙门	T_1f	5.79		1	+22.5		1
	卧龙河*	T_1j	2.61～18.83	5.02	7	+22.2～+31.0	+25.8	7
		P_2	0.18～1.34	0.76	2	+12.8～+14.4	+13.6	2
		C_2	0.18～0.43	0.31	2	+5.8～+8.45	+7.13	2
川中	磨溪*	T_2l	1.09～2.43	1.88	3	+4.9～+17.7	+12.0	3
川南	合江*	T_1j^4	0.35		1	+20.9		1
	庙高寺*	T_1j^2	0.5		1	+22		1
	自流井*	P_1	0.02～0.07	0.04	3	+24.8～+29.1	+27.2	3
	威远*	$€_3x$	0.41～1.15	0.79	8	+15.7～+18.4	+17.0	5
		Z_2d	0.9～1.32	1.14	12	+11.5～+16.9	+14.3	7

* 数据源自徐永昌等（1989）、王一刚等（2002）、于津生和李耀菘（1997）、Cai 等（2003）、戴金星等（2003）、朱光有等（2006a，b）。

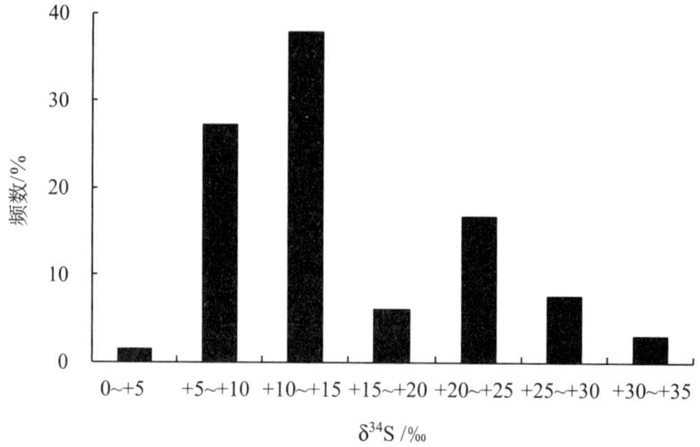

图 5.12　四川盆地硫化氢 $\delta^{34}S$ 频数分布图

$\delta^{34}S$ 偏重（达+27.6‰）外，其他样品的 $\delta^{34}S$ 分布范围较窄，介于+8.8‰～+ 13.1‰之间，平均+10.3‰；5 个上石炭统黄龙组天然气的 $\delta^{34}S$ 介于+7.8‰～+18.2‰之间，平均+13.1‰。

从图 5.11 可以看出，川东北及其邻区海相层系天然气中硫化氢含量与硫同位素之间无明显的相关关系，揭示硫化氢硫同位素的控制因素较多且较为复杂，也从侧面反映该区硫化氢具有多种成因类型。总体上看，飞仙关组天然气硫化氢含量高，但硫同位素相对较低，而嘉陵江组天然气硫化氢的含量较低，但硫同位素明显偏重，一方面反映飞仙关组储层中 TSR 反应程度相对较高，另一方面也反映中下三叠统膏盐（卤水中的硫酸盐矿物）的硫同位素存在较大差异，嘉陵江组天然气硫化氢硫同位素偏重与其储层中的硫酸盐矿物具有较重的硫同位素组成相一致。石炭系黄龙组储层中天然气的硫化氢含量较低，与储层中膏盐矿物不发育、TSR 反应比较局限有关。下二叠统储层具有较重的硫同位素组成，而硫化氢含量较低，揭示硫化氢主要来自烃源岩干酪根的热裂解作用。

5.2.4　稀有气体同位素

稀有气体具有化学性质不活泼、含量相对较低的特征。近年来随着分析测试精度的提高，特别是稀有气体同位素质谱计的开发和应用，使得稀有气体同位素作为地球化学的一个重要分支，已成为地学研究中的一种非常有效的示踪手段。在油气勘探与开发过程中，稀有气体可在气源追踪、烃源岩年代判识、母质环境，尤其是在是否有深部物质参与等方面均能提供极为重要的地球化学证据。目前，在稀有气体诸元素中，又以氦、氩同位素的研究程度较高（徐永昌等，1979，1989；刘文汇、徐永昌，1993）。

氦是稀有气体中最轻的元素，其扩散性和渗透性较强，因而是一种非常灵敏的地球化学示踪计。氦有 ^{3}He 和 ^{4}He 两个稳定同位素，其中 ^{3}He 主要为元素合成时形成的原始核素，^{4}He 则主要为地球上自然放射性元素铀、钍衰变的产物。^{3}He、^{4}He 成因的差异为地球上三种不同来源的氦（大气氦、壳源氦、幔源氦）提供了鉴别标志。已有的研究表明，地幔、地壳和大气成因氦相应的$^3He/^4He$表征值分别为1.1×10^{-5}，2×10^{-8}和1.4×10^{-6}。当天然气中$^3He/^4He$值（R，样品$^3He/^4He$值）大于1.4×10^{-6}（R_a，空气$^3He/^4He$值）时，表明其中有幔源稀有气体的混入（徐永昌等，1994）。从图5.13可以看出，四川盆地天然气中$^3He/^4He$均为10^{-8}量级，R/R_a（样品$^3He/^4He$与空气$^3He/^4He$比值）介于0.0038～0.0212之间，表明为典型的壳源成因，无幔源气体的混入。

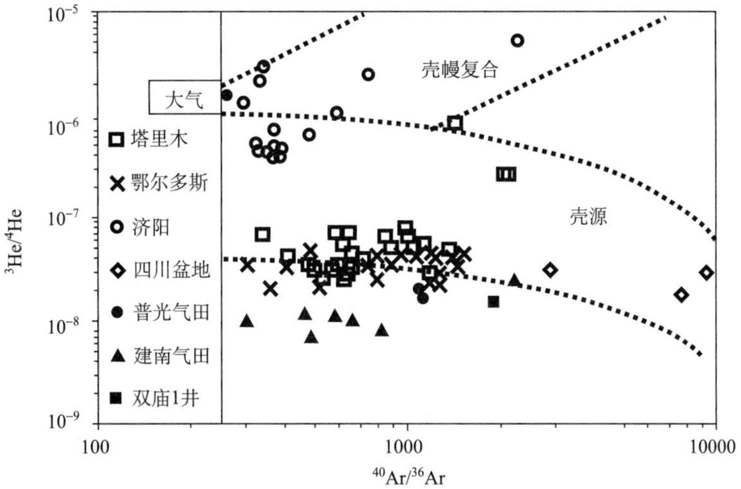

图5.13　四川盆地含硫天然气He、Ar同位素在稀有气体模式图中的分布

天然气中氩普遍由空气氩和放射性成因氩组成。$^{40}Ar/^{36}Ar$值代表的是一个气样总氩量中空气氩和放射性氩的相对浓度。天然气中的氩主要来源于^{40}K的衰变，具有明显的年代积累效应，随着源岩时代的变老，岩石中^{40}K形成^{40}Ar愈多，$^{40}Ar/^{36}Ar$值增大。从图5.14中可以看出，产自建南建32-1井中石炭统的天然气$^{40}Ar/^{36}Ar$达2225，揭示下志留统龙马溪组—上奥陶统五峰组烃源岩可能对天然气具有较大贡献。双庙1井嘉二段天然气的$^{40}Ar/^{36}Ar$达1899，揭示其相应的源岩时代为志留系，这可能与双庙场主断层切割较深，沟通了下古生界烃源层系有关。普光气田两个飞仙关组天然气样品的$^{40}Ar/^{36}Ar$介于1108～1125，根据刘文汇、徐永昌（1993）天然气的$^{40}Ar/^{36}Ar$与气源岩年代回归公式计算，其相应的源岩时代为石炭系，显然与普光气田烃源岩的发育特征不符，这主要是由于该区天然气为多源混合的产物，现今天然气$^{40}Ar/^{36}Ar$反映了下志留统烃源岩形成的可溶有机质裂解气、二叠系干酪根及其形成的可溶有机质裂解气混合后的综合效应。建南气田其他样品的$^{40}Ar/^{36}Ar$分布范围较宽，建44-1井长兴组天然气的$^{40}Ar/^{36}Ar$较低（为305），建平2井等其余6口井（产层为嘉陵江组-长兴组）天然气$^{40}Ar/^{36}Ar$介于466～824，这与氩同位素年代积累效应无法对应，造成这一现象的原因主要有两个方面：一方面，氩同位素的年代积累效应的原理是根据源岩形成天然气为一封闭体系而得到的，川东地区天然气多为古生界源岩早期形成的古油藏的原油高温裂

解气，氩同位素的原始封闭体系遭到破坏，致使$^{40}Ar/^{36}Ar$值有所降低；另一方面可能是由于源岩母体元素 K 的差异造成的，碳酸盐岩相对碎屑岩 K 含量很低，造成以碳酸盐岩为烃源的天然气氩同位素组成较低，这从侧面反映下二叠统碳酸盐岩烃源岩对川东地区天然气也具有较大贡献。从天然气 H_2S 组分含量来看，普光气田具有高含硫天然气组分特征，而建南地区具有低含硫天然气组分特征。两个气田在相同层系产层，H_2S 组分含量出现这么大的差别，可能与普光地区天然气气源与可溶有机质裂解成气有关，这从另一侧面表明高含硫天然气的形成也受控于可溶有机质裂解成气。

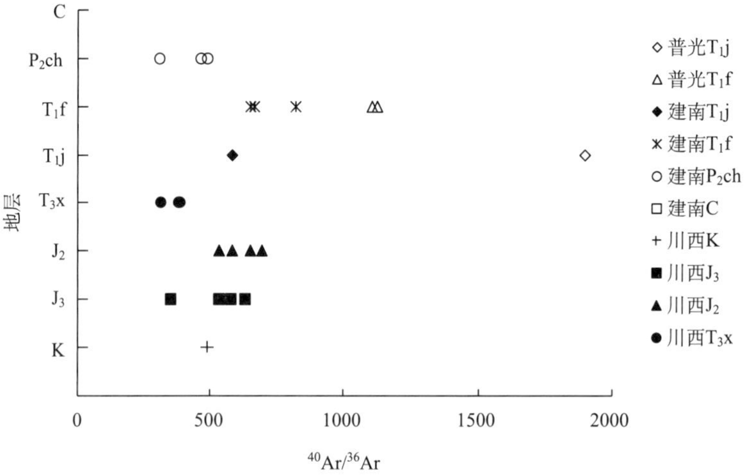

图 5.14 川东北及其邻区天然气$^{40}Ar/^{36}Ar$分布特征图

5.3 含硫天然气成因判识

对于含硫天然气成因的判识，可以分为三个方面：首先，含硫天然气中 H_2S 气体本身的来源判识；第二，含硫天然气中重要组分烃类气体的来源判识；第三，H_2S 气体对天然气藏中烃类气体组分组成及同位素地球化学特征的影响判识。通过对以上三方面内容进行判识，才能明确高含 H_2S 天然气藏的形成及其演化过程。

5.3.1 四川盆地海相层系硫化氢成因分析

沉积岩中硫化合物包括硫酸盐、硫化物、自然硫和有机硫。硫酸盐的 $\delta^{34}S$ 主要表现为两种形式，一种为海相蒸发岩的 $\delta^{34}S$，另外一种为溶解状态的硫酸盐离子。现代海洋硫酸盐的 $\delta^{34}S$ 约为 20‰。现代蒸发岩与形成这些蒸发岩的海湾水硫酸盐几乎具有相同的 $\delta^{34}S$，可以认为海相蒸发岩的 $\delta^{34}S$ 代表了海水硫酸盐的硫同位素组成，即石膏和硬石膏等蒸发岩矿物可代表地史过程中沉积同期海水的硫同位素组成。

在不同层系的地层中，硫同位素具有不同的地质特征。整个地质时期海洋中硫同位素组成变化达 20‰，而不同地质时期海洋所形成的膏岩也具有类似的硫同位素组成特征。图 5.15 展示了不同地质时期海洋硫酸盐 $\delta^{34}S$ 的变化曲线，可以看出，海水在寒武纪和震旦纪具有最重的硫同位素组成，在二叠纪具有最轻的硫同位素组成。在二叠纪和三叠纪之交，海相硫酸盐的 $\delta^{34}S$ 组成也具有较大的变化。

如前所述，四川盆地含硫化氢的天然气藏主要分布于中下三叠统飞仙关组（罗家寨、普光、渡口河、铁山坡等气田）、嘉陵江组（卧龙河气田）、雷口坡组（磨溪、中坝气田），石炭系黄龙组（川东相国寺、五百梯等气田），寒武系—震旦系（威远气田）。

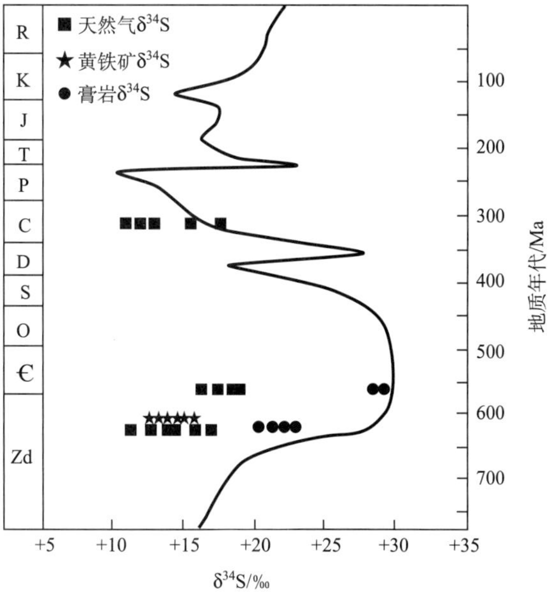

图 5.15　四川盆地古生界不同硫化物 $\delta^{34}S$ 组成特征

图 5.15 为四川盆地古生界不同类型含硫物质硫同位素组成特征图。由图可见，四川盆地震旦系灯影组和寒武系洗象池组石膏样品的硫同位素组成略轻于统计的同时期海相碳酸盐岩硫同位素组成，但其变化特征相似，且寒武系洗象池组石膏样品硫同位素组成（+28.9‰～+29.4‰）要重于震旦系灯影组石膏硫同位素组成（+20.8‰～+22.5‰）约+8‰左右。造成这一现象的原因是震旦纪和寒武纪威远地区海水硫同位素组成具有不同的特征。四川盆地威远震旦系灯影组气藏是我国发现的储层最老的大型整装含硫气田，H_2S 含量相对较低。对该气田 28 个震旦系-寒武系天然气样品组分测试数据的统计结果显示，硫化氢含量介于 0.41%～1.32%，平均 1.06%，属于含—中含硫硫化氢气田。震旦系灯影组气藏 H_2S 的 $\delta^{34}S$ 组成与寒武系洗象池组气藏 H_2S 的 $\delta^{34}S$ 组成具有不同的特征，震旦系天然气样品的 $\delta^{34}S$ 分布于+11.5‰～+16.9‰，均值+14.3‰，寒武系洗象池组天然气 $\delta^{34}S$ 分布于+15.7‰～+18.4‰，均值+17.0‰，寒武系洗象池组天然气 $\delta^{34}S$ 相对偏重。造成这一现象的原因为，该区天然气在 TSR 反应过程中 TSR 产物 H_2S 的 $\delta^{34}S$ 组成主要受反应物 SO_4^{2-} 的同位素组成控制，并存在 10‰～15‰左右的同位素分馏，而 SO_4^{2-} 又与同时期发育的膏岩具有相同的硫同位素组成，因此，正是由于寒武系洗象池组与震旦系灯影组石膏的不同硫同位素组成造成了两

个层位天然气中 H_2S 硫同位素的差异。由于 H_2S 在地质体中的不稳定性，很容易与伴生水中的 Fe^{2+} 发生反应，形成黄铁矿，在此过程中硫同位素分馏作用不明显，因此，震旦系灯影组发育的黄铁矿的硫同位素组成（+12.6‰～+15.1‰）与该层系的天然气硫同位素组成具有相似的特征。根据震旦-寒武系硫化氢的组分和同位素特征、黄铁矿与膏盐的硫同位素组成及其分馏特征，结合地质背景分析，威远气田的硫化氢主要为TSR成因（朱光有等，2006b）。

川东地区部分石炭系气藏也含有硫化氢，硫化氢含量为0.03%～5%，除天东21井硫化氢含量高达5%以外，其他探井硫化氢含量普遍偏低，一般小于1%；其硫同位素组成变化较大，介于+5.8‰～+24.3‰，均值+10.3‰（表5.3），与石炭纪全球海水硫同位素平均组成之间的分馏很小。由于石炭系岩性主要为碳酸盐岩，厚度很小，无明显的硫酸盐沉积。前人的研究表明，石炭系储层天然气的气源主要来自下志留统黑色页岩（马力等，2004；王兰生等，2004），该套页岩有机质丰度极高，为一套笔石页岩相沉积，形成于滞留还原环境，在页岩中普遍见分散状黄铁矿等金属硫化物，故石炭系硫化氢可能为早古生代烃源岩含硫化合物热裂解作用的产物。天东1井较高的硫化氢含量可能与断裂沟通了中上三叠统，混入了上部高含硫天然气或局部发育膏盐而发生TSR反应有关。

四川盆地含硫天然气主要发育于川东北地区二叠系长兴组与中下三叠统。早、中三叠世，在上扬子台地海水时进时退及总的浅水海退的地质背景下，四川盆地形成了一套碳酸盐岩-蒸发岩的沉积建造，各层段硬石膏和盐卤水广泛分布。中、下三叠统硬石膏 $\delta^{34}S$ 组成为+14.7‰～+35.4‰，盐卤水的 $\delta^{34}S$ 组成为+15.6‰～+37.6‰，变化幅度很大，但在同一层系中表现出集中分布特点。整体来看，从上部的雷口坡组到嘉陵江组，再到下部的飞仙关组，膏岩与卤水的 $\delta^{34}S$ 组成具有明显的先变重，后变轻的趋势（图5.16）。在嘉一段具有最重的 $\delta^{34}S$ 组成。由于没有获得二叠系长兴组膏岩和卤水 $\delta^{34}S$ 组成特征，因此飞仙关组以下 $\delta^{34}S$ 组成变化特征并不清楚。从世界海相硫酸盐的 $\delta^{34}S$ 组成变化趋势来看，在二叠系和三叠系之交，海相硫酸盐的 $\delta^{34}S$ 组成具有大幅度降低的趋势（图5.15）。

雷口坡组含硫化氢气藏主要发育于川中磨西气田和川西北地区，其 $\delta^{34}S$ 组成介于4.9‰～17.7‰，分布范围较大，该区膏岩 $\delta^{34}S$ 组成也具有很大的分布范围，且硫化氢与膏岩之间表现出很好的硫同位素分馏特征；嘉陵江组含硫化氢气藏主要发育于卧龙河等地区，其天然气 $\delta^{34}S$ 组成介于+20.9‰～+31.0‰，膏岩 $\delta^{34}S$ 介于+26.0‰～+35.4‰之间，与嘉陵江组卤水的 $\delta^{34}S$ 大体接近（$\delta^{34}S$ 为+28.1‰～+37.6‰）（林耀庭，2003），硫化氢硫同位素与同一层段的石膏的硫同位素和古卤水具有同步增减的特点，存在10‰～20‰的同位素分馏，揭示硫化氢应为TSR成因。

下三叠统飞仙关组为川东北地区高硫天然气的主力产层。飞仙关组膏岩 $\delta^{34}S$ 组成介于+18.9‰～+25.4‰，天然气的 $\delta^{34}S$ 组成分布范围很大，介于+5.8‰～+27.8‰，主体分布于+5.8‰～+13.4‰。仅有大湾1井5153m井段、峰15井、天东5-1等几个数据点表现出很重的 $\delta^{34}S$ 组成（表5.3，图5.15）。从整体表现特征上，飞仙关组储层天然气 $\delta^{34}S$ 组成与嘉陵江组、雷口坡组天然气一样表现出很好的TSR分馏特征，与同层系膏岩、卤水存在10‰～20‰的硫同位素分馏作用（图5.16）。三叠系各产层硫化氢与储层硫酸盐和卤水硫同位素相似的变化趋势，揭示硫同位素的分馏程度主要受控于各储层硫酸盐自身的硫同位素。此外，TSR的反应程度也是影响硫化氢硫同位素大小的一个重要因素，TSR的反应程度越高、反应越彻底，硫化氢与储层中硫酸盐硫同位素越接近，硫化氢含量越高。王一刚等（2002）、朱光有等（2005）根据石膏、硬石膏结核部分被方解石交代并含有硫磺等储层岩石学特征，硫化氢、硫磺、石膏、黄铁矿等的硫同位素分析，以及储层次生方解石碳同位素特征以及热动力学分析，认为川东北飞仙关组天然气中硫化氢为TSR成因。

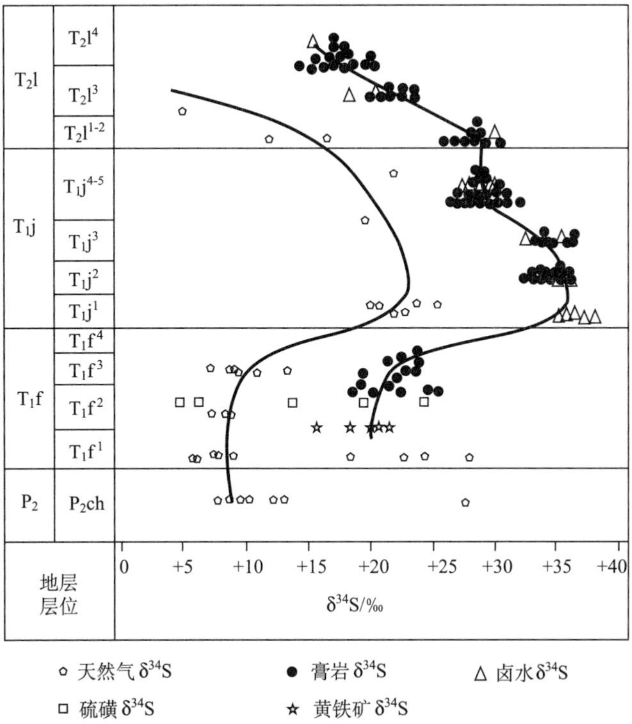

图5.16　四川盆地二叠系、三叠系不同硫化物$\delta^{34}S$组成特征

二叠系储层硫化氢含量变化较大，其中，下二叠统3个含硫化氢样品硫化氢含量很低，介于0.02%～0.07%，$\delta^{34}S$介于+24.8‰～+29.1‰，均值+27.2‰，远大于全球早二叠世海水硫酸盐的$\delta^{34}S$组成，与中、下三叠统TSR成因的硫化氢和硫酸盐同位素的分馏特征存在较大的差异，揭示硫化氢主要源自二叠系烃源岩中含硫化合物的热裂解作用。上二叠统长兴组含硫天然气硫化氢含量变化范围很宽，介于0.55%～15.03%，除元坝1井7081m井段硫化氢的$\delta^{34}S$偏重，达到+27.6‰以外，其他天然气的$\delta^{34}S$介于+8.8‰～+14.4‰之间，平均+11.4‰，与硫酸盐的硫同位素具有较好的一致性，揭示主要为TSR成因。天然气异常高硫同位素的成因还需做进一步的研究。

图5.16中天然气中硫化氢硫同位素与同时代膏盐硫同位素平行分布具有两个重要启示：第一，天然气中硫化氢与同时代膏盐具有一定亲缘关系，并可能具有原地形成特

征；第二，较为固定的同位素差值反映了固体（流体）与气体硫同位素分馏的一致性，且与前人认识一致，可以判识上述天然气中硫化氢组分主要为 TSR 成因。

5.3.2　四川盆地海相天然气气源分析

如前所述，四川盆地海相层系天然气的组分偏干，干燥系数（$C_1/C_{1\sim5}$）普遍大于 0.99，为典型的干气；各层位天然气的乙烷碳同位素值（$\delta^{13}C_2$）分布范围较宽，介于 −38.8‰～−28.1‰，呈现出油型气的典型特征，与川西拗陷来源于腐殖型母质的煤型气存在明显差异（图 5.7）。无论气藏是否含硫化氢，天然气甲烷碳同位素均偏重，且分布比较集中，$\delta^{13}C_1$ 介于 −34.5‰～−27.8‰，表明川东北地区天然气的成熟度很高，已进入过成熟阶段，应为源于古生界海相烃源岩的油型高温裂解气。

然而，从四川盆地海相天然气的甲烷系列碳、氢同位素特征来看，天然气的系列碳、氢同位素普遍发生不同程度的倒转，揭示了海相天然气具有多源复合、多期成藏的显著特征。同时，含硫天然气中烃类气体普遍遭受 TSR 的蚀变改造作用，这可能也是造成四川盆地海相天然气地球化学特征复杂多样的一个重要原因。

由于乙烷并非 TSR 反应的产物，只能由原油裂解或干酪根裂解形成，因此，天然气组分中，乙烷和 H_2S 并非同一来源，因此，利用二者关系可以讨论天然气的形成过程。在川东地区 C_2H_6 与 H_2S 的关系图中（图 5.17），可以明显地分出三个区域：Ⅰ类区域为乙烷含量很低，而 H_2S 含量较高，且与乙烷含量无明显关系的天然气，此区域中的天然气主要为 TSR 反应的产物，包括川东北地区的大湾 2 井和普光 7、8、9 井；Ⅱ类区域为 H_2S 含量较高，且乙烷含量随着 H_2S 含量增加也不断增大的天然气，此区域中的天然气为 TSR 和热裂解共同贡献的结果，川东北大部分高含硫天然气都落入此区域；Ⅲ类区域为 H_2S 含量较低，而乙烷含量较高的天然气，此区域分布的天然气为以干酪根或原油热裂解作用为主的天然气，主要包括川东大部分低含硫天然气。

四川盆地海相层系发育下寒武统筇竹寺组泥页岩、下志留统龙马溪组黑色页岩、下二叠统碳酸盐岩和上二叠统泥质岩四套高有机质丰度的烃源岩，在地质过程中可发生多

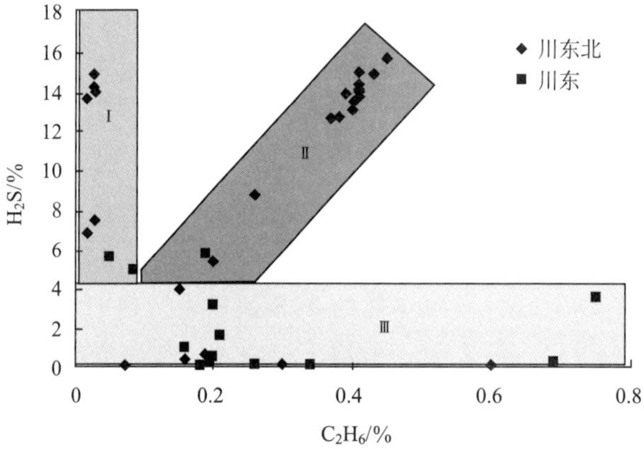

图 5.17　川东地区天然气 C_2H_6 与 H_2S 含量关系图

次生烃过程。源岩早期生烃形成的古油藏原油和残存沥青等分散可溶有机质在后期裂解也可成为一种重要的直接气源。此外，从四川盆地海相天然气的氦、氩同位素特征来看，前寒武系烃源岩可能也具有一定贡献（徐永昌等，1989）。因此，四川盆地海相天然气为古生代烃源岩干酪根、原油、分散可溶有机质裂解多源复合成气的产物。对川东北地区烃源岩的热演化史研究表明，下志留统烃源岩在晚二叠世—早三叠世进入生油门限，在中晚三叠世进入生油高峰，在中晚侏罗世进入过成熟阶段；二叠系烃源岩在中晚三叠世进入生油门限，在早中侏罗世进入生油高峰，在晚侏罗世以后进入过成熟阶段。结合储层包裹体等相关分析，川东北地区海相上组合经历了晚印支—早燕山期原生油藏、燕山中晚期油气转化和喜马拉雅期调整定型三个阶段[①]（蔡立国等，2005；马永生等，2005）。关于原油裂解成气的温度，不同的地区由于地质条件的不同存在一定的差异，Waples（2000）的研究表明，当地层温度小于160℃时，原油裂解量极小，而当地层温度达到200℃时，原油则几乎全部裂解。川东北地区飞仙关组顶面现今埋深一般在2500～5000m，目前的地温小于140℃，低于原油发生大量裂解的温度条件，但该区晚燕山期以来的构造抬升使该区中上侏罗统遭受了很大的剥蚀。从川东北地质演化历程分析，晚侏罗世沉积后，飞仙关组地层顶面埋深达到5500～8000m，底面温度均超过160℃，高者超过200℃，并且大于160℃的持续时间在20～35Ma（谢增业等，2005）。因此，川东北及其他地区具备发生原油裂解成气的条件。从已有的钻井取芯情况来看，目前在川东地区石炭系、二叠系、中下三叠统碳酸盐岩溶蚀孔隙中普遍见沥青充填，表明这些地区早期曾有古油藏或分散状可溶有机质存在，后期随着埋深增大及温度升高，发生了可溶有机质的裂解作用，高演化的储层沥青为原油裂解成气的产物。

前人通过生烃模拟实验发现，天然气组分C_2/C_3值在干酪根初次裂解和烃类二次裂解过程中有着截然不同的变化趋势。干酪根在初次裂解过程中，C_2/C_3值基本不变，甚至减小，但在二次裂解过程中C_2/C_3值迅速增大；相比之下，C_1/C_2值在干酪根初次裂解中迅速增大，而在烃类二次裂解中基本不变，因此可用$\ln(C_1/C_2)$-$\ln(C_2/C_3)$的关系来确定天然气的成因（Behar *et al.*，1991；Prinzhofer and Huc，1995）。由图5.18可见，川东北地区天然气组分C_1/C_2变化较小而C_2/C_3变化较大，揭示古生界烃源岩早期形成的可溶有机质在后期遭受高温裂解可成为一种重要的直接气源，对该区天然气的晚期聚集成藏具有很大贡献，这也是该区天然气烃类气体系列碳同位素发生倒转的一个重要原因。对于川东地区建南气田天然气组分特征的研究表明，石炭系黄龙组天然气N_2含量较高，而CO_2和H_2S含量较低；长兴组和飞仙关组天然气CO_2和H_2S含量相对较高，而N_2含量较低，黄龙组天然气的组分特征与上部长兴组和飞仙关组天然气存在较大差异，揭示它们具有不同的来源；长兴组和飞仙关组天然气组分C_1/C_2变化较小而C_2/C_3变化较大，揭示源岩早期形成的可溶有机质在后期的高温裂解是天然气的重要来源（图5.19）。

关于川东石炭系储层沥青和天然气的来源，前人已进行了较多的研究。王兰生等（2002）通过对储层沥青的生物标记化合物的分析指出，川东石炭系气藏天然气主要来

① 蔡立国，饶丹. 2004. 川东北地区普光气藏成藏史研究

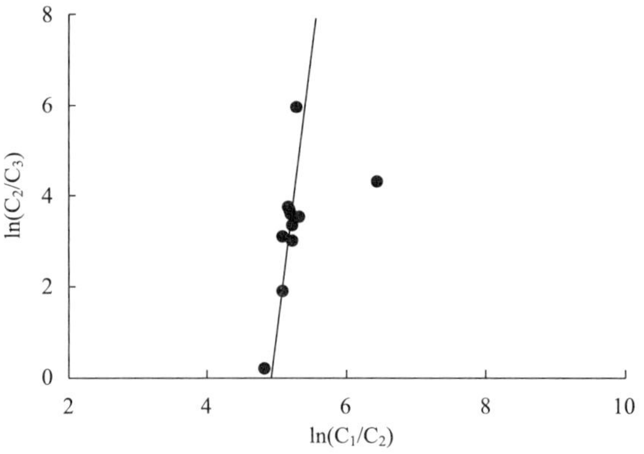

图 5.18　川东北天然气 $\ln(C_1/C_2)$-$\ln(C_2/C_3)$ 关系图

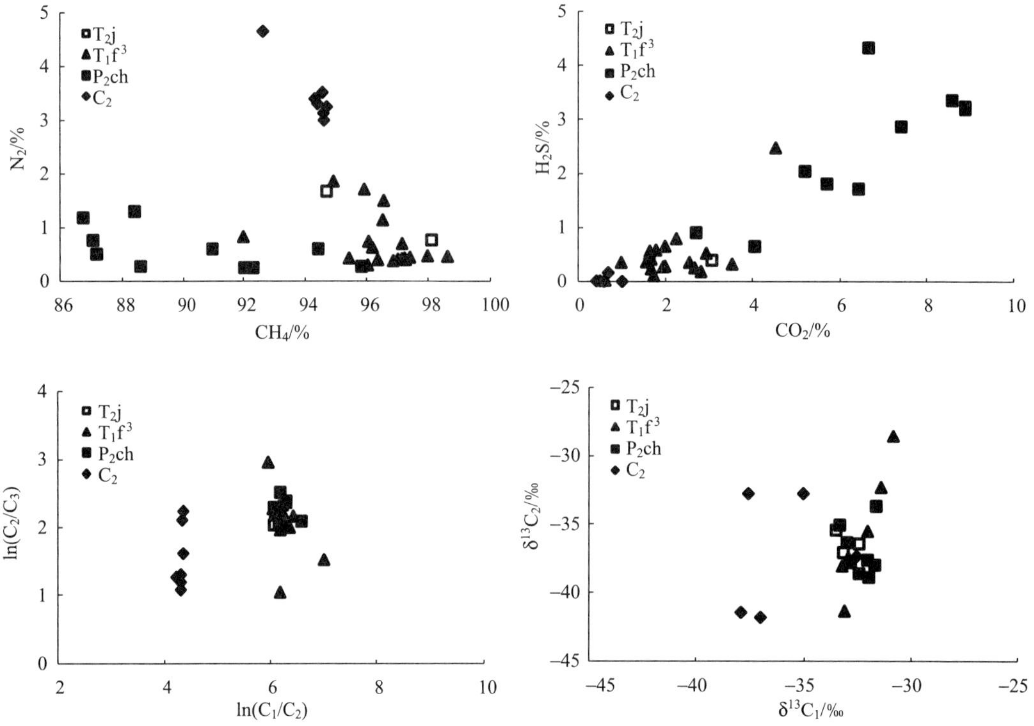

图 5.19　建南气田天然气的组分和同位素特征图

自下志留统烃源岩；胡光灿（1997）从石炭系不具备成烃能力、石炭系气藏和二叠系气藏天然气不同源及石炭系运移烃与志留系暗色泥岩具有亲缘性三个方面进一步认为石炭系气源为下志留统烃源层；王顺玉等（2000）根据天然气的组分、碳同位素和储层沥青的生物标志化合物特征分析，认为川东石炭系天然气主要来自志留系泥质烃源岩；王兰生等（2002）应用储层沥青中的芳香烃馏分进行了川东石炭系与志留系和下二叠统碳质页岩的特征对比，证实了石炭系的储层沥青与下志留统亲缘关系密切。刘光祥等

(2003) 根据天然气浓缩轻烃结构组成、甲基环己烷指数等相关分析，认为川东建南气田石炭系天然气属腐泥型过成熟裂解水溶气，烃源层系为下古生界。根据川东地区建南气田石炭系天然气地球化学特征（图 5.19），结合川东北及其邻区烃源岩的成烃演化史、圈闭形成史及前人开展的储层沥青和源岩的油源对比成果，认为川东北及其邻区石炭系天然气主要为下志留统烃源岩早期形成的古油藏原油裂解成气的产物。

关于川东北地区上二叠统长兴组和中下三叠统飞仙关组储层沥青，杨家静等(2002) 通过对长兴组—飞仙关组气藏的烃源岩、储层沥青和天然气的地球化学研究，认为上二叠统的滨岸煤系泥岩和海槽相碳酸盐岩为主要烃源岩，长兴组—飞仙关组气藏天然气主要来源于下伏的上二叠统烃源岩，天然气以垂相运移为主。蔡立国、饶丹(2004) 通过常规甾烷和萜烷类生物标志化合物组成分析认为，普光气田沥青可能来源于志留系和二叠系烃源岩，且与上二叠统烃源岩关系更近。蔡勋育等（2006）对普光气田飞仙关组和长兴组储层沥青进行了系统的地球化学测试分析，认为沥青为古油藏原油经裂解成气之后的残留物，其有机元素组成以贫氢、富氧、富硫为特征，属高热演化且受碳酸盐热化学还原作用影响的焦沥青类；碳同位素与该区上二叠统烃源岩干酪根相当，认为两者具有成因关系。付孝悦等①应用碳同位素、生物标志化合物等分析手段开展了普光气田飞仙关组储层沥青与川东石炭系沥青及烃源岩的油源对比研究，认为普光气田飞仙关组沥青与川东石炭系储层沥青在生标特征上具有很好的相似性，结合相关地质分析，认为普光气田沥青为下志留统和二叠系烃源岩混合原油裂解生气后的残余物。本次对川东北地区天然气的地球化学特征的分析表明，该区长兴组和飞仙关组天然气为典型的油型裂解干气，具有可溶有机质裂解成气的显著特征，TSR 对天然气的地球化学特征具有较强的改造作用，氩同位素特征揭示下志留统烃源岩对川东北地区海相上组合天然气具有一定贡献，结合前人开展的储层沥青与油源对比成果，认为长兴组和飞仙关组天然气主要为下志留统和二叠系烃源岩早期形成的可溶有机质（古油藏和分散可溶有机质）晚期裂解和 TSR 作用的混合产物，上二叠统烃源岩干酪根裂解气具有一定贡献。

5.4 含硫天然气示踪体系

含硫天然气的示踪，主要体现在常规天然气地球化学示踪的基础上，利用 H_2S 的组分及含硫化合物硫同位素地球化学特征，以及硫化氢生成反应对天然气组分及同位素组成的可能影响示踪 H_2S 的成因及成藏过程。目前普遍认为天然气中硫化氢主要有三种来源：细菌还原硫酸盐作用（bacterial sulfate reduction，BSR）、硫酸盐的热化学还原作用（thermochemical sulfate reduction，TSR）及含硫化合物的热裂解作用（thermal decomposition of sulfides，TDS）。

BSR 是 H_2S 生物化学成因的主要作用类型，主要由硫酸盐还原菌通过对硫酸盐的异化还原代谢而实现。这种异化还原作用是在严格的厌氧环境中进行，有利于所生成

---

① 付孝悦，梁狄刚，陈建平等. 2007. 南方复杂构造区有效烃源岩综合评价研究. 中国石油化工股份有限公司勘探南方分公司

H_2S的保存和聚集。因此，对含硫有机化合物的异化还原作用，可产生大量的H_2S。尽管硫酸盐还原细菌具有较强的适温能力，能很快适应新的温度环境，但绝大多数细菌仅在−5～75℃条件下生存（胡德蓉、林钦，2007）。因此，生物成因硫化氢一般形成于较低的温度条件，埋藏深度较小，在硫化氢的生储层中可能具有生物作用的证据。在BSR反应中，硫同位素的动力学分馏可以达到−30‰～−15‰，甚至更小达到−65‰（图5.20）。该种成因的硫化氢硫同位素组成轻，一般小于0‰，如我国硫化氢含量高达92%的赵兰庄气田，其硫化氢就是在细菌还原硫酸盐作用下形成的（戴金星，1985；樊广锋等，1992）。

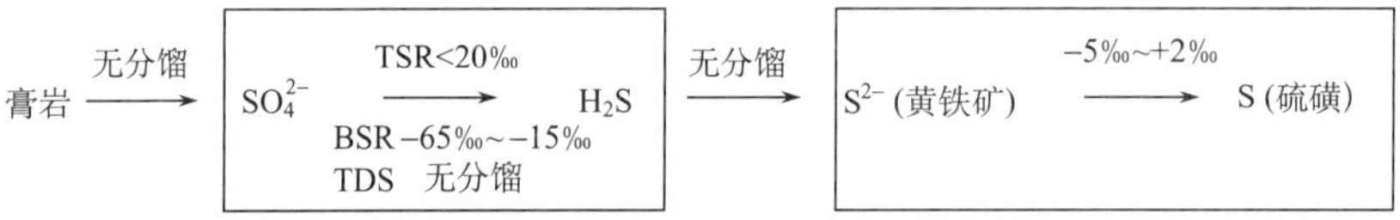

图5.20　不同状态含硫物质之间的硫同位素分馏效应

TSR是指硫酸盐与有机质（烃类）在热动力条件下发生反应而生成硫化氢，该反应与烃类热成熟过程密切相关，发生在地温相对较高的环境。目前可以确定的是TSR至少应在100℃以上才能进行，但是对于发生TSR具体的最小温度区间尚有争议。对于不同的盆地，这个温度区间是不同的。Machel（1987）以TSR的产物鞍状白云石的流体包裹体数据、热成熟度数据和盆地气体的有机地球化学数据为基础，对加拿大西部泥盆纪Nisku盆地的研究表明，TSR发生的温度区间为125～145℃；Goldhaber和Orr（1995）在对流体包裹体实验数据的推断中，认为TSR发生反应的最小温度为100～140℃；Worden和Smalley（1996）发现在Abu Dhabi岩层中蕴藏着含量不均一的硫化氢，只有当储层温度高于140℃时才检测到含硫气体；Bildstein等（2001）认为TSR发生的温度区间应在120～145℃内。Machel等（1998）认为TSR发生的最低温度随油气藏的不同而变化，甚至在同一含硫气藏中TSR最低发生温度也随位置不同而具有差别。TSR成因的硫化氢只能发育在硫酸盐-碳酸盐型沉积组合中，由于该地层组合中硫源丰富，可形成硫化氢含量很高的天然气藏。目前世界上绝大多数高含硫化氢气藏均为此成因（戴金星，1985；朱光有等，2004）。

TSR反应是硫酸盐和烃类一系列反应的总称，反应过程受多种因素控制，具体的反应过程在认识上仍然存在很多分歧，但在H_2S的最初来源上存在一致的认识：即地质条件下的SO_4^{2-}是H_2S的主要来源。这些SO_4^{2-}主要来源于沉积的卤水、溶解后的石膏和硬石膏，而有机物质则主要是原油和各种烃类气体。在实际地质条件下，不同价态的硫元素随着氧化和还原条件的变化，S^{6+}，S^{2-}，S^0不断地发生改变，组成一个循环反应，硫同位素在不同反应阶段也具有不同的分馏特征。由SO_4^{2-}到H_2S的反应是形成高含硫气藏中H_2S的主要反应，其硫同位素分馏有别于在较低温度下发生的BSR反应，与同源硫酸盐的硫同位素分馏相对较小，一般小于20‰（图5.14）。而且具有随温度的升高分馏作用减小的特征，在100℃情况下分馏约为20‰，150℃下15‰，当达到200℃时仅有10‰，并且这种趋势一直延续，可能反映了TSR反应进行程度（Machel *et al.*，1995)。硫同位素的这种分馏作用与烃类反应物的类型无关，仅仅取决于反应的pH和反应的各种含硫离子即 SO_4^{2-}，HSO_4^-，$NaSO_4^-$。当反应完全，即硫酸盐消耗完或固体硫酸盐的溶解速率低于反应速率时，这种分馏作用也极其微弱。可见，TSR成因类型的硫化氢含量高，且具有较重的硫同位素组成。由于硫化氢是一种化学性质非常活泼的气体，极易与储层及围岩中Fe、Co、Ni等重金属元素反应而生成黄铁矿等金属硫化物，致使TSR成因的硫化氢有时含量反而偏低。

TDS成因主要是指含硫有机化合物在热力作用下，含硫杂环断裂形成 H_2S。该类成因开始较多释出 H_2S 的温度在80℃以上，H_2S 大量生成在120～150℃之间（樊广锋等，1992)。烃源岩中的硫元素在生烃过程中一部分会转移到生成的原油中（主要存在于胶质和沥青质)，因此，在原油裂解的初期，原油中赋存的有机硫并不会发生裂解，而是富集到稠油之中。当稠油受热分解时，硫元素便会从胶质和沥青质向芳族化合物及周围矿物中转化。原油中最多有10%左右的硫元素转化成为 H_2S，因此，所生成的硫化氢含量一般低于3%。戴金星（1985）认为，TDS成因的硫化氢位于过成熟阶段的碳酸盐岩地层组合中，因其硫源（原油和烃源岩）远低于硫酸盐-碳酸盐岩沉积组合，硫化氢含量较低，一般小于2%。原油中的有机硫浓度变化为0.1%～10%，其 $\delta^{34}S$ 的变化范围为−20‰～+32‰，它取决于硫的来源和进入原油时所伴随的同位素分馏作用。来自同一油层的原油，其 $\delta^{34}S$ 变化幅度很小，一般不超过4‰；而且同一沉积盆地内同一储层中原油具有相似的 $\delta^{34}S$，而不同时代储层中的原油在同位素上具有较大差别。原油在裂解过程中分离出来的 H_2S 气体与原油具有相同的 $\delta^{34}S$ 同位素组成。

表5.4　不同成因 H_2S 判识指标体系

H_2S 成因	组分特征	$\delta^{13}C$	δD_1	$\delta^{34}S$	固体沥青	地质条件
BSR	H_2S 一般<5% 天然气为干气	$\delta^{13}C_1<\delta^{13}C_2<\delta^{13}C_3$；$\delta^{13}C_1<-55‰$	D_1 主要反映烃类气体母质沉积环境	$\delta^{34}S<0‰$； 分馏−15%～−65‰>TSR分馏	$R_b<0.5\%$； 沥青含量少或无，可溶于有机溶剂	<80℃成岩环境 埋深<2000m； R^o：0.2%～0.3%
TDS	$H_2S<3\%$ 天然气为湿气	$\delta^{13}C$ 表现为裂解气特征：$\delta^{13}C_1<\delta^{13}C_2<\delta^{13}C_3$	D_1 主要反映烃类气体母质沉积环境和热成熟度	$\delta^{34}S>0‰$； $\delta^{34}S$ 硫化氢≈$\delta^{34}S$ 原油； $\delta^{34}S$ 硫化氢≈$\delta^{34}S$ 干酪根	$R_b>0.5\%$； N/C>0.01； S/C<0.034； 芳香碳<75%； 可溶于有机溶剂	$R^o>0.5\%$； 地温>80℃； 埋深>2000m； >140℃原油裂解
TSR	H_2S 一般>5% CO_2 含量较高 H_2S/CO_2 和 $(H_2S+CO_2)/(H_2S+CO_2+\Sigma C_{1\sim3})$ 可较好反映TSR程度 天然气为干气	$\delta^{13}C_1$ 偏重，随TSR反应程度增大，$\delta^{13}C_1>\delta^{13}C_2<\delta^{13}C_3\rightarrow\delta^{13}C_1<\delta^{13}C_2$	早期主要反映烃类气体母质沉积环境，变化范围较宽；后期主要反映发生TSR反应的卤水，变化范围较窄	$\delta^{34}S>0‰$； $\delta^{34}S$ 分馏<20‰； 随温度增高，分馏减小； $\delta^{34}S_{膏}\approx\delta^{34}S_{卤水}$； $\delta^{34}S_{卤水}\approx\delta^{34}S_{H2S}$+(10～20)‰； $\delta^{34}S_{H2S}\approx\delta^{34}S_{FeS}$	$R_b>1.5\%$； N/C<0.01； S/C>0.035； 芳香碳>75%； 难溶于有机溶剂	>100℃； $R^o>1.2\%$； 埋深>4000m； 富含 SO_4^{2-} 卤水与古油藏共存

不同成因的硫化氢形成的地质条件存在较大差异，且具有不同的地球化学特征。本次研究中，在综合前人工作的基础上，结合硫化氢生成的模拟实验、川东北及其邻区含硫天然气的地球化学特征，初步建立了不同成因类型硫化氢的判识指标（表5.4）。

参考文献

蔡立国，饶丹，潘文蕾等. 2005. 川东北地区普光气田成藏模式研究. 石油实验地质，27（5）：462～467

蔡勋育，朱扬明，黄仁春. 2006. 普光气田沥青地球化学特征及成因. 石油与天然气地质，27（3）：340～347

戴金星. 1985. 中国含硫化氢的天然气分布特征、分类及其成因探讨. 沉积学报，3（4）：109～120

戴金星. 1990. 概论有机烷烃气碳同位素系列倒转的成因问题. 天然气工业，10（6）：5～20

戴金星，陈践发，钟宁宁等. 2003. 中国大气田及其气源. 北京：科学出版社

戴金星，胡见义，贾承造等. 2004. 科学安全勘探开发高含硫化氢天然气的建议. 石油勘探与开发，31（2）：1～4

戴金星，裴锡古，戚厚发. 1992. 中国天然气地质学. 北京：石油工业出版社

樊广锋，戴金星，戚厚发. 1992. 中国硫化氢天然气研究. 天然气地球科学，3（3）：1～10

胡德蓉，林钦. 2007. 硫酸盐还原菌（SRB）的生态特性及其检测方法研究进展. 南方水产，3（3）：67～72

胡光灿. 1997. 四川盆地油气勘探突破实例分析. 海相油气地质，2（3）：52～54

林耀庭. 2003. 四川盆地三叠纪海相沉积石膏和卤水的硫同位素研究. 盐湖研究，11（2）：1～7

刘光祥，蒋启贵，潘文蕾等. 2003. 干气中浓缩轻烃分析及应用——以川东北/川东区天然气气/源对比研究为例. 石油实验地质，25（增）：585～589

刘全有，戴金星，李剑等. 2007. 塔里木盆地天然气氢同位素地球化学与对热成熟度和沉积环境的指示意义. 中国科学D辑，37（12）：1599～1608

刘文汇，徐永昌. 1993. 天然气中氦氩同位素组成的意义. 科学通报，38（9）：818～821

马力，陈焕疆，甘克文等. 2004. 中国南方大地构造和海相油气地质. 北京：地质出版社

马永生，傅强，郭彤楼等. 2005. 川东北地区普光气田长兴-飞仙关气藏成藏模式与成藏过程. 石油实验地质，27（5）：455～461

沈平，徐永昌，王先彬等. 1991. 气源岩和天然气地球化学及成气机理研究. 兰州：甘肃科学技术出版社

王兰生，陈盛吉，杨家静等. 2002. 川东石炭系天然气成藏的地球化学模式. 天然气工业，22（增）：102～106

王兰生，李宗银，沈平等. 2004. 四川盆地东部大中型气藏成烃条件分析. 天然气地球科学，15（6）：567～571

王顺玉，戴鸿鸣，王海清等. 2000. 四川盆地海相碳酸盐岩大型气田天然气地球化学特征与气源. 天然气地球科学，11（2）：10～17

王晓锋，刘文汇，徐永昌等. 2005. 塔里木盆地天然气碳、氢同位素地球化学特征. 石油勘探与开发，32（3）：55～58

王一刚，窦立荣，文应初等. 2002. 四川盆地东北部三叠系飞仙关组高含硫气藏H_2S成因研究. 地球化学，31（6）：517～524

魏菊英，王关玉. 1988. 同位素地球化学. 北京：地质出版社

谢增业，田世澄，魏国齐等. 2005. 川东北飞仙关组储层沥青与古油藏研究. 天然气地球科学，16（3）：283～288

徐永昌等. 1994. 天然气成因理论及应用. 北京：科学出版社

徐永昌，沈平，李玉成. 1989. 中国最古老的气藏——四川威远震旦纪气藏. 沉积学报，7（4）：1～11

徐永昌，王先彬，吴仁铭等. 1979. 天然气中稀有气体同位素. 地球化学，8（4）：271～282

杨家静，王一刚，王兰生等. 2002. 四川盆地东部长兴组-飞仙关组气藏地球化学特征及气源探讨. 沉积学报，20（2）：349～352

于津生，李耀菘. 1997. 中国同位素地球化学. 北京：科学出版社

张士亚，郜建军. 1988. 利用甲、乙烷同位素判别天然气类型的一种新方法. 石油与天然气地质文集（第一集），中国煤成气研究. 北京：地质出版社

朱光有，戴金星，张水昌等. 2004. 含H_2S天然气的形成机制及其分布规律研究. 天然气地球科学，15（2）：166～170

朱光有，张水昌，梁英波等. 2005. 川东北地区飞仙关组高含 H_2S 天然气 TSR 成因的同位素证据. 中国科学 D 辑，35 (11)：1037～1046

朱光有，张水昌，梁英波等. 2006a. 四川盆地高含 H_2S 天然气的分布与 TSR 成因证据. 地质学报，80 (8)：1208～1218

朱光有，张水昌，梁英波等. 2006b. 四川盆地威远气田硫化氢的成因及其证据. 科学通报，51 (23)：2780～2788

Amursky G I et al. 1984. 苏联天然气中的有用组分. 刘方槐译. 第十一届世界石油会议报告论文集. 北京：石油工业出版社

Behar F, Ungerer P, Kressmann S *et al*. 1991. Thermal evolution of crude oils in sedimentary basins: experimental simulation in a confined system and kinetic modeling. Editions Technip. Paris, France

Bildstein O, Worden R H, Brosse E. 2001. Assessment of anhydrite dissolution as the rate-limiting step during thermochemical sulfate reduction. Chemical Geology, 176: 173～189

Cai C, Worden R H, Bottrell S H. 2003. Thermochemical sulphate reduction and the generation of hydrogen sulphide and thiols (mercaptans) in Triassic carbonate reservoirs from the Sichuan Basin, China. Chemical Geology, 202 (1-2): 39～57

Chung H M. 1988. Origin of gaseous hydrocarbons in subsurface environments: theoretical considerations of carbon isotope. Chemical Geology, 71: 71～103

Dai J, Song Y, Dai C *et al*. 1996. Geochemistry and accumulation of carbon dioxide gases in China. AAPG Bulletin, 80 (10): 1615～1626

Goldhaber M B, Orr W L. 1995. Kinetic controls on thermochemical sulfate reduction as a source of sedimentary H_2S. ACS Symposium Series, 612: 412～425

Krooss B M, Littke R, Müller B *et al*. 1995. Generation of nitrogen and methane from sedimentary organic matter: Implications on the dynamics of natural gas accumulations. Chemical Geology, 126 (3-4): 291～318

Machel H G. 1987. Saddle dolomite as a by-product of chemical compaction and thermochemical sulfate reduction. Geology, 15: 936～94

Machel H G. 1998. Gas souring by thermochemical sulfatereduction at 140℃: discussion. AAPG, 82: 1870～1873

Machel H G. 2001. Bacterial and thermochemical sulfate reduction in diagenetic settings-old and new insights. Sedimentary Geology, 140: 143～175

Machel H G, Krouse H R, Sassen R. 1995. Products and distinguishing criteria of bacterial and thermochemical sulfate reduction. Applied Geochemistry, 10: 373～389

Mougin P, Lamoureux-Var V, Bariteau A *et al*. 2007. Thermodynamic of thermochemical sulphate reduction. Journal of Petroleum Science and Engineering, 58: 413～427

Poreda R J, Jenden P D, Kaplan I R *et al*. 1986. Mantle helium in Sacramento basin natural gas wells. Geochimica et Cosmochimica Acta, 50 (12): 2847～2853

Prinzhofer A A, Huc A Y. 1995. Genetic and post-genetic molecular and isotopic fractionations in natural gases. Chemical Geology, 126 (3-4): 281～290

Tissot B P, Welte D H. 1984. Petroleum Formation and Occurrence. New York: Springer-Verlag Berlin Heidelberg

Waples D W. 2000. The kinetics of in reservoir oil destruction and gas formation: constraints from experimental and empirical data, and from thermodynamics. Organic Geochemistry, 31 (6): 553～575

Worden R H, Smalley P C. 1996. H_2S-preducing reactions in deep carbonate gas reservoirs: Khuff Formation, Abu Dhabi. Chemical Geology, 133: 157～171

Xu S, Nakai S, Wakita H *et al*. 1995. Helium isotope compositions in sedimentary basins in China. Applied Geochemistry, 10 (6): 643～656

Xu Y, Liu W, Shen P *et al*. 1998. Geochemistry of Noble Gases in Natural Gases. Beijing: Science Press

Zhang T, Amrani A, Ellis G S *et al*. 2008. Experimental investigation on thermochemical sulfate reduction by H_2S initiation. Geochimica et Cosmochimica Acta, 72 (14): 3518～3530

第六章　高含硫天然气藏（田）形成与分布

在全球范围内，硫化氢作为天然气藏中常见组分，在绝大多数天然气藏中都有不同程度的分布，但高含硫天然气的形成则必定具有较为苛刻的地质和演化条件。地域上除了北非、澳大利亚含油气区以外，北美、西伯利亚、英国北海、中国南方和中东地区主要含油气区均已发现含硫油气田，数量近400个；层位上从震旦系到新近系都有含硫油气田分布（Orr，1974；李国玉，2003；Aali *et al.*，2006；费安国等，2010）。然而，通过对这些含硫油气田的时空分布和成藏特点进行系统的总结分析，发现高含硫（$H_2S \geqslant 5\%$）油气藏（田）的分布具有强烈的非均衡性，与无硫—低含硫油气田（$H_2S < 5\%$）相比有其特殊性，高含硫油气田之间又具有一定的共性，表明高含硫天然气藏（田）有其自身的形成及分布规律，对其进行揭示对含硫天然气的分布预测具有重要意义。

6.1　硫化氢形成及聚集的地质条件

控制硫化氢含量的关键地质因素是含硫物质（硫酸盐岩、硫化物和溶解硫）、成藏温度和反应时间。在沉积烃源岩和储集地质体中存在的有机和无机含硫物质是形成硫化氢的基础，尽管含硫物质是多种多样的，但最利于硫化氢形成的主要是与沉积有关的膏盐岩。我国已发现的高含硫化氢气田的分布，不论在时代上还是在区域上，均与碳酸盐岩-蒸发岩沉积组合中石膏的空间展布具有一致性。我国富含硫化氢的天然气，一般分布在震旦系、寒武系、奥陶系、石炭系、二叠系、三叠系和古近系。由于天然气的扩散效应，天然气的成藏是一种典型的运-聚-散动态平衡过程，只有当含硫物源供给远远大于散失量时，才会形成高含硫气藏。在含膏盐岩的碳酸盐岩储层中，由于膏盐岩具有很强的封堵性能，以其作为直接或间接盖层的气藏最有可能形成高含硫化氢的气藏。

6.1.1　含硫天然气中硫化氢形成的地质条件

1）沉积有机质及地下流体中溶解状态的硫的细菌硫酸盐还原作用（BSR）是低演化天然气中硫化氢的重要来源

硫化氢可以通过生物（微生物）活动的方式形成，其途径有二（王大珍，1983；马秀贞等，1987）：一是通过微生物同化还原作用和植物等的吸收作用形成含硫有机化合物，而后在一定的条件下分解产生硫化氢，这是在腐败作用主导下形成硫化氢的过程。腐败作用是在含硫有机质形成之后，当同化作用的环境发生变化，不利于同化作用进行时，就可能会发生含硫有机质的腐败分解，从而释放出硫化氢。这种方式形成的硫化氢比较常见。一般来说，所生成的硫化氢规模和含量都不会很大，也难以聚集，但分布很广，主要集中分布于埋藏较浅的地层中。而生物成因的另一途径，是通过硫酸盐还原菌对硫酸盐的异化还原代谢而实现，硫酸盐还原菌利用各种有机质或烃类作为给氢体来还原硫酸盐，在异化作用下直接形成硫化氢。在这个作用过程中，微生物（硫酸盐还原菌）只将一小部分代谢的硫结合进细胞中。大部分硫（以类似氧的形式）被需氧生物（另一种属的硫酸盐还原菌）所吸收来完成能量代谢过程。不同种属的硫酸盐还原菌具有不同的生物化学过程。一些菌种的有机质分解产物可能会成为另一些菌种所需的营养，这会使有机质被硫酸盐还原菌吸收转化率提高，从而产生大量的硫化氢。这种硫酸盐还原菌在进行还原的硫酸盐呼吸过程中将硫酸盐还原成硫化氢的方式，又被称为微生物硫酸盐还原作用。该过程是硫化氢生物化学成因的主要作用类型，由于这种异化作用是在严格的还原环境中进行的，故有利于所生成硫化氢的保存和聚集，但是形成的硫化氢丰度一般不会超过 3%，且地层介质条件必须适宜硫酸盐还原菌的生长和繁殖，因此在深层中难以发生。

2）沉积有机质及其演化产物中的有机硫化合物的热裂解作用（TDS）是高演化油气中硫化氢的重要来源

沉积层系中存在着不同类型和富存状态的含硫物质，包括有机硫和无机硫。有机硫主要存在于烃源岩沥青和古油藏中，而无机硫以硫酸盐和硫化物形式存在。前者以集中分布石膏层为代表，后者以黄铁矿等形式存在，而地层水中主要以溶解状态存在。在地质历史中，形成天然气中硫化氢的硫以直接来源于溶解的硫酸根为主。沉积中的含硫物质在生物作用下形成有机硫化物，有机硫化物在高温下热化学分解成为天然气中硫的重要来源。热化学分解成因是指含硫有机化合物在热力作用下，含硫杂环断裂形成硫化氢。这种方式形成的硫化氢丰度一般小于 2%。

3）岩浆作用和火山活动中的挥发气体亦可成为含硫天然气中硫的来源

由于地球内部硫元素的丰度远高于地壳，岩浆活动使地壳深部的岩石熔融并产生含硫化氢的挥发成分，所以火山喷发物中常常含有硫化氢（如火山喷溢形成的包裹体中多数富含硫化氢）。而硫化氢的含量主要取决于岩浆的成分及气体运移条件等，因此火山喷发气体中硫化氢的含量极不稳定，且只有在特定的运移和储集条件下才能保存下来。另外高硫天然气的破坏改造也可形成低硫或含硫天然气，硫化氢水中溶解是一个重要的消耗过程，尤其水中富含重金属时，硫化氢很容易与这些金属离子结合形成金属硫化物而沉淀，会使得硫化氢得以消耗。

6.1.2　高硫天然气藏形成的地质要素

大量地质资料表明，高硫天然气藏形成需要四个主要地质条件：一是富烃、高硫、富镁流体共存的物源，二是经历 120℃以上的地质高温条件，三是适时的物源流体赋存并进行 TSR 反应的储集场所，四是最终的还原状态且封闭的就地保存条件。

1）沉积层系中的膏盐和丰富的有机质是高硫天然气形成的物质基础

通过地下硫化氢形成机理分析可知，只有 TSR 才能形成高硫天然气。硫酸盐热化学还原成因主要是指硫酸盐热化学还原作用（TSR）生成硫化氢，即硫酸盐与有机物或烃类发生作用，将硫酸盐矿物还原生成硫化氢和二氧化碳。而在地质条件下，能够提供 TSR 反应的物质主要是提供硫酸盐的蒸发盐岩-膏盐和高温条件下起还原作用的有机质，特别是可溶有机质。地层中富含石膏层或含膏泥岩、含膏碳酸盐岩，这是硫化氢生成的物质基础。烃类物质是必需的还原剂。因此，膏盐分布和不同赋存状态有机质，包括古今油藏、分散可溶有机质和沥青等是必要条件。

海相及近海湖盆或潟湖环境是产生蒸发岩的最有利相带，干湿气候过渡带最有利于生硫化氢岩性组合的分布。作为储集体，白云岩＋膏岩和孔隙空间含烃类是硫化氢生成的最佳沉积组合。膏盐在高含硫天然气成藏中起着重要作用，一方面作为地质历史中富含 SO_4^{2-} 流体的标志，指示着流体的分布范围，另一方面更重要的是作为优质盖层，对天然气的保存起着关键作用。在含蒸发岩的碳酸盐岩储集层中容易形成硫化氢，但是如果蒸发岩含量太高，将导致储集层孔渗性变差，烃类和硫酸盐岩接触的空间很少，也就不会形成大量硫化氢。川东北大量 H_2S 主要产于 P_2ch、T_1f 的孔隙-裂缝型白云石化礁滩相储层。

2）温度是所有硫化氢形成类型的控制因素

储层中富烃硫镁流体持续埋藏增温，达到 TSR 反应温度范围（120～150℃），才发生 TSR 反应生成硫化氢。轻烃与硫酸盐更容易发生 TSR 反应，而 TSR 反应温度在 120～150℃，因此地质条件下，TSR 主要发生于有机质演化的凝析油及湿气阶段。储集层要经历过 120℃以上的高温，这是硫酸盐热化学还原作用发生反应的热动力条件，这就要求储集层埋藏达到一定的深度。硫酸盐热化学还原作用发生条件的苛刻性表明，高含硫化氢天然气只能形成于特定岩性组合的储集空间中。

3）适宜的空间和介质条件是硫酸盐热化学还原作用发生的有利因素

硫化氢的生成实际经历了一个烃类溶入水中、与硫酸根反应生成硫化氢、硫化氢从水中脱出的过程。气-水、油-水接触界面通常是热还原反应最为活跃的场所。夹层状石膏岩系最有利于硫化氢的生成，因为硫化氢的生成需要石膏的溶解，而具备一定缝洞系统的碳酸盐岩具备良好的流体连通性，使得地层水能够溶解石膏并使 SO_4^{2-} 与烃类充分接触，有利于硫化氢的反应生成。互层状岩系也具备硫化氢生成的先决条件，但并不是有利条件，因为石膏的含量较大，渗透性极差，SO_4^{2-} 与烃类不能很好地接触，从而不利于硫化氢的生成，但可作为很好的盖层。相对于生物硫酸盐还原作用形成的 H_2S，硫酸盐热化学还原作用形成的 H_2S 的 $\delta^{34}S$ 值分馏较小，一般比硫酸盐偏低 5‰～15‰。因此，这也为区分地层中硫化氢的成因提供了依据。根据硫化氢发育气藏所在地层的认识和研究，富含硫化氢气藏储集层具有以下一些特征：①储层组合类型主要为碳酸盐岩或碳酸盐-硫酸盐岩组合。在碳酸盐-硫酸盐岩组合中，硫酸盐有两种赋存形式：一种形式是以层状与碳酸盐呈夹层或互层（如嘉陵江组、孔店组气藏），该组合类型特征是硫化氢含量很高，通常属于高含硫或特高含硫；另一种是以透镜状、团块状、星散状包容于碳酸盐岩中（如四川盆地建南气田长兴组生物礁气藏），该组合类型的特征是，气藏通常属于低含硫—高含硫气藏。②储层类型主要为石灰岩储层和白云岩储层。石灰岩储层以灰岩、白云质灰岩为主体，储集空间以裂隙为主、基质孔隙为辅；白云岩储层以白云岩、钙质白云岩为主体，储集空间主要是孔隙型（溶孔、溶洞）和孔隙-裂缝型。

4）储集空间及其岩性组合是硫化氢保存的关键

硫化氢是一种化学活性极强的强还原剂，在生成、运移和聚集过程中只要有合适的条件即以多种形式大量、快速消耗，故能否与其他气体一起运聚、保存并成藏，除遵循常规天然气的运、聚、保普遍规律以外，还受特殊的聚集及保存条件的制约。贫重金属离子流体、适宜的储集空间（碳酸盐岩）、原地或就近聚集是大量 H_2S 富集保存的最重要因素，这也使得世界上已发现的多个高含 H_2S 气田基本都分布在碳酸盐岩-蒸发岩层序地层中，而不是碎屑岩地层中。地层中富含 Fe 、Cu、Ni 、Pb、Zn 等元素，它们与硫化氢接触会迅速转化为黄铁矿等金属硫化物，尤其含铁族元素的矿物或岩石，当与 H_2S 相遇时，立刻发生反应，生成金属硫化物，从而消耗 H_2S。在 TSR 模拟实验时（张建勇等，2010），先后选用普通不锈钢、特殊耐腐蚀（KA4145）合金钢、玻璃管和石英管 4 种实验容器或高压釜，在与黄金管模拟实验相同的反应物和实验条件下开展 TSR 模拟实验，结果始终没有检测到 H_2S 产出，甚至原先注入的 H_2S 也未检出，原因在于：①H_2S 与金属釜体反应，试验后釜体中见有黑色沉淀物，铜制密封圈上也有硫化铜生成；②H_2S 与玻璃、石英管反应，试验后玻璃管有溶蚀现象，取出釜内物发现管外部还有白色不溶于水的物质，经电镜能谱分析为 SiO_2，表明实验管与 H_2S 之间可能发生了一系列反应；③生成的 H_2S 可能溶于水中。这些实验结果清楚地表明了 TSR 模拟试验材料选择和 H_2S 生成及其保存环境有着苛刻条件。因此，在地质实际中，无论 H_2S 聚集的储集层还是溶解 H_2S 的地层水，或者运移途中经历过的岩层（矿物），它们只要富含重金属离子，在运移和聚集过程中都会消耗硫化氢。总之，三度空间均严格密封的圈闭是硫化氢得以保存的重要条件。如其不然，硫化氢肯定要被氧化消耗。这也是高含硫化氢现象通常出现在气藏边、底水附近和在密封条件极好的岩性、构造气藏当中以及在构造低部位或气藏下倾方向的主要原因（陈安定，2009）。

6.2　高含硫气藏（田）中硫化氢形成机理

H_2S 的特殊形成条件及其化学活性使其形成聚集有别于烃类气体。H_2S 生成不仅要有充足的含硫物质，并且反应需要一定的能量和起还原反应的物质，同时这些物质必须处于同一空间且以能够反应的状态存在，更重要的是具有能够长期保存的物理化学条件。就川东北高含硫天然气田而言，H_2S 大量形成并富集主要受控于 4 个因素，即，①物源：富烃、高硫、含镁流体；②热源：深埋、高温；③空间：适时的物源共存空间；④保存：还原、封闭的保存条件。

6.2.1 物源：雄厚的物质基础，丰富的烃类和硫酸盐来源

大量 H_2S 形成必然要有足够的硫源。根据对川东北地区不同相态含硫物质的系统研究，四川盆地海相层系中发育硫酸盐（石膏）、硫化物（黄铁矿、H_2S）、有机硫、单质硫等多种类型的固、液、气态含硫物质，它们可以通过不同的方式（如干酪根、原油和固体沥青中不稳定含硫有机物的分解）为形成 H_2S 提供含硫物质。在不同实验条件下生成 H_2S 的黄金管模拟实验结果（见表 4.3、图 4.6）表明，在温度较高（凝析油、湿气阶段）且含镁硫酸根（SO_4^{2-}）溶液和烃类共存的条件下能够生成大量 H_2S，其产率远高于含硫有机质热裂解（TDR）和石膏与有机质之间的热化学反应产率，这不仅证实 TSR 是深埋高温条件下形成大量 H_2S 的主要途径，进一步支持了前人有关本区 H_2S 形成机制的主流观点（王一刚等，2002；Cai *et al.*，2003；朱光有等，2005），而且指示 TSR 反应中硫酸盐以离子状态（SO_4^{2-}）参与反应，TSR 反应只需地层水中有充足的溶解态 SO_4^{2-}，而并不需要大量膏岩。更为合理的反应式为：

$$C_nH_{2n+2} + nSO_4^{2-} \xrightarrow{Mg^{2+}} C_{n-1}H_{2n} + CO_2\uparrow + (n-1)H_2S\uparrow + S + H_2O + CO_3^{2-} \quad (n \geqslant 2)$$

Mg^{2+} 为值得关注的因素，尽管目前还不清楚其相关反应机理，但流体中含有一定量的 Mg^{2+} 似乎对 TSR 反应和 H_2S 生成起着催化作用。近年来其他学者的相关模拟实验也得出同样的结论（Pan *et al.*，2006；Zhang *et al.*，2008；Ding *et al.*，2008），并提出 $MgSO_4$ 接触离子对（Zhang *et al.*，2008）和电子诱导效应（Ding *et al.*，2008）的作用机制。地质实际中，川东北高含硫天然气藏与白云石化储集层之间紧密关联也指示高丰度 H_2S、TSR、Mg^{2+} 与储集层白云石化作用之间存在着复杂的因果关系，有待深入研究。因此，地层水化学性质，尤其是 $MgSO_4$ 的浓度，是控制 TSR 反应和深层 H_2S 大量生成的主要因素之一。

川东北含硫化氢气体与膏盐关系，也证明 TSR 反应只与溶解的硫酸盐或含硫流体有关（图 6.1）。四川盆地普光和毛坝气藏天然气中硫化氢分布与膏盐组合的关系表明，高硫化氢气藏的分布区，均有膏盐岩分布，说明两者之间存在成生关系。但反过来，并非有膏盐分布，甚至储层中含有膏盐，就会具有高硫化氢的形成与分布，意味着发生 TSR 反应的直接物质是以离子状态存在于化学反应期的溶解的膏盐，而以固体状态存在于储集层和盖层的膏盐对天然气藏中的硫化氢不会有实质性贡献。但膏盐岩的存在，意味着在地质历史过程中曾经有过富膏流体过程。

储层流体中富含硫酸镁（$MgSO_4$ 接触离子对）和烃类是大规模发生 TSR 反应并生成大量硫化氢的物质基础，是最关键的因素。二叠系等海相烃源岩提供了持续、丰富的烃类，包括早期的原油和晚期的天然气，为礁滩相复合体的埋藏溶蚀创造了物质条件。从研究区沉积构造背景、白云石化特征及生烃演化史分析，P_2ch—T_1f 储集层中不乏富硫酸盐（镁）流体，而且可能是多种来源的，其中更多是原始沉积流体，包括 P_2ch、T_1f 同期或近同期浓缩海水的原生水和深埋成岩过程中矿物溶解形成的地层水；而本区

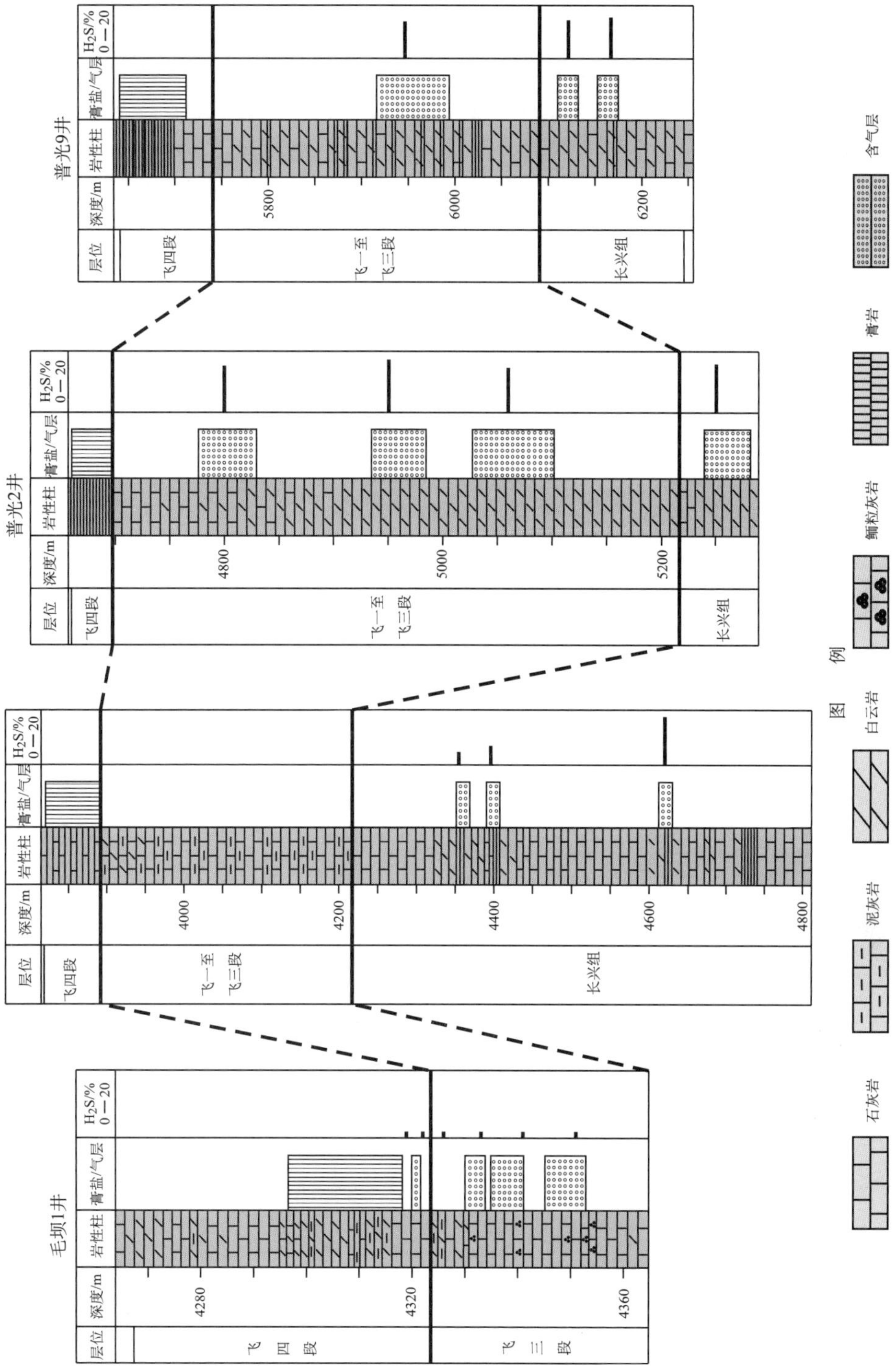

图 6.1　四川盆地普光-毛坝高硫天然气层与膏盐岩层分布关系

断裂构造活动条件下向上运移的深部流体也是一个可能的供给途径。对于前者，主要基于有关 P_2ch—T_1f 白云岩储集层成因研究成果（黄思静等，2007；郑荣才等，2008），认为深埋白云石化流体具有强烈的海源色彩，主要来自于高镁、高盐度的同期—准同期浓缩的海源地层水；而后者主要与峨眉地裂运动以来的川东北构造活动相联系，指因火山或岩浆等地质活动加热地层深部流体，造成温度高于围岩温度 5～10 ℃的流体，或因地震等其他因素促发地壳深部富含镁离子等高温流体，或区域构造隆升造成地层深部流体沿断裂向上运移至 P_2ch—T_1f 中，与先期的储集层流体混合形成更为复杂的流体。近年来，一些学者不仅证实了这些深部流体的存在，而且提出 P_2ch—T_1f 碳酸盐岩受其影响发生热液白云石化并形成了现今优质白云岩储集层（刘树根等，2008；罗志立，2009）。

在地质条件下，除足够含镁的 SO_4^{2-} 溶液外，还有丰富的还原剂-烃类供给（古油藏），这是发生大规模 TSR 反应并生成 H_2S 的物质基础。古油藏范围主要通过各钻井岩心薄片观察储集层固体沥青含量确定，将沥青面孔率大于 0.2%的井视为存在古油藏。由图 6.2 可见，在川东北 P_2ch—T_1f 白云岩储集层中广泛存在固体沥青，显示早期经历过大量的原油运聚成藏过程，是古油藏烃类聚集的印记。这些原油与富硫酸盐（镁）地层水混合成为一种富烃高硫含镁流体，为 P_2ch、T_1f 储集层中发生 TSR 反应提供了丰富的物质来源。

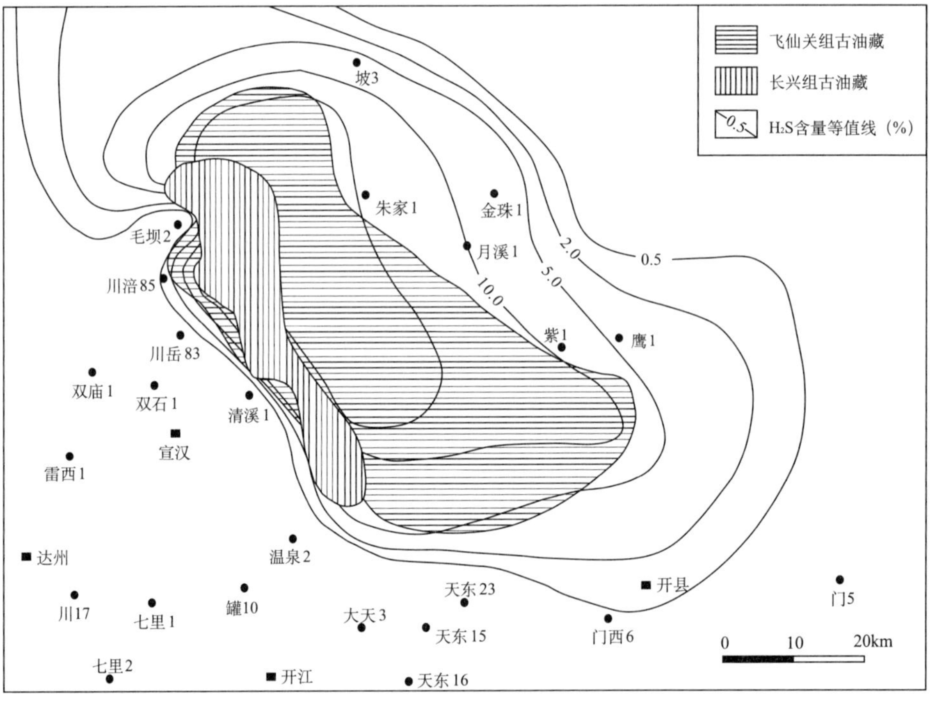

图 6.2　川东北 P_2ch—T_1f 储集层中古油藏及 H_2S 含量分布

6.2.2 热源：深埋、高温，化学反应的能量供给

一般认为，在地质条件下硫酸盐岩热还原反应（TSR）的温度为100～200℃，而温度小于80℃时是细菌还原反应（BSR）的合适条件，因此可以把80～100℃作为划分BSR和TSR成因的标准。国外实验数据表明，100℃以下几乎不会发生TSR。含硫气藏的流体包裹体测温显示至少在100～140℃时才会发生TSR。只有储层中富烃硫镁流体持续埋藏增温，达到TSR反应温度范围（120℃以上），才发生TSR反应生成硫化氢。对于热还原反应所需的温度有很多争论。然而，多数人认为主要集中在100～180℃区间，反应的最佳温度应高于140℃。Machel（1998）认为热还原反应发生的最低温度随油气藏的不同而变化，甚至在同一含硫气藏中热还原反应最低发生温度也随位置不同而有所差别。影响热还原反应最低反应温度区间的主要因素有气态烃的组成、催化剂、硫酸钙的溶解速度、湿度、反应物之间扩散的速率等。这些因素在不同的地区是不同的，相应地发生热还原反应的最低温度也就不同。例如，靖边气田奥陶系马家沟组的马五段为潮上云坪相，烃源岩主要为上古生界石炭-二叠系海陆过渡环境的煤系。由于煤系烃源岩是贫硫的气源岩，因此靖边气田硫化氢含量低。虽然研究工区零星发育膏岩，且个别气样硫化氢含量达到1.92%（陈安定等，2009），但分析了115个气样，其硫化氢含量平均值仅为0.09%，这与气源岩条件符合。奥陶系储层的溶蚀孔洞是深埋藏期热水岩溶作用的结果，而且用不同方法对古地温的研究也表明，盆地在中生代晚期的地温梯度为3.3～4.1℃/100m，选取的样品现今埋深为2979～3839m。由此可见，靖边奥陶系在地质历史演变中一直处于比较高的温度作用下，可推断其硫化氢的生成是TSR作用的结果。

对卧龙河气田三叠系嘉陵江组的128个天然气样分析表明，硫化氢含量平均值为4.47%，埋深是1092～2650m。虽然硫化氢形成的温度偏低，但由于该层位发育一定量的膏盐岩，因而硫化氢含量相对较高。塔里木盆地和田河气田奥陶系硫化氢平均值是1.2%，埋深为1698.48～2355m；石炭系硫化氢平均值是1.22%，埋深为1045～2165.3m，而且该气田这两个层位的气源岩主要是寒武系海相深灰色、黑灰色泥质泥晶白云岩。以此推断，深度小于2500m的浅层硫化氢气体可能是由储层内BSR（生物作用）生成以及由下伏烃源层烃类裂解运移而来。以上分析说明，温度在一定程度上控制了硫化氢的生成，温度范围不同，硫化氢的成因机制也不相同。

大量研究表明，TSR反应一般在高温条件下才能进行，其反应起始温度至少需要120℃（Orr，1974；Krouse *et al.*，1988；Seewald，2003）。本书模拟实验结果也证实了这一点，并且不同有机质类型的反应温度主要对应于有机质演化的凝析油、湿气阶段，表征轻烃更利于TSR反应。TSR反应中气态烃组分明显变干，归因于重烃消耗。张同伟等的实验研究也表明TSR反应最剧烈的阶段为油气演化阶段的生凝析气阶段及湿气阶段（Zhang *et al.*，2008）。可见，P_2ch—T_1f储集层中富烃高硫含镁流体持续埋藏增温，达到启动TSR反应的能量范围（温度≥120℃）才能发生TSR反应生成大量H_2S。对普光气田（普光2井）而言，在中侏罗世，P_2ch—T_1f储集层流体持续埋藏至

4000m 左右，储集层温度已达 120℃；至晚白垩世时，埋藏深度 7500m 左右，温度已达 150℃以上；现今气藏主力产层飞仙关组埋深在 4500～6000m，地层温度 120～130℃。P_2ch—T_1f 储集层气相包裹体的激光拉曼光谱检测显示，均一温度在 150℃以上的包裹体富含 CH_4 和 H_2S（见图 6.3）。可见，从中侏罗世至喜马拉雅期隆升调整形成现今气藏前，普光气田 P_2ch—T_1f 储集层流体一直处于 TSR 反应能够进行的能量范围内，只要其他条件得到满足，都可以通过 TSR 反应生成大量 H_2S。

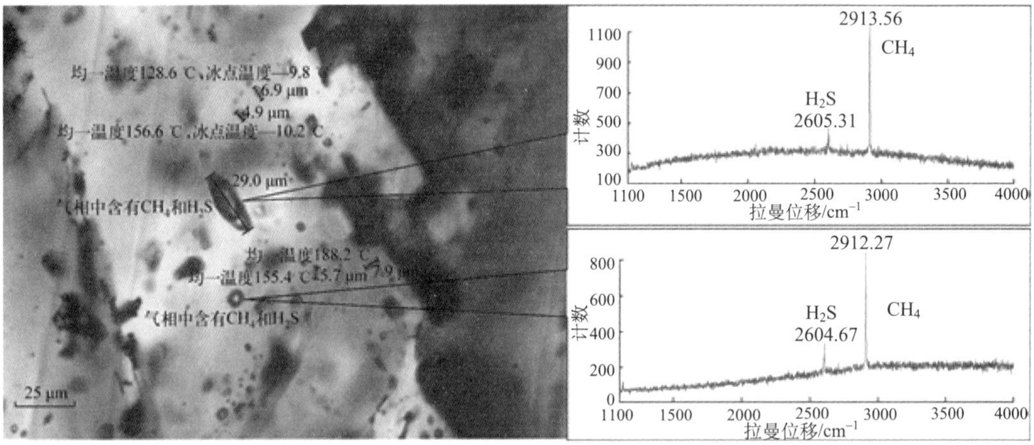

图 6.3　普光 5 井气体包裹体显微照片及激光拉曼谱图（PG5-6-3 井，P_2ch，5166m）

6.2.3　空间：富烃、溶硫和含镁流体三位一体的反应场所

国内外大型—特大型高含硫天然气田如中国普光气田、西加拿大盆地卡布南气田（天然气可采储量 $1070\times10^8m^3$，H_2S 含量 17.74%）和滨里海的阿斯特拉罕气田（天然气可采储量 $2.6\times10^{12}m^3$，油可采储量 7.63×10^8t，H_2S 含量 22.6%）等，其明显的共性是都赋存于古隆起或古斜坡上的白云石化礁滩相带，并伴有大量的固体沥青，这是由礁滩相储集层的特性决定的。在早期白云石化和有机酸的溶蚀等成岩作用下，其在临近烃源岩生烃高峰期时或之前就可形成优质储集层，为大量原油的早期聚集（深埋前）提供有利的储集场所。在川东北地区，普光气田主要产于 P_2ch—T_1f 白云石化礁滩相复合体中，现今高含硫区与古油藏范围基本重叠（见图 6.2），H_2S 丰度等值线主要根据表 6.1 中各井天然气组分含量数据绘制。

由于 H_2S 自身性质的特殊性及其生成、富集和保存条件的复杂性，高含硫气藏分布通常显示强烈的不均匀性。但对川东北铁山坡、普光、渡口河和罗家寨气田而言，它们共同的主力产层飞仙关组中 H_2S 丰度总体平面分布趋势具有一定规律性，主要表现在铁山坡、普光和渡口河一带 H_2S 含量相对均一，为 12.31%～17.10%，平均 14.80%（26 个样品），其中 H_2S 含量在 14%～16%的样品占 46%，H_2S 含量为12%～14%和 16%～18%的样品均占 27%；而罗家寨地区 H_2S 含量相对较低，多为 7.13%～

表 6.1　川东北部分钻井 T_1f 天然气中 H_2S 含量

井号	深度/m	H_2S/%	井号	深度/m	H_2S/%	井号	深度/m	H_2S/%
毛坝 6	3858～3970	14.20	普光 10	6080～6190	13.96	罐 6*		0.010
	4745～4841	14.96	坡 1*	3400～3460	14.19	罐 9*		0.010
毛坝 4	4050～4102	12.73	坡 2*	4022～4162	14.51	罐 22*		0.010
大湾 2	4804～4900	14.06	坡 4*	3365～3395	16.05	草 14*	2173	0.001
大湾 1	5029～5130	15.73	渡 1*	4306～4354	16.21	草 8*		0.001
	5153～5279	13.18	渡 2*	4362～4385	16.24	草 10*		0.001
普光 1	5638	12.31	渡 3*	4272～4342	17.06	川涪 82	4201～4211	0.400
普光 2	4777～4828	14.80	渡 5*		15.86	川岳 83		0.001
	4934～4985	16.89	七里北 1		16.25	铁山 5*		0.020
	5028～5102	15.82	罗家 1*		10.49	铁山 11*	2824～2970	0.740
普光 4	5775	17.10	罗家 2*	3211～3286	8.77	铁山 13*		0.590
普光 6	5075	14.05	罗家 4*		7.13	铁山 21*		0.630
普光 7	5485～5547	12.79	罗家 5*	2932～2997	13.74	成 16*		0.210
	5572～5590	13.85	罗家 6*		8.21		2563～2669	0.130
普光 9	5739～5852	14.03	罗家 7*	3856～3956	10.41	成 22*	3024～3040	0.190
	5916～5993	13.65	罗家 9*		11.68	清溪 1	4285	0.010
普光 101	5776～5786	14.43	紫 2*		9.23	双庙 102	4050～4309	0

* 数据引自王一刚等，2002；Cai *et al.*，2003；戴金星等，2004；朱光有等，2005。

13.74%，平均为 9.96%（7 个样品），其外围 H_2S 含量则陡降至 1%以下（见图 6.2、表 6.1），说明铁山坡、普光和渡口河一带 H_2S 生成和富集条件相似，可以推断这些气田在 H_2S 大量生成时属相互联通的更大的整装油气田（藏），与现今的高储集层沥青含量具有良好叠置关系也是一个有力证据（见图 6.2），由于后期构造运动的调整改造，才形成现今相对独立的天然气田（藏）。与其邻近的清溪场气藏，同样产于 T_1f，但现今气藏主要赋存于晚期裂缝中，未见固体沥青，未发育有利于形成古油藏的早期礁滩或其他优质储集层。同样，河坝气藏由于不具备早期油气运聚成藏的良好空间而缺乏产生大量 H_2S 的有机质来源。因此，与烃源岩成烃高峰期匹配、早期有效的储集空间如白云石化礁滩相带、古岩溶等优质储集层为富烃高硫含镁流体的早期聚集（深埋前）提供适时、有效的聚集成藏空间是必要的，其为大量 H_2S 形成和富集提供了物源积累和 TSR 反应的有利场所。

储集-孔隙-裂缝型白云石化礁滩相复合体，为富烃、溶硫、含镁流体的早期聚集（深埋前）提供有利的储集场所。礁滩相、蒸发相（潟湖相）与深水相等特殊的沉积相带是有利的空间组合。空隙性、渗透性好的台地边缘的礁滩相，是油气早期聚集成藏、流体大规模流动并发生广泛的 TSR 的有利场所；与礁滩相邻近的潟湖相和蒸发台地相沉积，为礁滩相复合体早期白云石化提供了丰富的高盐度、富镁浓缩型海源流体。礁滩相邻近的深水相富有机质层段的沉积（下伏的龙潭组和同期的大隆组），提供了早期近距离捕捉大量低熟至成熟原油，大规模形成古油藏的条件。

匹配的构造活动成为协调适宜 TSR 反应和天然气聚集的关键。早期古隆起和断裂活动提供了盆地流体运移通道和运聚指向区，有利于富烃类和硫酸根流体聚集成藏；古油藏形成后持续沉降，为 TSR 反应提供了热源（动力源）；后期快速上升，一方面导致老圈闭的改造和新圈闭的形成，古隆起和斜坡地区特别是礁滩相与构造复合体圈闭成为油气聚集的有利空间，另一方面为重新调整天然气提供了动力源，温度和压力的降低，导致油气的重新调整，晚期成藏。

6.2.4 保存：苛刻的保存条件

只要具有发生 TSR 反应的物质和物理化学条件，地质体中形成高丰度硫化氢是相对容易的，但高丰度硫化氢的保存就难得多。高硫天然气保存的整体环境要求封闭的还原环境；圈闭周围直接盖层为碳酸盐岩或有膏盐层的封闭，若直接盖层为碎屑岩，则极易消耗硫化氢；同时，在成藏体系流体中重金属含量低，硫化氢生成后原地或邻近调整成藏，不做远距离运移。

一般来说，碎屑岩和泥灰岩中富含重金属，极易与 H_2S 反应生成硫化物，如黄铁矿、方铅矿等，含硫化氢流体大规模活动时，还可形成沉积型金属硫化物矿床，如瑞典 Laisvall 砂岩型铅锌矿床（杨永强等，2006）；而纯碳酸盐岩中贫重金属，有利于硫化氢聚集保存。当地层水富含重金属离子并流经碳酸盐岩时，与碳酸盐岩中的 H_2S 结合生成大量硫化物，流体活动规模较小时可形成一些黄铁矿等硫化物，活动规模大则可形成密西西比河谷型（MVT）硫化物矿藏，如美国 Pine Point 和加拿大 Upper Mississippi 铅锌矿床、中国川滇黔地区 MVT 铅锌矿床等（杨永强等，2006）。

另外，原地形成或短距离运移是高硫天然气保存的重要条件。富含重金属的碎屑岩储盖层和底层水均可消耗大量硫化氢，长距离的运移也可以通过地层层析等过程而消耗硫化氢，路径富含重金属的碎屑岩层尤为如此。硫化氢与含有游离氧或其他氧化剂的地层水，尤其是与地表淡水接触时，很容易被氧化成硫化物沉积下来，故盆地中存在与大气相通的地下水时，会大量消耗硫化氢，这也说明了大量硫化氢的生成及富集始终在封闭系统和还原环境中进行，可以与深层碳酸盐岩储集层白云石化和深埋溶蚀作用的封闭性相互印证（黄思静等，2007）。硫化氢在地层水中的溶解和脱气作用是一个复杂的动态平衡过程，与地层温度和压力密切相关。硫化氢生成以后，无论是高温高压条件，还是隆升脱气环境，有一部分硫化氢始终溶解于地层水而不参与天然气成藏。隆升脱气的硫化氢，因长距离运移或者其他因素也可能大量消耗。实验表明，岩石对气体的吸附能力随着气体的沸点增高而增大。与其他气体如 CO_2、CH_4、N_2 等相比，H_2S 的沸点高，岩石对其具有较强的吸附能力。H_2S 在长距离的运移和聚集过程中，有一部分必将被吸附于岩层并滞留在运移途中，甚至与其中金属元素发生反应生成硫化物而沉淀，这在川东石炭系天然气藏中表现得尤为清楚。川东石炭系中有大量固体沥青，表明古油藏的存在，但现今天然气中 H_2S 含量普遍较低，除了天东 21 井高达 5%以外，其余均为0～0.93%，平均 0.16%（21 个样品），分析其原因可能在于 H_2S 的保存条件。川东石炭系储集层顶底板均为碎屑岩层，尤其顶板是十几米厚的下二叠统底部泥岩层即梁山组含煤岩系（王兰生等，2000；沈平等，2009），因其富含金属元素而容易消耗 H_2S，使 H_2S 不易大量聚集保存。川东梁山组岩石 *X* 射线衍射分析表明（梁大川等，2001），矿物组分以黄铁矿为主，含量高达 50%以上（表 6.2），显然是 H_2S 与岩石中铁族元素之间广泛发生氧化还原反应的产物，也是石炭系气田中 H_2S 大量消耗的直接证据。因此，对 H_2S 而言，长距离的运移和漫长的聚集过程都是消耗过程，而还原、封闭环境才是其大量富集并保存的重要保障。川东北飞仙关组四段、嘉陵江组和雷口坡组厚达数十米至上百米的膏岩层为本地区大中型天然气田建造了最好的封存环境，这也是该地区 H_2S 能够大量生成并富集的重要原因之一。

表 6.2　川东梁山组岩石矿物组成

井号	井深/m	岩性	黏土矿物/%	非黏土矿物/%			
				石英相对含量	长石相对含量	黄铁矿相对含量	方解石相对含量
池 53	3026～3029	泥岩	7.4	16.5	9.318.5	71.9	2.3
明月 2	3619～3625		14.2	22.6		58.9	

从上文简要讨论可以看出，H_2S 的浓度分布与储集层的岩性、岩相特征密切相关，而且 H_2S 的硫同位素组成也与此密切相关。现有研究表明，H_2S 的形成主要源于硫酸盐类被还原为硫化物。还原作用可以有生物化学作用，但更多的则是存在烃类物质的热化学还原作用。我国四川盆地天然气中 H_2S 的形成就主要与后一作用相关。沉积层中硫酸盐浓度高常常是 H_2S 大量形成的基本条件，还原作用进行得越强烈，H_2S 的浓度就越高。这要求适宜的温度和充分的还原剂——烃类。当还原作用充分完善的进行时，硫化物和硫酸盐的硫同位素可达到平衡。在此情况下 H_2S 将具有较高的 $\delta^{34}S$ 值。通常碎屑岩系无膏盐类沉积时，天然气中 H_2S 含量低，其硫同位素组成也相对较轻。因此，H_2S 的浓度及其同位素组成被作为推断成气母质沉积环境的一种地球化学依据。

6.3　高含硫天然气田（藏）的成藏机理及预测

针对上述川东北高含硫天然气形成与分布中存在的关键科学问题，基于四川盆地含硫天然气田的空间分布、地球化学特征及模拟实验研究，我们提出川东北二叠系长兴组—三叠系飞仙关组储集层中 H_2S 大量形成并富集成藏主要是受物源、能量、空间和保存四个因素的协同控制，并经历了物源准备、硫化氢形成和聚集成藏的高含硫天然气形成和成藏过程，为高含硫天然气藏的分布预测提供了重要依据。同时，鉴于高硫天然气形成聚集机理，对比讨论了该套地层和石炭系地层中无硫—含硫天然气藏的形成过程。

川东北处于川东断褶带，北侧西段为米仓山隆起及其前缘，东段为大巴山推覆带前缘褶断带，西邻川北及川中平缓构造带，东侧及南侧为盆地东部平行及弧形断褶带，北东—北东东向断褶带是该区主体构造，包括黄金口构造带、宣汉构造带等。普光气田位于宣汉地区黄金口构造双石庙-普光构造带，属北东向高陡背斜带，为一构造-岩性复合型大型气藏（图 6.4、图 6.5）。天然气主要富集于 P_2ch—T_1f 礁滩相孔隙型储集层，属高含 H_2S 的常压低温气藏，油气源主要来自上二叠统，下志留统次之。河坝气藏、清溪场气藏等都是不含或微含 H_2S 的天然气藏，主要为 T_1f 裂缝型储集层，为高压气藏。其中，清溪场气藏位于宣汉构造带的清溪场北西向构造带，与双石庙—普光构造带邻近；而河坝气藏位于川中平缓构造带的通南巴次级构造带南段，河坝 1 井在嘉陵江组和飞仙关组试获工业气流，从而发现了河坝场不含 H_2S 的优质天然气藏，属低温高压的构造气藏（马永生等，2005；刘昭茜等，2008）。

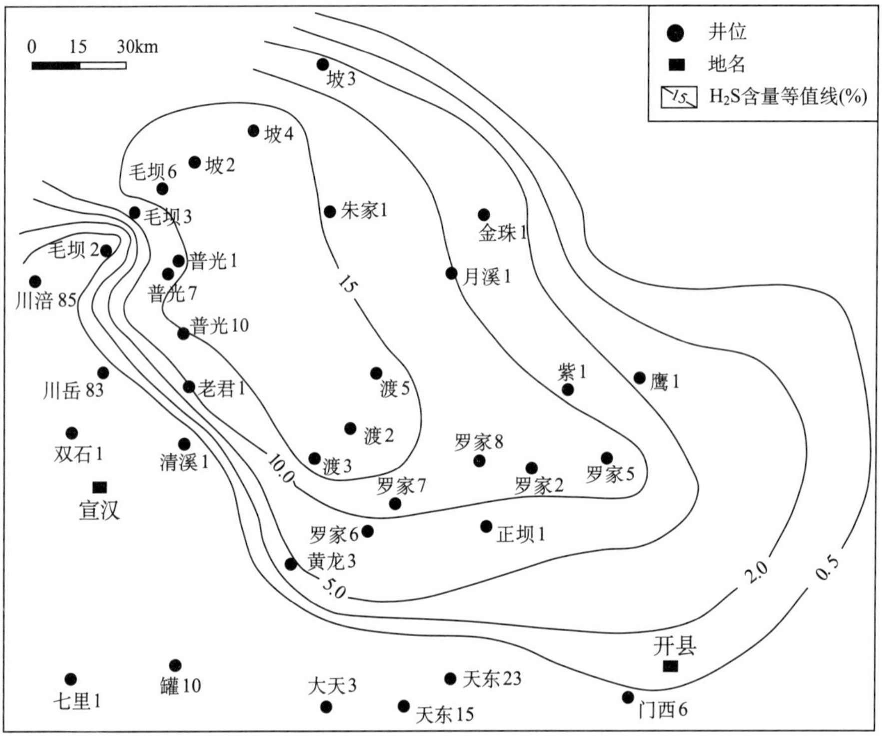

图 6.4 四川盆地东北部地区高含硫天然气田分布图

6.3.1 高硫天然气成藏机理

高含硫天然气藏的形成过程非常复杂，与普通烃类气藏相比，需要更苛刻的条件和严格的时空匹配。本研究针对 TSR 形成 H_2S 机理，以普光气田为典型，结合地质背景，提出“优源优储、早期聚集；藏内成硫、裂解成气；抬升运聚、调整成藏”的高含硫天然气成藏机制。

1）优源优储、早期聚集

根据沉积构造背景分析，长兴组—飞仙关组（P_2ch—T_1f）生物礁滩相复合体形成

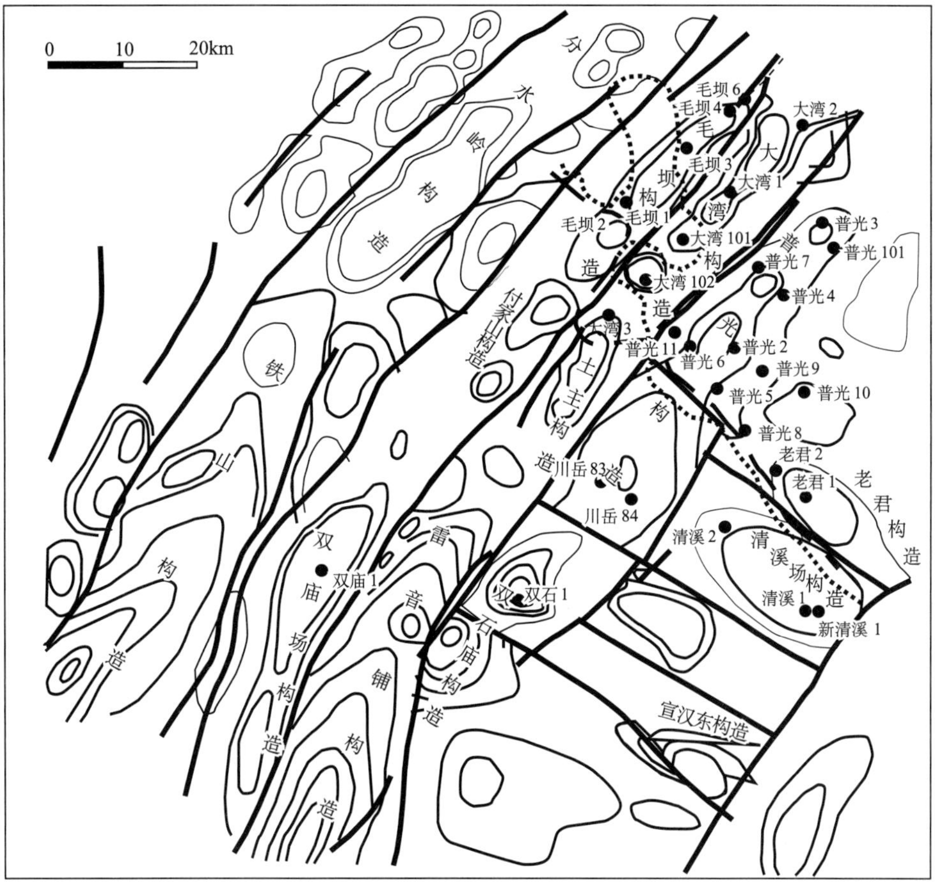

图 6.5　普光区块构造图

后，在沉积准同生期或成岩早期，邻近的潟湖、蒸发环境海源高盐度富（硫酸）镁（中性—碱性）流体渗入，使礁滩相复合体白云石化；印支期（T_2末），上二叠统（P_2）优质烃源岩进入成熟早期，一方面，由上二叠统烃源岩提供富含有机酸、CO_2的酸性流体，另一方面，北东向华蓥山深大断裂带活动，开江古隆起和伴随的断裂输导体系开始形成，致使酸性流体由高势向低势流动，沿断裂等通道向上运移，流经礁滩相复合体，变白云石化碱性流体为酸性流体，埋藏溶蚀，形成孔隙度、渗透率好的优质储集空间，并形成富硫酸镁流体，同时，由上二叠统优质烃源岩生成的未熟—低熟原油向邻近的长兴组白云石化生物礁储集层优先充注；燕山期（J_1—J_2），上二叠统烃源岩进入成熟期，正常原油和轻质油由长兴组向飞仙关组储集层扩展，志留系优质烃源岩产生的原油也可以通过断裂系统向长兴组-飞仙关组储集层充注，最终在深埋之前就生成早期原生油藏。此时，来自多源的富硫含镁流体聚集在储集层中，与原油混合成为富烃高硫含镁流体，成为 TSR 主要物质基础。

2）藏内成硫、裂解成气

在川东北地区，硫化氢的生成与大规模的流体活动有关。①准同生期（P_2—T_1），由邻近的潟湖、蒸发环境提供海源高盐度富（硫酸）镁（中性—碱性）流体，礁滩相复合体白云石化；②成熟早期（T_2—T_3），浅埋藏，由源岩提供富含有机酸酸性流体，礁滩相复合体埋藏溶蚀，创建有利的储集空间，并同时提高流体中镁离子浓度；③成烃高峰期，J_1—J_2，由源岩提供大量原油，早期充注，礁滩相复合体中形成古油藏；④礁滩相复合体中古油藏与富硫酸镁的流体，形成富烃富硫流体，持续埋藏，温度增加，进入高成熟凝析气和湿气阶段，J_3—K_2时，温度达到120～150℃，原油一方面自身高温裂解，包括富硫有机物裂解生成硫化氢；另一方面，与体系中的游离硫或流体中硫酸根发生硫酸盐还原反应（TSR），生成大量硫化氢，尤其在晚燕山期构造大转换初期，因强烈的构造运动和流体活动而使体系内发生物理化学场的变化促进各类化学反应的进行，包括TSR反应。

随着长兴组—飞仙关组储集层流体深埋增温，有机质演化进入成熟—高成熟阶段，储集层原油开始热裂解广泛生成烃类气体，干酪根和石油中不稳定含硫有机化合物含硫杂环或基团在热力作用下断裂形成H_2S。干酪根中硫含量一般在0.2%～5.0%，主要以各种含硫官能团与C、O结合；而石油中硫的含量在0.05%～8.00%，主要以硫醇、硫醚、二硫化物和噻吩类等形式存在。当这些含硫有机化合物埋藏到一定深度之后，随着演化程度的加深，可能由于C—S或S—S键发生断裂而生成H_2S，如硫醇热裂解生成H_2S（$RCH_2CH_2SH \longrightarrow RCH{=}CH_2 + H_2S$）。这种方式形成的$H_2S$在天然气中的浓度一般在2%以下（戴金星，1988；戴金星等，2004）。模拟实验研究也证实其生成的数量有限（图6.6），不足以形成H_2S含量普遍达到10%以上的高含硫气田。但这部分H_2S在储集层流体体系中形成强还原环境，可能对TSR反应起到促进作用，即诱发富烃高硫含镁流体启动TSR反应。在实验研究中已发现此类作用的存在，如实验前在反应体系中加入少量H_2S，则TSR反应更容易进行。当有机质演化进入湿气-凝析油阶段，储集层温度达到120～150 ℃时，储集层内富烃高硫流体将发生TSR反应，烃类还

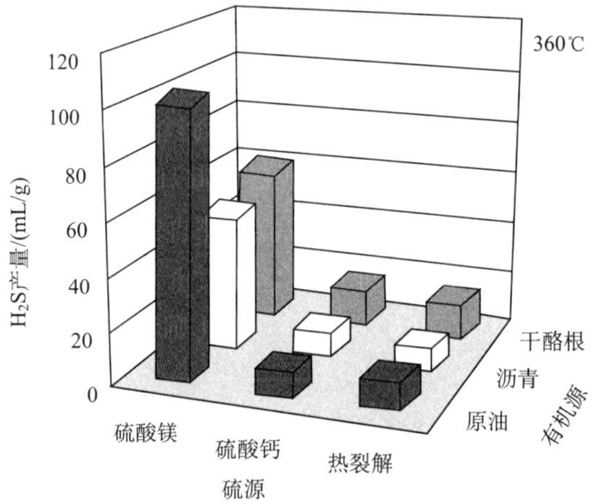

图6.6　不同反应体系中H_2S热化学生成量对比

原硫酸盐生成更多的 H_2S，这是川东北 P_2ch—T_1f 礁滩相储集层中大量 H_2S 形成的主要机制，而且此反应是在储集层内部进行的，高丰度 H_2S 与大量储集层沥青的共存充分说明了这一点（图 6.2）。这些储集层沥青中含硫量（T_1f，15 个样品，含硫10.9%～26.4%，平均 17.46%）明显高于其他古油藏如麻江古油藏（O_1h，3 个样品，含硫 2.52%～6.57%，平均 4.66%），并且硫主要以噻吩类形式存在，有机硫及与其共存的黄铁矿硫同位素组成均呈非生物成因的高正值（普光 8 井 Pg8-2-4 岩样，P_2ch，5512m，白云岩裂缝中充填固体沥青和黄铁矿，$\delta^{34}S$ 分别为＋11.3‰、＋6.8‰），指示其是储集层内原油热裂解和 TSR 反应双重作用下高度芳构化形成的产物，并原地保留至今。

3）抬升运聚、调整成藏

晚白垩世至古近纪，川东北在喜马拉雅运动作用下全面抬升，使得地层温度和压力降低，并形成新圈闭（包括岩性-构造复合圈闭）和裂缝系统。普光气田等高含硫天然气田（藏）大量 H_2S 在原地或者邻近储集层中重新调整聚集（如前所述，H_2S 与储集层沥青之间的共存关系证实其运聚环境始终处于还原、相对封闭状态，这是 H_2S 存在所需的环境），并与烃类和其他非烃气体混合成藏，进而形成了现今高含硫天然气田（藏）。古近系喜马拉雅期，随着构造抬升剥蚀，减压降温，富含硫化氢的天然气流体原地（以原储层为中心调整，未做远距离运移）重新调整成藏。

6.3.2　典型高硫化氢气藏形成过程——四川盆地东北部普光高硫天然气田解剖

川东油气聚集带是四川盆地乃至中国天然气的主要富集区和生产区之一，目前除了罗家寨、渡口河、五百梯、铁山坡、卧龙河、建南等一批老气田以外，近年来也发现普光、龙岗等大中型海相天然气田以及河坝、元坝等一批天然气藏或前景良好的含气构造。前人对这些气田（藏）的天然气地球化学、成藏条件及过程已进行过诸多分析并建立了相关成藏模式（王一刚等，2002，2006；马力等，2004；王兰生等，2004；蔡立国等，2005；马永生等，2005，2007）。我们在充分收集整理资料的基础上，基于上述研究成果，选取川东北及周缘典型的高含硫天然气田（普光气田、建南二叠系气藏）和低含硫-未含硫天然气田（石炭系气藏、河坝气田、清溪气藏）开展了二者之间的油气地质条件、成藏规律等的对比分析，旨在查明高含硫天然气藏的特殊性及含硫天然气藏的普遍规律，以便更好地预测硫化氢分布，指导油气勘探。

普光气田位于四川盆地东北部宣汉-达县地区黄金口构造双石庙-普光构造带，属川东北北东向高陡背斜带，为一构造-岩性复合型大型气藏。气藏圈闭面积 $50km^2$，主要含气层段为下三叠统飞仙关组及上二叠统长兴组，均为白云岩储层。截至 2007 年年底，普光气田累计探明天然气地质储量 $3812.57\times10^8m^3$，是我国最大的海相整装特大型天然气田。

6.3.2.1 构造特征

普光构造位于双石庙-普光北东向构造带的北段，构造高点位于东岳寨背斜，是东岳寨背斜北倾伏端上的一个鼻状背斜。该构造的发育可划分为三个阶段：①印支期，普光地区位于开江低幅度古隆起的西北翼，总体为一斜坡背景；②燕山期，由于受到江南雪峰隆起造山活动的影响，在宣汉-达县地区形成了由南东向北西方向的挤压应力，普光地区发育了一条北东走向、断面南东倾斜的逆冲断层（东岳寨-普光断层）及北西翼产状较陡、南东翼产状较缓的断弯褶皱构造，普光构造基本定型；③喜马拉雅晚期，受大巴山由北东向南西的逆冲挤压，形成北西走向的逆冲断层及相关构造，使普光构造得到进一步改造。

受雷口坡组膏岩和中-上寒武统膏岩两套滑脱层的影响，宣汉-达县地区的构造变形样式具三层结构，上、中两层均为中等倾角的冲起构造，下部构造层变形较弱。普光气藏处于东岳寨-普光背斜带的北段。东岳寨-普光背斜带表现为与逆冲断层有关的西南高北东低、西陡东缓、北北东走向的大型断背斜型构造，从地震预测及钻探情况分析，与七里北、渡口河等具有相似的圈闭性质。从气藏的横剖面上看，普光气藏西侧受北东向普光-东岳寨逆冲断层控制，内部受普光3井、普光7井断层的分割，成为气水界面不统一的两块（图6.7）；从气藏纵剖面上看，普光构造与东岳寨构造之间有一构造鞍部，是台地边缘-台地相沉积与陆架相沉积的分隔带，台地边缘-台地相沉积在地震剖面上反射清楚。相变带两侧的沉积、储层发育完全不同，其西侧受北东向逆冲断层控制，北侧与东侧受构造线控制，南部受相变带控制，是一受鼻状构造与相变线共同控制的构造-岩性复合型圈闭，是两个独立的成藏系统。

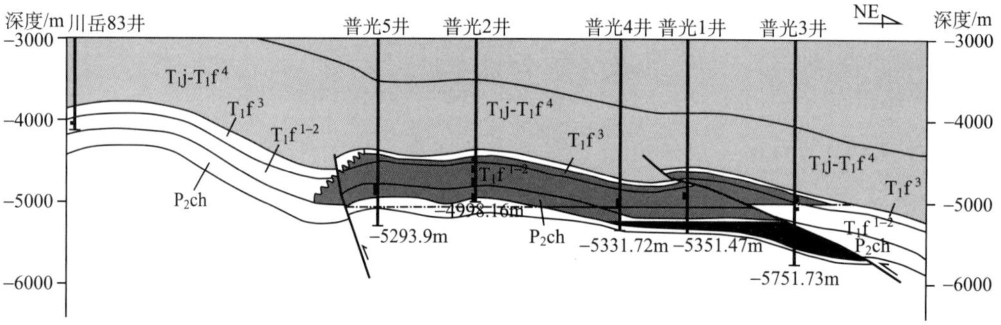

图6.7 普光气藏SW-NE向横剖面图（据马永生、蔡勋育，2006，修改）

6.3.2.2 气藏特征

普光气藏为一个构造-岩性气藏，产气层位为下三叠统飞仙关组和上二叠统长兴组，储层主要为礁滩相沉积，储层类型为裂缝-孔隙型，为高含H_2S的常压低温气藏。根据普光1井、2井实测飞仙关组气藏地层温度，计算气藏地温梯度为2.18℃/100m；测试结果表明，普光气田飞仙关组气藏横向上从普光1井到普光2井同属一个压力系统，纵向上从长兴组储层到飞二段储层亦属同一个压力系统，压力系数在1.0～1.12；普光气

藏天然气组分中 CH_4 含量为 74.46%～77.91%，H_2S 含量为 12.31%～16.89%，CO_2 含量为 7.89%～9.1%。高含 H_2S 是川东北地区飞仙关组—长兴组气藏共同的特点。如前所属，普光气田天然气为典型的油型裂解干气，其中原油裂解气为天然气的主要来源。蔡立国等（2005）对烃源岩与储层沥青的油源对比研究表明，普光气田长兴组和飞仙关组储层沥青同源，与下志留统和二叠系烃源岩具有较好的亲缘关系，且与上二叠统烃源岩的亲缘关系更近。储层沥青为古油藏原油裂解成气的残留物。可见，普光气田的天然气主要源自古油藏原油的二次裂解以及下志留统和二叠系烃源岩干酪根的热裂解。

6.3.2.3　成藏条件分析

1）气源特征

野外及钻井样品的相关测试分析表明，川东北地区发育下寒武统筇竹寺组泥页岩、上奥陶统五峰组—下志留统龙马溪组笔石页岩、下二叠统碳酸盐岩和上二叠统泥质岩等多套烃源岩，而且源岩早期演化过程中形成的可溶有机质（包括古油藏和分散于源岩、运移通道及围岩中的分散型可溶有机质）在后期演化过程中也可裂解成气而成为一种重要的气源类型。目前在宣汉-达县地区尚无钻井揭示下志留统烃源岩，但根据秦建中等（2008）对普光 5 井和毛坝 3 井二叠系烃源岩的研究表明，碳酸盐岩有机碳含量较高的层段岩性主要为泥灰岩，纯灰岩有机碳含量较低。茅口组 27 个泥灰岩样品 TOC 为 0.28%～0.91%，平均 0.54%，栖霞组 10 个灰岩样品 TOC 为 0.31%～1.21%，平均 0.51%，碳酸盐岩烃源岩厚度小于 100m；上二叠统龙潭组烃源岩有机质丰度高，厚度达 150～200m，具有较好的生烃潜力。普光气藏的气源具有多源性。通过油-源、气-源、沥青-源对比以及沥青热模拟实验综合分析，普光古油藏的油源主要来自二叠系有效烃源岩，现今气藏气源主要来自古油藏原油的二次裂解以及二叠系、下志留统源岩干酪根的热裂解，现存沥青作为次要烃源对普光气藏也有一定的贡献，尤其是该气藏非烃类气体的重要气源（马永生等，2005；蔡立国等，2005）。而川东地区长兴组生物礁及飞仙关组鲕滩气藏中屡见不鲜的固态沥青则被认为是古油藏裂解成气的直接证据（杨家静等，2002）。对普光 5 井烃源岩的热演化史分析结果表明，下志留统龙马溪组烃源岩在三叠纪早期进入成熟阶段开始生油，晚三叠世进入生油高峰，早侏罗世进入高成熟阶段而大量生气，中-晚侏罗世进入过成熟干气阶段；二叠系烃源岩在早三叠世末期-中三叠世进入生油门限，早侏罗世进入生油高峰，中侏罗世进入高成熟阶段而大量生气，晚侏罗世进入过成熟干气阶段（图 6.8）。

2）储盖特征

普光气田主力产层为上二叠统长兴组和下三叠统飞仙关组礁滩相储层，其中飞仙关组鲕滩为台地边缘暴露浅滩相沉积，储层岩性可分为鲕粒灰岩和白云岩两大类（马永生等，2005）。其中，鲕粒白云岩以中细晶至粗晶为主、部分为泥晶白云岩。鲕粒白石岩的最大特点是选择性溶蚀作用极为强烈，形成大量粒内溶孔及部分鲕模孔，有的粒内溶孔具明显的示顶底构造，储集性能较好。残余鲕粒白云岩由于构造和溶蚀作用，多破碎

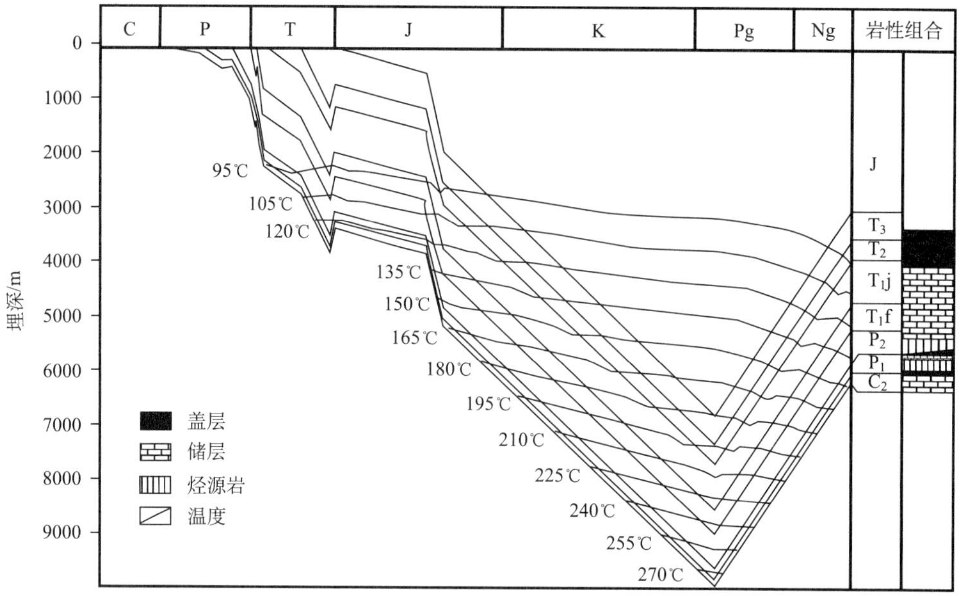

图 6.8　普光 5 井埋藏生烃史分析图

溶蚀，鲕粒已重结晶或基本重结晶，从而形成大量晶间孔，部分晶间孔溶蚀扩大形成残余晶间溶孔，具有较高的孔隙度，为良好的储集岩。飞仙关组储层的储集空间主要为鲕粒铸模孔、粒间溶孔、晶间溶蚀扩大孔和溶洞，其次为晶间孔、粒间孔、裂缝，内多为沥青充填。尽管成岩后期的压实、胶结作用可使储层物性变差，但成岩过程中的多期溶蚀作用、白云岩化和后期裂缝的改造对储层储集性能的改善起到了很好的建设性作用。飞仙关组储层物性较好，以中孔中渗、高孔高渗储层为主，且优质储层厚度大，部分井的Ⅰ类储层厚度可达 100m，有效储层大于 300m，是普光气田的主力产层。

长兴组生物礁的形成与晚二叠世的海侵有关。晚二叠世长兴期，普光气田所在的宣汉-达县地区处在与城口深水陆架毗邻的碳酸盐缓坡潮缘相带，西侧为相对低洼的台盆相带，形成呈北北西-南南东走向的相对高能的礁滩相带。生物礁主要为海绵礁，礁灰岩多呈灰白和浅灰色，厚层块状，可细分为海绵障积岩、海绵黏结岩和海绵骨架岩 3 种主要的礁灰岩类型，以障积岩和黏结岩更为常见（图 6.9）。由于礁型储集体内生物骨架孔隙及粒间孔隙非常发育，加之遭受白云岩化作用和成岩后期溶蚀作用的改造，礁体中溶蚀孔、洞极为丰富，成为普光气田另一套主力产层。

普光气田的盖层可分为陆相和海相两类。陆相泥质岩盖层主要分布于中侏罗统千佛崖组—上三叠统须家河组。根据对川岳 83 井、川岳 84 井、川付 85 井等 8 口井陆相泥质岩厚度的统计分析，宣汉-达县地区千佛崖组、白田坝组和须家河组泥岩累计厚度分别达 112.5～197m、15.5～180.5m、117.5～241.5m。陆相泥岩累计厚度 270.5～483.5m，平均厚度达 416.6m，占到地层厚度的 16%～35%。该套泥岩在区域上分布稳定，是该区一套良好的区域性盖层。中下三叠统嘉陵江组和雷口坡组膏岩层累计厚度达 190～650m，是该区封闭性能极好的另一套区域性盖层（图 6.10）。此外，飞仙关组

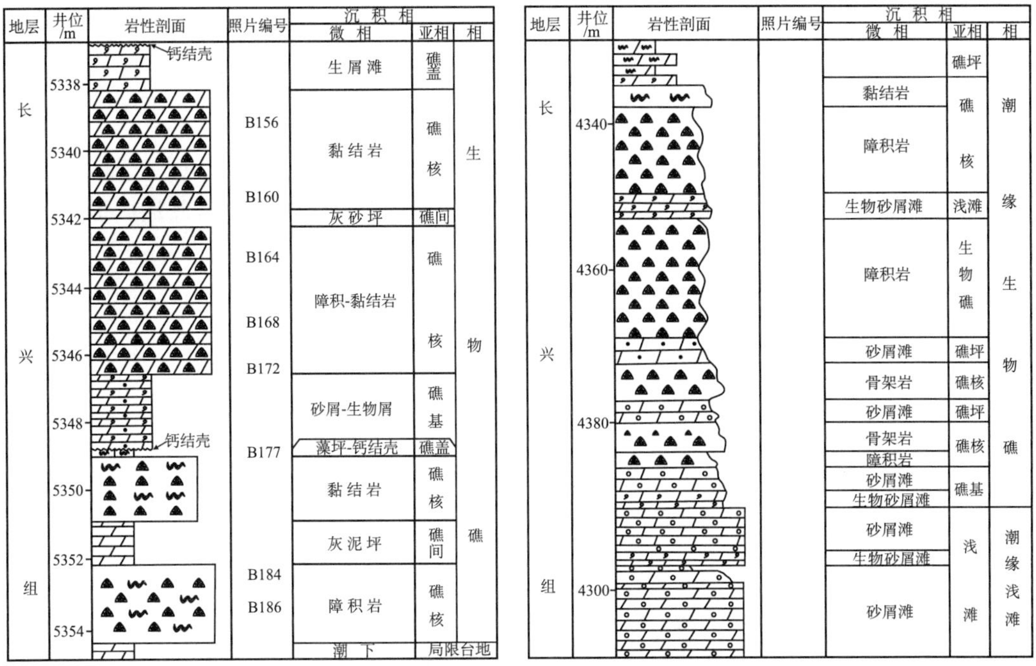

图 6.9　普光 6 井和毛坝 3 井长兴组生物礁剖面（高梅生，2007）

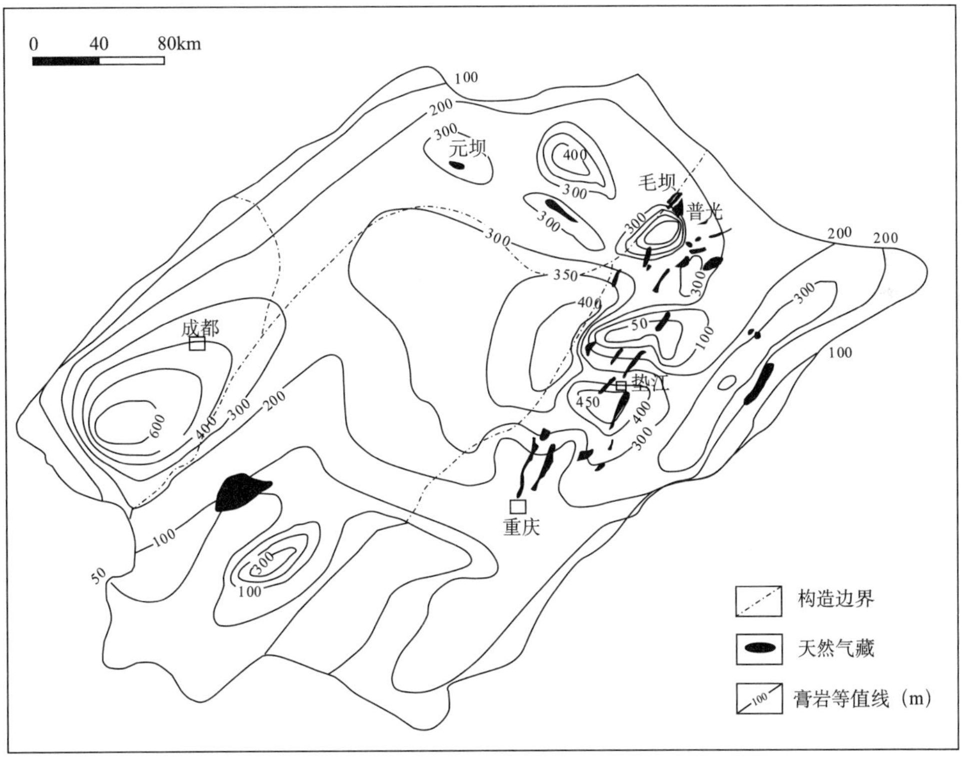

图 6.10　四川盆地中下三叠统膏岩层等厚图

三段上部和飞四段也发育含膏层，可成为飞三段气藏的直接盖层。

3）成藏模式

对于普光气藏成藏模式，蔡立国等（2005）和马永生等（2005）将其总结为“多期成藏、油气转化、晚期定位”。普光气藏的形成演化阶段可分为3期（图6.11）：①印支晚期—燕山早期油藏形成阶段：受中三叠世末印支运动的影响，川东北地区形成了开江古隆起，控制了川东上古生界-三叠系储层中油气的运移与早期聚集；处于开江古隆起北西翼的普光一带亦相应发生挤压变形，形成宽缓的背斜圈闭，下志留统和二叠系烃

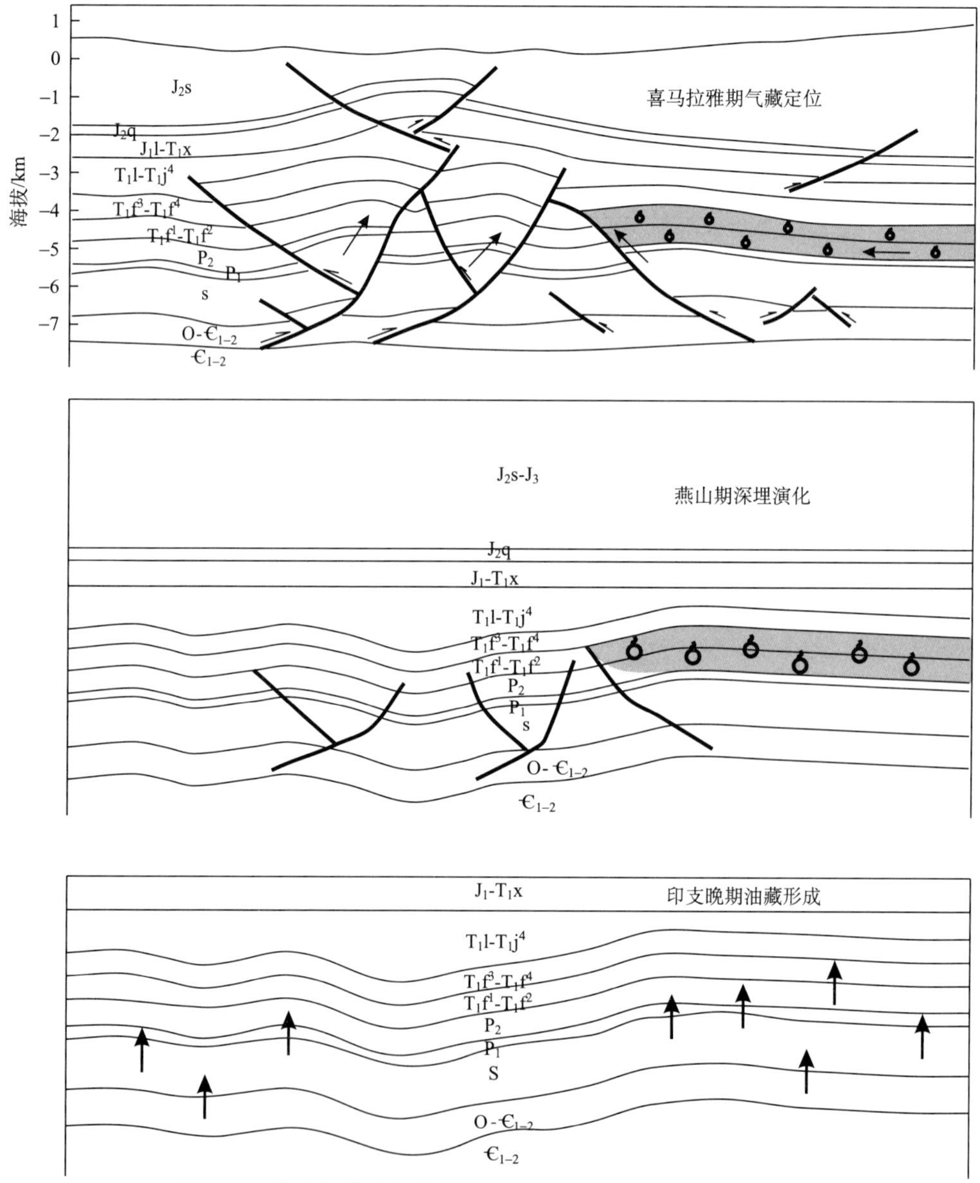

图6.11 普光气藏形成演化模式示意图（据蔡立国等，2005）

源岩相继进入生油高峰阶段，液态烃运移至圈闭中形成油藏。由于这时储层的温度相对较低，尽管早期圈闭中有卤水的分布，但 TSR 的强度很低，且主要发生在油水界面附近。②燕山中、晚期深埋油气转化阶段：随着侏罗-白垩纪的沉积，普光气藏储层中早期形成的古油藏在晚期持续的深埋作用及上覆盖层的封盖下，原油发生热裂解而向天然气转化（图 6.3）。在该阶段早期，上覆地层厚度的增加使储层温度逐渐增大，TSR 反应的强度逐渐加强，富含硫化氢的酸性流体还使储层发生白云岩的深埋溶蚀作用，不仅增大了储层的储集空间（朱光有等，2006），还为 TSR 提供了 Mg^{2+}，同时原油在持续高温下发生的裂解作用可形成大量的短链烷烃（和少量的硫化氢气体），为 TSR 作用提供了有利的烃源条件，有利于 TSR 反应的进行，因而生成了大量的富含硫化氢气体；晚期阶段，随着储层温度的进一步升高，原油裂解生成产物以富含甲烷和乙烷的干气为主，致使 TSR 反应强度降低，原油裂解甲烷干气比例增加。③喜马拉雅期定型阶段：喜马拉雅期，随着大巴山弧形推覆构造向盆地内扩展，使普光气藏在早期北东向构造的基础上叠加了晚期北西向构造，同时也造成新地层的隆升和剥蚀，致使储层温度较低，TSR 反应受到进一步抑制。由于有效封闭的完整性，早期热解形成的天然气未遭受散失，在构造圈闭的调整过程中，进一步发生天然气的调整和聚集，形成了现今大型气藏的规模。由于长兴组和飞仙关组储层的储集性能较好，储层中天然气以高含硫天然气为主（图 6.12），而在早期储层不太发育的地区，天然气的充注主要发生在晚期裂缝型储层形成之后天然气的调整阶段，天然气主要沿断裂及不整合面运移，在运移过程中，硫化氢因溶于水或与地层水中的 Fe^{2+} 等金属离子发生反应而形成金属硫化物被消耗，形成了诸如清溪场等低含硫或无硫的以甲烷为主的优质天然气藏（图 6.13），清溪气藏没有早期聚集成藏条件，在晚燕山期——喜马拉雅期形成圈闭构造，由深部高过成熟干酪根（或异地古油藏、分散可容有机质）裂解气、高势区的吸附气和水溶脱气等无-微含硫天然气因减压降温而向晚期形成的低势区裂缝系统中聚集成藏。

6.3.3　川东北无硫—含硫天然气的形成过程

在川东北相似的地质条件下亦存在非高硫的天然气藏，为研究对比，以通南巴构造带三叠系河坝气藏（图 6.14）为典型进行解剖，建立了“次生聚集，调整成藏”的无—微含硫天然气成藏模型，同时分析川东北石炭系低硫天然气的形成。

通南巴构造带位于四川盆地东北缘，其北侧为秦岭造山带南缘的米苍山前缘推覆构造带，东北侧为大巴山前缘弧形推覆构造带，南邻川中平缓构造带，北西与米苍山前缘凹陷带相连，东南与通江凹陷带相连。

通南巴构造带总体走向为北东东，呈略向南东方向突出的弧形，自北东往南西构造轴线逐渐由北北东—北东—北东东—近东西向，北东端抬起往西南方向逐渐倾没，由黑池梁、涪阳坝及南阳场三个次级构造单元组成。通南巴构造带轴长 90～100km，宽约 10km，闭合幅度高达 1800～2000m，为一大型背斜圈闭（图 6.14）。中国石化在通南巴持证勘查面积 2919.01km^2，截至目前已在该区完钻探井 10 口，4 口获工业油气流。其中，位于南阳场断鼻的河坝 1 井分别在嘉陵江组和飞仙关组试获工业气流，从而发现

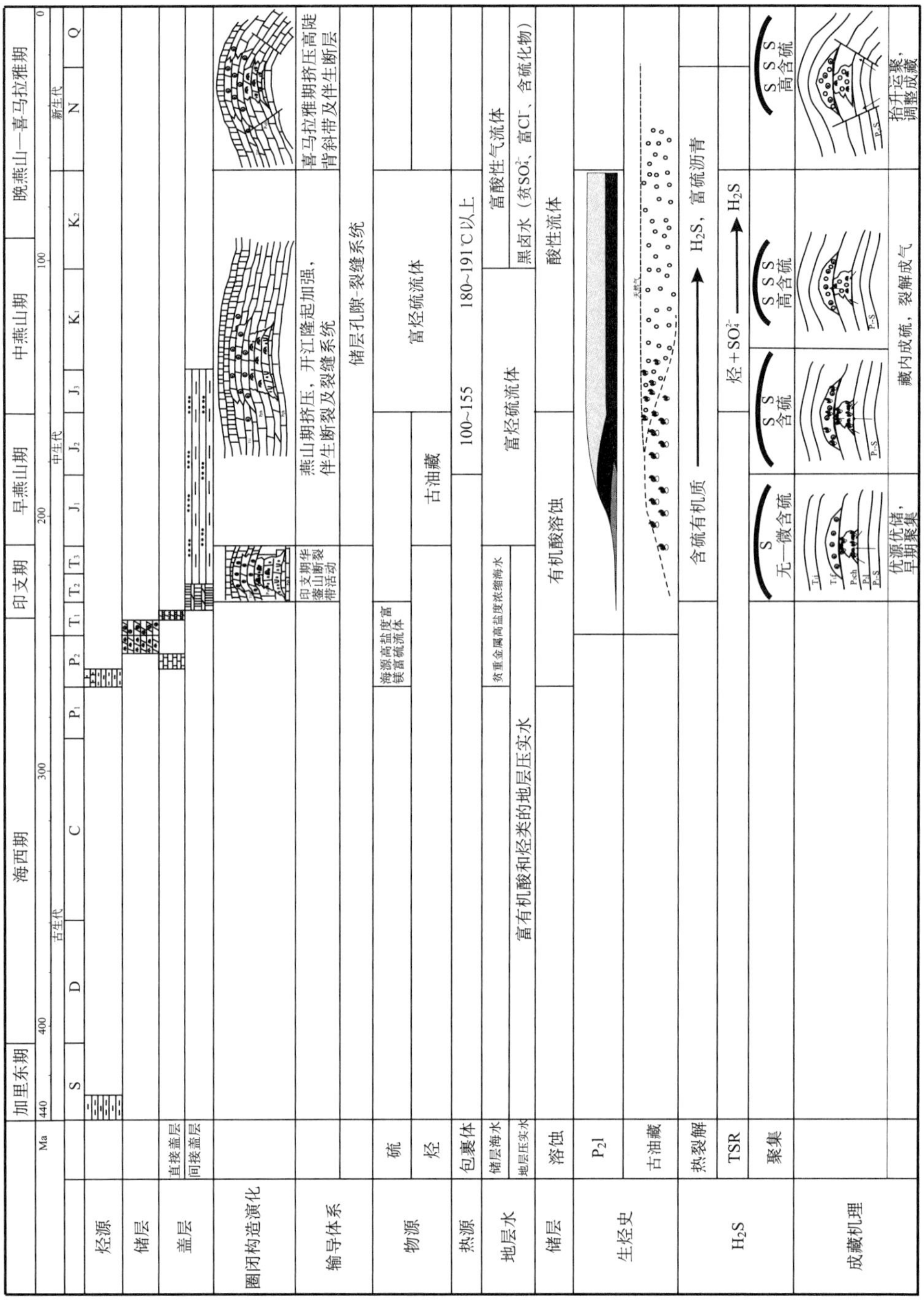

图 6.12　川东北高含硫天然气藏（普光气田）成藏过程示意图

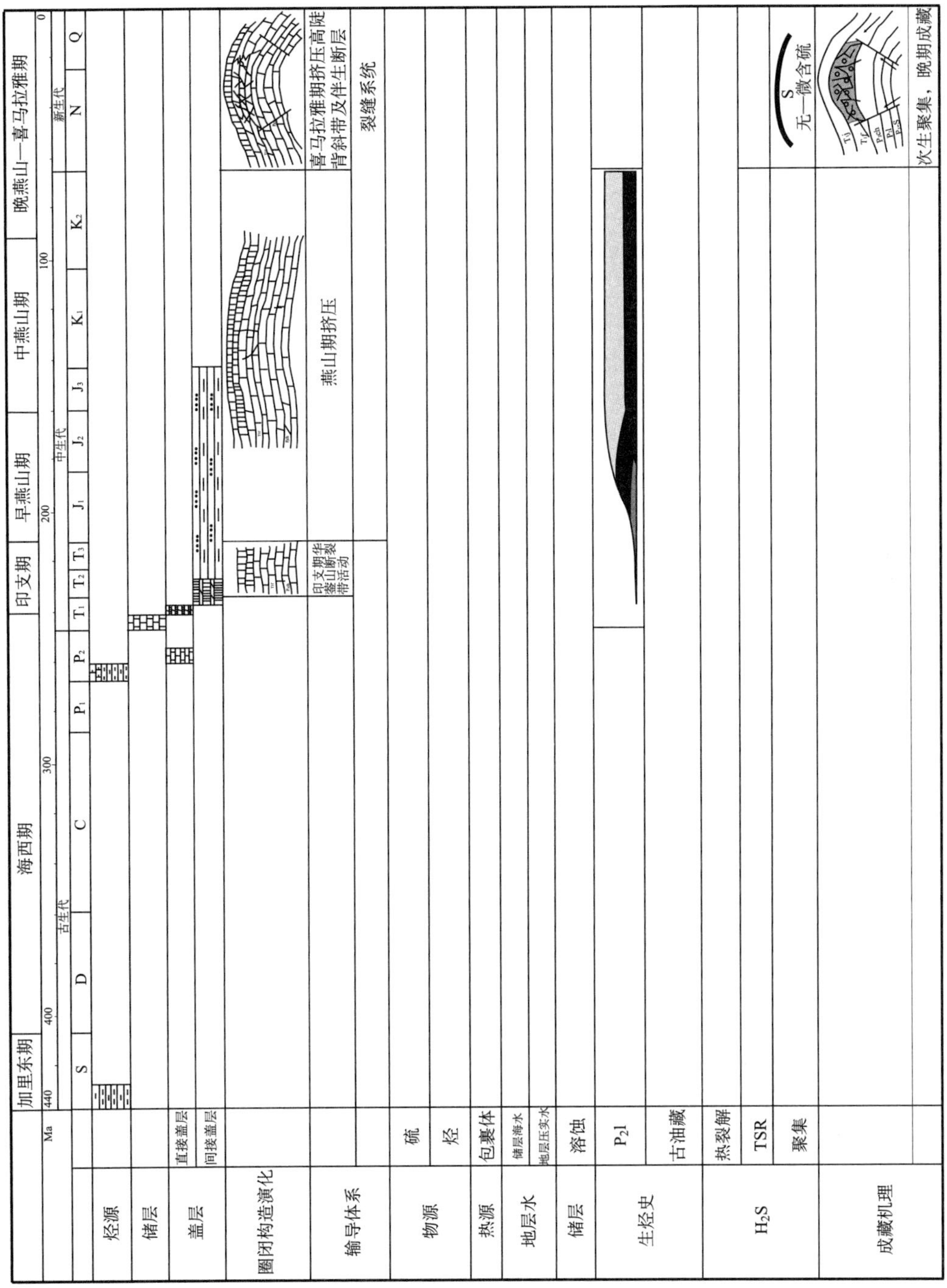

图 6.13　川东北无—微含硫天然气藏（清溪气藏）成藏过程示意图

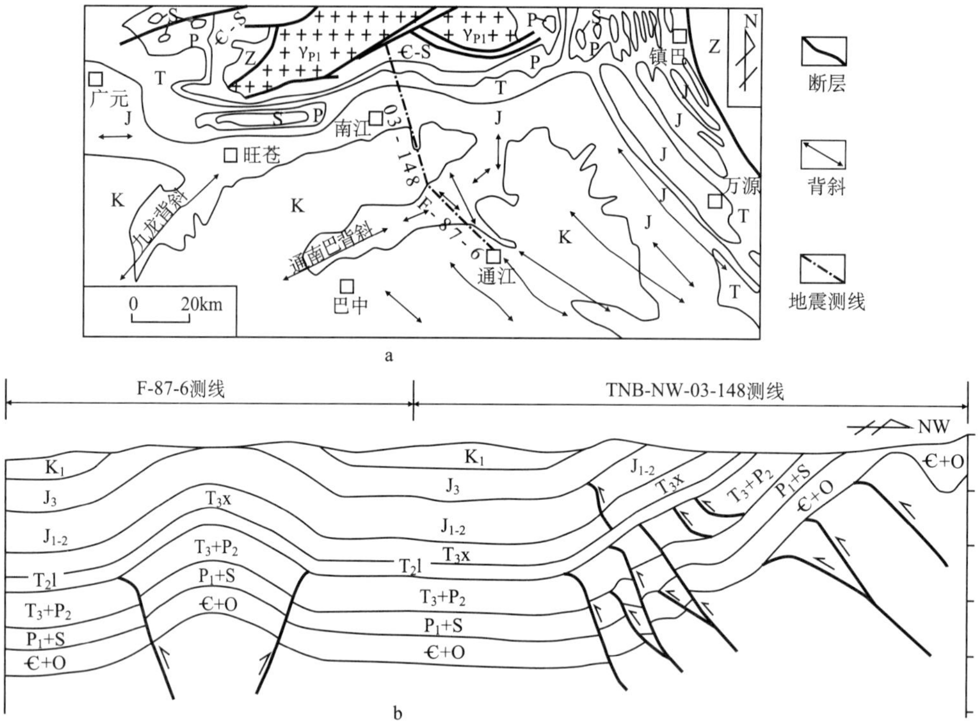

图 6.14　米苍山—通南巴地区构造略图 (a) 与地震地质解释剖面 (b)(龙胜祥等，2008)

了河坝场嘉陵江组二段和飞仙关组三段两大气藏，目前已提交控制储量 798.58 亿 m^3，进入了气田开发阶段。

6.3.3.1　通南巴构造特征

通南巴构造带的形成、发展和演化与米苍山和大巴山密切相关。通南巴构造主体形成于燕山中晚期，定型于喜马拉雅晚期，其形成演化可大致分为三个阶段：①印支晚期：秦岭造山带自东向西陆陆斜向穿时碰撞造山引起南北向挤压及左行剪切，导致大巴山北西向褶皱隆起，米苍山前形成少数东西向背斜，在盆地内部形成宽缓的通南巴构造雏形；②燕山末期：强烈的构造挤压运动，使米苍山快速隆升的同时，也使四川盆地北部的构造软弱带发生基底冲起，通南巴构造进一步发育，形成北东东向背斜构造；③喜马拉雅晚期：秦岭山系随着青藏高原快速抬升再次活动，大巴山弧形推覆构造向盆地内的强烈挤压、扩展，使通南巴地区早期北东东向构造受到了北西向构造的叠加与改造，改造程度由北东至南西逐渐减弱。通南巴构造带因遭受改造成为由多高点的南阳场断鼻、涪阳坝断块和黑池梁构造组成的北东东—北东向构造带，并最终定型。喜马拉雅期形成的北西—北北西向逆断层系，主要分布在母家梁、新场坝构造一带，数量多而且规模大，对通南巴构造起着明显的分割作用，使得形成了不同的构造圈闭和气水分布系统；逆断层系往南西方向逐渐变弱，至河坝场一带，构造相对简单，除东端有一条断层遮挡外，往西为一北东走向的断背斜，顶部宽缓，两翼较陡，存在河坝场和狮子坪两个局部高点，在较深部位发育近东西向断层，垂直构造轴向的横剖面表现为近箱状。河坝气藏的圈闭类型为断背斜型，圈闭面积大。其中嘉陵江组二段底构造图最大圈闭线为4300m，圈闭面积逾100km^2；飞仙关组四段底构造图最大圈闭线为4600m，圈闭面积也逾100km^2（刘彬等，2008）。

受嘉陵江组-雷口坡组膏岩和下志留统泥岩层两套区域性滑脱层的影响，通南巴地区自上而下发育侏罗系至上三叠统、下三叠统至志留系、奥陶系至震旦系三套构造变形层，构造变形在垂向上存在明显差异，表现为上、中、下构造的不协调性（图6.15）。上构造变形层（T_2—J）构造活动较弱，断裂较少且规模较小，一般为高角度逆断层，最大断层向下只切割至下三叠统嘉陵江组膏岩层内部，构造多为等厚褶皱；中构造变形层（T_1—S）构造活动性较强，断裂发育且规模较大，发育北东向和北西向两个方向的断裂，其中北东向断裂体系自嘉陵江组膏岩断至寒武系，发育于构造带的两翼，控制了通南巴构造的形成与发育，并对油气运移起到输导作用，北西向断裂一般表现为层间断裂，向上中止于嘉陵江组膏岩层，向下消失于二叠系或志留系，该组断裂受北东向主控断层的限制；下构造变形层（O—Z）变形表现为褶皱、冲断、滑脱等构造形式，由于埋藏较深，水平挤压应力较弱，地温升高，岩石可塑性增强，断裂明显减少，地层产状平缓，构造幅度较小。

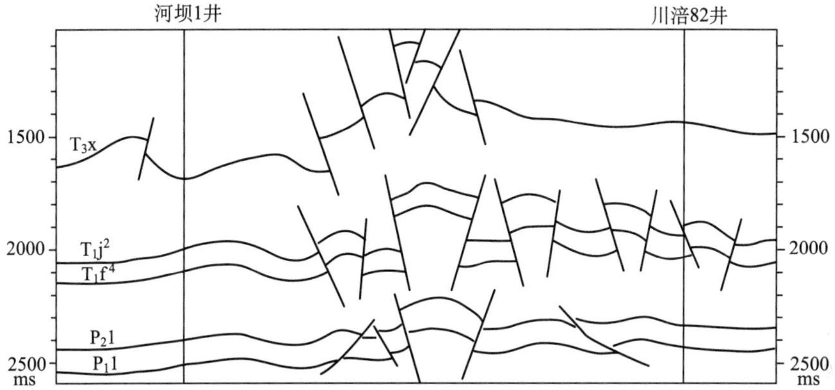

图6.15　通南巴地区三维连井解释剖面（据刘彬等，2008）

6.3.3.2　河坝气藏特征

通南巴构造带嘉陵江组、飞仙关组气藏为构造-岩性复合型圈闭气藏，储层类型主要为裂缝-孔隙型储层。由于北西向断层的分割，形成了多个独立的气藏系统，根据钻井测试结果分析，通南巴地区嘉陵江组和飞仙关组不存在统一的气水界面，气水界面的深度由南阳场到新场坝逐渐变小。

对南阳场河坝构造河坝1井嘉陵江组二段天然气组分分析表明，天然气中CH_4含量97.88%～97.91%，CO_2含量0.54%～0.55%，不含H_2S，为典型的干气。根据河坝1井测试资料，气层中部地层压力94.77MPa，压力系数2.09；测温深度4172.47m，地层温度107℃，地温梯度2.16℃/100m，属于低温高压的构造气藏。飞仙关组气藏的

CH_4含量95.67%，C_2H_6含量0.58%，为不含H_2S的干气天然气藏，$\delta^{13}C_1$、$\delta^{13}C_2$分别为−28.35‰和−29.35‰，表明天然气为典型的油型裂解干气；测试产层中部4977m处地层压力为111.11MPa，压力系数为2.28；飞三段测点温度为126℃（测点深度4744.54m），折算地温梯度为2.38℃/100m，气藏整体表现为超高压低温系统。对河坝2井和河坝102井飞三段天然气的测试分析表明，天然气组分以甲烷占绝对优势，含量都在96%以上，重烃含量很低，CO_2含量介于0.2%～0.38%，不含硫化氢。对河坝构造邻近的涪阳坝川涪82井嘉二段天然气的测试分析表明，天然气中CH_4含量为95.7%，C_2H_6含量为0.07%，CO_2含量很低，不含硫化氢；$\delta^{13}C_1$、$\delta^{13}C_2$分别为−30.45‰和−29.51‰，表明天然气亦为典型的油型裂解干气；该井压力系数在1.7～1.9，比较接近河坝1井。因此，河坝气田为一个不含H_2S的高压低温气藏。

6.3.3.3 河坝成藏条件分析

1）气源特征

通南巴地区河坝气藏的气源亦具多源性。下寒武统烃源岩在海西晚期已进入高过成熟阶段，对川东北目前聚集的天然气而言贡献较小。下志留统龙马溪组烃源岩以盆地相黑色页岩和深灰色泥岩为主，是通南巴地区一套优质气源岩，南江桥亭、城口双河和通江诺水河等露头剖面揭示龙马溪组底部暗色泥页岩厚度10～20m，有机碳含量一般在2%以上；对河坝1井钻遇的龙马溪组上部灰色-灰绿色泥岩进行了有机碳的测试分析，13个样品有机碳介于0.41%～1.00%之间，平均0.60%，根据龙马溪组的沉积特征，推测其下部应具有高丰度优质源岩的分布。该套烃源岩在三叠纪早期已开始生油，三叠纪晚期就达到生油高峰，侏罗纪中后期进入高过成熟阶段而大量生气（图6.16）。下二

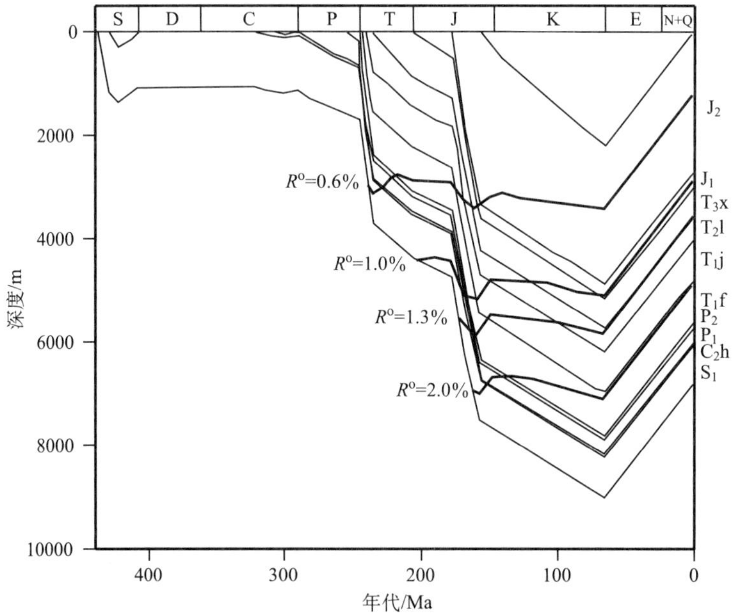

图6.16 河坝1井烃源岩的热演化史示意图

叠统烃源岩发育在栖霞组中上部到茅口组底部，为一套以碳酸盐岩为主的烃源岩，有机碳含量一般为0.4%～1%，生烃中心位于平昌、广元之间，在通南巴地区厚度达300m左右，有机质类型以腐殖腐泥型和腐泥型为主，泥质烃源岩也有一定的分布，但厚度较薄（马力等，2004）。河坝1井钻遇梁山组黑色页岩2.5m，具有较好的生烃潜力；下二叠统21个灰岩样品有机碳的测试分析表明，有机碳含量介于0.20%～1.23%，平均0.63%，具有较好的生烃潜力。下二叠统烃源岩在中三叠世开始生油，中侏罗世达到生油高峰，晚侏罗世进入高过成熟阶段而大量生气（图6.16）。上二叠统烃源岩发育于吴家坪组（龙潭组）和大隆组（长兴组），岩性以泥岩和泥灰岩为主，河坝1井钻遇上二叠统暗色泥岩52m，暗色泥灰岩35m，该套烃源岩有机质丰度高，11个样品有机碳含量介于0.32%～4.62%之间，平均值高达2.13%，是通南巴乃至川东北地区另一套重要的烃源岩，目前处于过成熟阶段，以生气为主。此外，古生界烃源岩早期形成的古油藏及分散可溶有机质，在后期的演化过程中也可裂解成气而成为一种重要的直接气源。地球化学测试分析表明，通南巴地区天然气组分以甲烷占绝对优势，干燥系数大于0.95，且甲烷碳同位素偏重，指示天然气属于典型的过成熟干气（刘光祥等，2002）。由于河坝圈闭形成较晚（燕山晚期），加之河坝1井二叠系和三叠系岩心中未见沥青或原油，故推测气藏形成时间晚，天然气主要为来自二叠系和下志留统干酪根的裂解气，异地古油藏裂解气可能也具有一定贡献。

2）储层特征

通南巴构造带主要储层为嘉陵江组二段和飞仙关组三段。嘉陵江组二段沉积相为蒸发台地相潮上带沉积亚相至潮间带沉积亚相，以膏坪、云坪、砂屑滩和生屑滩沉积为主，岩性主要为残余砂屑白云岩、残余鲕粒砂屑白云岩、粉晶白云岩、云质砂屑灰岩、微晶灰岩与硬石膏岩不等厚互层。储层主要发育在残余鲕粒砂屑白云岩和残余砂屑白云岩中，储层厚度薄，大多为12～16m，但区内分布稳定，是通南巴构造带重要的勘探目的层，川涪82井和河坝1井均在该层获得工业性气流。薄片分析表明储层的储集空间以铸模孔、粒内溶孔和小型溶洞为主，约占到总孔隙度的90%，其次有晶间孔、晶间溶孔和各种微裂缝等。物性分析资料统计表明，嘉陵江组二段储层总体为低孔低渗，孔渗相关性较差，但局部发育裂缝可能导致低孔隙储层中渗透率很高，而成岩作用产生的大量溶蚀孔也导致高孔隙低渗透。对川涪82井、川巴88井和河坝1井岩心分析结果表明（蒲勇等，2005），川涪82井岩心孔隙度介于0.75%～3.94%之间，平均1.74%，测井解释孔隙度为3%～4%，渗透率介于0.005×10^{-3}～$0.046\times10^{-3}\mu m^2$；河坝1井嘉二段岩心孔隙度介于1.26%～7.76%，测井解释孔隙度为7%～23%，渗透率介于0.017×10^{-3}～$0.375\times10^{-3}\mu m^2$。因此，嘉二段储层总体上为裂缝-孔隙性储层。

飞仙关组三段鲕滩储层岩性以鲕粒灰岩和鲕粒云岩为主，具有分布范围广，但厚度小、非均质性强的特点。这主要是因为飞三段鲕滩为典型的台内鲕滩，鲕滩分布范围广，但沉积水体能量相对较弱，仅在局部微地貌高部位由于能量相对较强，鲕粒相对粗大，水体淘洗的比较干净，且多经历短暂的暴露，溶蚀作用比较强烈，致使物性明显改善。飞三段储层在南江桥亭和通江诺水河一带次生溶孔比较发育，物性相对较好。飞三段储层储集空间以粒内溶孔、铸模孔、晶间孔、晶间溶孔为主，裂缝发育，厚度一般在15～20m（表6.3），在研究区主要分布在河坝场、母家梁、马路背构造。河坝1井区飞三段储层的孔渗关系具有较好的相关性，表明储层类型总体上为孔隙性储层。

表6.3　通南巴地区飞三段鲕滩物性特征对比表（据蒲勇等，2005）

井名		川涪82	河坝1井	桥亭剖面
位置		通南巴构造	通南巴构造	北缘露头
岩性		鲕粒灰岩	鲕粒灰岩、鲕粒云岩	鲕粒云岩
厚度	鲕粒灰岩总厚度/m	40.5（23层）	16（1层）	30（6层）
	有效储层厚度/m	15.8	14	20
物性	岩心分析孔隙度/%	2.04	4.45	6.2
	岩心分析渗透率/$10^{-3}\mu m^2$	0.0307	0.01～1.17	0.1037
孔隙类型		粒间孔	粒间溶孔、晶间溶孔	粒间溶孔、晶间溶孔
测试结果		无产能	29.6万m^3/d	

飞二段—长兴组白云岩储层分布比较局限。该期，通南巴构造带沉积分异比较明显，在母家梁构造以西发育浅水陆架相，母家梁构造至马路背西高点发育台缘斜坡相，马路背中高点以东发育台地边缘相，因此该套白云岩储层主要发育在新场坝、马路背构造及以北地区。这套储层为原颗粒灰岩经过强烈的白云岩化作用后的产物，包括残余鲕粒晶粒白云岩、砂屑白云岩及晶粒白云岩，主要储集空间为各种次生溶孔，目前在北部露头区的通江铁厂河林场、椒数塘、诺水河牛角嵌都发现了该套蒸发台地相白云岩储层。

3）盖层及保存条件

通南巴构造带存在两类性质完全不同的盖层，一类是发育于上三叠统须家河组及其以上的陆相碎屑岩类——泥质岩为主所构成的盖层，另一类是中下三叠统蒸发潮坪相膏盐类盖层。根据川涪82井、川巴88井、川23井、川27井及川190井的统计，上三叠统须家河组及其以上侏罗系泥岩厚度达1098～1592 m，单层最大厚度25～30m，占地层厚度的41%～47.8%，在通南巴构造带分布稳定，是一套良好的区域性封盖层。

中下三叠统膏盐岩是四川盆地海相上组合最重要的一套区域性盖层。该套优质盖层在通南巴构造带主要集中分布在嘉陵江组上部及雷口坡组下部的巨厚膏岩层，可与主力储层——嘉二段砂屑白云岩形成很好的储盖组合。此外，飞四段及飞三段上部局限台地相及蒸发潮坪相形成的泥晶白云岩、膏质云岩、膏岩层沉积物粒度细，结构致密，为封盖性能很好的盖层，是飞三段气藏的直接盖层。根据对川巴88井、川涪82井和河坝1井三叠系膏盐岩分布统计结果，通南巴地区中下三叠统膏盐岩主要分布于嘉二段—雷二段，具有厚度大、膏盐岩层分布稳定、连续性及封盖性能好的特点（表6.4）。其中，川巴88井膏盐岩累计厚度达到416m，占中、下三叠统地层厚度的31.2%；川涪82井膏盐岩累计厚度377.5m，占到中、下三叠统地层厚度的22.3%；河坝1井膏盐岩累计厚度284.5m，占到中、下三叠统地层厚度的21.6%。可见，通南巴地区中下三叠统膏盐岩厚度大，分布广泛，是该区最重要的一套区域性优质盖层。

表6.4　通南巴地区三叠系膏盐岩分布统计表

地层		川巴88井			川涪82井			河坝1井		
组	段	地层厚度/m	膏盐岩厚度/m	比例/%	地层厚度/m	膏盐岩厚度/m	比例/%	地层厚度/m	膏盐岩厚度/m	比例/%
雷口坡组（T_2l）	T_2l^4	137	19	13.9	7			35		
	T_2l^3	270	46	17	261.5	4	1.5	268	23	8.6
	T_2l^2	282	68	24.1	185.5	35.5	19.1	148	63	42.6
	T_2l^1	113	47.5	42	62	26.5	42.7	64	30	46.9
嘉陵江组（T_1j）	T_1j^5	83	83	100	121	62.5	51.7	38	21	55.3
	T_1j^4	85	56	65.9	182	148	81.3	73	36	49.3
	T_1j^3	171	3	1.8	185	9	4.9	176	8	4.5
	T_1j^2	176	93.5	53.1	188	81	43.1	169	81	47.9
	T_1j^1	＞15			420			267		
飞仙关组（T_1f）	T_1f^4				78.5	11	14	79	22.5	28.5

水化学特征也反映出通南巴地区中下三叠统膏盐盖层之下具有很好的天然气保存条件。川涪82井膏盐层上下层位地层水存在明显差异，须家河组须二段地层水为黄卤水，矿化度36.15g/L，属$CaCl_2$型水；嘉二段层位为黑卤水，矿化度达77.615g/L，属Na_2SO_4型水。川27井地层水同位素构成与宣汉-达县地区川25井十分相似，反映上窜的海相水具有相当高的浓缩变质程度。

4）成藏过程分析

据现有资料，通南巴地区河坝气藏的成藏模式暂归纳为“早期成藏、晚期调整定型”。河坝飞三段、嘉二段气藏储层物性较差，具有超高压特征，而且在河坝1井岩心中未见沥青、轻质油等，分析可能是成藏较晚，天然气系主要源自二叠系和下志留统烃源岩干酪根的裂解气，异地原油裂解气可能也具有一定的贡献。前述的通南巴构造的形成期次表明，在印支晚期-燕山早期，通南巴构造虽具雏形，但当时该构造处于凹陷深凹处，构造面积大，幅度小，两翼极平缓，故捕获早期油气的能力较差；燕山中-晚期，受米仓山隆起及其向南强烈挤压的影响，通南巴地区发生褶皱变形，形成幅度较大的基底卷入型冲起构造，其南北两翼发育的北东—东西向控制断层，与储层交织成油气运移聚集的主要输导体系，而且该构造所处部位演变成米苍山隆起高位-盆地凹陷低位的南倾斜坡，因此长期处于气势梯度变化带（龙胜祥、曾涛，1996），有利于油气运聚；同时，随着热演化程度的进一步加深，源岩干酪根和早期形成的液态烃大量裂解成干气，向通南巴构造运移、聚集，形成具有统一气水界面的构造气藏；进入喜马拉雅期，由于大巴山构造应力体系的影响，造成北西向断裂对通南巴构造主体的改造和叠加，致使通南巴背斜在喜马拉雅晚期演变为受北西向断裂分割的多高点构造带，同时对早期形成的气藏系统进行分割、调整，最终形成以高点为中心、气水界面有别、被 NW 向断裂分割的若干气藏。由于构造整体大幅度抬升，但气藏压力不降，从而形成高压气藏。因此，喜马拉雅期是通南巴地区气藏的改造和调整阶段。

6.3.3.4　石炭系低含硫天然气成藏过程

如图 6.17 所示，川东石炭系含硫天然气藏经历了与普光气田类似的硫化氢生成过程，但是由于其顶底板均为富含重金属的碎屑岩，且均呈不整合接触，天然气流体容易大范围内流动，一方面扩大了硫化氢的活动范围，硫化氢容易通过色层效应散失，另一方面，扩大了与顶底板的碎屑岩接触面积，造成硫化氢与碎屑岩中重金属反应形成金属硫化物而沉淀，使得硫化物大量消耗。硫化氢含硫低的其他可能的原因有：物源不充足，反应程度不够。

6.3.4　四川盆地海相天然气藏硫化氢分布预测

我国已发现的所有高含 H_2S 天然气田的分布，无论在时代上还是在区域上均与碳酸盐-蒸发岩剖面中石膏的分布有一定的关系（樊广锋等，1992；朱光有等，2005）。我国含 H_2S 天然气主要分布在五大层系：震旦系、奥陶系、石炭系、三叠系和古近系。这些层系中 H_2S 产层也都与本层系中的膏岩密切相关。而世界上已发现的 400 多个含 H_2S 气田中，90%以上都分布在碳酸盐-蒸发岩地层中，而在陆源储层中发现的绝大多数含 H_2S 气田，也都与区域上碳酸盐-蒸发岩地层有着明显的联系。这一方面说明膏盐溶解后可以为 TSR 反应提供硫酸根离子，有利于硫化氢的形成；另一方面，膏盐岩具有很好的塑性和封盖能力，是油气藏最好的封盖层，有利于高含硫化氢天然气的保存。碎屑岩中由于 Fe^{2+} 等金属离子含量比较高，容易与硫化氢形成金属硫化物，加之封盖性能较膏盐要差，不利于含硫天然气的保存。中、下三叠统雷口坡组—飞仙关组膏盐岩盖层在四川盆地广泛分布，在川东北地区累计厚度达 100～600m，可为含硫天然气的保存提供有利的保存条件，膏盐岩分布范围与已发现的油气田分布范围相吻合，从侧面也说明了膏盐岩作为区域盖层的重要性，反之，膏盐盖层不发育的地区，海相天然气中硫化氢的含量普遍偏低，也从侧面反映出膏盐的溶解可对卤水中的硫酸根离子进行补充，为 TSR 反应提供部分硫源。开江-梁平海槽东西两侧古沉积环境的差异，使海槽东侧鲕滩储集层中发育薄层膏质岩类，导致海槽东侧形成高含 H_2S 的大气田，而海槽西侧储集层中不发育膏质岩类，因而缺乏硫源，天然气中基本不含或者微含 H_2S。虽然石炭系底部发育少量膏盐，但是沉积后又遭受了风化淋滤，部分已转化为角砾云岩，可溶性膏盐极少，而且与储集层不互层，不能为卤水提供硫酸根离子，可能也是石炭系储层硫化氢含量较低的一个原因。

综合上述因素，四川盆地天然气按层位具有以下特征：

（1）陆相碎屑岩层系，不含硫；海相碎屑岩，如志留系中不含硫化氢。

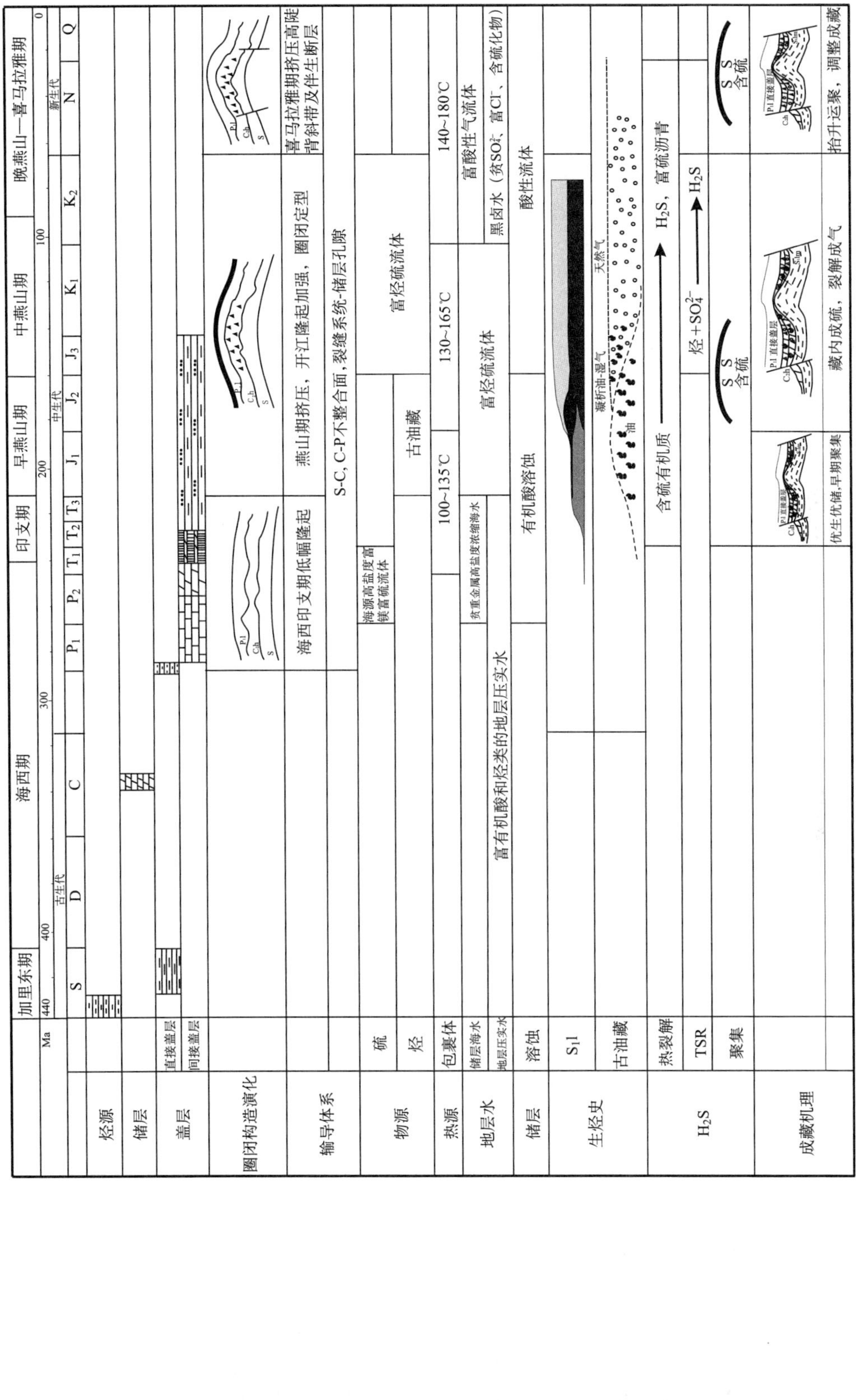

图 6.17　川东北无—微含硫天然气藏（石炭系气藏）成藏过程示意图

（2）海相碳酸盐岩层系中，只要满足物源、热源、运聚空间和保存条件，就可以形成大量硫化氢并聚集保存下来，其中：

① 中下三叠统碳酸盐岩、膏盐层的封闭体系，储层为 T_2l、T_1j、T_1f、P；

② 寒武系膏盐层的封闭体系，储层为 Z_2dn。

模拟实验等研究表明，溶解于水中的硫酸根离子可与烃类发生 TSR 反应生成硫化氢，而无水的硬石膏不利于 TSR 反应的进行。四川盆地天然气与卤水在发育层位上具有很好的对应关系，从某种程度上也揭示了海相含硫天然气与卤水之间的成因联系。层内卤水在强烈的构造运动下，由于静压力场的变化可使古卤水向古隆起及其斜坡发生运移，后期烃源岩演化形成的原油通过运移进入被高浓度卤水占据的储集空间，形成油藏，并在油水界面处与高浓度卤水中的 SO_4^{2-} 发生反应，由于温度较低，形成的 H_2S 和甲烷气体有限；进入侏罗纪以来，随着后期埋藏和储层温度的升高，古油藏开始裂解形成大量的湿气和凝析油，致使 TSR 反应加剧，H_2S 大量生成；燕山末期—喜马拉雅早期，随着储层温度的进一步升高，古油藏进入高温裂解阶段而以甲烷气体生成为主，TSR 反应受到抑制而中止。因此现在储层中聚集的硫化氢多为原地聚集的产物，现今含硫化氢天然气藏多处于富含 SO_4^{2-} 卤水的运移指向区和运移通道。

在综合古油藏、膏盐及富含 SO_4^{2-} 卤水特征以及有利沉积相带等地质条件的基础上，初步预测川东北地区环绕开江-梁平海槽、深水陆架分布的边缘礁滩相：在中石化探区内，普光和元坝地区是已知的中 - 高含硫区，而通南巴区块的黑池梁礁滩相沉积区是有利于早期油气聚集区，并因后期深埋而可能发生 TSR 形成大量硫化氢。基于上述高含硫天然气形成的主控因素及其成藏机制，物源、能量、空间和保存等 4 个主控因素的匹配与否是预测高含硫天然气分布的基本思路。在晚二叠世长兴期—早三叠世飞仙关时期，环广旺-开江-梁平陆架边缘沉积了一套礁滩相带地层，其在深埋前就通过白云石化、溶蚀等成岩作用演化为优质储集层，并在蒸发相（水盐体系）与深水相（烃源）的良好时空配置下形成了古油藏，为深埋条件下经 TSR 反应形成大量 H_2S 奠定了物质基础，如川东北 P_2ch—T_1f 古油藏（见图 6.18）；至 T_1—T_2 时期，四川盆地内广泛沉积了一套膏盐岩层，在川东北地区累计厚度可达 100～600m，为 P_2ch—T_1f 含硫天然气的保存提供了良好的封盖条件，也为 P_2ch—T_1f 储集层提供了富硫含镁的海源流体。其中，黑池梁地区是中国石油化工股份有限公司正在勘探的区块，构造位置处于川中北东向通南巴背斜构造带北段，其南段为河坝下三叠统气藏，沉积相带上与普光气田同处于环广旺-开江-梁平陆架北缘礁滩相带，地震资料和地质研究已证实该地区存在规模较大的 P_2ch—T_1f 礁滩相异常，资源潜力较大（吴世祥等，2006；武丽等，2009）。因此，可以预测黑池梁长兴组-飞仙关组礁滩相是有利于早期油气聚集并因后期深埋而发生 TSR 反应形成大量 H_2S 的地区，勘探中应予以重视。而其他地区包括斜坡带、陆架内部，因以致密碳酸盐岩为主，现今主要为晚期形成的裂缝性储集层，缺乏早期古油藏形成的储集条件，也就缺少大量 H_2S 形成的物质条件，如河坝气藏和清溪场气藏。以此类推，在本区其他海相碳酸盐岩层位如嘉陵江组、雷口坡组也缺少这样的物源基础——古油藏，即使有自长兴组-飞仙关组储集层运移上来的高含硫天然气，由于远距离运移，硫被大量消耗，可能变为低硫天然气资源。海陆相碎屑岩层位如志留系、须家河组中因

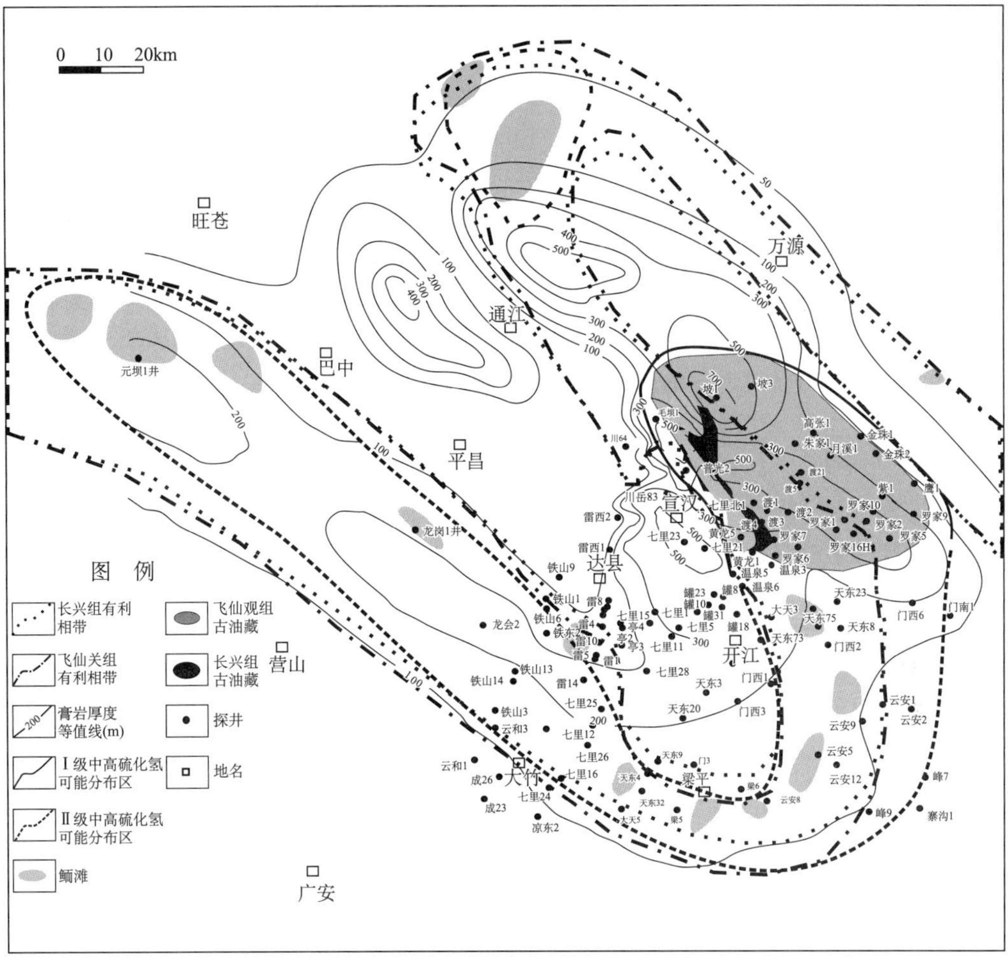

图 6.18　川东北天然气中高含硫发育分布预测区

富重金属等因素不会形成高含硫天然气田，甚至不含 H_2S，这已为川西南陆相油气勘探实践和建深 1 井钻探成果所证实。

6.4　高含硫天然气藏（田）分布特征

6.4.1　我国高含硫天然气分布的基本特点

在我国最早发现的高含硫天然气藏是华北赵兰庄古近纪油气藏，硫化氢含量高达 40%～92%，因勘探开发风险性极大，该井封井至今。四川盆地是我国南方最大的含油气盆地，至今已发现含气层位 20 多个、油气田 180 余个，包括探明储量大于 $100\times10^8m^3$ 的大中型海陆相天然气田 30 个，它也是中国高含硫天然气分布最多、储量规模最大的盆地，天然气主要集中在川东北 P_2ch—T_1f 储集层中，H_2S 含量超过 5%的高含硫气田有 9 个，均沿晚二叠世晚期—早三叠世初期广元-开江陆架礁滩相边缘分布，与印支期古隆起相关，空间上与储层沥青（古油藏）分布重叠（图 6.2）。

四川盆地含硫天然气田的空间分布明显不均匀。如图 6.4、图 6.5 所示，高含硫天然气田平面上主要产于川东北宣汉-达州地区，纵向上主要集中在上二叠统、中-下三叠统。同一气层不同井、同一井不同层位（P_2ch、T_1f）中 H_2S 含量也不同，如普光气田普光 2 井、普光 9 井 T_1f 气藏高含硫，而邻近的清溪场（清溪 1 井）和毛坝场（毛坝 1 井）T_1f 气藏均为无—微含硫的天然气藏，其以裂缝型致密灰岩层储层为主要特色。另外，在膏盐层和邻近膏盐层的储集层（毛坝 1 井、河坝 1 井）中天然气不含 H_2S，而膏盐不发育、远离膏盐层的储集层（普光 2 井、普光 9 井的 P_2ch）中天然气高含 H_2S。可见，天然气中 H_2S 的形成并不直接与石膏层相关，空间分布的不均一不只是 H_2S 形成机制问题，更重要的是赋存机理问题。对本区 H_2S 形成机制的主流观点认为，H_2S 是高温条件下 T_1f 气藏附近的石膏经硫酸盐热化学还原作用（TSR）而成，富 H_2S 的天然气藏与富含硬石膏的碳酸盐岩地层关系密切，膏岩的存在是形成高浓度 H_2S 的必要条件（王一刚等，2002；Cai *et al.*，2003；朱光有等，2005）。该认识虽然揭示了本区天然气藏中 H_2S 的主要形成机制——TSR，但难以合理解释天然气藏中 H_2S 的富集机理及分布规律，有关 TSR 反应物即石膏是否直接参与反应也存在争议。

6.4.1.1 不同层位的硫化氢含量

我国高含硫化氢天然气储层主要分布在六大层系：古近系下部、三叠系、二叠系、石炭系、奥陶系和震旦系。主要分布在渤海湾盆地陆相地层的华北赵兰庄气田、胜利油田罗家气田和四川盆地海相地层的渡口河、罗家寨、铁山坡、龙门、中坝、威远和卧龙河等气田。这些气田的硫化氢含量一般在 5%～92%，主要分布在富含硫酸盐矿物（石膏）的层系中。同时，在我国鄂尔多斯和塔里木盆地已发现的碳酸盐岩大气田中，也不同程度的含有硫化氢。侯路等（2005）对我国海相碳酸盐岩层系大气田硫化氢分布进行了研究，总体上，在层位分布上具有以下特征：

1）古近系硫化氢含量

中国古近系含硫化氢气藏主要发育在渤海湾盆地，包括华北油田赵兰庄气田、胜利油田罗家气田等陆相气田中。赵兰庄气田赵 2 井和赵 3 井硫化氢分别高达为 92% 和 63%，是典型的特高含硫气田（陈安定等，2009）。济阳拗陷沾化凹陷南斜坡的罗家气田是胜利油田目前发现的唯一高含硫化氢气田，硫化氢含量 3%～8%。其储集层为沙河街组四段，是一套由石膏岩、泥膏岩、白云岩、泥灰岩、油页岩和砂砾岩组成的储集层。

2）三叠系硫化氢含量

中国三叠系含硫化氢气藏主要发育在四川盆地中、下三叠统的雷口坡组、嘉陵江组和飞仙关组，硫化氢含量普遍较高。中三叠统雷口坡组天然气主要产于磨溪气田。磨溪气田位于川中低平构造区南部的龙女寺-磨溪构造带上，主力产层雷口坡组是一套潮坪环境的碳酸盐岩和蒸发岩组合，硫化氢含量最大值为 2.13%，平均值为 1.36%，埋深为2520.5～2772m。

下三叠统嘉陵江组气藏硫化氢分布以卧龙河气田最具代表性。卧龙河气田是中国发现的第一个大气田，位于明月峡与苟家场高陡背斜带之间的一个低缓背斜构造。在三叠系、二叠系和中石炭统共有11个含气层，是我国目前天然气产层最多的气田，主力气层下三叠统嘉陵江组的硫化氢含量最大值为31.95%，平均值是4.47%，埋藏深度1092～2650m。储集岩主要是粉屑云岩、粉晶云岩及粒屑灰岩；气源岩主要是上二叠统龙潭组煤系，其次为志留系腐泥型烃源岩。

下三叠统飞仙关组气藏主要分布在罗家寨气田。罗家寨气田是川东温泉井构造东段北翼下盘的一个长轴背斜，主力产层下三叠统飞仙关组的硫化氢含量平均值较高，8个样品中硫化氢含量最大值为13.02%，平均值8.02%，埋藏深度为2932～3700m。储层主要为鲕粒灰岩与云岩互层，局部夹有石膏（上覆的飞四段底部有薄层灰白色云质石膏和石膏）。储气层白云石化作用强烈，而且常选择鲕粒优先进行，溶孔中普遍有沥青浸染和后期充填现象。

3）二叠系硫化氢含量

四川盆地的卧龙河和威远气田二叠系含有一定量的硫化氢气体，硫化氢含量最大值不超过2.32%。卧龙河气田下二叠统阳新组气样主要采于3098.06～4821.8m深度，硫化氢含量最大值是2.11%，平均为0.69%，储层岩性是白云岩和云质灰岩；上二叠统气样主要采于2277～4490m深度，硫化氢含量最大值是2.32%，平均值为0.86%。威远气田下二叠统阳新组不是该气田的主力产层，气样主要采于1078～2643.8m深度，硫化氢含量最大值是0.49%，平均为0.17%，储集岩为深灰和黑灰色灰岩。

4）石炭系硫化氢含量

在塔里木盆地的和田河以及四川盆地的沙坪场、五百梯、卧龙河发现了石炭系大气田。塔里木盆地和田河气田5个气样的硫化氢含量最大值为1.6%，平均值为1.22%，埋深为1045～2165.3m，储层主要为生物碎屑灰岩。四川盆地沙坪场气田6个气样的硫化氢含量最大值为0.23%，平均为0.048%，埋深为4815～5164m，储层岩性主要为灰-浅灰色粉晶白云岩。

四川盆地东北部五百梯气田是一个大型地层-构造复合圈闭气藏，硫化氢气体发现井是天东1井。7个气样的硫化氢含量最大值为0.07%，平均为0.03%，埋深为4212.5～5121m，储集岩为浅灰色亮晶、粉晶溶孔砂屑白云岩和角砾白云岩。

卧龙河气田石炭系气层的8个天然气样中，硫化氢含量最大值为0.61%，平均为0.13%，埋深为3713～5105m，储气层是一套碳酸盐岩潮坪台地相的角砾白云岩、粉晶白云岩夹薄层灰岩沉积。

5）奥陶系硫化氢含量

奥陶系气层主要分布在鄂尔多斯盆地和塔里木盆地。鄂尔多斯盆地靖边奥陶系碳酸盐岩大气田的115个气样中，硫化氢含量最大值为1.92%，平均值为0.09%，埋深为

2979～3839m。储层为奥陶系马家沟组潮上云坪相的细粉晶白云岩、泥晶白云岩、砂屑白云岩和含灰白云岩组合。在塔里木盆地和田河气田也发现奥陶系天然气，埋深为1698.48～2355m，硫化氢含量最大值为1.75%，平均值为1.2%。

6）寒武系硫化氢含量

在四川盆地威远气田寒武系发现少量天然气，已有的72个气样中，硫化氢含量最大值为1.38%，平均值为0.97%，埋深为1962.85～4708m。储层为白云岩，夹薄层砂岩和页岩。

7）震旦系硫化氢含量

震旦系碳酸盐岩气藏以四川盆地威远气田为代表。威远大气田在震旦系灯影组447个天然气样中，硫化氢含量最大值为3.44%，平均值为1.09%，埋深为2781.05～3214m。储气层为一套浅海潮坪环境沉积的藻白云岩。

6.4.1.2 不同地区含硫天然气的分布

我国已在四川盆地、鄂尔多斯盆地、塔里木盆地和渤海湾盆地等发现高含硫化氢或含硫化氢天然气藏，累计探明高含硫化氢天然气和含硫化氢天然气的储量在10000×10^8m^3以上（朱光有等，2007）。四川盆地是中国目前硫化氢最富集的地区；鄂尔多斯盆地硫化氢主要分布在靖边气区下古生界奥陶系马家沟组（O_1m）气藏中，硫化氢含量一般小于0.1%，属于低含至微含硫化氢天然气。塔里木盆地在塔中地区奥陶系发现了硫化氢含量较高的天然气（韩剑发等，2007），天然气中硫化氢平均含量在0.4%，轮南地区奥陶系天然气中硫化氢平均含量在0.14%。塔里木盆地巴楚地区和田河气田普遍微含硫化氢（秦胜飞等，2002；赵孟军，2002）。渤海湾盆地除华北赵兰庄新生界（孔店组和沙四段）厚逾千米的硫酸盐岩、碳酸盐岩和砂泥岩互层的蒸发咸湖沉积建造存在迄今为止国内已知硫化氢丰度最高的气藏[赵2井含硫化氢92%，赵3井含硫化氢63%（戴金星，1985），是典型的特高含硫气田]外，在济阳拗陷（沾化凹陷南斜坡的罗家气田）沙河街组四段由石膏岩、泥膏岩、白云岩、泥灰岩、油页岩和砂砾岩组成储集层，黄骅拗陷南部（乌马营潜山）在奥陶系中下部碳酸盐岩产层中发现高含硫化氢的天然气。各盆地含硫天然气的分布具以下特征：

1）四川盆地

四川盆地是中国目前硫化氢分布层位最多、形成高含硫化氢大气田最多的盆地。纵向上，飞仙关组在川东和川东南地区白云岩储层比较发育，川东比川东南地区曾经历过的储层温度要高，尤其是川东北地区，埋藏更深，储层孔隙度更好些，因此在川东北地区硫化氢含量也是最高的，而川东南硫化氢含量较低。嘉陵江组储层在川东和川中南地区比较发育，其中川东垫江一带储层最好，且已发现了卧龙河嘉陵江组高含硫化氢气藏，其外围可能也具备高含硫化氢的形成基础，而川南地区难以形成和保存硫化氢。中三叠统雷口坡组储层在川中、川西北、川西南比较发育，其中川西北地区埋藏较深，易形成高含硫化氢天然气，目前已在江油地区发现了中坝高含硫化氢气藏；而川中和川西南地区优质储层也发育，但储层温度更低，相应的分布低硫天然气。二叠系是四川盆地的区域产层，以不含硫化氢或微含硫化氢（一般小于0.02%）为特征。石炭系仅在川东地区发育，主要以低含或微含硫化氢为特征。寒武系虽然在川南和川东南地区膏盐也比较发育，但储层相对较差，因此硫化氢也不能大量生成和聚集。震旦系含有少量膏盐，储层仅在川南发育，目前已发现了威远含硫化氢天然气藏，硫化氢含量在1.8%左右。四川盆地上三叠统以上地层为陆相沉积，主要发育煤成气，不发育膏质盐类，天然气中不含硫化氢。总之，四川盆地中、下三叠统是最有利于硫化氢形成的层系，川东和川西北地区相对埋深要大，高含硫化氢天然气形成的条件较好。川南经历温度相对低，保存条件较差，高含硫化氢天然气除下部层系（如震旦系等）具备较好的形成条件外，中下三叠统形成较高含量的硫化氢可能性较小。

2）塔里木盆地

塔里木叠合盆地海相层系发育多套含盐（膏）层系：早、中寒武世含盐层系，分布在塔北隆起西部和柯坪隆起；早石炭世含盐层系，主要分布在塔北隆起南斜坡。形成于早、中寒武世和早石炭世的两期膏盐，其储盖组合中发育有碳酸盐岩储层，并且寒武系—奥陶系聚集油型气，对硫化氢的形成和保存相对有利；塔里木盆地在寒武系—石炭系的碳酸盐岩储层中，一些地区（寒武系—石炭系膏岩发育的地区）具备TSR发生的条件，其对应的储层应主要以白云岩为主，且孔渗性相对较好。塔里木盆地与四川盆地相比，虽然膏盐层发育，但是与膏盐互层的白云岩储层不发育，而砂岩储层发育，同时由于后期构造改造较大等，因此塔里木盆地难以形成像四川盆地那样大范围高浓度的硫化氢天然气。

3）鄂尔多斯盆地

奥陶系具备形成硫化氢的条件，即有发育的膏盐层和充足的气源。鄂尔多斯盆地发现的硫化氢主要分布在靖边气区下古生界奥陶系马家沟组（O_1m）气藏中，硫化氢含量一般小于0.1%，属于低-微含硫化氢天然气。研究认为奥陶系天然气中H_2S属于TSR成因。天然气中硫化氢的硫同位素值比较接近，在+18‰左右（李剑锋等，2002）。从硫化氢的形成条件看，鄂尔多斯盆地下古生界具备形成硫化氢的物质基础和热动力条件；而上古生界则不具备TSR发生条件，并且又是砂岩储层，H_2S也难以保存。下古生界气藏中发育膏盐，经历温度又高，且又是碳酸盐岩储集层，因此奥陶系是硫化氢形成的区域层系。

4）渤海湾盆地

渤海湾盆地主要发育两套含膏盐地层，即奥陶系和古近系孔店组—沙河街组。其中奥陶系以海相碳酸盐岩沉积为主，在一些区带发育石膏，目前已在该层系发现了苏桥、乌马营等含硫化氢气藏。奥陶系也经历过较大的埋深，储集层中发现硫化氢是烃类与奥陶系硫酸盐发生TSR形成的。同样在冀中坳陷北部奥陶系潜山带的碳酸盐岩深层气藏中也发现了含硫化氢天然气。这些气藏都属于奥陶系碳酸盐岩潜山储层，储集层系都发育一定量的硫酸盐类，储层都曾经历过较大的埋深和较高的温度，具备 TSR 发生的条件。因此在渤海湾盆地深层碳酸盐岩潜山储集层中发生含硫化氢是一个较普遍的现象。

6.4.2 全球范围内高含硫天然气藏（田）的基本分布特征

如表 6.5 所示，高含硫天然气藏（田）的时空分布及成藏过程具有以下几个方面的显著特点：

（1）主要分布在世界上重要产油气区和油气最富集区，伴生于大型-特大型油气田。

西加拿大（艾伯塔）盆地是世界著名的富含油气盆地之一，已发现 660 余个气田和 340 多个油田，探明油气原始可采储量达 62×10^8 油当量（Manzano *et al.*，1997；Desrocher *et al.*，2004），其中卡布南（Kaybob South）凝析气田是该盆地中原始天然气可采储量超千亿方的大气田，也是富含硫化氢及凝析油的油气田。滨里海盆地也是一

表 6.5 国外部分高含硫（$H_2S\geqslant5\%$）天然气田

国家	油气田	盆地	产层	岩性	可采（地质）储量	深度/m	H_2S/%
原苏联	伊尔库茨克		E_1	白云岩		2500	42.0
	乌尔塔布拉克	卡拉库姆	J_3	灰岩	气 $867.91\times10^8m^3$	2400	5.01
	沙玛捷比		J_3	灰岩	气 $1013.74\times10^8m^3$	2304	6.5
	萨拉托夫		C_{2-3}	灰岩、白云岩	气 $237.42\times10^8m^3$	2300	5.3
	奥伦堡	滨里海	C_{2-3}-P_1	生物灰岩、白云岩	气 $1.6\times10^{12}m^3$	1760	1.75
	卡拉恰加纳克		C_1-P_1	白云石化生物礁	气 $1734.71\times10^8m^3$	3735	3.7
	阿斯特拉罕		C_2	白云石化生物礁	气 $2.6\times10^{12}m^3$，油 7.63×10^8t	3915	22.5
	田吉兹		D_3-C_{1-2}	白云石化生物礁	气 $3.398\times10^9m^3$，油 8.4×10^8t	3880	18
伊朗	马苏吉德苏莱曼	波斯湾	J	白云质鲕灰岩	气 $238\times10^8m^3$，油 1.56×10^8t	4573	26
荷兰	安妮文		P_2	白云石化灰岩		2790	10.53
德国	威悉-埃姆斯		P_2	白云岩		3800	10
法国	拉克	阿基坦	J_3	灰岩和白云岩	气 $2274\times10^8m^3$	3200	15.6
	蓬达斯特-福斯特		J_3	白云岩	气 $544.04\times10^8m^3$	4000	6.65
美国	东得克萨斯		J_3	灰岩		3683	14.0
	布兰克里克	北墨西哥湾	J_3	灰岩		5793	78.0
	怀俄明		P	灰岩		3049	42.0
加拿大	平切尔西	艾伯塔	C_1	灰岩及白云岩	气 $>125.4\times10^8m^3$	2499	11.2
	洛考特-巴特		C_1	白云岩化石灰岩	气 $1557\times10^8m^3$	2305	2.9
	温德福		D	白云岩化礁灰岩	气 $232\times10^8m^3$，油 872×10^4t	1687	15.32
	卡布南		D	碳酸盐岩礁块	气 $1070\times10^8m^3$	2217	17.74

个著名的油气富集盆地，已发现的油气田有 200 多个，油气藏有 6000 多个，预测远景可采储量为 130×10^8 t（李永宏、Burlin，2005），其南部盐下层系石油地质条件更为优越，已发现多个大型及超大型油气田，以阿斯特拉罕凝析气田、田吉兹油田为典型代表，它们也都是富含硫化氢的油气田。在中国，高含硫天然气藏（田）主要集中分布在四川盆地，该盆地是我国主要的天然气富集盆地和生产开发基地，其中普光大气田不仅是川气东送的主要资源基础，而且丰富的硫化氢使其成为重要的硫磺开发基地。

（2）不同地区有不同的产层，从震旦系（中国的威远气田，Z）到新近系（中东的 Pazapan 油气田，E_1—N_1；克罗地亚的 Drava 气田，N_1）均有产出，但同一地区往往是集中产在同一个或相邻两个层位。

例如，高含硫天然气在卡拉库姆盆地主要产于上侏罗统，在滨里海盆地主要集中于石炭系及其上覆下二叠统或下伏上泥盆统，在西加拿大盆地主要产于中上泥盆统及下石炭统（密西西比系），在四川盆地主要集中在上二叠统长兴组—下三叠统飞仙关组。

（3）多处于古隆起及其斜坡，并经历了早期隆起—深埋—再抬升的多期构造活动。

如图 6.19 所示，在滨里海盆地，高含硫油气田如阿斯特拉罕凝析气田、田吉兹油气田都在厚层盐岩下长期稳定发育的古隆起及古斜坡上，阿斯特拉罕凝析气田位于阿斯特拉汗穹状隆起顶部的阿斯特拉罕凸起上，田吉兹油气田位于卡沙干-田吉兹隆起带。这些油气田具多期成藏的特点，该区原油普遍经历了不同程度的表生氧化作用，导致古油藏油中羧基被氧化破坏，如在阿斯特拉罕气田及田吉兹油田储层中普遍具有固体沥青（李永宏、Burlin，2005）。这些沥青是在地表风化条件下形成的。储层内固体沥青与轻质油气共存，这种现象表明本区有两次成藏期。早期在二叠系沉积前，在古陆架区石炭系形成古石油聚集带。这些油气是这些地区及与之相邻的大陆坡上的生油岩达到成熟而

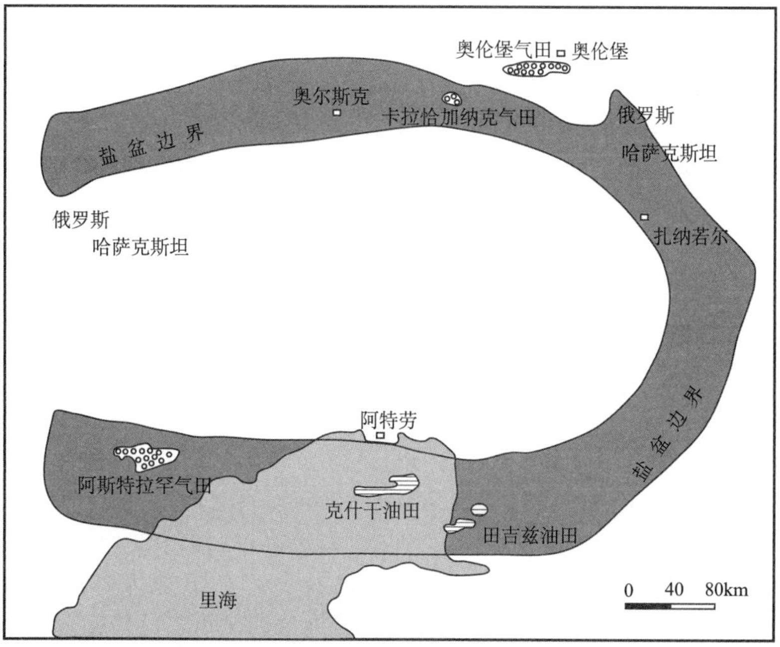

图 6.19　滨里海盆地盐下油气聚集带分布图

形成的（原油属中等成熟度）。由于古陆架区缺乏区域盖层，这些古石油聚集带遭受了不同程度的表生氧化作用。中石炭世末，部分油藏抬升，出露水面而遭侵蚀，部分原油氧化成沥青。晚期是在盐上层系沉积时，包括早二叠世孔古期在盆地范围内广泛沉积了厚层蒸发盐岩层，不仅发育为该区优质盖层，而且为泥盆-石炭系碳酸盐岩层的地层水提供了大量的富含硫酸根溶液，成为深部发生 TSR 的主要硫源，随着拗陷的进一步沉降，地层温度和压力的升高，泥盆—石炭系生油层深埋，生成轻质油气。后期形成的油气进入早期形成的油藏中，形成含气油藏、含气凝析油藏及气藏，部分地区的异常高压条件促进了石油和天然气的溶解，致使许多油藏变为凝析气藏或具高含气系数的油藏。在中上泥盆统-下石炭系礁滩相储层中，由于表生氧化石油的存在和富含硫酸根溶液的供给，在高温（大于 100℃）条件下发生硫酸盐还原作用，形成大量 H_2S，致使该区油藏内天然气及水溶气 H_2S 含量高。

（4）发育在碳酸盐岩台地，具有礁滩相（碳酸盐岩）、蒸发相（局限台地，硫酸盐岩）和盆地相（潟湖相，富有机质泥质岩和泥灰岩）沉积组合。

在滨里海盆地南部盐下层系石油地质条件优越，在泥盆纪-石炭纪时期，在深水盆地区广泛发育泥岩及钙质泥岩，生烃潜力大，而在浅水盆地边缘区发育陆架碳酸盐岩，尤其是生物礁广泛发育，形成了浅水台地相（如阿斯特拉罕凝析气田）及生物礁相（如田吉兹和卡沙干油田）优质碳酸盐岩储层及其圈闭，至早二叠世，除盆地边缘局部地区外，全区还发育了厚层孔古组优质盐岩盖层，使该区具有极好的生储盖配置条件，共同控制着盐下油气田（藏）的分布，同时礁滩相、蒸发相和盆地相的有效组合导致了该区大油气田中伴有大量硫化氢形成及富集。

（5）与储层沥青（古油藏）分布吻合，储层温度和白云石化程度密切相关，主要赋存于孔隙-裂缝型储层。

世界范围内将近 400 个无硫、含硫天然气气田的统计分析表明，高含硫天然气田储层中普遍发育储层沥青，表明早期经历过原油聚集成藏过程，大部分储层为白云岩或白云石化灰岩，且储层类型以孔隙-裂缝型为主，同时储层一般都经历过较高的温度（120℃或更高）。如上所述，在滨里海盆地，阿斯特拉罕凝析气田和田吉兹油气田的泥盆-石炭系礁滩相储层中大量沥青的发育就是最好的例证。美国密西西比河流域 Black Creeek 气田位于 Wiggins 背斜北部侧面，靠近密西西比盐湖的南部边缘，其在上侏罗统 Smackover 组中发育有 3 个油气藏，主要分布于不同沉积旋回中的白云岩、鲕粒灰岩储层。埋藏过程中有机-无机相互作用导致几乎所有烃类的裂解，储层孔隙中发现有大量的焦沥青，也证实了 Black Creek 气田曾经有油的聚集，后来随着埋深的增加而被裂解破坏。天然气中烃类只剩下 2% CH_4，造成天然气的干燥系数异常高。与此同时，非烃类气体所占比例很大，H_2S 体积分数高达 78%，剩余的 20%全部为 CO_2，整个气藏只剩下 CH_4、H_2S 和 CO_2 三种气体。Smackover 组目前埋深为 5853～6127 m，储层温度为 100～200℃左右，流体包裹体资料也显示该地层经历过 200℃以上高温，具备发生 TSR 反应的条件，硫的同位素分析表明，硬石膏的 $\delta^{34}S$ 值为＋18.5‰，硫化氢的 $\delta^{34}S$ 值为＋10‰～＋14‰，平均值为＋12‰，分馏值相差不大，只有 6.5‰，在 10‰以内，这些都表明 H_2S 为 TSR 成因（Heydari，1997；费安国等，2010）。

（6）硫化氢成因上，不同气藏（田）具有不同的成因类型，但富含硫化氢天然气主要与还原成因相关。

硫化氢成因包括有机或无机的，后者如火山挥发分。有机成因的主要有高温还原成因［是由于硫酸盐在烃类（即油气）或有机物参与下的高温还原而成］、生物还原成因（硫酸盐还原菌利用各种有机质作为给氢体来还原硫酸盐）和裂解成因（石油与干酪根在高温裂解形成的硫化氢）。其中，石油与凝析油热裂解形成气体组合是：$4CO_2+46CH_4+N_2+H_2S+$痕量氢，因此裂解成因天然气中硫化氢一般在2%以下，即硫化氢浓度为$30000mg/m^3$以下，我国威远气田硫化氢属此成因。显然，硫化氢的大量形成主要与还原成因有关，生物化学还原和高温热化学还原成因硫化氢在天然气中含量高，一般在4%以上，即$61560mg/m^3$以上。例如：我国天然气中含量最高的渤海湾盆地赵兰庄气藏硫化氢含量高达92%，即$1415880mg/m^3$，被认为是生物还原成因。川东北地区普光、罗家寨等气田中高硫化氢来自硫酸盐的高温热还原已成为共识。世界上含硫化氢最高的天然气在美国得克萨斯州南部Smackover石灰岩中，硫化氢高达98%，即$1508220mg/m^3$；法国著名高硫化氢气田拉克气田，硫化氢含量为15.2%，即$233928mg/m^3$；加拿大贝尔贝雷气田硫化氢高达90.6%，即$1394334mg/m^3$。这些硫化氢气田均为高温还原成因（戴金星等，2004）。

参考文献

蔡春芳，梅博文，马亭等. 1997. 塔里木盆地流体-岩石相互作用研究. 北京：地质出版社

蔡立国，饶丹，潘文蕾，张欣国. 2005. 川东北地区普光气田成藏模式研究. 石油实验地质，27（5）：462～468

陈安定，李剑锋，代金友. 2009. 论硫化氢生成的地质条件. 海相油气地质，14（4）：24～34

戴金星. 1985. 中国含硫化氢的天然气分布特征、分类及其成因探讨. 沉积学报，3（4）：109～120

戴金星. 1988. 云南省腾冲县硫磺塘天然气的碳同位素组成特征和成因. 科学通报，33（15）：1168～1170

戴金星，胡见义，贾承造，方义生，孙志道，魏伶华，袁进平，杨威. 2004. 科学安全勘探开发高硫化氢天然气田的建议. 石油勘探与开发，31（2）：1～4

樊广锋，戴金星，戚厚发. 1992. 硫化氢天然气生物成因的控制因素. 石油勘探与开发，19（增刊）：71～76

费安国，朱光有，张水昌，胡俊文，陈世加，张斌，苏劲. 2010. 全球含硫化氢天然气的分布特征及其形成主控因素. 地学前缘，17（1）：350～360

高梅生. 2007. 川东北地区天然气资源特征与可持续发展研究. 成都：成都理工大学博士学位论文

韩剑发，梅廉夫，杨海军等. 2007. 塔里木盆地塔中地区奥陶系油气来源与运聚成藏研究. 天然气地球科学，18（3）：41～51

侯路，胡军，汤军. 2005. 中国碳酸盐岩大气田硫化氢分布特征及成因，石油学报，26（3）：26～31

黄思静，Qing Hairuo，胡作维，邹明亮，冯文立，王春梅，郜晓勇，王庆东. 2007. 封闭系统中的白云石化作用及其石油地质学和矿床学意义——以四川盆地东北部三叠系飞仙关组碳酸盐岩为例. 岩石学报，23（11）：2955～2962

李国玉. 2003. 世界石油地质. 北京：石油工业出版社

李永宏，Burlin Y K. 2005. 滨里海盆地南部盐下大型油气田石油地质特征及形成条件. 石油与天然气地质，26（6）：840～847

梁大川，崔茂荣，黄进军. 2001. 川东地区二迭系梁山组地层井壁不稳定机理及对策. 钻采工艺，24（1）：16～18

刘彬，付孝悦，刘国萍，冯琼，游瑜春. 2008. 川东北河坝地区储层预测与评价. 石油与天然气地质，29（5）：690～697

刘光祥，陶静源，潘文蕾，吕俊祥. 2002. 川东北及川东区天然气成因类型探讨. 石油实验地质，24（6）：572～576

刘树根，黄文明，张长俊，赵霞飞，戴苏兰，张志敬，秦川. 2008. 四川盆地白云岩成因的研究现状及存在问题. 岩性

油气藏，20（2）：6～15

刘昭茜，梅廉夫，郭彤楼，凡元芳，汤济广，沈传波. 2009. 川东北地区海相碳酸盐岩油气成藏作用及其差异性——以普光、毛坝气藏为例. 石油勘探与开发，36（5）：552～561

龙胜祥，郭彤楼，刘彬，高波，汪新伟. 2008. 通江-南江-巴中构造河坝飞仙关组三段、嘉陵江组二段气藏形成特征研究. 地质学报，82（3）：338～345

龙胜祥，曾涛. 1996. 四川盆地川东北地区 P—T_2天然气资源评价. 石油实验地质，18（2）：155～161

罗志立. 2009. 峨眉地裂运动和四川盆地天然气勘探实践. 新疆石油地质，30（4）：419～424

马力，陈焕疆，甘克文等. 2004. 中国南方大地构造和海相油气地质（上）. 北京：地质出版社

马秀贞，印明善，王大珍. 1987. 我国盐湖沉积物中的硫酸盐还原细菌及其地球化学作用. 沉积学报，5（2）：57～61

马永生，蔡勋育. 2006. 四川盆地川东北区二叠系—三叠系天然气勘探成果与前景展望. 石油与天然气地质，27（6）：741～750

马永生，蔡勋育，郭彤楼. 2007. 四川盆地普光大型气田油气充注与富集成藏的主控因素，科学通报，52（增刊Ⅰ）：149～155

马永生，蔡勋育，李国雄. 2005. 四川盆地普光大型气藏基本特征及成藏富集规律. 地质学报，79（6）：858～865

蒲勇. 2005. 宣汉-达县地区飞仙关组鲕滩相储层地震预测技术. 南方油气，18（2）：15～17

秦建中，付小东，腾格尔. 2008. 川东北宣汉-达县地区三叠—志留系海相优质烃源层评价. 石油实验地质，30（4）：367～375

秦胜飞，贾承造，李梅. 2002. 和田河气田天然气东西部差异及成因. 石油勘探与开发，29（5）：16～18

沈平，徐人芬，党录瑞，左云安. 2009. 中国海相油气田勘探实例之十一：四川盆地五百梯石炭系气田的勘探与发现. 海相油气地质，14（2）：71～78

王大珍. 1983. 有机沉积区中由微生物导致的物质与能量转化. 沉积学报，1（1）：26～31

王兰生，陈盛吉，杨家静，李子荣，谢邦华. 张鉴. 2000. 川东石炭系碳酸盐岩气藏地球化学特征. 海相油气地质，5（1-2）：133～144

王兰生，李宗银，沈平，陈盛吉，张鉴，谢邦华. 2004. 四川盆地东部大中型气藏成烃条件分析. 天然气地球科学，15（6）：567～572

王一刚，窦立荣，文应初，张静，刘划一. 2002. 四川盆地东北部三叠系飞仙关组高含硫气藏 H_2S 成因研究. 地球化学，31（6）：517～524

王一刚，文应初，洪海涛，夏茂龙，宋蜀筠. 2006. 四川盆地开江-梁平海槽内发现大隆组. 天然气工业，26（9）：32～36

吴世祥，马永生，金之钧，汤良杰，李儒峰. 2006. 米仓山前陆盆地东段构造演化模式与油气聚集. 石油勘探与开发，33（1）：14～21

武丽，董宁，朱生旺. 2009. 川东北通南巴构造带飞仙关组鲕滩储层预测. 石油物探，48（3）：277～284

杨家静，王一刚，王兰生，文应初，刘划一，周国源. 2002. 四川盆地东部长兴组—飞仙关组气藏地球化学特征及气源探讨. 沉积学报，20（2）：349～354

杨永强，翟裕生，侯玉树，吕志成. 2006. 沉积岩型铅锌矿床的成矿系统研究. 地学前缘，13（3）：200～205

张建勇，刘文汇，腾格尔，范明，郑伦举，王小芳，刘金钟. 2010. 硫酸盐热还原作用模拟实验装置的材料选择. 石油实验地质，32（4）：400～405

赵孟军. 2002. 塔里木盆地和田河气田天然气的特殊来源及非烃组分的成因. 地质论评，48（5）：480～486

郑荣才，耿威，郑超，李爽，李瑰丽，罗平，文华国. 2008. 川东北地区飞仙关组优质白云岩储层的成因. 石油学报，29（6）：815～821

朱光有，张水昌，梁英波. 2007. 中国海相碳酸盐岩气藏硫化氢形成的控制因素与分布预测. 科学通报，52（增Ⅱ）：115～125

朱光有，张水昌，梁英波，戴金星，李剑. 2005. 川东北地区飞仙关组高含 H_2S 天然气 TSR 成因的同位素证据. 中国科学 D 辑，35（11）：1037～1046

朱光有，张水昌，梁英波，马永生，戴金星，周国源. 2006. TSR 对深部碳酸盐岩储层的溶蚀改造——四川盆地深部

碳酸盐岩优质储层形成的重要方式. 岩石学报，22（8）：2182～2194

Aali J, Rahimpour-Bonab H, Kamali M R. 2006. Geochemistry and origin of the world's largest gas field from Persian Gulf, Iran. Journal of Petroleum Science and Engineering, 50: 161～175

Cai C F, Worden R H, Bottrell S H, Wang L S, Yang C C. 2003. Thermochemical sulphate reduction and the generation of hydrogen sulphide and thiols (mercaptans) in Triassic carbonate reservoirs from the Sichuan Basin, China. Chemical Geology, 202: 39～57

Desrocher S, Hutcheon L, Kirste D, Henderson C M. 2004. Constraints on the generation of H_2S and CO_2 in the subsurface Triassic, Alberta Basin, Canada. Chemical Geology, 204 (3-4): 237～254

Ding K l, Li S Y, Yue C T *et al*. 2008. Simulation experiments on the reaction system of CH_4-$MgSO_4$-H_2O. Chinese Science Bulletin, 53 (7): 1071～1078

Heydari E. 1997. The role of burial diagenesis in hydrocarbon destruction and H_2S accumulation: Upper Jurassic Smackover Formation, Black Creek Field, Mississippi. AAPG Bulletin, 81 (1): 26～45

Krouse H R, Viau C A, Eliuk L S *et al*. 1988. Chemical and isotopic evidence of thermochemical sulfate reduction by light hydrocarbon gases in deep carbonate reservoirs. Nature, 333 (6172): 415～419

Machel H G. 1998. Comment on "the effects of thermochemical sulfate reduction upon formation water salinity and oxygen isotopes in carbonate reservoirs". Geochimica et Cosmochimica Acta, 62 (2): 337～341

Manzano B K, Fowler M G, Machal H G. 1997. The influence of thermochemical sulfate reduction on hydrocarbon composition in Nisku reservoir, Brazeau area, Alberta, Canada. Organic Geochemistry, 27: 507～521

Odonr J M. 1990. Industrial and environmental concerns with sulphate reducing bacteria. ASM American Society for Microbiology News, 56 (9): 473～476

Ohmoto H, Felder R P. 1987. Bacterial activity in the warmer, sulphate-bearing, Archaean oceans. Nature, 328 (16): 244～246

Orr W L. 1974. Changes in sulfur content and isotopic ratios of sulfur during petroleum maturation: Study of Big Horn Basin Palaeozoic oils. AAPG Bulletin, 58 (11): 2295～2318

Pan C C, Yu L P, Liu J Z *et al*. 2006. Chemical and carbon isotopic fractionations of gaseous hydrocarbons during abiogenic oxidation. Earth and Planetary Science Letters, 246 (1-2): 70～89

Seewald J S. 2003. Organic-inorganic interaction in petroleum producing sedimentary basins. Nature, 426: 327～333

Vester F, Ingvorsen K. 1998. Improved most-probable-number method to detect sulfate-reducing bacteria with natural media and a radiotracer. Appl Environ Microbiol, 64 (5): 1700～1707

Zhang T W, Ellis G S, Walters C C *et al*. 2008. Geochemical signatures of thermochemical sulfate reduction in controlled hydrous pyrolysis experiments. Organic Geochemistry, 39 (3): 308～328

结　语

高含硫天然气作为烃类气体和硫资源双重资源和勘探开发中的高危特征，使其形成演化和分布预测显得异常重要。高关注度意味着高难度。因此系统的科学认识对扩大勘探领域，降低勘探开发风险意义重大。本研究在前人工作基础上，通过不同赋存状态含硫物质的分布及相关性分析，建立针对性的样品采集、分析方法和 H_2S 形成的模拟实验研究，以四川盆地为例，分析了高含硫天然气的地球化学特征，高演化碳酸盐岩层系硫化氢的形成和聚集机理，对高含硫天然气形成分布获得如下认识：

（1）沉积层系中存在着不同类型和赋存状态的含硫物质，包括有机硫和无机硫。有机硫主要存在于烃源岩和古油藏沥青中，而无机硫以硫酸盐和硫化物形式存在。硫酸盐是以集中分布石膏层为代表，硫化物则以黄铁矿等形式存在，而地层水中主要以溶解状态存在。在天然气藏中，高硫化氢的直接来源以发生热化学还原的溶解硫酸盐（SO_4^{2-}）为主，但有机硫的热解是天然气藏中低硫化氢的来源之一。

（2）膏盐在川东北高含硫天然气成藏中起着重要作用，一方面作为地质历史中富含 SO_4^{2-} 流体的标志，指示着流体的分布范围，更重要的是作为优质盖层，为天然气的保存起着关键作用。飞仙关组、长兴组、嘉陵江组和石炭系地层水中主要见硫化氢和有机硫化合物，硫化氢水中溶解是一个重要的消耗过程，尤其水中富含重金属时，硫化氢很容易与这些金属离子结合形成金属硫化物而沉淀。

（3）天然气中 H_2S 的硫同位素和 CO_2 的碳同位素可为 H_2S 来源提供直接证据，天然气地球化学研究表明：川东北高含硫天然气属于油型高温裂解气，具有“多源复合、多阶连续、多期成藏”特点，受到 TSR 蚀变改造，形成了大量非烃气，但烃类气体主要来自 P_2、S_1 优质烃源岩及其可溶有机质（聚集、分散）裂解气，同时，TSR 过程本身伴生有甲烷的生成。综合运用天然气组分、$\delta^{34}S$、$\delta^{13}C$ 数据，结合硫化氢各种生成机制的地质条件可以有效区分不同成因的硫化氢。

（4）川东北大量 H_2S 主要产于 P_2ch、T_1f 的孔隙-裂缝型白云石化礁滩相储层，以有机硫化合物热分解（TDS）和硫酸盐热化学还原（TSR）两种方式生成，以 TSR 为主，硫化氢及烃类地球化学特征没有显示硫酸盐细菌还原（BSR）和岩浆成因硫化氢的存在。

（5）系统的 TSR 模拟实验（黄金管封闭体系）结果表明：地层中 TSR 反应与地下流体中 SO_4^{2-} 和 Mg^{2+} 络合物（$MgSO_4$ 接触离子对）丰度有关（Mg^{2+} 的主要贡献在于降低 SO_4^{2-} 的对称性使其与烃类更容易发生 TSR 反应），而与直接储盖层中膏岩不具明显相关性，与白云石化或去白云石化之间的相关性归结于共用的 Mg^{2+}。轻烃与硫酸盐更容易发生 TSR 反应，其反应温度在 120℃以上。因此，地质条件下，TSR 主要发生于有机质演化的凝析油及湿气阶段。TSR 反应促进大分子烃向气态烃转化，致使天然气变干及甲烷、乙烷碳同位素变重。天然气中 H_2S 主要来自 TSR 反应，含硫有机质裂解形成的 H_2S 规模有限。高含硫天然气中烷烃气碳同位素的倒转可能与不同成熟度天然气的复合和 TSR 改造有关，而 CO_2 的碳同位素值的偏重可能归因于次生碳酸盐岩化及其溶解脱气。

(6) 川东高 H_2S 气藏的形成具有四个主控因素：首先是富烃、高硫、富镁流体共存的物源；其次是深埋达 120℃以上的高温能量供给；第三是适时的物源流体赋存的储集场所（空间）；第四是就地还原封闭的保存条件。

(7) 通过川东北典型含硫气藏的解剖，对比研究其成烃成硫成藏特征，明确高含硫天然气具有“优源优储，早期聚集；藏内成硫，裂解（氧化蚀变）成气；抬升运聚，调整成藏”的成藏过程，低硫天然气藏具有“次生聚集，晚期成藏”的成藏过程。

天然气热能利用率高，污染程度低，是世界公认的清洁能源，加之储量巨大，大力发展天然气已成为世界各国能源发展的主要战略之一。由于含硫天然气占据天然气资源的比例很大，中东、原苏联等大气区均发现大量的含硫天然气资源，因此，国内外迫切需求含硫天然气的勘探理论、开发和利用的配套技术。随着我国经济的快速持续发展，国家对能源的需求量与日俱增，而天然气作为一种高效的清洁能源日益受到重视，同时，含硫天然气中硫也是工业硫磺的重要来源，具有很高的使用价值和广阔的市场前景。因此，随着天然气地质理论、勘探开发技术和加工工艺的进步，特别是含硫天然气成因、形成条件、分布规律与资源量研究的深入，高效、安全、合理地开发利用含硫天然气将会以更快的速度发展。此外，目前正在建设中的“西气东输”和“川气东送”工程，必将加速推进我国含硫天然气的勘探开发和综合利用。